Leitidee Daten und Zufall

Andreas Eichler · Markus Vogel

Leitidee Daten und Zufall

Von konkreten Beispielen zur
Didaktik der Stochastik

2., aktualisierte Auflage

Andreas Eichler
Freiburg, Deutschland
vogel@ph-heidelberg.de

Markus Vogel
Heidelberg, Deutschland
andreas.eichler@ph-freiburg.de

ISBN 978-3-658-00117-9
DOI 10.1007/978-3-658-00118-6

ISBN 978-3-658-00118-6 (eBook)

Die Deutsche Nationalbibliothek verzeichnet diese Publikation in der Deutschen Nationalbibliografie; detaillierte bibliografische Daten sind im Internet über http://dnb.d-nb.de abrufbar.

Springer Spektrum
© Springer Fachmedien Wiesbaden 2013

Planung und Lektorat: Ulrike Schmickler-Hirzebruch | Barbara Gerlach

Gedruckt auf säurefreiem und chlorfrei gebleichtem Papier.

Springer Spektrum ist eine Marke von Springer DE. Springer DE ist Teil der Fachverlagsgruppe Springer Science+Business Media
www.springer-spektrum.de

Vorwort zur ersten Auflage

„Sie sagen also, dass es eine Frage der Wahrscheinlichkeit sei.
Ich war schon besorgt, es bliebe dem Zufall überlassen."

Vesper Lynd zu James Bond im Film *Casino Royale*

Vesper Lynd bringt mit ihrer Sorge einen wesentlichen stochastischen Aspekt auf den Punkt: Überall, wo der Zufall regiert, versuchen Menschen ihn mit dem Konzept der Wahrscheinlichkeit zu bändigen und berechenbar zu machen. Darin steckt der Wunsch, wenigstens ein klein wenig in die Zukunft zu schauen und sich etwas Gewissheit darüber zu verschaffen, was wohl kommen wird, um sich dies nutzbar machen zu können. „Gut," mag da jemand meinen, „da brauche ich doch keine Wahrscheinlichkeit, sondern ein gutes Horoskop." Wenn man es empirisch etwas sicherer mag, dann wird man nicht umhinkommen, sich aufgrund von vorliegenden Daten, ihrer Analyse und daraufbauenden Schlussfolgerungen ein eigenes Bild zu verschaffen, das nicht bloßer Willkür unterworfen ist. In diesem Gedanken steckt ein zentrales Anliegen, das wir mit diesem Buch verfolgen: Die Stochastik ist nicht als bloße „Zufalls- oder Wahrscheinlichkeitslehre" nur für Filmhelden und die Glücksspielwelt reserviert! Mit ihrer empirischen Verankerung in der alltäglichen Welt ist sie untrennbar mit der Welt der Daten verbunden. Man schaut mit den Daten zunächst in Vergangenheit und Gegenwart, um besser begründete Aussagen für kommende Ereignisse machen zu können. Daher beginnt unserer Überzeugung nach die Stochastik bei den Daten, und dort sollte auch der Stochastikunterricht beginnen.

Mit der Leitidee *Daten und Zufall*, die mit dem Beschluss der Bildungsstandards durch die Kultusministerkonferenz im Jahr 2003 in allen Bundesländern verbindlicher Bestandteil des Mathematikcurriculums wurde, erfuhr die Stochastik die Wertschätzung, die sie aufgrund ihrer überragenden Alltagsrelevanz im persönlichen wie gesellschaftspolitischen Bereich verdient hat. Aus Sicht einer Mathematiklehrkraft stellt sich die Frage – gerade in den Bundesländern, in denen die Stochastik nach zum Teil Jahrzehnten wieder auf dem Stundenplan steht: Wie ist diese Leitidee für den Unterricht mit Leben zu füllen? Wie kann man Statistik und Wahrscheinlichkeitsrechnung zu der einen Leitidee *Daten und Zufall* für die Schule verknüpfen? Darauf mit konkreten Beispielen und didaktisch-methodischen Überlegungen zu antworten, das war unser Ansporn für dieses Buch. Uns ist bewusst, dass wir damit nur Ideen- und Hintergrundgeber für die Unterrichtsgestaltung vor Ort sein können, und wir hoffen, für den Mathematikunterricht gute und brauchbare Antworten gefunden zu haben. Daher freuen wir uns natürlich über Rückmeldungen, Anregungen und Hinweise, die uns über unsere Homepage zu diesem Buch zugehen können.

http://www.leitideedatenundzufall.de

Zuletzt möchten wir uns bei allen ganz herzlich bedanken, die uns bei der Entstehung dieses Buches unterstützt haben: Zunächst sind das alle Schülerinnen und Schüler und die vielen Studierenden, die uns mit Daten versorgt haben. Dann geht ein herzlicher Dank an unsere Kollegen Joachim Engel, Boris Girnat und Andreas Prömmel, die uns mit zahlreichen Verbesserungsvorschlägen und klugen Hinweisen unterstützt haben. Schließlich und vor allem gilt der Dank unseren Familien, die uns und unsere stundenlangen Telefonate bei der Fertigstellung dieses Buches nachsichtig ertragen haben.

Braunschweig und Stuttgart, Juli 2009   Andreas Eichler & Markus Vogel

Vorwort zur zweiten Auflage

Bestärkt von den vielen wohlwollenden Rückmeldungen, die uns in schriftlicher Form oder bei unseren Lehrerfortbildungen direkt im Gespräch zugegangen sind, freuen wir uns, die zweite Auflage vorstellen zu können. Sie ist inhaltlich geringfügig an einzelnen Stellen aktualisiert und Druckfehler wurden beseitigt. Für besonders aufmerksames Lesen wollen wir uns in diesem Zusammenhang bei Heinz Althoff, Jörg Meyer und Reimund Vehling bedanken. In dem Wissen, dass anders als in der mathematischen Welt 100%-ige Gewissheit in der realen Welt ungleich schwerer zu erreichen ist, freuen wir uns weiter über Ihre Rückmeldungen.

Freiburg und Stuttgart, Juli 2012 Andreas Eichler & Markus Vogel

Inhaltsverzeichnis

Zur Sache

„Wenn jeder dieser Ärzte das Festgehalt eines Universitätsprofessors bekäme, käme es die gesetzlichen Krankenkassen immer noch billiger!" Das Zitat ist eine Aussage unter vielen, die – hier geäußert vom SPD-Gesundheitsexperten Karl Lauterbach gegenüber der *ZEIT* – den Protest der niedergelassenen Ärzte im Jahr 2006 kommentierten. Was sagt da der Leser der allgegenwärtigen Medien? „Ich habe es ja schon immer gewusst, dass die viel zu viel verdienen!" oder „Was der schon wieder behauptet!" Worauf gründet diese Aussage, oder anders gesagt, gibt es überhaupt eine Begründung dieser Aussage? Diese wie auch viele andere Meinungsäußerungen überschwemmen uns täglich in allen erdenklichen Publikationen. Sie befördern gesellschaftliche Entscheidungsprozesse und versuchen oftmals, ihren Geltungsanspruch durch statistische Daten zu untermauern. Mit der alleinigen Garnierung durch Daten ist es jedoch nicht getan. Um sich eine eigene Meinung bilden zu können, sollte man mit Daten sachgerecht umgehen können. Erst so ist man in der Lage, leblosen Zahlenkolonnen Leben einzuhauchen, Informationen auszulesen und Aussagen auf Datenbasis zu begründen.

Der allgemeine Anspruch der Stochastik, zur Kritikfähigkeit von Schülerinnen und Schülern wesentlich beizutragen, ist in den Standards des National Council of Teachers of Mathematics (NCTM) formuliert:

> „Es ist überwältigend, welche Rolle Daten bei Entscheidungen in der Geschäftswelt, der Politik, der Forschung und im täglichen Leben spielen. Konsumentenumfragen bestimmen die Entwicklung und das Marketing neuer Produkte. Meinungsumfragen bilden die Grundlagen von Strategien politischer Kampagnen, und Experimente werden eingesetzt, um die Sicherheit und Wirksamkeit neuer medizinischer Behandlungsmethoden zu bewerten. Statistiken werden oft auch missbraucht, um die öffentliche Meinung zu beeinflussen oder um die Qualität und Effektivität kommerzieller Produkte fälschlich darzustellen. Schülerinnen und Schüler brauchen Grundkenntnisse von Datenanalyse und der Wahrscheinlichkeitsrechnung, um statistisch argumentieren zu können – Fertigkeiten, die für informierte Staatsbürger und intelligente Konsumenten notwendig sind." (NCTM, 2000)

Der hier formulierte Anspruch weist bereits über das einleitende Beispiel hinaus. Will man einen schulmathematischen Kompetenzbereich beschreiben, der diesem Anspruch genügen kann, dann reicht nicht allein der Rückgriff auf die Datenanalyse. Erst in der Verbindung von Datenanalyse und Wahrscheinlichkeitsrechnung können die Schülerinnen und Schüler Kompetenzen entwickeln, die es ihnen erlauben, an den alltäglichen gesellschaftlichen Entscheidungsprozessen teilzuhaben – möglichst kritisch, möglichst wissend.

In den gesellschaftlichen Entscheidungsprozessen und den Mathematik anwendenden Wissenschaften hat die Stochastik eine überragende Relevanz. Dennoch ist dieses Teilgebiet der Mathematik häufig ungeliebt und führt(e) am Ende eines langen Schuljahres oftmals ein Schattendasein als „Würfelbudenmathematik". Woran liegt das? Möglicherweise an der spezifischen Art des stochastischen Denkens, das die Stochastik in ihrem wissenschaftlichen Werdegang immer wieder aus dem Kernbereich der Mathematik drängte.[1] Für manche Lehrkraft mag es aber auch daran liegen, dass Stochastik – wenn sie überhaupt auf dem universitären Lehrplan auftauchte – maßtheoretisch überfrachtet wurde, noch bevor der erste Würfel gefallen war. Ob nun geliebt, gefürchtet oder neutral betrachtet: Der institutionelle Druck zur Behandlung der Stochastik in allen Schulformen und Schulstufen verstärkt sich seit einigen Jahren. Gegenüber dem „traditionellen" Stochastikunterricht vollführt sich dabei ein deutlicher Schwenk von der Wahrscheinlichkeitsrechnung hin zur Datenanalyse – zumindest ergibt sich diese Richtungsänderung unmittelbar aus der *Leitidee Daten und Zufall,* wie sie die Kultusministerkonferenz (KMK, 2003) für alle Bundesländer verbindlich beschlossen hat. Dieser Stand spiegelt auch die Grundpositionen der aktuellen stochastikdidaktischen Diskussion in Deutschland wider.

Die geänderten Anforderungen an Lehrerinnen und Lehrer hinsichtlich des Stochastikunterrichts waren der Ansporn für die Konzipierung dieses Buches. Es beschränkt sich auf die Didaktik der Stochastik in der Sekundarstufe I. Das ist die Schulstufe, in der das (hoffentlich) aus der Primarstufe entwickelte Grundverständnis systematisiert und erweitert werden soll. Das Buch richtet sich an angehende und bereits in der Praxis stehende Lehrerinnen und Lehrer aller Schulformen in der Sekundarstufe I. Anhand von konkreten Unterrichtsbeispielen werden didaktische Ideen diskutiert, die uns wesentlich erscheinen. Um den Bedürfnissen der konkreten unterrichtlichen Umsetzung vor Ort gerecht zu werden, stellen wir die erforderlichen Materialien, wie z. B. Datensätze und Dateien für Computersimulationen, auf der Homepage unseres Buches (siehe Vorwort) zum Download bereit.

An dem Anliegen, die unterrichtspraktische Arbeit mit praktischen und didaktisch-methodischen Überlegungen anzureichern, orientiert sich auch der Aufbau dieses Buches, in dem die Kapitel stets folgenden Kriterien genügen:

1. Die zentralen stochastischen Ideen jedes Kapitels werden anhand konkreter Problemstellungen eingeführt, die für den Einsatz im Unterricht formuliert sind. Die Aufgaben sind zunächst sehr offen gestellt. Im Idealfall könnte unseres Erachtens mit diesen offenen Formulierungen gearbeitet werden. Wenn aber noch wenig Unterrichtserfahrungen mit solchen Arbeitsweisen vorliegen, kann auch mit den anschließenden Aufgabenpräzisierungen gearbeitet werden. Diese verstehen sich jedoch nicht so, dass sie zwingend abzuarbeiten wären. Vielmehr stellen sie ein optionales Angebot dar. Die Struktur der einzelnen Kapitel orientiert sich an den Aspekten der Leitidee *Daten und Zufall.*

2. Im Rückgriff auf die einleitende Problemstellung wird die didaktische Diskussion der zentralen Ideen eines Kapitels entfaltet. Diese Diskussion orientiert sich an den Aspekten der Leitidee *Daten und Zufall.* Außerdem binden wir die prozessbezogenen Kompetenzen des *Visualisierens,* des *Modellierens* und des *Simulierens* ein, welche unseres Erachtens in der Stochastik eine hervorgehobene Bedeutung haben. Schließlich bilden die fünf Aspekte des so genannten *statistischen Denkens* (Wild & Pfannkuch, 1999) eine weitere prozessbezogene Basis, auf der wesentliche didaktische Gesichtspunkte in den einzelnen Kapiteln diskutiert werden.

---

[1]Der berühmte Mathematiker David Hilbert ordnete etwa die axiomatische Grundlegung der Wahrscheinlichkeit als drängende Frage der Physik zu (vgl. Kütting, 1994)

3. Um gegebenenfalls schnell nachschlagen zu können, werden die verwendeten statistischen Begriffe und Methoden kapitelweise in einer Grobübersicht zusammengestellt.

4. Eine kurze Rundschau, die keinen enzyklopädischen Anspruch erhebt, umfasst unsere subjektive Auswahl von stoffdidaktischen Arbeiten zu den Kapitelthemen, die aus unserer Sicht besonders wichtig oder erhellend ist. Außerdem werden, soweit vorhanden, Ergebnisse der empirischen Unterrichtsforschung kurz referiert.

Dieser Aufbau folgt der Überzeugung, dass stochastikdidaktische und allgemeine mathematikdidaktische Fragestellungen ihre Bedeutsamkeit letztlich aus dem Unterrichtsgeschehen beziehen. Die kritische Reflexion braucht und erzeugt eine didaktische Diskussion, die über den Unterricht hinaus an die vorhandenen stoffdidaktischen Erkenntnisse anknüpft und in die empirische Unterrichtsforschung hineinreicht. Kurz gesagt: Der Weg unseres Buches führt von der Praxis des Stochastikunterrichts über die stoffdidaktische Diskussion zur stochastikdidaktischen Forschung. In den Vernetzungskapiteln werden die Erkenntnisse „zusammengedacht", so dass innere Abhängigkeiten und Querbezüge deutlich werden. Auf diese Weise soll die Durchführung und Reflexion des Stochastikunterrichts mit diesem Buch eine Grundlage erhalten, deren Tragfähigkeit sich nicht zuletzt auch daraus ergibt, dass mit den konkreten Problemstellungen am Beginn der Überlegungen die Unterrichtspraxis steht. Wir halten dies für eine sinnvolle Struktur, die problemlos auf andere Gebiete der Schulmathematik, wie z. B. die Algebra oder die Geometrie, übertragen werden kann.

Da wir die didaktischen Diskussionen im Wesentlichen an den Aspekten der Leitidee *Daten und Zufall,* des *statistischen Denkens* nach Wild & Pfannkuch (1999) und an den Kompetenzen des *Modellierens,* des *Visualisierens* und des *Simulierens* entfalten, werden diese vorab in den folgenden Abschnitten kurz erläutert.

Die Leitidee Daten und Zufall: Die Leitidee *Daten und Zufall* (KMK, 2003) umfasst für die Sekundarstufe I folgende Aspekte:

Die Schülerinnen und Schüler

— werten grafische Darstellungen und Tabellen von statistischen Erhebungen aus,

— planen statistische Erhebungen,

— sammeln systematisch Daten, erfassen sie in Tabellen und stellen sie grafisch dar, auch unter Verwendung geeigneter Hilfsmittel (wie Software),

— interpretieren Daten unter Verwendung von Kenngrößen,

— reflektieren und bewerten Argumente, die auf einer Datenanalyse basieren,

— beschreiben Zufallserscheinungen in alltäglichen Situationen,

— bestimmen Wahrscheinlichkeiten bei Zufallsexperimenten.

Bereits die aufzählende Darstellung macht deutlich, wie stark innerhalb der Sekundarstufe I die Datenanalyse gegenüber der Wahrscheinlichkeitsrechnung akzentuiert wurde. Ebenfalls besonders hervorzuheben ist, dass sich die Datenanalyse nicht nur auf das Darstellen und Lesen von Daten in Standardgrafiken erschöpft. Es wird auch explizit von der eigenen Planung und Durchführung statistischer Erhebungen gesprochen, ein Umstand, dem bisher im Stochastikunterricht vergleichsweise wenig Aufmerksamkeit geschenkt wurde.

Mit der allgemeinen Formulierung „Daten" geht implizit einher, dass es nicht nur um Daten zu einem Merkmal (univariate Daten), sondern ebenso auch um Daten zu zwei (oder mehr) Merkmalen (bivariate bzw. multivariate Daten) gehen kann. Wir lesen dies so, dass es vorrangig das Phänomen und die interessierende Fragestellung sein sollten, die den Anlass geben, im Unterricht Daten zu erheben und mit ihnen zu arbeiten.

Aspekte des statistischen Denkens: Die folgenden fünf Aspekte des statistischen Denkens beschreiben nach Wild & Pfannkuch (1999) die Phasen, die zentral bei jeder eingehenden Beschäftigung mit einer stochastischen Problemstellung sind.[2]

1. Erkennen der Notwendigkeit von Daten („recognition of the need for data"): Dies ist gar nicht so banal, wie es zunächst klingen mag. So ist bei Schülerinnen und Schülern die Einsicht erst noch zu entwickeln, dass feste Überzeugungen durch statistisch untermauerte Aussagen zu ersetzen sind.

2. Flexible Repräsentation der relevanten Daten („transnumeration"): Daten verschließen sich einer einfachen Kategorisierung von „richtig" und „falsch". Sie müssen analysiert werden, um zugrunde liegende Strukturen aufzudecken. Ein wesentliches Charakteristikum der Stochastik ist es, hierzu viele Methoden oder Techniken bereitzustellen. Bei jeder Problemstellung ist eine sinnvolle Analyse der Daten immer wieder neu zu entwickeln, es gibt nicht *die* richtige Analysemethode. Das aber erfordert, eine breiten Schatz an Techniken und ebenso das Wissen zur Verfügung zu haben, welche Möglichkeiten und Grenzen die einzelnen Techniken charakterisieren. Nur auf diese Weise können die Daten aus unterschiedlichen Perspektiven angemessen betrachtet werden.

3. Einsicht in die Variabilität statistischer Daten („consideration of variation"): Die Ergebnisse statistischer Erhebungen, ob als Umfrage, Beobachtung oder Experiment, sind prinzipiell vorab nicht genau vorauszusehen. Selbst wenn es dem Statistiker gelingt, die Rahmenbedingungen der Erhebung exakt gleich zu halten, wird das Ergebnis der Erhebung von heute nicht dem Ergebnis der Erhebung von morgen entsprechen. Lässt man etwa 100 Kugeln durch ein Galton-Brett laufen, so sieht die Verteilung der Kugeln auf die Fächer jedes Mal ein wenig anders aus. Diese Non-Uniformität der Ergebnisse verschiedener statistischen Erhebungen (zum ansonsten identischen Thema) wird als *Variabilität statistischer Daten* bezeichnet.

4. Erkennen von Mustern in den Daten und Beschreibung der Muster mit statistischen Modellen („reasoning with statistical models"): Trotz der Variabilität statistischer Daten ist es in der Regel möglich, ein Muster in den Daten zu erkennen. Dies gilt insbesondere dann, wenn größere Stichproben vorliegen. So ist etwa die Verteilung von 100 Kugeln auf die Fächer im Galton-Brett zwar jedes Mal im Detail unterschiedlich. Dennoch lässt sich das Muster der Binomialverteilung erkennen und beschreiben.

5. Verbinden von Kontext und Statistik („integrating the statistical and contextual"): Dieser Aspekt mag zunächst ebenfalls banal klingen. Dennoch ist auch hier für Schülerinnen und Schüler einerseits die Erkenntnis wichtig, dass die Analyse statistischer Daten für einen

---

[2]Der Begriff Statistik schließt im angelsächsischen Sprachraum Elemente der Wahrscheinlichkeitsrechnung mit ein. In gleicher Weise schließt auch das statistische Denken Überlegungen der Wahrscheinlichkeitsrechnung nicht aus.

(möglichst realen) Kontext tatsächlich relevant ist. Andererseits ist bei einer angemessenen Datenanalyse der Blick immer wieder auf den Datenkontext zu richten, um Interpretationsspielräume nicht über das Abarbeiten von Algorithmen aus dem Blick zu verlieren.

Visualisieren, Modellieren und Simulieren: Als allgemeine prozessbezogene Kompetenzen werden in den mathematischen Bildungsstandards (KMK, 2003) das Argumentieren, Modellieren, Problemlösen, Kommunizieren, Darstellen und der Umgang mit formalen, symbolischen und technischen Elementen der Mathematik genannt. Wie bereits erwähnt, haben wir in diesem Buch einen Schwerpunkt auf die prozessbezogenen Kompetenzen *Visualisieren, Modellieren* und *Simulieren* gelegt, da sie unserer Meinung nach speziell für die Stochastik von besonderer Bedeutung sind.

„Eine Grafik sagt mehr als 1000 Worte." In dieser Volksweisheit liegt die Betonung auf der Zahl der Worte. Wesentlicher als die Anzahl ist allerdings die Richtigkeit der Worte. Bevor eine Grafik – die *Visualisierung* eines stochastischen Phänomens – jedoch zu den richtigen Worten führen kann, müssen die Schülerinnen und Schüler lernen, eine grafische Darstellung zu lesen und zu interpretieren. Zum Visualisieren (wie auch zur Kompetenz des Darstellens in den Bildungsstandards) gehört es:

- die verschiedenen Formen der grafischen Darstellung von Daten in verschiedenen Sachkontexten unterscheiden, anwenden und interpretieren zu können,
- die Beziehungen zwischen verschiedenen grafischen Darstellungsformen zu erkennen und
- die in verschiedenen Sachkontexten sinnvollsten Darstellungsformen auswählen zu können.

Die Kompetenz des Visualisierens ist in unterschiedlicher Gewichtung in die allgemeinen didaktischen Überlegungen der einzelnen Kapitel aufgenommen.

Das *Modellieren* ist die vielleicht zentrale prozessbezogene Kompetenz im Bereich der Stochastik der Sekundarstufe I. Die Datenanalyse besteht im Modellieren alltäglicher Phänomene. Das Modell und die darauf beruhenden Interpretationen werden wesentlich durch die Art und den Inhalt der zuvor erhobenen statistischen Daten bestimmt. In der Wahrscheinlichkeitsrechnung wird dagegen mit theoretischen Modellen gearbeitet, die eine Vorhersage und Beurteilung zukünftiger statistischer Daten ermöglichen sollen. Aufgrund der zentralen Bedeutung der Modellierung innerhalb der Leitidee *Daten und Zufall* werden wir sowohl in den didaktischen Überlegungen der Einzelkapitel als auch gesondert in den Vernetzungskapiteln zu den Bereichen Datenanalyse und Wahrscheinlichkeitsrechnung auf diese Kompetenz eingehen.

Das *Simulieren* ist schließlich eine spezifisch stochastische Kompetenz, die insbesondere im Bereich der Wahrscheinlichkeitsrechnung eingesetzt wird. Dem Simulieren kommt beim stochastischen Modellieren eine wichtige Bedeutung zu: So werden aufgrund eines bestimmten Modells (etwa der Wahrscheinlichkeitsrechnung) statistische Daten per Simulation erzeugt. Die Simulation weist weit über die Schulstochastik hinaus, da sie bei realen Problemstellungen den Mangel an realen Daten mit künstlich erzeugten Daten ausgleichen kann. So basieren etwa viele *Modell*rechnungen für Prognosen auf Simulationen. Die Kompetenz des Simulierens durchzieht die Aufgabenstellungen wie auch die allgemeine didaktische Diskussion der Kapitel zur Wahrscheinlichkeitsrechnung.

1 Planung statistischer Erhebungen

Einstiegsproblem

Abbildung 1.1: Grafik aus *FOCUS* (Nachbildung)

Aufgabe 1: In der oben abgebildeten Grafik wird eine Statistik zu einem Thema dargestellt, wie es in ähnlicher Form tagtäglich in den Medien geschieht. Beurteilt diese Statistik!

Mögliche Erweiterungen und Präzisierungen der Aufgabenstellung
- Schaut Euch alle Angaben in der Statistik genau an. Welche der Angaben scheinen Euch ungenau oder irritierend zu sein?
- Überlegt Euch Szenarien bei der Erhebung, die aus Eurer Sicht das Ergebnis der Befragung ändern würden. Begründet Eure Antwort!

Didaktisch-methodische Hinweise zur Aufgabe

Statistiken wie in Abbildung 1.1 (Nachbildung einer Grafik aus der Zeitschrift *FOCUS*, Nr. 30, 2001, S.136) sind jeden Tag in allen Medienformen zu finden. Mit Hilfe solcher Statistiken werden Aussagen transportiert und Meinungen gebildet. Welche Mittel für die Meinungsbildung in diesem Fall verwendet werden und die Kritik an diesen, kann für Schülerinnen und Schüler der Ausgangspunkt dafür sein, sich mit Fragen der Erhebung statistischer Daten eingehend zu beschäftigen.

Über die Datenanalyse hinausreichende Aspekte: Hier bereitet eine sympathisch aussehende, junge, dynamische (Haus?-)Frau in einer modern aussehenden Küche Essen zu – vielleicht für ihren erschöpft von der Arbeit heimkehrenden Mann und ihre fröhliche Kinderschar. Vielleicht entspannt sich die Frau aber auch nach einem 14-Stunden-Tag als Top-Managerin bei der Zubereitung eines Essens. Die Interpretation des Bildes, das als Erstes ins Auge fällt, und seiner Botschaft wäre ein spannendes (psychologisches) Thema für sich, wird hier aber nicht weiter behandelt.

Das untersuchte Merkmal: Das Merkmal ist hier in der Frage „Ich koche oder bereite Essen zu" enthalten. Das kann vieles heißen. Möglicherweise zählt dazu das Backen einer Tiefkühlpizza oder das Erwärmen eines Nudeltopfes. Selbst das Belegen eines Brotes kann als Zubereitung von Essen verstanden werden. Man könnte aber auch andere Grenzen ziehen und sagen, dass die Zubereitung von Essen nur dann gegeben ist, wenn sie die Planung, den Einkauf, das Putzen, Schneiden, Würzen, Backen, Kochen etc. und schließlich das Anordnen auf Tellern am gedeckten und kunstvoll dekorierten Esstisch einschließt.

Eine statistische Erhebung bedarf einer Definition der interessierenden Merkmale. Je nachdem, wie man sich für die Definition des *Merkmals* entscheidet, werden sich die *Merkmalsausprägungen* der an der Umfrage beteiligten Personen verändern. Aber auch ohne das Wissen um die Definition des Merkmals sind die in der Statistik angeführten Merkmalsausprägungen mitsamt den angegebenen *relativen Häufigkeiten* (in %) interessant. Darf man die Merkmalsausprägungen so festlegen? Sind das Merkmalsausprägungen, die sich gegenseitig ausschließen, oder ist etwa „mehrmals täglich" in „mehrmals wöchentlich" enthalten? Offenbar ist das nicht so, wenn man die tabellierten Daten weiter nach unten verfolgt. Für Schülerinnen und Schüler wird die recht willkürlich erscheinende Einteilung der Merkmalsausprägungen fragwürdig und ein Anlass zur Diskussion sein. Irgendjemand wird auch auf die Idee kommen, die Prozentzahlen zu addieren und mit seinem Wissen zur Prozentrechnung bemerken, dass man nicht auf 100 % kommt. Das gibt entweder Anlass zu weiteren Überlegungen oder mündet in der Entdeckung der fehlenden 2,1 %, die an der Seite als „o. A." angegeben sind, was sich dann als Kürzel für „ohne Angabe" herausstellt.

Die Stichprobe: Wer ist eigentlich zu dem undeutlich bleibenden Merkmal befragt worden? „Umfragen ergaben, den Deutschen schmeckt es zu Hause immer noch am besten." Wer sind denn die Deutschen, die befragt wurden? Sind es die Besucher eines Schnellimbiss oder die Kunden in einem Feinkostladen oder einem Fachgeschäft für Vollwertkost? Wurden Deutsche vormittags in einer Einkaufstraße – die Zeit der Hausfrauen/Hausmänner – oder mittags – die Zeit der Essen suchenden Berufstätigen – nach Meinungen befragt? Sind vielleicht gar nur Rentner oder nur Kinder unter fünf Jahren befragt worden? Diese Aspekte, die die zeitliche, örtliche und sächliche Eingrenzung der Stichprobe betreffen, können den Ausgang der Befragung erheblich beeinflussen und müssen daher festgelegt werden. Möglicherweise findet man zu den Umständen der Befragung etwas in der Quellenangabe (in der Grafik rechts).

Die Interpretation: Die Interpretation der Datenanalyse ist in dem schon genannten Satz „Umfragen ergaben, den Deutschen schmeckt es zu Hause immer noch am besten" enthalten. Das ist aber eine Interpretation, die sich anhand des offenbar erhobenen Merkmals gar nicht belegen lässt. Die schon angesprochene, zu Hause verzehrte Tiefkühlpizza ist ja möglicherweise nur durch Zeit und Geld bedingt, „schmeckt" dem Befragten aber weit weniger als ein opulentes Mahl außer Haus. Insbesondere bei der Interpretation der Datenanalyse ist also darauf zu achten, dass diese nicht Aussagen enthält, die mit den Daten nicht zu belegen sind.

Insgesamt ist offenbar nicht alles, was „Schwarz-auf-Weiß" in einer Zeitschrift steht, kritiklos hinzunehmen. Während beim flüchtigen Lesen alles geklärt und mit Zahlen belegt zu sein scheint, stellt sich die Statistik bei eingehender Analyse doch als wertlos heraus. Kann man gar nicht ermessen, wer wann und wo befragt wurde, und hat man die Fähigkeit sich vorzustellen, was sich durch das Spielen mit Erhebungsszenarien an den Ergebnissen verändern könnte, dann hat man seinen Blick für die Problematik bei vielen publizierten Statistiken ein erstes Mal geschärft und ein Stück Kritikfähigkeit aufgebaut. Das sollte aber nicht in der weit verbreiteten Plattitüde „Traue keiner Statistik, die du nicht selbst gefälscht hast" münden, sondern in der Aufgabe, es selber besser zu machen: bei der Definition von Merkmalen, bei der Erhebung statistischer Daten durch Befragung, Beobachtung oder Experiment und schließlich bei der Auswertung und Dokumentation der Ergebnisse. Die *Dekonstruktion* von Aussagen, die wie in dieser Aufgabe auf mehr oder weniger offengelegten Daten basieren, kann damit einige Hinweise geben, wie die *Konstruktion* statistischer Aussagen durch die Planung einer eigenen statistischen Erhebung sachgerecht vorbereitet werden kann. Damit befassen sich die folgenden Abschnitte.

1.1 Planung einer statistischen Erhebung im Umfeld der Schule

Abbildung 1.2: Die Schule Heinrichstraße in Braunschweig

Aufgabe 2: Welche Eigenschaften habt Ihr bzw. Eure Mitschüler? Plant als statistische Erhebung eine Umfrage in Eurer Schule und führt diese durch.

Mögliche Erweiterungen und Präzisierungen der Aufgabenstellung

- Überlegt genau, welche Eigenschaften (Merkmale) für Euch an Euren Mitschülern von Interesse sind. Achtet dabei darauf, die Intimsphäre Eurer Mitschüler nicht zu verletzen.

- Definiert die zu erhebenden Merkmale so präzise wie möglich und formuliert die zugehörigen Fragestellungen.

- Legt genau fest, wie viele Eurer Mitschüler in welchen Klassen, nach welchen Kriterien befragt werden sollen.

- Legt fest, wie die Daten Eurer Mitschüler in der Erhebung dokumentiert werden sollen, z. B. mit Hilfe eines Fragebogens. Legt ebenfalls fest, wie die Gesamtheit der Daten dokumentiert werden soll (sinnvoll ist hier die Arbeit mit Software wie *Fathom, Excel* oder anderen verfügbaren Tabellenkalkulationen).

Didaktisch-methodische Hinweise zur Aufgabe

Die gegebene Aufgabe ist ein Klassiker im Bereich der Datenanalyse und vielfach beschrieben worden (vgl. Biehler, 1999).[1] Die wesentlichen statistischen Konzepte für die adäquate Planung

---

[1] An der Universität Paderborn gibt es zu Eigenschaften von Schülerinnen und Schülern einen vorbereiteten Fragebogen und eine wachsende Datenbank von Ergebnissen aus statistischen Erhebungen an verschiedenen Schulen, für die dieser Fragebogen verwendet wurde.

und Durchführung der Erhebung werden bei der Diskussion der Teilaufgaben diskutiert.

Festlegung der Merkmale: Was wird gefragt? Die Merkmalsausprägungen eines Merkmals lassen sich durch ihre *Skalierung* charakterisieren, die die weitere Analyse der statistischen Daten erheblich beeinflussen. Hier ist es sinnvoll, die drei wesentlichen Skalierungsarten, die *nominale,* die *ordinale* und die *metrische Skalierung* zu beachten (vgl. Kap. 1.5), da diese unterschiedliche Formen der Datenauswertung zulassen. Das kann dadurch realisiert werden, dass die Schülerinnen und Schüler von sich aus Merkmale zu allen drei Skalierungsarten untersuchen wollen oder im Bedarfsfall von der Lehrerseite ein Merkmal zu einer noch fehlenden Skalierungsart ergänzt wird. Ein nominalskaliertes Merkmal wäre beispielsweise das Geschlecht, ein ordinalskaliertes Merkmal die grobe Einschätzung für die Häufigkeit eines Kinobesuchs (seltener/ab und zu/häufig), ein metrisch skaliertes Merkmal die Körpergröße.

Darüber hinaus sind den Interessen der Schülerinnen und Schüler (und genau die sollten beachtet werden) keine Grenzen gesetzt, abgesehen davon, dass sensible Daten, zu denen etwa das Einkommen der Eltern gehört, vermieden werden sollten. Bei Biehler (1999) wird beispielsweise nach dem Fernsehkonsum, sportlichen oder musischen Aktivitäten und vielen anderen Merkmalen zum Freizeitverhalten von Schülerinnen und Schülern gefragt.

Wie gefragt wird oder welche Merkmalsausprägungen als Antwort zugelassen werden, kann ein Problem darstellen. Während Fragen etwa nach fest definierten Merkmalen wie der Körpergröße (metrische Skalierung) abgesehen von Mess- oder Schätzfehlern unproblematisch sind, kann es insbesondere bei ordinalskalierten Merkmalen Schwierigkeiten geben, wenn die zugelassenen Merkmalsausprägungen nicht eindeutig sind oder eine Frage nicht unbedingt von allen Befragten in gleicher Weise verstanden wird. Das war offenbar ein Problem der im vorangegangenen Abschnitt diskutierten Statistik (was heißt „Essen zubereiten"?). Auch bei den Schülerinnen und Schülern könnte etwa bezogen auf die Häufigkeit des Kinobesuchs eine ungenügend präzisierte Frage durchaus unterschiedlich verstanden werden. Beispielsweise könnte das, was für den einen „selten" ist, für den anderen überhaupt nicht „selten" bedeuten. Drei Möglichkeiten der Festlegung von Merkmalsausprägungen zum Merkmal Häufigkeit des Kinobesuchs sind in der folgenden Tabelle enthalten.
Beispiel:

Formulierung der Frage	Wertung
Wie oft siehst du einen Kinofilm (selten/ab und zu/häufig)?	Ordinalskalierung; Antwort ist abhängig vom individuellen Verständnis der Merkmalsausprägungen
Wie oft gehst du im Durchschnitt im Monat ins Kino, um einen Film zu sehen (mehr als zwei Mal pro Monat/ein bis zwei Mal pro Monat/seltener)?	Ordinalskalierung; Merkmalsausprägungen sind eindeutig
Wie oft gehst du im Durchschnitt ins Kino, um einen Film zu sehen (geschätzte durchschnittliche Anzahl)	Metrische Skalierung; eindeutig (abgesehen von Schätzproblemen)

Festlegung der Grundgesamtheit und der Stichprobe: Wer wird befragt? Wie im Einstiegsbeispiel diskutiert, können sich erhebliche Unterschiede in den Ergebnissen der Erhebung zeigen, je nachdem wie die Grundgesamtheit und die Stichprobe festlegt werden. Fragen, die mit
den Schülerinnen und Schülern zu diskutieren sind, betreffen etwa die mögliche Beschränkung
auf die Klassenstufe, in der sich die Schülerinnen und Schüler gerade befinden, die Ausweitung
auf alle Schülerinnen und Schüler einer Schule oder gar die Ausweitung auf andere Schulen, mit
denen ein gemeinsames statistisches Projekt durchgeführt werden könnte.

Sind in der Grundgesamtheit so viele Schülerinnen und Schüler, dass diese nicht mehr alle
befragt werden können, d. h. keine *Vollerhebung* mehr möglich ist, muss man auswählen, d. h.
eine *Stichprobe* festlegen. Ohne dass der theoretische und in der Praxis als Modell angenommene
Begriff der *Repräsentativität* aufgeworfen werden muss, kann man dennoch einige Prinzipien
solch einer Repräsentativität ansprechen und anschließend befolgen:

- Sind in der Grundgesamtheit etwa gleich viele Mädchen und Jungen vorhanden? Dann
  könnte man darauf achten, in der Stichprobe ebenfalls etwa gleich viele Mädchen und
  Jungen zu befragen.

- Haben in der Schule die Klassenstufen unterschiedlich große Schülerzahlen? Dann könnten in der Stichprobe ebenfalls unterschiedlich große Stichproben aus den Klassenstufen
  befragt werden.

Hier kann ein erheblicher Diskussionsbedarf zu dem Problem entstehen, wen man (wann und
wo) befragen will. Überlegt man sich diese grundlegenden Aspekte nicht, so können die Daten, die man mühsam sammelt, und alle Schlussfolgerungen, die man mit Hilfe statistischer
Methoden erzeugt, unbrauchbar sein. Viele Fragen der Repräsentativität, die für professionell
durchgeführte Umfragen von Belang sind, etwa die Zugehörigkeit zu einem sozialen Milieu, die
Randomisierung oder die Größe der Stichprobe, lassen sich in der Schule jedoch (zumindest in
der Sekundarstufe I) nicht abschließend beantworten. Trotzdem kann und sollte man die Grundidee der Repräsentativität propädeutisch diskutieren: Es geht darum, dass der Anteil einer für
die Ergebnisse theoretisch bedeutsamen Eigenschaft in der Stichprobe (zumindest hypothetisch)
dem Anteil dieser Eigenschaft in der Grundgesamtheit entspricht.

1.2 Experimentieren im Unterricht

Abbildung 1.3: Das Wettspringen der Papierfrösche

Aufgabe 3: Welcher Papierfrosch springt weiter, ein großer oder ein kleiner?

Mögliche Erweiterungen und Präzisierungen der Aufgabenstellung

- Was vermutet Ihr vorab? Welcher Frosch wird besonders sprungtüchtig sein? Schreibt Eure Vermutungen *und* die Begründungen für diese Vermutungen genau auf.

- Plant ein Experiment, um Eure Vermutungen zu bestätigen oder zu widerlegen. Schreibt Euch die einzelnen Schritte des Experiments als „Versuchsfahrplan" auf.

- Wie bei den Bundesjugendspielen kann auch hier bei der Messung von Sprungweiten nicht einfach „irgendwie" gemessen werden. Legt daher fest, wie gemessen werden soll, welche Messinstrumente eingesetzt und wie die gemessenen Werte dokumentiert werden sollen.

- Entscheidet gemeinsam darüber, wie das Experiment durchgeführt werden soll: Wer führt die Sprungversuche durch? Wer notiert die Messwerte? Wer führt die Messungen durch?

- Behaltet Eure Vorgehensweise (z. B. Messverfahren) bei und ändert diese nicht während des Experiments.

Didaktisch-methodische Hinweise zur Aufgabe

Ein Experiment wird mit dem Ziel durchgeführt, Vermutungen über Wirkungszusammenhänge zu einem beobachteten Phänomen überprüfen und nach Möglichkeit Gesetzmäßigkeiten ableiten zu können. Der Anlass zu statistischen Experimenten kann sich an (einfach formulierten) Schülerfragen wie z. B. „Wie wichtig ist Licht für das Wachstum von Pflanzen?" entfalten und zu gehaltvollen Unterrichtsexperimenten führen, die zudem eine Chance für einen sinnstiftenden, fächerverbindenden und phänomenologisch orientierten Unterricht bieten. Außer naturwissenschaftlichen Fragestellungen können auch einfache Entscheidungsfragen aus der alltäglichen Umwelt eine experimentelle Überprüfung und mathematische Analyse motivieren. Welche Anforderungen an ein Experiment zu stellen sind, damit die Ergebnisse tragfähig sind, und welche Kennzeichen die experimentelle Vorgehensweise trägt, wird hier am Beispiel des Papierfrosch-Experiments diskutiert. Für dieses Experiment braucht man zunächst die Papierfrösche, die ihre Sprungkraft in dem Experiment zeigen sollen. Diese kann man nach Bauanleitungen, die im Internet zu erhalten sind,[2] recht schnell und einfach falten.

Hypothesen: Vorabvermutungen, d. h. Hypothesen, zum Ausgang eines Experiments sind von besonderer Wichtigkeit, weil sie die Referenz für den Erkenntnisgewinn durch das Experiment bilden. Wie denkt man vorher und nachher über die experimentelle Frage? Hier also beispielsweise in der Art etwa von: „Vorher glaubte ich, dass der größere Frosch auch die größten Sprünge macht, bei der experimentellen Durchführung kam es aber anders". Oder allgemeiner formuliert: „Wie habe ich vorher über die Sachfrage gedacht, wie bin ich zu einer geänderten Sichtweise gelangt, und welche Konsequenzen ergeben sich für mich daraus?" Schon die bewusste Wahrnehmung der eigenen, systematisch herbeigeführten Erkenntnisveränderung ist als Lernziel zu betrachten, lässt sie doch erfahren, dass aufmerksames Beobachten und kritisches Hinterfragen zu neuen Einsichten führen kann. Solche Hypothesen mitsamt ihrer Begründung sollten schriftlich festgehalten werden, da sich die Wahrnehmung und Einstellung zur experimentellen Frage oftmals unter dem Eindruck der Beobachtungen während des Experiments ändert und sich nach oder während der experimentellen Durchführung nur schwer rekonstruieren lässt.

Versuchsplanung (Merkmale und Stichprobe):   Die Versuchsplanung ist ein Kernstück der experimentellen Vorgehensweise. So müssen das Experiment und dessen mögliche Ergebnisse bereits im Voraus durchdacht und in eine sequenzielle Form des geplanten Vorgehens gegossen werden. Dazu ist Erfahrung vonnöten, die erst in der Arbeit mit verschiedenen experimentellen Beispielen sukzessive aufgebaut werden kann. Die fast zwangsläufigen Schwierigkeiten und Fehler der Planung und Durchführung von Experimenten im Unterricht sollten aber nicht als problematisch, sondern als gewinnbringend verstanden werden. So ist das eigene Nachdenken und kritische Reflektieren, das aufgrund mangelnder Erfahrung vielleicht zu Fehlern in der Versuchsplanung führt, dem rezepthaften, aber unverstandenen Nachvollziehen vorgefertigter Experimente vorzuziehen.

Die Arbeit mit einem „Versuchsfahrplan" stellt eine Hilfe dar. Insbesondere Ungeübte laufen in der experimentellen Durchführung noch Gefahr, unter dem Eindruck der zum Teil vielfältigen Geschehnisse die Übersicht über Handlungsabläufe wie Beobachtungs- oder Dokumentationsaufgaben zu verlieren. Gerade, wenn sich unvorhergesehene Aspekte auftun und den Ablauf des Experiments in Frage stellen, tritt diese Gefahr auf. Dann erweist sich ein Verlaufsplan als vorteilhaft: Er bietet Handlungssicherheit während des Experiments und bildet eine Grundlage für

---

[2]Unter `http://www.leitideedatenundzufall.de` findet sich auf unserer Homepage zu diesem Buch eine Anleitung.

die nachträgliche Reflexion des Versuchsablaufs.

Im Beispiel des Papierfrösche-Springens müssen sich die Schülerinnen und Schüler über verschiedene Fragen einigen: Wie viele verschiedene Froschsorten sollen hinsichtlich ihrer Sprungweiten verglichen werden? Wie viele verschiedene Exemplare einer Sorte sollen getestet werden und wie viele Testläufe pro Exemplar sollen erfolgen? Testen in einer Gruppe mehrere Schülerinnen und Schüler mehrere Frösche gleichzeitig oder wird sukzessive vorgegangen? Gibt es Trainingseffekte oder Materialverschleiß und wie können solche Effekte nach Möglichkeit ausgeglichen werden? Welche Materialien werden außer den Papierfröschen noch benötigt? Mit solchen und weiteren Fragen gehen die Schülerinnen und Schüler das Experiment vorab simulativ durch und halten ihre Entscheidungen zum Ablauf im Versuchsfahrplan schriftlich fest. Betrachtet man das Experiment anhand der Begriffe der Grundgesamtheit bzw. Stichprobe und der Merkmale, so kann Stück für Stück geklärt werden, was das Experiment erbringen soll, welche Merkmale (Variablen) möglichst konstant und welche variabel gehalten werden sollen. Legt man den Frosch als Träger der Merkmale fest, so hat er beispielsweise folgende Merkmale:

- die Größe: In der Aufgabenstellung ist hier die Stichprobe durch die Beschränkung auf zwei Merkmalsausprägungen (groß/klein) zum Teil festgelegt worden. Geklärt werden muss aber, ob die Stichprobe jeweils einen oder jeweils mehrere Froschexemplare enthält.

- der Springer: Auch das ist ein Merkmal des Frosches. So könnte etwa ein Schüler mit einer ausgefeilteren Sprung-Technik einem bestimmten Froschtyp zu besseren Ergebnissen verhelfen, obwohl dieser Frosch bei den übrigen Schülerinnen und Schülern nicht so gut abschneidet. Hier ist also zu klären, welche Schüler (als Merkmalsausprägungen dieses Merkmals) zum Sprungexperiment als Experimentatoren zugelassen werden.

- die Sprungweite: Das ist natürlich neben der Froschgröße das entscheidende Merkmal, um die Frage in der Aufgabenstellung beantworten zu können. Hier ist aber im Sinne der Stichprobe zu klären, wie viele Sprungweiten eines Frosches erhoben werden sollen.

Im letzten Aspekt zur Festlegung der Stichprobe unterscheidet sich das Experiment fundamental von der Befragung (etwa von Schülerinnen und Schülern). So ist bei der Befragung davon auszugehen, dass sich die Ausprägung eines Merkmals (etwa die Körpergröße) nicht ändert, wenn man eine Person mehrmals hintereinander befragt (abgesehen vom langfristigen Wachstum der Person). Beim selben Frosch wird sich dagegen die Ausprägung des Merkmals Sprungweite von Sprung zu Sprung aufgrund nicht kontrollierbarer Einflüsse ändern. Systematische Einflüsse – wie oben zu den Merkmalen des Frosches genannt – können und sollen dagegen im Versuchsfahrplan etwa in folgender Weise festgelegt werden:

Merkmal	Festlegung der Stichprobe
Größe	Zwei verschiedene Froschgrößen (groß/klein). Von jeder Größe wird ein Exemplar ausgewählt.
Springer	Es werden vier Springer ausgewählt, die beide Froschexemplare hüpfen lassen.
Sprungweite	Von jedem Frosch werden pro Springer zehn Sprungweiten erhoben.

Variiert man den Versuchsfahrplan, was offenbar auf vielfältige Weise möglich ist, so beeinflusst man die Ergebnisse. Insbesondere ist die Aufgabenverteilung bei der experimentellen Datenerhebung eben nicht nur von pädagogischer Bedeutung, da die Springer, ohne es zu wollen oder sich dessen bewusst zu sein, vermutlich einen starken Einfluss auf die Datenerhebung haben. Hält man, wie hier vorgeschlagen, die Ausprägungen der Merkmale Springer und Größe unter Kontrolle, um sich auf die Sprungweiten zu konzentrieren, so ist in jedem Experiment schließlich zu klären, wie die Ausprägungen des entscheidenden Merkmals erhoben oder gemessen werden sollen.

Messen: Es kann schon beim elementaren Messen mit einem Maßband bei Schülerinnen und Schülern zu Schwierigkeiten kommen. Wir gehen hier allerdings nur auf Strategien zum Vermeiden systematischer, undokumentierter Messfehler ein, die durch eine Erweiterung des Versuchsfahrplans vermieden werden können. Ohne solch eine reflektierte Vorbereitung des Messvorgangs kann es zu gravierenden Problemen bei der experimentellen Datengewinnung kommen: Systematische Messfehler können zu Datenverzerrungen führen, die, wenn sie nicht festgehalten werden, im Nachhinein bei der Datenanalyse nicht mehr zu erkennen sind und unter Umständen zu falschen Schlussfolgerungen führen.

Im Kontext des Papierfrosch-Springens wäre beispielsweise vorab zu klären: Womit soll gemessen werden, was wird wie genau gemessen und wie wird die Messung dokumentiert? Der Versuchsfahrplan könnte sich also folgendermaßen erweitern:

Aspekt	Festlegung
Messinstrument	Maßband (alternativ etwa: Lineal)
Messpunkte	Festlegung eines Startpunktes, Messen der Entfernung vom Startpunkt bis zum nächstgelegenen Punkt des Frosches (nach Sprung und eventuellem Rutschen)
Genauigkeit der Messung	Messen der Länge in cm
Dokumentation der Messwerte	(am besten mit dem Rechner) in einer Tabelle mit Froschnummer, Nummer des „Springers", Nummer des Versuchs, Länge des Sprungs in cm

Bei genauer Betrachtung des Versuchsfahrplans wird deutlich, dass eine Vielzahl anderer Entscheidungen möglich und ebenso sinnvoll wäre. Erst die Durchmischung verschiedener Versuchsfahrpläne würde zu den möglichst zu vermeidenden irreparablen Verzerrungen im Datensatz führen.

1.3 Beobachtungen

Abbildung 1.4: Straßenkreuzung

Aufgabe 4: Plant eine Verkehrszählung an einem geeigneten Ort in der Nähe Eurer Schule und führt diese durch.

Mögliche Erweiterungen und Präzisierungen der Aufgabenstellung

- Überlegt Euch, an welchem Wochentag, zu welcher Uhrzeit und an welchem Beobachtungsort Ihr Eure Verkehrszählung durchführen wollt.

- Steckt am gewählten Beobachtungsort vorab genau den Ausschnitt Eurer Beobachtung ab.

- Definiert genau, was Ihr beobachten wollt. Geht es beispielsweise nur um vierrädrige Verkehrsmittel, oder sollen auch alle Zweiräder mit in die Beobachtung aufgenommen werden? Wie ist mit Fahrzeugen umzugehen, die einen Anhänger haben? Sollen diese als eine Zähleinheit vermerkt werden, oder wird jedes Gefährt einzeln gezählt?

- Legt fest, wie Ihr Eure Zählung durchführen und dokumentieren wollt. Sollen die Fahrzeuge nach ihrer Art unterschieden werden, oder soll eine Zählliste angefertigt werden, in die alle beobachteten Fahrzeuge unterschiedslos aufgenommen werden? Legt ebenfalls fest, wie die Gesamtheit der Daten dokumentiert werden soll.

- Legt genau fest, wo welche Schülergruppen ihre Beobachtung durchführen und wie die Rollen bei der Beobachtung (Zählen, Kontrolle) verteilt sind. Führt dann die Verkehrszählung durch.

Didaktisch-methodische Hinweise zur Aufgabe

Die neben Befragungen und Experimenten dritte Möglichkeit, Daten zu erheben, besteht in der
(systematischen) Beobachtung. Bei einer systematischen Beobachtung wird die Aufmerksamkeit
auf eine bestimmte Situation oder einen bestimmten Prozess gerichtet. Ziel ist es, im Beobach-
tungsprozess Daten zu sammeln, die Auskunft über die interessierende Frage geben. Die Verkehrszählung ist ein klassisches Beispiel, das oftmals in Lehrbüchern der Unterstufe erscheint.
Es ist aber gerade die vermeintliche Alltäglichkeit, die die Gefahr nahelegt, dass die Schülerinnen
und Schüler eine Beobachtung vielleicht nicht mit der nötigen Sorgfalt und Achtsamkeit angehen. Dies kann jedoch dazu führen, dass in die Beobachtung systematische Fehler einfließen, die
in der Datenanalyse als solche nicht mehr zu erkennen sind. Entscheidend für die Vermeidung
von systematischen Fehlern ist die zeitliche, örtliche und sächliche Festlegung der Stichprobe
(bzw. der Grundgesamtheit).

Ort und Zeit der Beobachtung: Erklärt man als Grundgesamtheit zunächst den in einer Woche (in einem Monat etc.) an einem Beobachtungspunkt (vor der Schule) vorbeifließenden Verkehr, so ist offensichtlich, dass dieser nur mittels einer Stichprobe erhoben werden kann. Dann
wird aber schon die Wahl eines bestimmten Wochentags erheblichen Einfluss darauf haben, was
an Verkehr zu zählen ist. Allein die Tatsache, dass samstags in der Regel kein Unterricht statt-
findet, wird dazu führen, dass bei einer morgendlichen Verkehrszählung in der Nähe der Schule
an einem Samstag erheblich andere Beobachtungswerte ermittelt werden als an einem anderen
Wochentag. Auch die Wahl der Tageszeit kann bei zeitabhängigen Beobachtungen im engeren
Sinn erheblichen Einfluss auf die Daten nehmen.

Abbildung 1.5: Beobachtungsausschnitt einer Verkehrszählung

Beobachtungsausschnitt: Um die erhobenen Daten nach der Beobachtung der Situation entsprechend analysieren zu können, muss der Bezugsrahmen (der Ort) der Datenerhebung *vor* der
Beobachtung festgelegt werden. *Während* der Beobachtung darf dieser Bezugsrahmen nicht verlassen werden, da es sonst zu Verzerrungen im Datensatz kommt, die nicht auf das beobachtete
Phänomen zurückzuführen sind, sondern auf Einflüsse der Datenerhebung. Im Beispiel der Verkehrszählung könnte es etwa dazu kommen, dass bei Zählungen an einem festgelegten Ort an

unterschiedlichen Tagen deshalb große Unterschiede auftreten, weil an einer Kreuzung an einem Tag nur der Verkehr einer Zufahrtsstraße gezählt wurde, während an einem anderen Tag dieselbe Kreuzung (vielleicht durch eine andere Gruppe unwissentlich) an einer Stelle beobachtet wurde, an welcher noch der Verkehr einer zweiten Zufahrtsstraße hinzukommt. Ein Hilfsmittel ist ein Beobachtungsfenster oder ein Passepartout, das für alle Verkehrszählungen, die vergleichbar sein sollen, immer an der gleichen Stelle verwendet wird (vgl. Abb. 1.5). Ein solches Beobachtungsfenster steht nicht nur sinnbildlich, sondern realiter für den Beobachtungsausschnitt: Nur die im Beobachtungsfenster zu sehenden Objekte der Verkehrszählung werden auch tatsächlich gezählt. Durch die Festlegung eines Beobachtungsausschnitts werden die Daten, die zu unterschiedlichen Zeitpunkten oder an unterschiedlichen Orten aufgenommen werden, vergleichbar.

Was wird beobachtet, was und wie wird gezählt?   Es ist zu klären, was als „Verkehr" gezählt werden soll: Sollen etwa auch Radfahrer oder nur Kraftfahrzeuge gezählt werden? Bei Letzterem ist dann der Begriff „Kraftfahrzeug" auch noch näher zu definieren. Entscheidend ist, dass bei der Zählung die auftretenden Objekte eindeutig erfasst werden können. In diesem Zusammenhang ist auch von Bedeutung, ob kategorisierend gezählt werden soll, also nach Fahrzeugtypen getrennt, oder kumulativ in einer Häufigkeitszählung, in der alle definierten Fahrzeugtypen aufgenommen werden. Die kategorisierende Zählweise ist komplexer, ergibt jedoch einen Datensatz mit einem höheren Informationsgehalt. In der Regel ist hierüber aus inhaltlichen Gründen heraus zu entscheiden, welche den Anlass für die Datenerhebung geben.

Aufgrund ihrer einfachen Handhabung und gleichzeitigen Übersichtlichkeit werden oftmals Strichlisten zur Erfassung von absoluten Häufigkeiten herangezogen. Strichlisten eignen sich durch die additive Zählweise besonders gut für die sukzessive Datenaufnahme. Die dabei gewöhnlich verwendeten Fünfer-Bündelungen haben den Vorteil, dass sie bereits während der Zählung schnelle Bestandsaufnahmen ermöglichen. Übersichtlich angeordnet können bei einer kategorisierenden Zählung solche Fünfer-Bündel bereits die Umrisse für einfache Stab- und Balkendiagramme vermitteln.

Analog zu einem Versuchsfahrplan könnte für das Beispiel der Verkehrszählung folgender Beobachtungsfahrplan aufgestellt werden:

Aspekt	Festlegung der Stichprobe
sächlich/örtlich	aller Kraftverkehr, der sich ab der Ampel von dieser entfernt
zeitlich	je eine Vierergruppe beobachtet den Verkehr an einem Wochentag (Montag bis Freitag) in der Zeit von 11.00 Uhr bis 11.30 Uhr
Beobachter	jeweils vier Schülerinnen und Schüler. Ein Beobachter ruft die Art des Kraftfahrzeugs, ein anderer notiert die Kraftfahrzeuge. Ein weiteres Paar dient der internen Kontrolle.
Messung	es wird unterschieden nach den Arten Pkw, Lkw, Motorzweirad, Bus und Sonstiges
Dokumentation	mit Hilfe einer Tabelle, die die Arten der Kraftfahrzeuge als Rubriken hat (eine spätere Übertragung der Ergebnisse in den Rechner ist sinnvoll)

1.4 Allgemeine didaktisch-methodische Überlegungen

Die ausführliche Diskussion der Beispiele in den vorangegangenen Abschnitten ist kein unmathematisches Vorgeplänkel der eigentlichen Beschäftigung mit der Stochastik. Obwohl es bei Fragen der Erhebung statistischer Daten noch nicht um mathematische Methoden im engeren Sinne geht, gehören diese Fragen untrennbar zum Aufbau der in der Leitidee *Daten und Zufall* angelegten Datenkompetenz, die dort unter den Stichworten des Planens einer statistischen Erhebung sowie des systematischen Sammelns von Daten explizit als Teilkompetenzen aufgenommen worden sind (KMK, 2003).

Die vier Beispiele in den vorangegangenen Abschnitten haben die Funktion, konkrete umsetzbare und möglichst schülernahe Problemstellungen aufzuzeigen. Mit solchen Problemstellungen können Kompetenzen hinsichtlich der Erhebung statistischer Daten in vielfältiger Weise gefördert werden. Dabei geht es nicht um das vollständige Abarbeiten aller Beispiele im Unterricht. Vielmehr ist es unser Anliegen, verschiedene Probleme und Aspekte zur Erhebung statistischer Daten zu erläutern. Damit können später im Unterricht zumindest anhand eines Beispiels die zentralen Ideen dieses Teils von Datenkompetenz behandelt werden. Diese zentralen Ideen der Erhebung sind im Folgenden zusammengestellt.

Erkennen der Notwendigkeit von Daten: Der Anreiz für eine Datenerhebung besteht darin, dass auf eine Ausgangsfrage Antworten gesucht werden, die nicht nur auf persönlichen Überzeugungen, Einschätzungen, Wunschvorstellungen oder – etwas bösartiger formuliert – auf Stammtischmeinungen basieren. Diesen Gedanken haben Wild & Pfannkuch (1999) als Aspekt des statistischen Denkens ausgeführt (vgl. Einleitung), der zunächst banal klingt: Er besteht darin, dass die Einsicht, dass es für die Beantwortung vieler realer Fragestellungen (guter) Daten bedarf („recognition of the need for data"), erst entwickelt werden muss. Horcht man in sich selbst hinein, so wird man kritisch feststellen müssen, dass eine Fülle von „Wissen" über die Welt eine sehr schmale oder gar keine empirische Basis hat. Dabei muss es nicht allein darum gehen, mehr oder weniger ernst gemeinte Stammtischmeinungen wie „Männer können nicht zuhören und Frauen nicht rückwärts einparken" als solche zu identifizieren. Es kann vielmehr auch eine allgemeine Skepsis oder Kritikfähigkeit aufgebaut werden, die sich auf statistische Aussagen bezieht (vgl. Einstiegsproblem dieses Kap. 1). Unabhängig vom Sachkontext ist es ein wichtiges Ziel des Stochastikunterrichts, die Sensibilität dafür auszubilden, eine empirische Basis für eigene Überzeugungen zu suchen oder zumindest die Erkenntnis zu gewinnen, dass die eigenen Überzeugungen auf einem (empirisch) unsicheren Grund stehen. Die selbstständige Planung statistischer Erhebungen kann dazu beitragen, dieses Ziel zu erreichen.

Verbindung von Daten und Sachkontext: Für Wild & Pfannkuch (1999) gehört auch die stetige Verbindung von Daten und Sachkontext zu den fünf Aspekten des statistischen Denkens (vgl. Einleitung). So sind Daten Zahlen mit Kontext, die deshalb erhoben (und analysiert) werden, weil man etwas über den Kontext erfahren will. Daher ist es die zentrale didaktische Aufgabe des Unterrichts, der einer Datenerhebung vorausgeht, das fragende Interesse auszulösen, welches in dem Kontext der Datenerhebung gründet. Die einfache Arbeitsanweisung an die Schülerinnen und Schüler, wie sie sich (leider) immer wieder in Schulbuchwerken wiederfindet, erst dieses zu tun und danach genau jenes zu tun, wirkt hier kontraproduktiv: Sie weist den eigentlichen Akteuren der Datenerhebung die Rolle von bloßen Statisten zu. Die damit verbundene, oberflächlich betrachtet vermeintlich attraktive Handlungsorientierung erweist sich dann als trügerisch und mathematisch-inhaltlich hohl, wenn die Datenerhebung nicht von einem zumindest ansatzweise vorhandenen fragenden Interesse zum Datenkontext begleitet ist. Sind keine kontextuell motivierten Beweggründe für eine Datenerhebung vorhanden, dann läuft die Datenerhebung Gefahr, aus Sicht der Schülerinnen und Schüler als seltsam mystisches Ritual wahrgenommen zu werden, dessen Planung und Durchführung an nicht oder nur schwer nachvollziehbaren Formalitäten gebunden ist. Im schlimmsten Fall läuft der Unterricht dann darauf hinaus, dass bei der Datenerhebung alle etwas (vielleicht sogar begeistert) tun, aber keiner weiß, was und warum eigentlich.

Der pädagogisch wesentliche Aspekt der Datenanalyse liegt jedoch darin, dass die Schülerinnen und Schüler die Arbeitsweisen der Statistik und die zugrunde liegenden Grundvorstellungen kennen und handhaben lernen. Derartiges lernt man nur durch eigene Erfahrungen beim Erheben und Erforschen von Daten. Dies schließt das Begehen, Erkennen und Berichtigen von Irrwegen mit ein. Das didaktische Leitbild, welches der amerikanische Statistiker J. W. Tukey (1977) für die Explorative Datenanalyse aufgestellt hat, ist das eines Datendetektivs. Ein guter Detektiv beginnt vorurteilsfrei zu suchen und zu fragen.

Aus dieser Perspektive wäre es ideal, wenn der Stochastikunterricht sich an den Fragestellungen von Schülerinnen und Schülern entfalten würde und die vorgestellten, wie auch sonst alle publizierten Beispiele hinfällig werden würden. Der Mathematikunterricht ist aber nicht ideal, sondern real. Eine Schulklasse hat nicht *das eine* Interesse, sondern eine Fülle verschiedener individueller Interessen. So ist von Klasse zu Klasse abzuwägen, ob man auf bereits unterrichtserprobte Beispiele zurückgreift oder eigene Fragestellungen verfolgt. Unabhängig von der Fragestellung sind jedoch die übergreifenden didaktischen Überlegungen zur Planung und Durchführung statistischer Datenerhebungen wichtig, die hier anhand von Beispielen eingeführt wurden.

Hypothesen bilden und verändern: Das zentrale Motiv der Datenanalyse, das der Erhebung *vorausgeht,* ist das Wissen-Wollen und beständige Hinterfragen. Dieses Motiv *begleitet* den gesamten Prozess der Datenanalyse und selbst die Beurteilung statischer Daten. Das kann am Beispiel der experimentellen Datenerhebung veranschaulicht werden:

- Haben sich bei der experimentellen Durchführung die Vorabvermutungen bestätigt?

- Haben sich Phänomene bei der experimentellen Durchführung ergeben, an die vorher nicht gedacht wurde und die möglicherweise eine Modifikation der Vorgehensweise notwendig machen?

Schon diese und ähnliche Fragen können auf den besonderen didaktischen Reiz der experimentellen Vorgehensweise hinweisen: Es geht nicht darum, vorab bereits alles zu wissen, sondern darum, etwas in (empirisch gesicherte) Erfahrung zu bringen. Ein solcher Erfahrungs- oder Wissenszuwachs besteht bei weitem nicht allein in der inhaltlichen Fragestellung – im Beispiel des Papierfrosch-Springens wäre der inhaltliche Lernzuwachs wohl schwerlich mit inhaltlichen Vorstellungen aus einem beliebigen curricularen Rahmenrichtlinienplan zu rechtfertigen. Das Lehrreiche ist in der experimentellen Vorgehensweise selbst zu sehen: im beständigen Hinterfragen der eigenen (vermeintlich unreflektierten) Vorgehensweise, im beständigen Nachdenken über die Konsequenzen, die sich aus systematischen Fehlern des eigenen Vorgehens ergeben, im Erleben und Akzeptieren von allgegenwärtiger Variabilität, selbst bei bestmöglicher Kontrolle aller möglichen Einflussfaktoren etc. Diese Liste ließe sich noch fortsetzen und ohne größere Schwierigkeiten auf die anderen Formen der Datenerhebung übertragen.

Klasse statt Masse: Wenn man im Idealfall erkannt hat, dass man für Antworten auf viele Fragen statistische Daten benötigt, dann stellt sich die Frage, wie die Daten beschaffen sein müssen, um möglichst gute Antworten zu finden. Eine schlichte, für alle betrachteten Beispiele gleichermaßen passende Maxime lautet: „Klasse statt Masse." Das heißt, dass nicht die Größe einer Stichprobe primär wichtig ist, sondern die Beschaffenheit der Stichprobe, die sorgfältige Definition von Merkmalen und die ebenso sorgfältige Erhebung bzw. Messung von Merkmalsausprägungen. „Lieber wenige gute, als viele schlechte Daten – und, wenn die Daten gut sind, dann möglichst viele", könnte man dies zugespitzt formulieren.

- Versucht man durch Befragung in Wolfsburg die Fahrzeugpräferenz aller Deutschen zu erheben, so würde als Ergebnis vermutlich der Schluss stehen, dass mehr als die Hälfte einen Volkswagen fährt. In Stuttgart oder Rüsselsheim würde dagegen vielleicht eher eine Präferenz zu Mercedes oder Opel festzustellen sein, beides weitgehend unabhängig von der Größe der Stichprobe. Erst das Einhalten elementarer Grundregeln für das Erzeugen (zumindest annähernd) repräsentativer Stichproben bewirkt, dass man Daten erhält, durch deren Analyse man später brauchbare Aussagen bilden kann (vgl. insbesondere das Einstiegsbeispiel und Kap. 1.1 zur Umfrage).

- Beim Weitsprung misst man die Weite, indem man (ideal) den Abstand zweier Geraden bestimmt. Die eine ist durch den Absprungbalken bestimmt, die andere verläuft parallel zur ersten und geht durch den nächstgelegenen Punkt des Landeabdrucks im Sand. Man würde aber systematisch andere Ergebnisse erhalten, wenn man (wie etwa beim Diskuswurf) den Abstand vom Absprungpunkt bis zum Landeabdruck messen würde. Beide Messungen sind sinnvoll. Da man aber grundsätzlich verschiedene Möglichkeiten der Messung hat, muss man sich für eine entscheiden und diese so genau wie möglich beschreiben. Misst der eine so, der andere anders, so werden die Ergebnisse verzerrt (vgl. dazu Kap. 1.2 zum Experiment).

- Versucht man die Frage zu klären, wie viele vierblättrige Kleeblätter auf einer Wiese wachsen, dann ist insbesondere der Beobachtungsausschnitt wichtig. Ein Beobachtungsfenster oder Passepartout könnte bei diesem Beispiel ein Holzrahmen sein, der das jeweilige Beobachtungsfeld im wahrsten Sinn des Wortes absteckt: Nur die Kleeblätter, die in diesem Holzrahmen zu finden sind, werden gezählt. Erst mit einem solchen Hilfsmittel kann man sicherstellen, dass die Daten vergleichbar sind (vgl. Kap. 1.3 zur Beobachtung).

In vielen Situationen reichen überraschend wenige Daten aus, um mit einer gewissen Sicherheit Schlussfolgerungen und Verallgemeinerungen treffen zu können – vorausgesetzt die Daten sind gut und nach einem wohldurchdachten Plan erhoben worden. In didaktischer Hinsicht ist es daher von besonderer Bedeutung, dass die Daten nicht einfach „irgendwie" erhoben werden. Die vorangehenden Beispiele können und sollten dazu dienen, die Frage zu behandeln, mit welchen Mitteln *gute Daten* erhoben werden können. Als Kondensat ergibt sich daraus, dass drei Aspekte der Erhebung statistischer Daten genau festgelegt sein müssen, wenn man gewährleisten möchte, dass die Daten potenziell „gut" sind, nämlich:

- die Sache: Dazu gehört die Definition der Grundgesamtheit (alle Verkehrsteilnehmer oder nur die motorisierten, vgl. Kap. 1.3), der Stichprobe (auch mit den Gedanken zu ihrer Repräsentativität, vgl. Kap. 1.1) und schließlich der Merkmale und ihre Messung (Abstand vom Absprungpunkt bis Ruhelage nach dem Sprung, vgl. Kap. 1.2),

- der Ort: Dieser Aspekt bezieht sich primär auf die Definition von Grundgesamtheit und Stichprobe (Verkehr innerhalb eines Beobachtungsausschnitts, vgl. Kap. 1.3),

- die Zeit: Dieser Aspekt bezieht sich ebenfalls primär auf die Definition von Grundgesamtheit und Stichprobe (Verkehrsbeobachtung am Samstag oder Montag, vgl. Kap. 1.3).

Ansätze, um die Datenkompetenz bezogen auf das Erzeugen guter Daten aufzubauen, können einerseits in der kritischen Reflexion mangelhafter Erhebungssituationen bestehen. Andererseits kann aber auch die Planung eigener Erhebungen und deren kritische Reflexion diesem Ziel dienen. Selbst Fehler in der eigenen Erhebung können produktiv sein, wenn man diese kritisch reflektiert. Schließlich können wichtige Gütekriterien einer Erhebung statistischer Daten, nämlich deren Nachvollziehbarkeit und deren prinzipielle Wiederholbarkeit, zumindest implizit angelegt werden.

Modellierung: Erhebungen von Daten so planen zu können, dass die erzeugten Daten den genannten Gütekriterien genügen, hat auch dann erhebliche Bedeutung, wenn man über den Tellerrand der Disziplin Statistik hinausschaut. So ist nahezu jede Modellierung (realer Situationen mit Hilfe der Mathematik) mit der Analyse von Daten verbunden. Betrachtet man den in der Didaktik häufig verwendeten Modellierungskreislauf (Abb. 1.6), so fehlt in ihm allerdings der Hinweis auf die zentrale Stellung von Daten für die Modellierung.

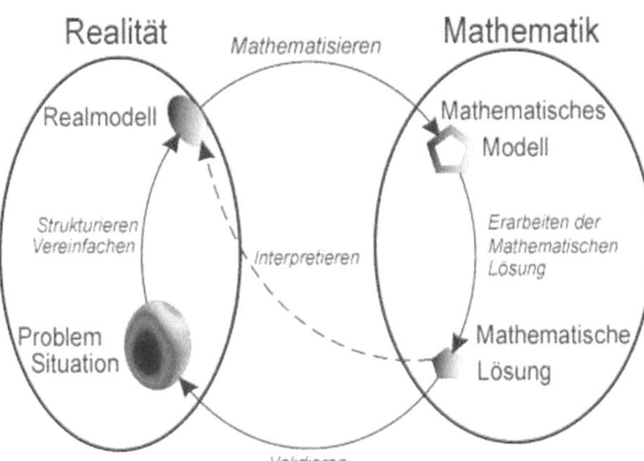

Abbildung 1.6: Modellierungskreislauf nach Förster (Eichler & Förster, 2008)

Im Sinne des Modellierens geht es bei der Datenerhebung stets darum, aus einer realen Ausgangssituation heraus ein Realmodell zu erstellen, das sich in den Daten abbildet. Dieses Realmodell (die Daten) bildet den Ausgangspunkt für die Bearbeitung mit mathematischen Mitteln (dem Mathematisierungsprozess), die darauf hinzielt, Strukturen im Nebel der allgegenwärtigen

Variabilität statistischer Daten ausfindig zu machen und zu beschreiben. Soll etwa ein Experiment zum Zusammenhang von Fallstrecke und Zeit beim freien Fall[3] vorgenommen werden, so muss dieses Experiment insbesondere hinsichtlich von *Sache* und *Ort* genau geplant werden, wenn man in den Daten später eine quadratische Funktion erkennen möchte. Selbst gute Daten werden dann, sofern sie echt und nicht konstruiert sind, eine quadratische Funktion nicht in Reinform, sondern als Muster (oder Modell) mit mehr oder minder starken Abweichungen zeigen. Kurz: Will man bei der Modellierung tragfähige mathematische Aussagen gewinnen, so muss ein mit Hilfe *guter* Daten gebildetes Realmodell der Ausgangspunkt sein.

Aufbau von Kritikfähigkeit: Ein sehr allgemeines Ziel, nämlich die kritikfähige Teilnahme an wirtschaftlichen, politischen oder gesellschaftlichen Entscheidungsprozessen, kann und soll ein Ziel des Aufbaus von Datenkompetenz sein. Dazu gehört aber auch untrennbar die Fähigkeit, die Planung und Erhebung statistischer Daten beurteilen zu können. Außerhalb der Schule kann man im Allgemeinen davon ausgehen, dass die Schülerinnen und Schüler Entscheidungsprozesse über Publikationen in den Medien aufnehmen, aber nicht selbst Daten erheben werden. Will man aber Statistiken und die darauf beruhenden Aussagen kritisch beurteilen, so benötigt man nicht nur Kenntnisse in statistischen Methoden, sondern auch Kenntnisse darüber, was gute und was schlechte Daten, was geeignete Fragestellungen oder sinnvolle Merkmalsdefinitionen sind. Solche Kenntnisse erlangen Schülerinnen und Schüler, indem sie entweder lernen, bestehende Statistiken systematisch auf ihre Erhebungssituation hin zu durchleuchten, oder aber selber Erhebungen planen und durchführen. Kritikfähigkeit meint dabei stets den geschärften und zur Skepsis bereiten Blick auf Fremdstatistiken zusammen mit der Bereitschaft, Erhebungssituationen zu rekonstruieren.

1.5 Statistische Methoden und Begriffe

Merkmal: Als *Merkmal* werden in einer statistischen Untersuchung die Eigenschaften bezeichnet, die von Interesse sind und beobachtet werden sollen (z. B. Sprungweite von Papierfröschen).

Merkmalsträger, Grundgesamtheit, Stichprobe: Ein Merkmal ist eine Eigenschaft der untersuchten *statistischen Einheiten* (oder *Merkmalsträger*, z. B. Papierfrösche). Die Menge aller Merkmalsträger wird als *Grundgesamtheit* (oder statistische Masse), eine Teilmenge der Grundgesamtheit als *Stichprobe* bezeichnet.

Repräsentativität: Eine Stichprobe wird dann als *repräsentativ* bezeichnet, wenn begründet angenommen werden kann, dass alle Eigenschaften, die potenziell auf die Ausprägung eines Merkmals wirken können, in der Stichprobe mit den gleichen Anteilen wie in der Grundgesamtheit vorhanden sind.

Merkmalsausprägung: Die Merkmalsausprägungen eines Merkmals sind diejenigen Werte, in welchen sich dieses Merkmal realisiert (z. B. die konkreten Sprungweiten der Papierfrösche).

Messung: Die Zuordnung einer Merkmalsausprägung zu einem Merkmalsträger erfolgt über das *Messen*. Umgangssprachlich werden Messungen mit technischen Hilfsmitteln wie etwa einem Meterstab durchgeführt. Aus statistischer Perspektive ist unter einer Messung aber auch z. B.

---

[3]ohne Berücksichtigung des Luftwiderstands

die Zuweisung einer Zahl zu den Ausprägungen eines nominalskalierten (s. u.) Merkmals zu verstehen: *ledig* $\mapsto$ 1, *verheiratet* $\mapsto$ 2, *verwitwet* $\mapsto$ 3 und *geschieden* $\mapsto$ 4.

Statistische Daten: Das Paar (Merkmalsträger, Merkmalsausprägung) nennt man *statistisches Datum.* Alle erhobenen Paare nennt man die Menge der *statistischen Daten.*

Skalierung: Die Merkmalsausprägungen eines Merkmals können grundsätzlich folgende drei Skalierungen haben:

- Sind die Merkmalsausprägungen Begriffe, die keiner Hierarchie genügen, so sind diese *nominalskaliert* (z. B. Geschlecht, Religion).

- Genügen die Merkmalsausprägungen einer Hierarchie, während aber die Abstände zwischen den Merkmalsausprägungen nicht definiert sind, so sind die Merkmalsausprägungen *ordinalskaliert* (z. B. Zensuren, Spargelklassen).

- Genügen die Merkmalsausprägungen einer Hierarchie und sind die Abstände zwischen den Merkmalsausprägungen definiert, so sind die Merkmalsausprägungen *metrisch skaliert* (z. B. Anzahlen, physikalisch messbare Größen).

Univariate, bivariate und multivariate Daten: Daten, die sich auf ein Merkmal beziehen, heißen *univariat.* Daten, die sich auf zwei Merkmale beziehen, heißen *bivariat.* Bei der Beobachtung von drei oder noch mehr Merkmalen spricht man von *multivariaten* Daten.

1.6 Lesehinweise – Rundschau

Rundschau: Material

Obwohl die Planung und Durchführung statistischer Erhebungen ein wesentlicher Bestandteil des Curriculums zur Datenanalyse (KMK, 2003), des Ablaufplans einer statistischen Analyse (Biehler & Hartung, 2006) sowie ganz allgemein des statistischen Denkens ist (Wild & Pfannkuch, 1999), werden diese in der didaktischen Literatur und selbst in fachlichen Arbeiten zur Statistik nur selten behandelt. Schaut man etwa in gängige Fachbücher zur schulrelevanten Stochastik, so fällt einerseits der geringe Raum, der der Datenanalyse gewidmet ist, und andererseits das vollständige Auslassen von Fragen der konkreten Planung und Durchführung statistischer Erhebungen auf.

Ebenfalls sehr begrenzt ist die didaktische Analyse der Planung und Durchführung statistischer Erhebungen. Selbst in den methodisch sehr detailliert gestalteten Lehrerhandbüchern aus den Vereinigten Staaten (NCTM, 2002) gibt es zwar eine Vielzahl von Unterrichtsbeispielen, Fragen und Probleme der eigenständigen Datenerhebung spielen dagegen keine Rolle. Das ist ebenso in der Vielzahl von Unterrichtsbeispielen zu Befragungen, Beobachtungen oder Experimenten der Fall, die beispielsweise in der Zeitschrift *Stochastik in der Schule* veröffentlicht sind. Auch hier spielt der Weg von der Fragestellung zur detailliert geplanten Erhebung statistischer Daten keine Rolle. Es gibt allenfalls vertiefende Überlegungen zur Planung statistischer Erhebungen (z. B. Hodgson, 1999, zu geschichteten Stichproben), die auch in methodologischen Handbüchern der Gesellschaftswissenschaften (z. B. zur Soziologie oder Psychologie) behandelt werden (z. B. Bortz & Döring, 2006) und für die Planung einer Erhebung in der Sekundarstufe I wenig relevant sind. Eine didaktisch geprägte Übersicht zu Erhebungsmethoden erhält man schließlich in Engel (2008).

Neben der exemplarischen Planung und Durchführung statistischer Erhebungen ist es für den Stochastikunterricht wichtig, mit guten Fremddaten zu arbeiten. Hier ist die Nützlichkeit der Arbeit von Engel (2007) für die konkrete Suche nach einerseits relevanten und andererseits brauchbaren Daten hervorzuheben. Die dort kommentierten Datensammlungen und weitere Links sind auf der Homepage zu diesem Buch[4] aufgenommen und werden dort regelmäßig auf ihre Aktualität hin überprüft.

Rundschau: Forschungsergebnisse

Entsprechend den wenigen didaktischen Ansätzen zur Erhebung statistischer Daten ist auch das Wissen zu Schülerschwierigkeiten im Zusammenhang mit der Erhebung statistischer Daten begrenzt. Uns ist aus dem deutschsprachigen Raum keine entsprechende Untersuchung bekannt. In der internationalen Forschung gibt es (ebenfalls wenige) Hinweise auf Schülerschwierigkeiten bei der Planung statistischer Erhebungen. Zusammengefasst bestehen diese darin, dass

- insbesondere die Auswirkung der Größe der Stichprobe auf die Ergebnisse einer Erhebung von Schülerinnen und Schülern kaum beachtet wird. So wird etwa kleinen Stichproben die gleiche Aussagefähigkeit wie großen Stichproben zugesprochen (Kahnemann & Tversky, 1972; Watson & Moritz, 2000).

- die Planung einer Erhebung nicht mit der projektiven Aussagefähigkeit einer Stichprobe, sondern mit anderen Argumenten begründet wird (Shaughnessy, 2007). So werden etwa statt möglichst repräsentativer Stichproben solche bevorzugt, die nach Meinung von Schülerinnen und Schülern als fair bezeichnet werden oder die aus Schülersicht potenziell ein gewünschtes Ergebnis erzeugen.

- das Vertrauen auf eine Datenquelle, etwa die Überzeugung eines Bekannten, einen größeren Einfluss auf die Überzeugung von Schülerinnen und Schülern hat als eine fremde, dafür aber eher repräsentative Stichprobe (Watson & Moritz, 2000).

- Schülerinnen und Schüler im Sinne von aussagefähigen Ergebnissen einerseits dazu tendieren, eine Vollerhebung (etwa in einer Schule) machen zu wollen, andererseits Stichproben als ähnlich aussagekräftig bezeichnen, selbst wenn diese sich hinsichtlich ihrer Repräsentativität stark unterscheiden (Shaughnessy, 2007).

- das (mehrjährige) Umgehen von Schülerinnen und Schülern mit statistischen Erhebungen deren Präferenz für sorgfältige Erhebungsszenarien stärkt (Watson & Moritz, 2000).

Insbesondere das zuletzt genannte Ergebnis ist wichtig für das Anliegen dieses Kapitels, die Planung statistischer Erhebungen – die Grundlage für die Anwendung statistischer Methoden sowie für die Interpretation statistischer Daten ist – im Stochastikunterricht der Sekundarstufe I systematisch zu behandeln.

---

[4]`http://www.leitideedatenundzufall.de`

2 Systematische Auswertung statistischer Daten

Einstiegsproblem

Abbildung 2.1: Wetter als Anlass zu Klagen und Smalltalk

Aufgabe 5:
Das Phänomen „Wetter" – Gesprächsthema Nummer eins
Im Büro, in der Kantine, im Auto, beim Bäcker oder sogar zu Hause mitten in der Familie: Alle Erwachsenen, die einen Querschnitt aller Bildungsniveaus bieten, finden als Gesprächsthema nur allzu oft lediglich – es liegt auf der Hand – das Wetter. Generell kann es gar nicht perfekt sein: Im Winter ist es selbstredend zu kalt und im Sommer gibt es entweder zu wenig Sonne und daher ist es auch zu kalt oder die ersehnte Sonne bringt eine Hitze mit sich, dass es nicht auszuhalten ist. Man schafft es, Gespräche dieser Art entweder nur kurz anzureißen, um einen mürrischen Kommentar abzugeben, oder seinem Gegenüber die meteorologische Zusammenfassung der letzten sieben Wochen zu präsentieren.

(Aus der Online-Ausgabe der *Süddeutschen Zeitung* vom 1. August 2007)

Wie ist denn das Wetter wirklich? Gibt es den Wonnemonat Mai, ist der April wirklich so launisch, der November grau und regnerisch und kommen im Herbst die Stürme? Untersucht das Wetter! Daten aus Eurer Region findet Ihr unter *www.dwd.de*.

Mögliche Erweiterungen und Präzisierungen der Aufgabenstellung

- In Tabelle 2.1 sind Wetter-Daten des August 2008 aus Hannover (Flughafen) gegeben. Stellt die Daten zu verschiedenen Merkmalen wie etwa die Menge des Niederschlags grafisch dar.

- Schreibt eine kurze Meldung zum Wetter im August 2008 am Flughafen Langenhagen. Fasst dazu die Daten kompakt und übersichtlich zusammen.

- In Tabelle 2.2 sind Wetterdaten zum April, Mai und November 2007 aus Hannover (Flughafen) gegeben. Untersucht, ob die Volksweisheiten zutreffen, die dem „Wonnemonat Mai", dem „launischen April" und dem „grauen November" ihren Namen gegeben haben. Vergleicht das Wetter in den drei Monaten.

Alle Aufgaben könnt Ihr auch mit Daten aus Eurer Region bearbeiten. Diese Daten erhaltet Ihr auf der Internetseite des Deutschen Wetterdienstes unter *www.dwd.de*. Wenn Ihr die Daten mit dem Computer recherchiert habt, könnt Ihr die Aufgaben natürlich auch mit einer Tabellenkalkulation oder einem Statistikprogramm Eures Computers bearbeiten. Mit Computerunterstützung ergeben sich interessante weitere Möglichkeiten:

- Überprüft die Verteilung der Wetterdaten zu einzelnen Monaten oder Jahren.

- Lassen sich die Volksweisheiten zu den Monaten April, Mai und November auch über mehrere zurückliegende Jahre bestätigen?

- Sucht Euch eine (ernst gemeinte) Bauernregel, wie z. B. „Regnet es am Siebenschläfertag, der Regen sieben Wochen nicht weichen mag", und untersucht, ob sich die Gültigkeit mit Daten belegen lässt.

Didaktisch-methodische Hinweise zur Aufgabe

Das Wetter ist nicht nur ein schier unerschöpfliches Thema für den Smalltalk, sondern ebenso ein ergiebiges Thema für den Mathematikunterricht: Wetterdaten lassen sich unter verschiedenen Perspektiven erkunden und die Datenaufbereitung kann unmittelbar auf die Gegebenheiten vor Ort hin ausgerichtet werden (lokales Datenmaterial, Vorwissen der Schülerinnen und Schüler, Ausstattung mit Computern etc.). Dies gilt auch für das fortgeschrittene, über die Sekundarstufe I hinausreichende Niveau, bei dem Wetterdaten ein dankbares Material für Anwendungen und die schließende Statistik darstellen.

Die ersten drei Aufgabenpräzisierungen sind für einen ersten Einstieg gedacht, in dem die statistischen Methoden von Hand ausgeführt werden können. Je nach Leistungsstand und Vorerfahrungen der Schülerinnen und Schüler können die Aufgaben natürlich auch mit Computerunterstützung bearbeitet werden. Mit dem Hinweis soll auf die grundsätzlich weiterreichenden Möglichkeiten einer rechnergestützten Datenarbeit hingewiesen werden. Hierzu brauchen die Schülerinnen und Schüler jedoch auch ein größeres Vorwissen:

- In inhaltlicher Hinsicht müssen sie den ersten händischen Umgang mit den behandelten Methoden bereits gelernt haben, und

- in technischer Hinsicht müssen sie Erfahrung im Umgang mit dem Rechner und der Software haben, mit der die Daten bearbeitet werden sollen.

Tag	Temperatur-Max. (in °C)	Sonnenscheindauer (in h)	Niederschlag (in mm)	Niederschlag
1	27	6,3	5,1	ja
2	24,6	7,2	0,2	ja
3	24,2	6,1	17,5	ja
4	21,1	5,6	2,8	ja
5	22,6	8,7	0,2	ja
6	26,8	5,6	0,2	ja
7	31,2	11,7	4,1	ja
8	22,8	4,4	4,2	ja
9	19,6	8	0,2	ja
10	19,3	0	2,1	ja
11	21,9	6,5	2,2	ja
12	21,9	0,7	5,4	ja
13	21,5	5,5	3,3	ja
14	21,4	11,3	0,6	ja
15	20,6	3,7	0	nein
16	21,6	10,3	0	nein
17	23,6	10,6	0,5	ja
18	21,7	1	3	ja
19	23,3	5,5	0,3	ja
20	20,6	1,8	8,1	ja
21	23,5	5,4	0,2	ja
22	19,3	0,5	12,4	ja
23	17,3	1,8	7,5	ja
24	19,9	6,4	0	nein
25	20,2	1,8	0	nein
26	19,7	0	0	nein
27	20,3	0,8	0	nein
28	20,6	0,2	0,5	ja
29	22,2	3,3	0	nein
30	21,3	7,4	0	nein
31	26	11	0	nein

Tabelle 2.1: Wetterdaten zum August 2008, Hannover (Flughafen)

Dass dies jedoch keine Voraussetzungen im Sinne einer „conditio sine qua non" sind, darauf weisen die ersten drei einführenden Aufgabenpräzisierungen hin. Prinzipiell ist jeder begrenzte Datensatz möglich, um einen händischen Einstieg in die (univariate) Analyse eines statistischen Merkmals zu gestalten. Die Wetterdaten eines Monats, insbesondere eines Monats der nahen Vergangenheit, bieten einige Vorteile:

- Die Anzahl der Merkmalsausprägungen ist mit rund 30 *natürlich* begrenzt. Dabei geht es nicht nur um die Frage der Kapazität für eine händische Verarbeitung. Es geht auch um die statistische Angemessenheit, wenn mit den gängigen grafischen und rechnerischen Methoden gearbeitet werden soll (es ist z. B. wenig sinnvoll, einen Boxplot für sehr wenige Merkmalsausprägungen zu zeichnen).

- Vorteilhaft sind Datensätze, in denen verschieden skalierte Merkmale vorhanden sind. Das ist zwar im originalen Datensatz des Deutschen Wetterdienstes (DWD) nicht so, aber für die händische oder rechnergestützte Bearbeitung lässt sich ein kategoriales Merkmal auch selbst leicht erstellen.

- Nimmt man einen Monat, der nicht zu lange zurückliegt, so kann die Analyse der Daten mit den subjektiven Eindrücken der Schülerinnen und Schüler verglichen werden.

Daten ordnen:　Das Ordnen der Daten ist nicht explizit in der Aufgabenstellung enthalten, es findet jedoch bereits implizit bei der Erhebung statt. Die Daten zu sortieren ist eine wichtige Tätigkeit *vor* der eigentlichen Analyse, gerade dann, wenn diese Arbeit nicht an den Rechner übertragen wird.

Ordnet man die Daten hinsichtlich ihrer Merkmalsausprägungen, so ergibt sich unmittelbar ein zählender Auswertungsschritt, der im Begriff der *absoluten Häufigkeit* mündet. Ordnet man zum Beispiel die in Tabelle 2.1 gegebenen Daten nach Tagen mit und ohne Niederschlag, so besteht diese Ordnung genau genommen aus zwei Schritten: Zunächst wird in zwei „Haufen" (Tage mit Niederschlag – Tage ohne Niederschlag) sortiert und anschließend jeder Haufen ausgezählt.

Merkmalsausprägung	Anzahl der Daten
Tage ohne Niederschlag	9
Tage mit Niederschlag	22
Summe	31

Wenn *absolute Häufigkeiten* von Merkmalsausprägungen bestimmt werden, dann bedeutet dies im Grunde nichts anderes, als dass gezählt und eine *Anzahl* der jeweiligen Merkmalsausprägung bestimmt wird. Diese Vorgehensweise führt unmittelbar auf den Begriff der *Häufigkeitsvertei-lung*. Das ist die Gesamtheit aller Paare von Merkmalsausprägung und der absoluten Häufigkeit einer Merkmalsausprägung. Im Beispiel der Ordnung nach Tagen mit und ohne Niederschlag besteht die Häufigkeitsverteilung aus zwei Merkmalsausprägungen. Man kann auch feiner unter-scheiden, etwa in „Tage ohne Niederschlag", „Tage mit einer Niederschlagsmenge von 5 mm und weniger", „Tage mit einer Niederschlagsmenge von 10 mm und weniger" und „Tage mit einer Niederschlagsmenge von mehr als 10 mm". Dann erhält die Häufigkeitsverteilung ein anderes „Gesicht". Mathematisch betrachtet ist die Häufigkeitsverteilung eine Funktion, bei der die De-finitionsmenge aus den Merkmalsausprägungen besteht und die Wertemenge aus den absoluten Häufigkeiten gebildet wird, die den jeweiligen Merkmalsausprägung zugeordnet sind. Ob dies mit den Schülerinnen und Schülern explizit besprochen werden muss, ist aus statistischer Sicht nicht so wesentlich wie die Einsicht, dass die Häufigkeitsverteilung durch eine Entscheidung des Datenanalytikers zustande kommt. Mit dem Fokus der Häufigkeitsverteilung wird wesent-lich festgelegt, was in nachfolgenden Analyseschritten in den Daten zu finden sein wird. Die *Häufigkeitsverteilung* ist das zentrale Untersuchungsobjekt der Datenanalyse.

Für die grafische Darstellung eines Merkmals (z. B. Abb. 2.2) sind diese beiden elementaren Begriffe, die absolute Häufigkeit und die Häufigkeitsverteilung, für nahezu die gesamte Sekun-darstufe I tragfähig. Erst bei der Untersuchung bivariater Datensätze müssen die Begriffe er-weitert werden. Ebenso ist es beim Vergleich zweier verschiedener Stichproben notwendig, den Begriff der Häufigkeit von der *absoluten* zur *relativen* Häufigkeit zu erweitern. Im Zusammen-hang mit dem Wetter lässt sich dies mit einer Szenerie wie der folgenden motivieren:

Nach den Sommerferien erzählen die Kinder von ihren Urlaubsreisen. „Bei uns hat es an drei Tagen geregnet", erzählt Frank. „Du hast es gut, bei uns waren es doppelt so viele, nämlich sechs Tage", entgegnet Melek.

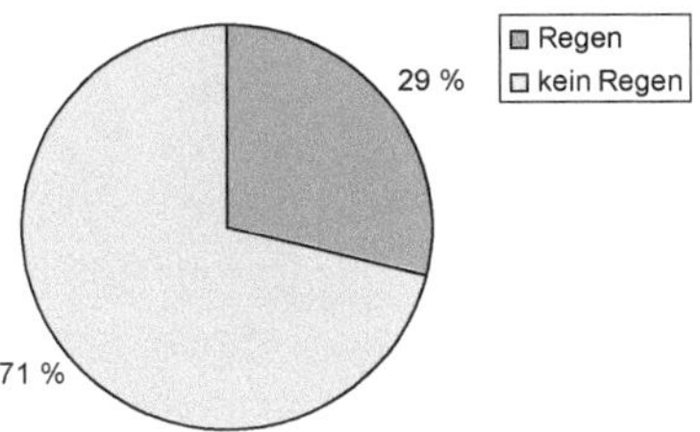

Abbildung 2.2: Häufigkeitsverteilung der Tage mit und ohne Niederschlag im August 2008

Nur auf den ersten Blick scheint alles klar zu sein: Melek hat einfach Pech gehabt. Erfährt man allerdings noch, dass Melek sechs Wochen auf Urlaubsreise war, wohingegen Frank nur eine Woche unterwegs war, dann stellt sich die Sache in einem ganz anderen Licht dar: Bei Frank hat es fast die Hälfte der Zeit geregnet, wohingegen bei Melek weniger als ein Sechstel der Zeit durch Regen verdorben war. Haben also zwei (oder mehrere) Stichproben unterschiedliche Umfänge, so ist die Verwendung von absoluten Häufigkeiten zum Vergleich irreführend. Angemessen ist dann der Vergleich über *relative Häufigkeiten,* welche die absolute Häufigkeit einer Merkmalsausprägung (wie z. B. Tag mit Regen) im Verhältnis zum Stichprobenumfang betrachtet. Der Stichprobenumfang ergibt sich aus der Summe der absoluten Häufigkeiten aller Merkmalsausprägungen. Allerdings zeigt das Beispiel von Frank und Melek auch sehr deutlich, dass die alleinige Angabe der relativen Häufigkeit ebenfalls zu Fehlinterpretationen verführen kann. Hätte Frank argumentiert, dass es „fast die Hälfte aller Urlaubstage geregnet hat" und Melek geantwortet, dass es bei ihr „weniger als ein Sechstel aller Urlaubstage" geregnet hat, dann kann es dann zu Missverständnissen kommen, wenn „alle Urlaubstage" stillschweigend gleichgesetzt wird. Um also auch relative Häufigkeiten wirklich einschätzen zu können, bedarf es der Angabe des Stichprobenumfangs n.

Daten sichtbar machen – grafische Darstellungen: Möchte man Daten grafisch darstellen, so ist die Ordnung von Merkmalsausprägungen dann vorgegeben, wenn metrisch skalierte Merkmale vorliegen, wie etwa Niederschlagsmengen in einem Monat (vgl. Abb. 2.3).

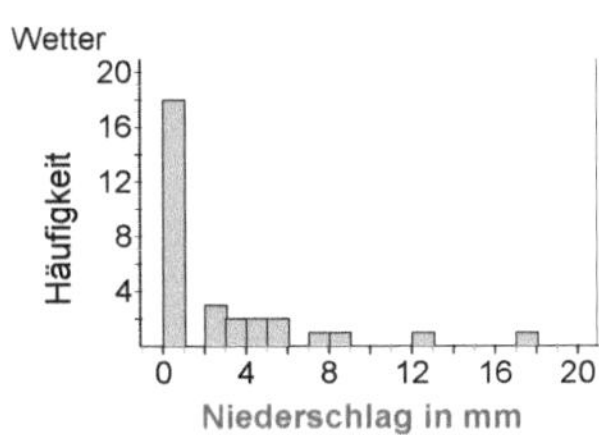

Abbildung 2.3: Häufigkeitsverteilung der Niederschlagsmengen im August 2008

Ist dagegen ein Merkmal ordinal- oder nominalskaliert, so kann man sich zusätzliche Gedanken über eine Ordnung der Daten in einer grafischen Darstellung machen. Angelehnt an das „what you see is what you get" könnte man hier als Prinzip das „what you see is what you want to get" nennen. Je nach Fragestellung ergeben sich durchaus auch andere, nicht konventionalisierte Ordnungen, wie etwa eine alphabetische oder eine chronologische Ordnung (vgl. Abb. 2.4).

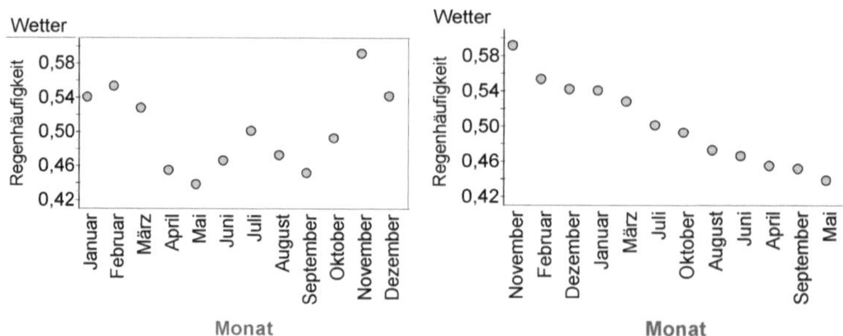

Abbildung 2.4: Zwei Ordnungen für die Regenhäufigkeit in den Monaten

In der ersten Grafik kann man durch die Ordnung erkennen, dass es – grob gesprochen – im Winter oft, im Sommer weniger oft und im Frühjahr und Herbst am seltensten Regentage gibt. In der anderen Grafik ist durch die Ordnung das Augenmerk auf die Reihenfolge der Regenhäufigkeiten der Größe nach gerichtet. Man könnte in den Extremen den grauen November und den Wonnemonat Mai erkennen.

Bei der grafischen Darstellung eines metrisch skalierten Merkmals ist in der Regel ein weiterer Ordnungsaspekt zu bedenken, nämlich die *Klassierung*, also die Zu*ordnung* von Merkmalsausprägungen zu einer Klasse von Merkmalsausprägungen. Jede Messung eines metrisch skalierten Merkmals kann theoretisch potenziell unendlich viele Merkmalsausprägungen erzeugen. Im Prinzip erzeugt bereits die Messgenauigkeit (etwa der Körpergröße auf den Zentimeter genau) eine Klassierung. In der grafischen Darstellung ist aber häufig eine weitere Zusammenfassung von Merkmalsausprägungen zu größeren Klassen sinnvoll. Es gibt zwar mathematische Regeln für solche Klassierungen (vgl. z. B. Engel, 1999), diese führen aber weit über den Schulstoff hinaus. Für die Sekundarstufe I ist in diesem Zusammenhang jedoch auch eine andere Zielsetzung als didaktisch vorrangig zu sehen: Die Schülerinnen und Schüler sollen die Erfahrung machen, dass die gleichen Daten bei unterschiedlich breiten Klassierungen ganz unterschiedlich aussehen können. Für den Unterricht empfiehlt sich daher als Kriterium, dass diejenige Klassierung gewählt werden soll, mit der man „am besten" die Häufigkeitsverteilung von Daten sichtbar machen kann. Was da „am besten" ist, muss untereinander und im Hinblick auf den Datenkontext ausgehandelt werden (vgl. Abb. 2.5). Erkennt man in der linken Grafik (Histogramm; Klassenbreite 0, 1) wenig zur Verteilung der Temperaturdaten, gibt die mittlere Grafik (Klassenbreite 2) einen guten Eindruck und schließlich die rechte Grafik (Klassenbreite 15) keinen adäqua-

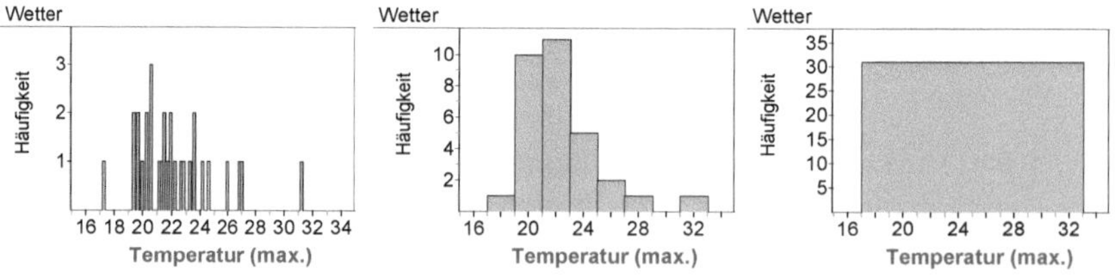

Abbildung 2.5: Klassierungsvarianten zur Verteilung des Temperaturmaximums im August 2008

ten Eindruck zu dieser Verteilung. Bei allen drei Klassierungen ist eine wichtige und sinnvolle Konvention für die Darstellung metrisch skalierter Merkmale eingehalten worden: Die Klassen sind gleich breit (äquidistante Klassenbildung). Diese Konvention kann man stets einhalten mit Ausnahme von Endklassen bei bestimmten Merkmalen (z. B. wie oben genannt „Tage mit einer Niederschlagsmenge von mehr als 10 mm").

Schließlich ist eine Ordnung zu bedenken, wenn man Lageparameter wie Median oder Quartile berechnen möchte (siehe Kap. 2.2). Geht man hier händisch vor, so gehört zum Algorithmus der Berechnung, dass die (mindestens ordinal skalierten) Daten ihrer Größe nach geordnet werden.

Maßzahlen einer Häufigkeitsverteilung: Die grafische Darstellung ist bereits eine Reduktion der in den Daten steckenden Information. Es gibt eine ganze Fülle von Maßzahlen einer Häufigkeitsverteilung, um die Reduktion auf einen (oder mehrere Werte) fortzusetzen. Diese können im Sinne der zweiten Aufgabenpräzisierung (S. 22) verwendet werden, um in stark verkürzter Form wesentliche Charakteristika der Temperaturverteilung wiederzugeben. Nur welche Maßzahl beziehungsweise welche Maßzahlen sind auszuwählen? Wir beschränken uns bei dieser Aufgabe wie auch in den weiteren Kapiteln auf wenige Lageparameter (arithmetisches Mittel, Median und Quartile) und Streuungsparameter (Quartilsabstand und Spannweite). Die Einordnung dieser Maßzahlen sowie die Begründung für die genannte Auswahl von Maßzahlen werden im Rahmen der allgemeinen didaktischen Diskussion vorgenommen.

Für eine Kurzmeldung, in der die Wetterdaten auf einen „mittleren Wert" reduziert werden sollen, konkurrieren das arithmetische Mittel und der Median um die geeignete Interpretation der Mitte. Bei dem Temperaturdatensatz aus dem August 2008 ergibt sich

$$\text{Median: } x_{0,5} = x_{[31 \cdot 0,5]+1} = x_{16} = 21,6$$

$$\text{Arithmetisches Mittel: } \overline{x} = \frac{1}{31} \sum_{i=1}^{31} x_i = \frac{x_1 + x_2 + \dots + x_{31}}{31} \approx 22,18$$

wobei die x_i die 31 verschiedene Merkmalsausprägungen, das heißt die Temperatur-Maxima beschreiben.[1] Das mittlere Temperaturmaximum der nach Größe sortierten Temperaturdaten (Median) unterschiedet sich damit nur unwesentlich vom durchschnittlichen Temperaturmaximum (arithmetisches Mittel, vgl. Abb. 2.6). Warum dann aber zwei verschiedene Methoden? Eine Antwort darauf werden wir in Kapitel 2.2 geben. In der zweiten Aufgabenpräzisierung (S. 22) wird eine „kurze Meldung" eingefordert. Hierfür kann einer der Mittelwerte ausreichen, die den Datensatz auf eine Zahl reduzieren. Solch ein Vorgehen entspricht dem Vorgehen der Medien, in denen, wenn eine Statistik ohne grafische Darstellung publiziert wird, in der Regel auf einen Mittelwert (meist das arithmetische Mittel) zurückgegriffen wird. Der didaktische Nutzen, eine „kurze Meldung" zu erstellen, begründet sich darin, dass die Schülerinnen und Schüler für die Problematik einer starken Informationsreduktion und der daraus resultierenden Interpretationsspielräume sensibilisiert werden.

---

[1] $[x]$ bezeichnet dabei eine Gaußklammer, nach der allein der ganzzahlige Anteil von x betrachtet wird. Es ist also $[31 \cdot 0,5] = [15,5] = 15$.

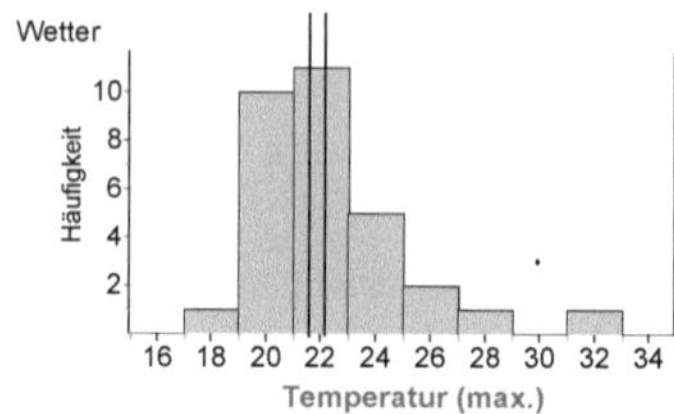

Abbildung 2.6: Verteilung der Temperatur-Maxima an den Tagen im August 2008 mit Median und arithmetischem Mittel

---

„**Hannover** Der Deutsche Wetterdienst hat den August dieses Jahres mit einer durchschnittlichen Maximaltemperatur von 22,2 Grad Celsius als außerordentlich warm bezeichnet ...“

(Fiktive Zeitungsmeldung)

„Im Hinblick auf den Pro-Kopf-Bierverbrauch sind die Deutschen nicht mehr weltmeisterlich. Tranken die Deutschen 1992 noch 142 Liter pro Kopf, so sind es heute gerade noch 115 Liter.“

(Quelle: http://www.bier.de)

Sowohl beim Bier als auch beim Wetter ist es lohnenswert, die Reduktion der Daten herauszuarbeiten. So verschwinden die Daten quasi hinter dem einen Wert, unabhängig davon, ob man nun den Median oder das arithmetische Mittel verwendet. Damit eröffnen sich Spekulationsmöglichkeiten, etwa darüber, wie das Augustwetter konkret ausgesehen haben mag. Vielleicht hatten alle Tage in etwa 22 Grad Celsius? Oder die erste Augusthälfte war außerordentlich heiß mit durchschnittlich ungefähr 28 Grad Celsius, wohingegen es in der zweiten Augusthälfte sehr kalt mit Durchschnittswerten in der Größenordnung von 16 Grad Celsius war. Auch beim Bierkonsum stellen sich ähnliche Fragen, wie z. B. ob das Jahr 1992 vielleicht einen langen, heißen Sommer hatte, was zu einem deutlich erhöhten Bierkonsum in den Sommermonaten dieses Jahres führte bei ansonsten vergleichbarem Konsum in den übrigen Monaten. Es lässt sich festhalten, dass der ausgewählte „mittlere Wert“ nur über das Niveau einer mittleren Lage Auskunft geben kann, nicht aber darüber, wie stark und in welcher Form die Daten um diesen mittleren Wert schwanken.

Eine Methode, um die starke Reduzierung der Daten auf einen Lageparameter aufzuheben, ist die Kombination eines Lageparameters mit einem Parameter für die Streuung der Daten. Die klassische Variante ist die Kombination von arithmetischem Mittel und Standardabweichung, die weit über die elementare Datenanalyse hinaus ein gängiges Mittel zur Beschreibung von Verteilungen ist. Der Nachteil ist dabei allerdings der schwer zu interpretierende Weg zur Standardabweichung (vgl. auch Kap. 2.3). Eine leichtere und besser zu interpretierende Variante ist die Fünf-Zahlen-Zusammenfassung, deren Visualisierung der Boxplot ist (vgl. dazu Kap. 2.1). Im Boxplot sind die beiden Streuungsparameter Spannweite (Abstand von Minimum und Maximum der Datenwerte) und Quartilsabstand (Abstand von 1. und 3. Quartil) unmittelbar enthalten. Auch andere Streu-„Maße“ wie etwa die Abschätzung für die Streuung („Das Maximum und Zentrum der Verteilung liegt bei 22 Grad Celsius, die Daten streuen etwa um 4 Grad Celsius um dieses Zentrum.") sind möglich und können anschließend systematisiert und in die konventionellen Streuungsparameter überführt werden.

Schwieriger als die Berechnung oder Auswahl ist sicherlich, die Schülerinnen und Schüler dazu zu bringen, einen Streuparameter wertzuschätzen. Bezogen auf die Wetterdaten könnte versucht werden, in einer Diskussion herauszuarbeiten, wie man das Phänomen „launischer April" in den Daten entdecken kann (vgl. Eichler, 2009b): Sind etwa die Temperaturschwankungen im April größer als in anderen Monaten? Das wäre eine mögliche Hypothese, deren Bestätigung ein Beleg für den launischen April sein könnte. Die Frage „größer als " weist bereits auf ein wesentliches Ziel der Datenanalyse hin: Es geht nicht so sehr um den Mittelwert oder die Streuung in einem Datensatz, sondern um den Vergleich dieser Werte in verschiedenen Datensätzen, die sich in einem Merkmal (hier dem Monat) unterscheiden. Die Untersuchung eines Zusammenhangs zwischen zwei Merkmalen wie Monat und Temperatur wird in Kapitel 3 eingehender behandelt. Hier wird quasi im Vorgriff allein in knapper Form auf die Ergebnisse solch einer Untersuchung eingegangen, bei denen es aber entgegen der häufigen Beschränkung in der Datenanalyse auf Lageparameter allein um die Analyse der Datenstreuung geht.

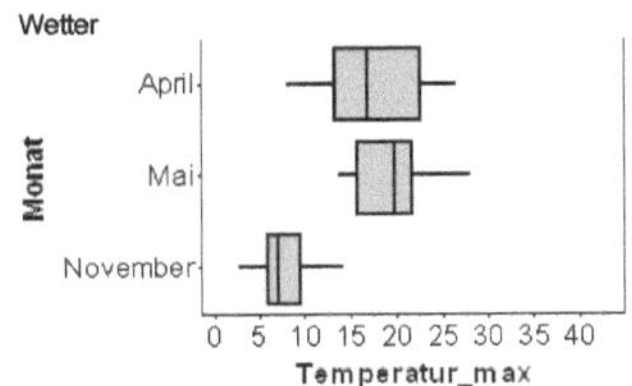

Monat Wert	April	Mai	November
A. Mittel	17,76	19,25	7,67
Median	16,86	19,9	7,15
Spannweite	18,5	14,4	11,1
Quartilsabstand	9,4	6,1	3,8

Abbildung 2.7: Verteilung der Temperatur-Maxima im April, Mai und Juni 2007

„Aha, das scheint der launische April zu sein" , mag man sich bei Blick auf Abbildung 2.7 denken. Die Temperaturschwankung ist im April sichtbar und messbar höher als in den anderen beiden Monaten. Neben den Temperaturschwankungen, mal ist es heiß, mal noch bitterkalt, denkt man sich zum April auch den Spaziergang, der in der Sonne beginnt und im Regen-Schnee-Hagel endet. Wenn man dann triefend nass zu Hause ist, scheint wieder die Sonne. Das müsste sich doch auch in den Daten zeigen, aber mit Blick auf Abbildung 2.8, in der die Häufigkeit der Tage mit bestimmten Niederschlagsmengen enthalten sind, muss man festhalten: „Weit gefehlt!"

Der „Wonnemonat" Mai als regennasser Trübsalsmonat und der April als Monat, in dem man den Regenschirm ohne Risiko im Schrank lässt? Das entspricht doch nicht der Überzeugung. Spätestens bei solch einem Ergebnis können die Schülerinnen und Schüler zu weiterführenden Fragen angeregt werden:

- andere Merkmale zu untersuchen (Sonnenscheindauer etc.),
- andere Jahre zu betrachten (vielleicht ist ja 2007 eine Ausnahme in der Variabilität der Daten),
- vielleicht sogar andere Untersuchungsmethoden anzuwenden.

Das selbstständige Stellen von Fragen und das Vertrauen von Schülerinnen und Schülern in ihre Fähigkeit, diese Fragen mit Hilfe der Datenanalyse auch (zumindest teilweise) beantworten zu können, ist ein wesentliches themenübergreifendes Ziel der Stochastik in der Sekundarstufe I.

Tag (Monat)	Temperatur-Max. (in °C)			Sonnenscheindauer (in h)			Niederschlag (in mm)		
	April	Mai	November	April	Mai	November	April	Mai	November
1	17,2	16,9	12	11,6	14,4	0	0	0	0,3
2	17,7	19,5	13,1	11,3	14,2	0	0	0	1,2
3	8	20,8	14	0,7	13,9	0,2	4,4	0	0,9
4	10,9	21,6	10,8	12,6	14,3	4,2	0	0	0
5	15,3	23,2	8,9	4,1	14,5	0,9	0	0	3,6
6	11,6	21	8,5	1,2	8,6	1,3	0	4,7	7,3
7	13,1	13,9	10,2	6,6	0	0	0	29,2	8,5
8	14,4	14,8	10,9	4,4	4,6	0,9	0	5,7	5,1
9	13	16,9	6,2	3,4	6,5	0,9	0	5,4	16,5
10	15,6	16,3	5,8	1,5	0,7	0,7	0	16,2	9,5
11	14,7	15	9,5	1,5	0,5	0,2	0	8,6	7
12	19,3	16,3	6,7	12,5	2,8	2,4	0	8,9	7,9
13	22,5	19,9	5,7	10,4	5,9	0	0	2,8	3
14	24,5	20,4	3,7	13,2	7,2	3,7	0	7,3	0
15	24,5	15	3,6	13,3	5	2,1	0	2,2	0
16	26,5	14,3	5,2	13,1	2,5	0,1	0	14,2	0,6
17	15,7	13,8	5,2	6,4	10,7	0	0	0	0,7
18	13,1	19,9	6,2	10	12,3	0	0	1,4	0
19	16,5	20,3	4,7	11,1	4,4	0	0	2,4	0,1
20	9,6	22,7	7,6	0,9	5,6	2,5	0	0	0
21	12	28	9,1	9,3	10,6	0	0	0	0
22	20	22,6	10,5	13,3	5,2	1,6	0	0	0
23	22,2	21,5	8,2	8,8	9,5	0	3,3	0	0,3
24	20,2	24,7	6,4	1,4	8,7	7,6	0	0	1,8
25	23,9	25,9	7,8	12,7	6,8	1,4	0	9,6	2,3
26	25	21,3	2,9	13,6	3,9	0,8	0	9,8	1,8
27	25,4	23,1	5,6	13,5	5,8	4,9	0	5,4	0
28	26,1	15,5	5,8	12,2	0,2	0,4	0	4,9	0
29	16,2	13,6	6,4	14,3	0	0	0	32	5,2
30	18,2	17,5	8,8	14,3	13,2	1,2	0	0	5,7
31		20,6			6,1			0	

Tabelle 2.2: Wetterdaten zum April, Mai und November 2007, Hannover (Flughafen)

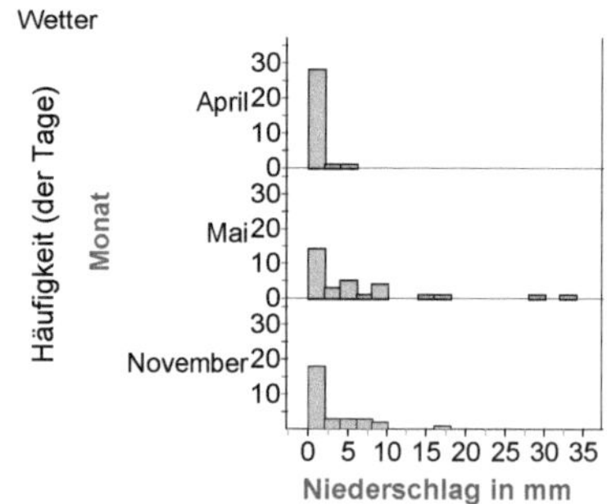

Monat / Wert	April	Mai	November
A. Mittel	0,26	5,51	2,98
Median	0	2,4	1,1
Spannweite	0	8,6	5,2
Quartilsabstand	4,4	32	16,5

Abbildung 2.8: Verteilung der Niederschlagsmengen im April, Mai und Juni 2007

2.1 Grafische Darstellungen

Abbildung 2.9: Tüten mit Schokolinsen

Aufgabe 6:   Viele von Euch haben sicherlich schon des Öfteren eine Tüte Schokolinsen gegessen. Vielleicht ist Euch dabei schon aufgefallen, dass die Inhalte der einzelnen Tüten äußerst selten ganz übereinstimmen – die Farben sind meist unterschiedlich häufig vertreten. Untersucht die Inhalte dieser Tüten.

Mögliche Erweiterungen und Präzisierungen der Aufgabenstellung
- Schätzt ab, bevor Ihr Eure Tüte öffnet, was in der Tüte sein wird (Anzahl der einzelnen Farben).
- Erstellt eine Tabelle, in der Ihr die Schätzung für Eure Tüte und die tatsächliche Farbverteilung eintragt.
- Erstellt ein Diagramm zur Farbverteilung Eurer Tüte.
- Wie wird die Farbverteilung der Schokolinsen in der gesamten Klasse aussehen? Schätzt die Farbverteilung für die ganze Klasse ab. Begründet Eure Vermutung! Bestimmt anschließend die tatsächliche Farbverteilung der Schokolinsen.
- Ermittelt über die Computersimulation: Wie viele Tüten muss man aufmachen, um mindestens 25 rote Linsen zu haben. Wie sicher ist das?

Didaktisch-methodische Hinweise zur Aufgabe

Grafische Darstellungen spielen insbesondere in der Explorativen Datenanalyse eine bedeutsame Rolle: Wenn es darum geht, vorurteilsfrei Muster in den Daten aufzuspüren, die erst Anlass für die Bildung von Hypothesen geben, dann eignen sich aufgrund ihrer „Unmittelbarkeit" besonders Grafiken. „Gute" Grafiken sind dabei erkenntnis- und hypothesenleitendes Medium für den Datenanalytiker. Damit ist jedoch auch die Schwierigkeit verbunden, eine allgemeingültige

Aussage über die „Güte" einer grafischen Darstellung zu formulieren: Sie ist situativ abhängig von der den Daten zugrunde liegenden Problemstellung, von dem Vorwissen und der Grafikkompetenz des Datenanalysten und von dem Zweck, anlässlich dessen die Grafik angefertigt wurde. Insofern lässt sich jede Grafik als Modell für die Daten begreifen, das nicht in den Kategorien „falsch" und „richtig" zu beurteilen ist, sondern im Grad seiner Nützlichkeit. Auch hinsichtlich der Verteilung der Schokolinsen[2] sind manche grafischen Darstellungen, auf die in der Problemstellung besonderes Gewicht gelegt ist, nützlicher als andere. Die folgende Diskussion enthält dennoch auch einen Überblick zu grafischen Darstellungen, die zum Teil zusätzlich mit anderen Anwendungsbeispielen versehen sind. Insbesondere soll aber anhand dieses Beispiel der Aufbau grafischer Repräsentationen von Daten als fortgesetzter Abstraktionsprozess diskutiert werden.

Aufbau der Darstellungs- und Lesekompetenz von grafischen Veranschaulichungsmitteln:
Das Beispiel der Schokolinsen und ihrer Farbverteilung hat den Vorteil, dass sich die Daten direkt anfassen lassen. Für die Schülerinnen und Schüler liegt hier erfahrungsgemäß hinsichtlich der Analyse der Farbverteilung die händische Sortierung nach dem Merkmal *Farbe* sehr nahe. Dabei muss noch keine Sortierung auftreten, welche bereits den numerischen Vergleich der Merkmalsausprägungen *rot, grün, blau, gelb, braun, orange* erlaubt. Ein Beispiel wäre, die Schokolinsen nach Farben getrennt in einzelnen Haufen zu sortieren (vgl. Abb. 2.10, links). Der Vergleich mit der in der Aufgabe geforderten Vorabschätzung kann in tabellarischer Form anhand der absoluten Häufigkeiten stattfinden.

In grafischer Form kann dieser Vergleich nicht mehr durch die unstrukturierte Sortierung der Schokolinsen in Haufenform geleistet werden. Eine einfache grafische Darstellung für den Vergleich der absoluten Häufigkeiten ist dagegen das so genannte „reale Piktogramm", das auf einem üblichen Piktogramm ausgelegt werden kann (vgl. Abb. 2.10, Mitte).

Abbildung 2.10: Sortierung in Haufen und Sortierung in Längen

Piktogramme eignen sich zur Darstellung von nominalskalierten Daten und bestehen aus einheitlichen Bildern, die die betreffenden Objekte selbst oder Gruppierungen von Objekten abbilden. In diesem Beispiel könnten Schülerinnen und Schüler auf einem karierten Blatt die einfachste Form eines Piktogramms, das so genannte „unverschlüsselte Piktogramm", zeichnen, in dem ein repräsentierendes Icon (z. B. ein Kreis) für ein repräsentiertes Objekt (eine Schokolinse) steht.[3] Damit die räumliche Ausdehnung durch Ungenauigkeiten der Anordnung nicht

---

[2] Alternativen wären Gummibärchen oder beliebig andere Süßigkeiten, die in kleineren Tüten verpackt sind.

[3] Bei verschlüsselten Piktogrammen kann ein Icon mehrere Objekte repräsentieren. Daher sind diese nur zu lesen, wenn die Bedeutung eines Icons als „Schlüssel" mitgeliefert wird. Aufgrund dieser Verschlüsselung sind sie abstrakter als einfache, unverschlüsselte Piktogramme.

leidet, werden die Icons zweckmäßigerweise in normierte Felder (z. B. Quadrate) eingezeichnet. Durch das Auslegen der gezeichneten Diagrammfläche mit den echten Schokolinsen ergibt sich die gesuchte Vergleichsmöglichkeit aus der Integration eines gegenständlichen und eines bildlichen Graphen. Auf diese Weise findet ein fließender Übergang von der enaktiven zur ikonischen Repräsentationsebene statt, indem aus der konkreten Handlung, die einzelnen Farben in Säulen darzustellen, die abstraktere bildliche Darstellung unmittelbar abgeleitet und in Beziehung zu den vorher erstellten Säulen gesetzt wird.

Da das Piktogramm in diesem Beispiel sich allein für diskret abzählbare Einheiten (Schokolinsen) eignet, ist eine Erweiterung der grafischen Darstellungsarten zu Säulen- und Balkendiagrammen sinnvoll, mit denen Größen, wie z. B. Wassermengen, Zeitdauern, aber auch abstraktere Größen wie prozentuale Anteile kontinuierlich abgebildet werden können. Der Übergang ergibt sich im einfachsten Fall dadurch, dass die Piktogrammfelder einer Merkmalsausprägung umrandet und als Säule dargestellt werden (vgl. Abb. 2.10, rechts).

Die Notwendigkeit, das schon abstrakte Säulendiagramm für die absoluten Häufigkeiten der Farben weiter zu verändern, kann sich aus der Zusammenschau verschiedener der tatsächlichen Farbverteilungen in der Klasse ergeben. Diese Aggregierung kann handelnd beispielsweise durch das Einfüllen aller Schokolinsen in sechs große Reagenzgläser geschehen. Das Ergebnis der Aggregierung kann weiter mit den Schätzungen der Schülerinnen und Schüler zu der Farbverteilung in der gesamten Klasse verglichen werden.

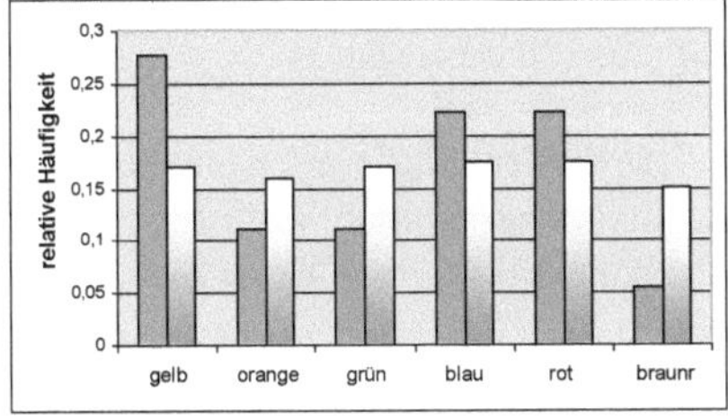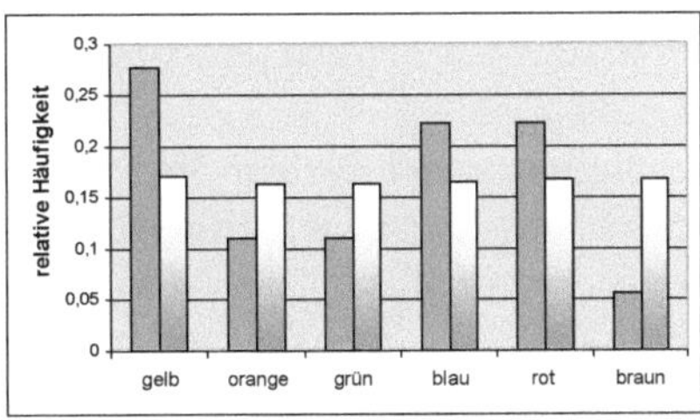

Abbildung 2.11: Vergleich einer einzelnen (jeweils die dunklen Säulen) und der aggregierten Stichprobe in einer Klasse (25 Packungen; links) und einer aggregierten simulierten Stichprobe (1000 Packungen; rechts)

Bei der Aggregierung stellt sich unmittelbar die Frage nach einer vermeintlich „typischen Tüte" bzw. nach dem Durchschnitt in der Klasse. Implizit wird den Schülerinnen und Schülern dabei vor Augen geführt, dass der Vergleich von Einzelergebnissen mit einer aggregierten Stichprobe gerade dann nicht sinnvoll ist, wenn die Einzelergebnisse dazu nur aufsummiert werden: Die Piktogrammsäulen bzw. die Säulen eines entsprechenden Säulendiagramms wären viel höher und die absoluten Unterschiede zwischen den einzelnen Farben deutlich größer, sodass sich ein grafischer Vergleich in absoluter Betrachtung verbietet. Erst mit der Betrachtung der Ergebnisse auf dem Hintergrund des jeweiligen Stichprobenumfangs lassen sich Vergleiche sinnvoll anstellen: Statt der absoluten Häufigkeiten werden die relativen Häufigkeiten miteinander verglichen (Abb. 2.11).

Eine vertiefte Betrachtung ermöglicht schließlich das Simulieren der Schokolinsenpackungen (mit der plausiblen Annahme, dass die Farben in den Packungen gleichverteilt sind). Die beiden

Darstellungen zeigen, dass die relativen Häufigkeiten der einzelnen Farbverteilungen sich bei einzelnen Tüten viel stärker voneinander unterscheiden (also ihre Variabilität viel größer ist) als dies bei der aggregierten Stichprobe und schließlich der simulierten Stichprobe der Fall ist .[4]

In der letzten Teilaufgabe werden schließlich noch einmal erhöhte Anforderungen an die grafische Lesekompetenz der Schülerinnen und Schüler gestellt: Es genügt nicht mehr, nur die Längen der einzelnen Farbsäulen mit Farbanzahlen zu belegen und zueinander vergleichend in Beziehung zu setzen. Hier müssen etwas abstrakter die einzelnen Säulen als Anzahlen von Tüten gelesen werden. Um die Frage nach einer stichprobenbasierten Gewissheit („Wie viele Tüten sind zu öffnen, um mindestens 25 rote Schokolinsen zu haben?") zu beantworten, müssen zudem Säulen zu einer Fläche zusammengefasst werden, die einer bestimmten Anforderung genügen: Im Beispiel der Abbildung 2.12 wären beispielsweise mindestens 12 Tüten zu öffnen, um nach Datenlage mit 95 %-iger Sicherheit 25 rote Schokolinsen zu erhalten. Um diese Information auszulesen, müs-

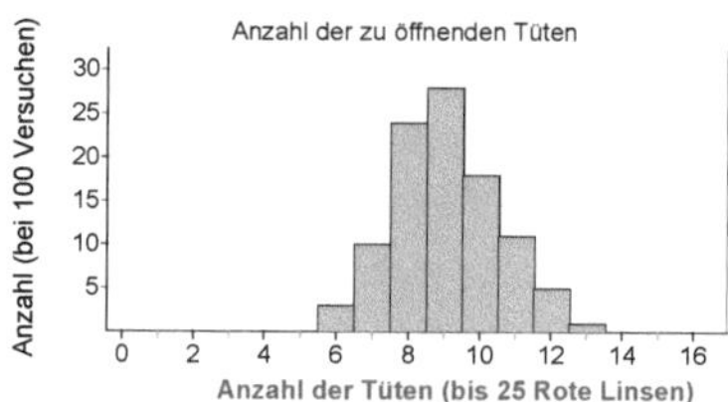

Abbildung 2.12: Warten auf eine Mindestanzahl

sen die Schülerinnen und Schüler die 5 %-Marke der letzten Säule als Entscheidungskriterium verstehen: 5 % aller Datenwerte liegen auf bzw. rechts dieser Marke, wohingegen die restlichen 95 % aller Datenwerte links dieser Marke liegen. In der Abbildung 2.12 ist dies vergleichsweise einfach zu ermitteln, da durch die Gesamtzahl von 100 geöffneten Tüten die Anzahlen gleichzeitig den Maßzahlen der prozentualen Anteile entsprechen. Es lässt sich herauslesen, dass nur in einem von hundert Fällen (also 1 % aller Fälle) 13 Tüten geöffnet werden mussten, um mindestens 25 rote Schokolinsen zu erhalten.

Überblick zu gängigen grafischen Darstellungen der Sekundarstufe I: Im Folgenden sollen in kurzer Abfolge die gängigsten der standardisierten grafischen Darstellungen anhand des Schokolinsen-Beispiels sowie, im Bedarfsfall, anderer Beispiele mitsamt ihrer Möglichkeiten und Grenzen diskutiert werden.

Eine *Urliste* umfasst im Schokolinsen-Beispiel die sequenzielle Dokumentation der Farben „rot, rot, gelb, grün, orange, rot, ...". Da hier die dabei auftretende zeitliche Farbenabfolge ohne Belang ist, kann schon beim Auszählen eine Strichliste angefertigt werden.[5] Nach Abschluss

---

[4]Es gilt, dass sich die Standardabweichung um das 5-Fache reduziert, wenn der Stichprobenumfang um das 25-Fache erhöht wird. Dies ist den Schülerinnen und Schülern der Sekundarstufe I in formalisierter Form nicht zu vermitteln, jedoch lässt sich diese Gesetzmäßigkeit hier phänomenologisch vorbereiten. Die Simulation ist in *Excel* realisiert, die Datei steht auf unserer Homepage zu diesem Buch zum Download bereit. Die Seite findet sich unter: `http://www.leitideedatenundzufall.de`.

[5]Die zeitliche Abfolge kann aber in anderen Kontexten durchaus bedeutsam sein, etwa wenn bei einer Verkehrszählung die Belastung durch besonders schwere Kraftfahrzeuge, wie Lastkraftwagen, zu bestimmten Uhrzeiten nachgewiesen werden soll.

der Zählung lässt sich eine Strichliste durch die Angaben der jeweiligen absoluten Häufigkeiten ergänzen. Wenn die Striche in gleichen Abständen gesetzt werden, ermöglicht bereits die Strichliste einen grafischen Überblick über die Verteilung der Farben (vgl. Tab. 2.3).

Farbe	Häufigkeit in Strichen	Häufigkeit absolut	Häufigkeit relativ
Gelb	‖‖‖	5	28 %
Orange	‖	2	11 %
Grün	‖	2	11 %
Blau	‖‖	4	22 %
Rot	‖‖	4	22 %
Braun	∣	1	6 %
Summe	∣	18	100%

Tabelle 2.3: Urliste zu einer Tüte mit Schokolinsen

Gegenständliche *Diagramme* oder *Piktogramme* bieten sich besonders dann an, wenn die Daten physisch greifbar vorliegen wie im Fall des Schokolinsen-Beispiels (vgl. Abb. 2.10). Im Fall der Schokolinsen ergibt sich durch ein farbgetrenntes Stapeln die Möglichkeit, den Übergang zu einem entsprechenden Piktogramm und weiter zu einem Säulen- bzw. Balkendiagramm zu motivieren. Lässt man Icons zu, z. B. große Kreise, die eine bestimmte Anzahl von Schokolinsen einer Farbe repräsentieren, so gibt es kaum Einschränkungen in der Verwendung dieser Diagrammart für nominalskalierte Merkmale. Allein die hohe Anzahl einzelner, unklassierter Merkmalsausprägungen ist – wie aber bei allen anderen Diagrammarten auch – bei der Verwendung von Piktogrammen ungünstig.

Eine abstraktere Form eines Piktogramms ist das *Punktdiagramm,* das insbesondere bei metrisch skalierten Merkmalen anwendbar ist und bei dem jedes Datum durch einen Punkt repräsentiert ist, wobei Daten mit gleichen Merkmalsausprägungen als übereinandergestapelte Punkte erscheinen (vgl. Abb. 2.13). Das *Stabdiagramm* bzw. *Säulendiagramm* ergibt sich aus dem Piktogramm dadurch, dass die absoluten (oder bei verschlüsselten Piktogrammen auch relativen) Häufigkeiten einer Merkmalsausprägung, wie z. B. die Häufigkeit von roten Schokolinsen, nicht mehr durch die Anzahlen von Icons, sondern durch die Länge eines Stabes oder Balkens angegeben wird. Im einfachsten Fall kann dieser Übergang durch ein Umranden der entsprechenden

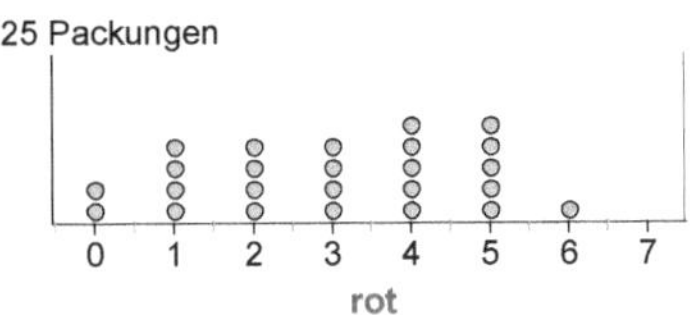

Abbildung 2.13: Punktdiagramm zu der Häufigkeitsverteilung der Anzahlen roter Schokolinsen in 25 Tüten

Piktogrammdarstellung erreicht werden. Das Säulendiagramm ist für alle Skalierungsarten von Merkmalen anwendbar (vgl. Abb. 2.14).

Das *Kreisdiagramm* ist eine sehr häufig verwendete grafische Darstellung, um die Häufigkeitsverteilung eines zumeist nominal skalierten Merkmals abzubilden. Wie bei einer Torte wird die

Fläche des Kreisdiagramms in Kreissektoren zerlegt, deren Fläche proportional zu den (absoluten oder relativen) Häufigkeiten der jeweiligen Merkmalsausprägung sind. Im Vergleich zum Stabdiagramm ist das Kreisdiagramm händisch etwas aufwändiger zu erstellen, da zur Erstellung der Kreissektoren zunächst der betreffende prozentuale Anteil in ein entsprechendes Winkelmaß umgerechnet werden muss (wobei gilt: $100 \% \triangleq 360°$). Kreisdiagramme haben den Vorteil, den Stichprobenumfang als leicht erkennbare optische Einheit abbilden zu können. Die jeweiligen Anteile der einzelnen Merkmalsausprägungen sind als Kreissektoren zu dieser Einheit optisch ebenfalls sehr einfach in Beziehung zu setzen (vgl. Abb. 2.14). Die Eigenschaft der Kreisdia-

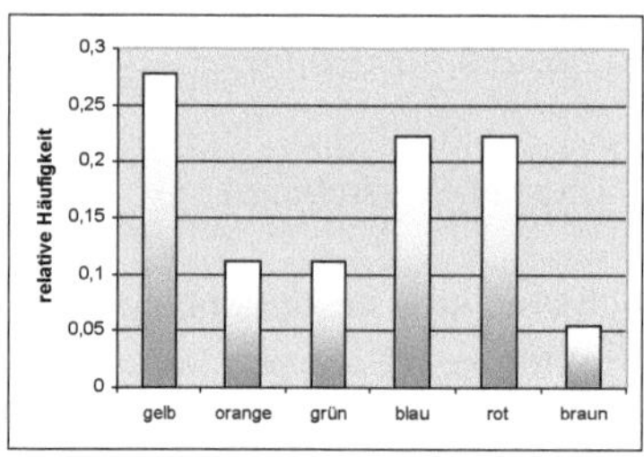
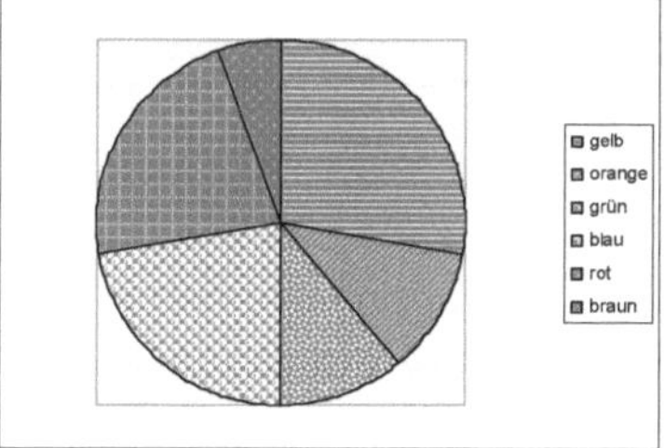

Abbildung 2.14: Stab- und Kreisdiagramm zu der Farbverteilung der Schokolinsen in einer Tüte

gramme, den Anteil einer Merkmalsausprägung an der Gesamtheit sehr einfach visualisieren zu können, wird etwa zur Darstellung von Wahlergebnissen, wie z. B. der Stimm- oder Sitzverteilung von Parteien nach einer Wahl, verwendet. Im Stabdiagramm erkennt man dagegen (zum gleichen Kontext) die Verhältnisse zwischen den Parteien und insbesondere die Partei mit den meisten Stimmen (Abb. 2.15).

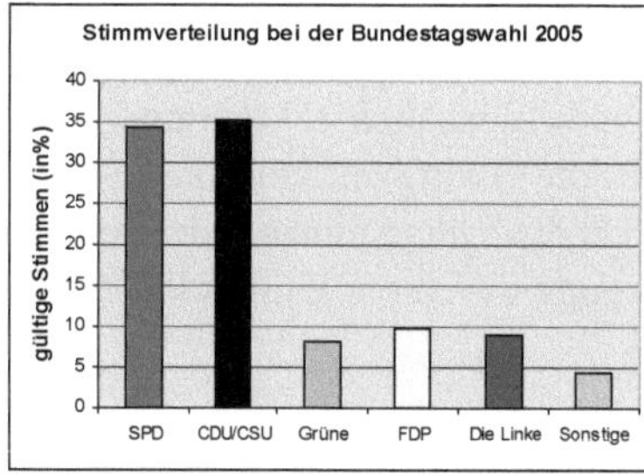
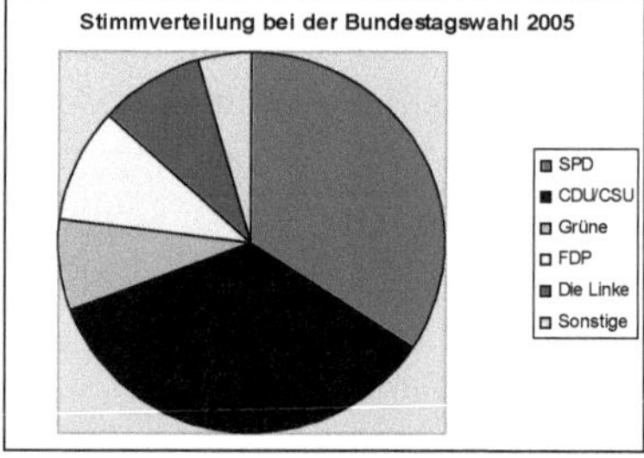

Abbildung 2.15: Balken- und Kreisdiagramm zur Bundestagswahl 2005

Das *Stamm- und Blatt-Diagramm* eignet sich, um metrisch skalierte Merkmale übersichtlich darzustellen. Dazu werden zunächst alle Datenwerte in eine Summe aus einem „Stammwert" (z. B. Zehner) und einem „Blattwert" (z. B. Einer) zerlegt. Anschließend wird der Stamm errichtet und die jeweiligen Blattwerte so an die Stammeinheit abgetragen, dass die Summe aus dem resultierenden Stammwert und Blattwert das Originaldatum ergeben. Da diese Darstellung nicht für die Verteilung der Farben in den Schokolinsen-Tüten geeignet ist, sind in Abb. 2.16 die Sprungweiten einer experimentellen Untersuchung von Papierfröschen (vgl. Kap. 1.2) beispielhaft dargestellt. Der Vorteil dieser Darstellungsart ist, dass sich alle Daten rekonstruieren

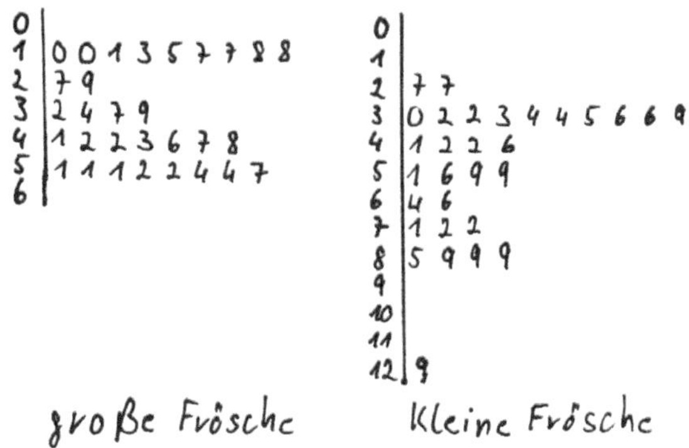

Abbildung 2.16: Stamm- und Blatt-Diagramme bei Papierfröschen

lassen, indem die Stammziffern mit allen Blattziffern verknüpft werden und dennoch die Form eines horizontal ausgerichteten Histogramms vorhanden ist, wenn darauf geachtet wird, dass die Ziffern annähernd gleich große Flächen einnehmen. Sind allerdings sehr viele Daten vorhanden, so ist die Erstellung des Stamm- und Blatt-Diagramms äußerst aufwändig.

Der *Boxplot* benutzt folgende fünf Werte zur grafischen Darstellung von Lage und Streuung: Minimum, 1. Quartil, Median, 3. Quartil und Maximum (vgl. Kap. 2.5). Er besteht aus:

- einer Skala, die parallel zur Hauptachse des Boxplots verläuft

- einem Rechteck (*Box*), dessen Länge vom unteren Quartil zum oberen Quartil reicht. Die Rechteckbreite wird meist nach rein ästhetischen Gesichtspunkten gewählt.

- je einem Querstrich auf der Höhe des Medians, des Minimums und des Maximums (vgl. Abb. 2.17)

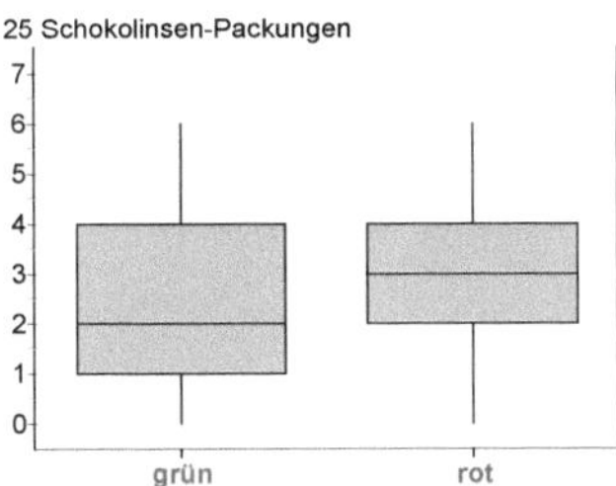

Abbildung 2.17: Boxplot-Vergleich zu der Verteilung der Anzahlen grüner und roter Schokolinsen in 25 Tüten

Vorteil dieser Darstellungsart, die sich für numerische (in der Regel metrisch skalierte) Merkmale eignet, ist der schnelle Überblick zu einer Verteilung, da die fünf Lageparameter Minimum, 1. Quartil, Median, 3. Quartil und Maximum unmittelbar zu sehen sind. Dadurch wird insbesondere auch der Vergleich zweier Verteilungen wie hier der Vergleich von roten und grünen

Schokolinsen in den 25 Tüten einer Klasse erleichtert. Wenn jedoch eine Verteilung als bi- oder multimodal zu charakterisieren ist, stößt die Boxplotdarstellung an ihre Grenzen: Verschiedene *Modalwerte* sind im Boxplot nicht mehr zu erkennen.

In Fachbüchern und ebenso in statistischer Software wird eine Variante des oben beschriebenen, einfachen Boxplots verwendet, um Daten, die stark vom Großteil der anderen Daten abweichen, gesondert zu kennzeichnen. Dabei werden die Daten, die

- größer sind als das obere Quartil plus das 1,5-Fache des Quartilsabstands (der Boxenlänge; formal: $x_{0,75} + 1,5 \cdot (x_{0,75} - x_{0,25})$) und

- die kleiner sind als das untere Quartil minus das 1,5-Fache des Quartilsabstands (der Boxenlänge; formal: $x_{0,25} - 1,5 \cdot (x_{0,75} - x_{0,25})$)

durch Punkte (oder Sterne) repräsentiert und werden als „Ausreißer" bezeichnet. Bildhaft ausgedrückt heißt dies, dass die Antennen maximal eineinhalb Mal so lang wie die Box sind.

Für metrisch skalierte Merkmale ist das *Histogramm* eine Erweiterung von Stab- und Säulendiagrammen. Es bietet insbesondere dann einen Vorteil, wenn zu einem Merkmal sehr viele Merkmalsausprägungen vorhanden sind. Was dabei als „sehr viel" angesehen wird, kann nicht allgemeingültig spezifiziert werden, dies ist vom Sachkontext und dem Auge des Betrachters abhängig. Zur Erstellung eines Histogramms wird das vorliegende Datenintervall überlappungs- und lückenfrei in n Klassen eingeteilt, sodass jede Merkmalsausprägung in genau eine Klasse eingeordnet wird – die Merkmalsausprägungen werden klassiert (vgl. Einstiegsproblem dieses Kap. 2, S. 26). Die Höhe f_i eines Rechtecks über einer Klasse K_i (mit $i = 1,...,n$) ergibt sich bei einem Histogramm dadurch, dass die absolute Häufigkeit $H_n(K_i)$ der in dieser Klasse befindlichen Merkmalsausprägungen durch den Stichprobenumfang n und durch die entsprechende Klassenbreite b dividiert wird. Es gilt also $f_i = \frac{H_n(K_i)}{n \cdot b} = \frac{h_n(K_i)}{b}$. Multipliziert man diese Gleichung mit b, lässt sich leicht erkennen, dass die Rechteckfläche über einem Intervall der relativen Häufigkeit $h_n(K_i)$ entspricht.

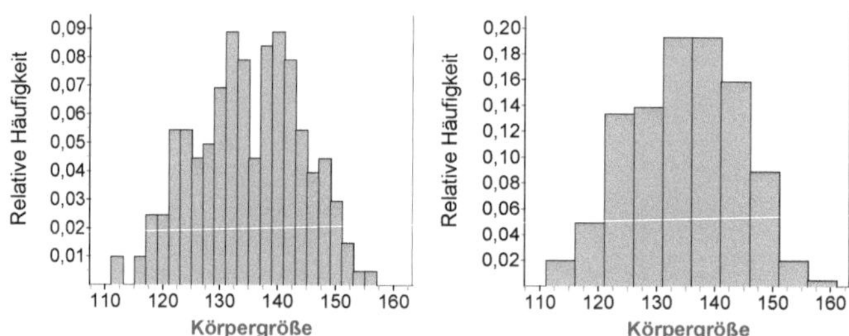

Abbildung 2.18: Histogramme zu den Körpergrößen von Grundschülern mit äquidistanten Klassenbreiten 2 (links) und 5 (rechts)

In der Sekundarstufe I sind äquidistante (gleich breite) Klassen anzustreben, wodurch wieder wie beim Balkendiagramm die Höhe der Histogrammbalken die relative Häufigkeit repräsentiert.[6] Da das Merkmal „Farbe der Schokolinsen" nicht metrisch skaliert ist, sind in Ab-

---

[6]Dieses Vorgehen ist auch in statistischer Software implementiert, die in der Regel Klassen mit gleicher Breite vorsehen.

bildung 2.18 zwei Histogramme mit unterschiedlicher Klasseneinteilung zur Körpergröße von Grundschülern als Beispiel dargestellt.

Vorangehend wurden die wichtigsten Standardgrafiken vorgestellt, mit denen *univariate* Datensätze veranschaulicht werden. Formen grafischer Darstellungen für *bivariate* Datensätze werden in Kapitel 3 diskutiert.

Sinn und Zweck grafischer Darstellungen: Stellt man die in Tabelle 2.3 gegebenen Schokolinsen-Daten grafisch dar, so kann das verschiedene Beweggründe haben:

- die Kommunikation: Bestimmte Eigenschaften der Daten werden *visualisiert*. Dadurch sind diese Eigenschaften leichter zu kommunizieren. Beispielsweise visualisiert das Kreisdiagramm in Abbildung 2.14 eindrücklich den großen Anteil, den die gelben Schokolinsen in der gewählten Tüte etwa gegenüber den braunen Schokolinsen haben.

- die Argumentation: Grafische Darstellung können den eigenen Analyseprozess von Daten wesentlich steuern, insbesondere dann, wenn sie Eigenschaften einer Verteilung sichtbar werden lassen, die in den Rohdaten so nicht entdeckt werden konnten und die dann einen neuen Untersuchungsansatz ergeben. Da der Inhalt einer Tüte Schokolinsen noch überschaubar genug ist, kommt dieser Gesichtspunkt hier nicht so sehr zum Tragen.
Deutlicher wird dieser Aspekt im Wetterbeispiel. Dort hatte etwa hat die grafische Darstellung der Regenhäufigkeit (Abb. 2.4) ein überraschendes Resultat ergeben,dass Regentage im Frühjahr am seltensten sind. Dieser überraschende Sachverhalt kann dazu führen, die Wetterdaten vertieft zu untersuchen, Anschlussfragen zu stellen wie etwa „Gilt das eigentlich auch für die Regenmenge?" und damit der Analyse eine neue Richtung zu geben.

- Reduktion: Nahezu jede grafische Darstellung bedeutet einen Informationsverlust. Dieser ist zwar im Sinne einer Veranschaulichung gewünscht, aber dennoch als gewisser Nachteil zu beachten: Eine grafische Darstellung zeigt nicht die Daten selbst, sondern nur ein willkürliches Abbild der Daten. Deutlich wird solch ein Datenverlust etwa in dem Boxplotvergleich in Abbildung 2.17: Es geht hier nur um die Farben Grün und Rot, die anderen Farben wurden gar nicht erst in den Vergleich aufgenommen. Bei dem Verteilungsvergleich begnügt man sich hier auch mit den vergleichsweise „robusten" Boxplots, eine differenziertere Darstellung der beiden Verteilungen könnte – wenn nötig – beispielsweise mit Histogrammen erreicht werden.

Wie schon bei der Klassierung von Daten wird bei der Visualisierung ein durchgängiges Prinzip in der Datenanalyse offenbar: Es gibt nicht eine, sondern mehrere Methoden, deren Vor- und Nachteile für den speziellen Datensatz abgewogen werden müssen. Es gibt eine gewisse Bandbreite von Vorgehensweisen, bei denen nicht mit „richtig" oder „falsch", sondern vielmehr mit „in diesem Fall sinnvoll" und „in diesem Fall weniger sinnvoll" geurteilt werden kann. Es lässt sich schon hier festhalten: Grafische Darstellungen erfüllen zu einem bestimmten Zeitpunkt für eine bestimmte Person einen bestimmten Zweck – und zwar sowohl für die Person, die die Grafik erstellt, als auch für die Person, die die Grafik liest, das heißt interpretiert.

Probleme entstehen allein, wenn Endklassen mit abweichender Breite günstig erscheinen. Erhebt man etwa das Alter von Studierenden, dann kann man etwa Altersklassen mit Breite 1 wählen sowie eine Endklasse mit den Studierenden, die 30 oder älter sind.

Interpretation grafischer Darstellungen: Grafische Darstellungen können Aussagen transportieren, aber auch den eigenen Analyseprozess steuern. Um beide Funktionen sinnvoll nutzen zu können, müssen Schülerinnen und Schüler diese grafischen Darstellungen lesen und interpretieren lernen. Das ist prinzipiell bei jeder grafischen Darstellung notwendig. Anhand zweier grafischer Darstellungen diskutieren wir hier überblicksartig verschiedene Bestandteile des Lesens und Interpretierens und nehmen diesen zentralen didaktischen Aspekt im Umgang mit grafischen Darstellungen später wieder auf (vgl. Kap. 2.4). Curcio (1989) unterscheidet drei verschiedene Anforderungsgrade beim Lesen und Interpretieren einer grafischen Darstellung. Am Beispiel einer Boxplot- und einer Histogrammdarstellung zu den Anzahlen der Farbe Rot, die in 25 Schokolinsen-Tüten einer Klasse aufgetreten sind, können sich beispielsweise folgende Überlegungen zu den einzelnen, im Schwierigkeitsgrad ansteigenden Anforderungsgraden ergeben:

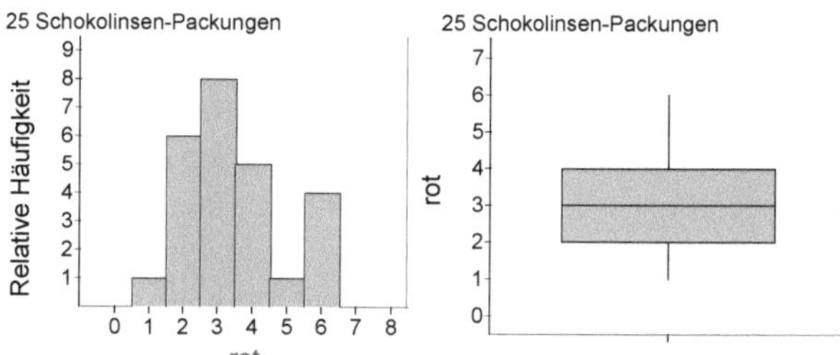

Abbildung 2.19: Anzahlen der Farbe Rot in den 25 Schokolinsen-Tüten einer Klasse

Anforderungsniveau: Lesen/Interpretieren einzelner Informationen oder Werte

Histogramm	Boxplot
Am häufigsten waren in den Tüten 3 rote Schokolinsen vorhanden (Modalwert).	Maximal waren 6 rote Schokolinsen in einer Tüte (Maximum).

Anforderungsniveau: Lesen/Interpretieren von Informationen oder Werten, die sich auf die Verteilung als Ganzes beziehen

Histogramm	Boxplot
über 90 % der Tüten hatten 2 oder mehr rote Schokolinsen (Streuung).	Mindestens 50 % der Tüten hatten zwischen 2 und 4 rote Schokolinsen (Quartilsabstand).

Anforderungsniveau: Lesen/Interpretieren von Informationen oder Werten im Sinne einer Vorhersage

Histogramm	Boxplot
Wir vermuten, dass beim Öffnen sehr vieler Tüten eine symmetrische Verteilung der Anzahlen mit einem Modalwert von 3 entstehen wird.	Wir vermuten, dass die Boxplots zu den anderen Farben ähnlich aussehen.

2.2 Lageparameter einer Häufigkeitsverteilung

Abbildung 2.20: Ärzteprotest in Berlin

Aufgabe 7: Euch liegt ein leicht gekürzter Artikel aus der *ZEIT ONLINE* vom 17. Januar 2006 vor. Ärztevertreter auf der einen Seite sowie der Staat bzw. die Krankenkassen auf der anderen Seite verwenden unterschiedliche Argumente, um für oder wider den Ärzteprotest zu sprechen.

Bildet Euch eine eigene Meinung darüber, ob die niedergelassenen Ärzte zu viel oder zu wenig verdienen.

„Klagen nicht nachvollziehbar"

Ein Drittel aller Praxen kämpft ums Überleben, klagen die Ärzte. Niedergelassenen Medizinern gehe es gut, sagt dagegen der SPD-Gesundheitsexperte Lauterbach. Es gebe keinen Grund für die Politik, etwas zu ändern. Karl Lauterbach, sozialdemokratischer Gesundheitsfachmann und Berater von Bundesgesundheitsministerin Ulla Schmidt, hat die Proteste der niedergelassenen Ärzte scharf kritisiert. „Ich finde das traurig. Die Ärzte, die bei der Qualität im europäischen Vergleich nur durchschnittliche Ergebnisse vorweisen können, streiken nur, wenn es um ihr eigenes Einkommen geht", sagte Lauterbach zu *ZEIT ONLINE*.

Ärzteverbände hatten beklagt, rund 30.000 Praxen müssten mit einem Nettoeinkommen von 1.600 bis 2.000 Euro im Monat auskommen. Die Kassenärztliche Bundesvereinigung (KBV) rechnet für 2005 mit 125 Praxisinsolvenzen, mehr als jemals zuvor.

ZEIT ONLINE, 17.01.2006

Lauterbach sagte dazu, in keiner anderen freiberuflichen Tätigkeit gebe es so wenig Insolvenzen wie bei niedergelassenen Ärzten, und die Durchschnittseinkommen seien gut. „Wenn jeder dieser Ärzte das Festgehalt eines Universitätsprofessors bekäme, käme es die gesetzlichen Krankenkassen immer noch billiger."

Schon heute verdiene ein niedergelassener Allgemeinarzt in Westdeutschland nach Abzug aller Betriebskosten rund 82.000 Euro im Jahr alleine mit der Behandlung gesetzlich Krankenversicherter.

Die Ärzteverbände hatten ihre Mitglieder dazu aufgerufen, in dieser Woche ihre Praxen geschlossen zu halten. An diesem Mittwoch sollen 5.000 von ihnen zu einer zentralen Demonstration an das Brandenburger Tor kommen. Gleichzeitig könnten 50.000 Praxen am Mittwoch geschlossen bleiben, hofft die KBV.

Mögliche Erweiterungen und Präzisierungen der Aufgabenstellung

- In Abbildung 2.21 ist die Verteilung des Bruttoeinkommens der rund 120.000 niedergelassenen Ärzte für das Jahr 2005 gegeben. Versucht, die in dem Artikel gegebenen Äußerungen anhand dieser Verteilung zu überprüfen.

- Bearbeitet zunächst die unten gegebenen Zusatzaufgaben. Versucht Eure Erkenntnisse daraus auf den Ärzteprotest zu beziehen.

- Versucht, ausgehend von der Bearbeitung der Zusatzaufgaben, den Zusammenhang zwischen der Form der Einkommensverteilung und dem Verhältnis von Median und arithmetischem Mittel begründet anzugeben.

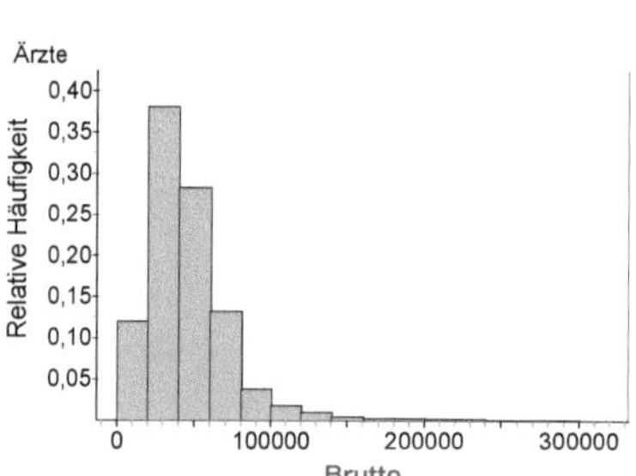

Einkommensklasse	Anteil
bis 20.000 Euro	12,0 %
bis 40.000 Euro	38,1 %
bis 60.000 Euro	28,3 %
bis 80.000 Euro	13,2 %
bis 100.000 Euro	3,8 %
bis 120.000 Euro	1,8 %
bis 140.000 Euro	1,0 %
bis 160.000 Euro	0,5 %
bis 180.000 Euro	0,3 %
bis 200.000 Euro	0,3 %
bis 220.000 Euro	0,2 %
bis 240.000 Euro	0,2 %
bis 260.000 Euro	0,1 %
bis 280.000 Euro	0,1 %
bis 300.000 Euro	0,1 %

Abbildung 2.21: Brutto-Einkommen niedergelassener Ärzte nach Abzug der Sozialversicherungsabgaben (inklusive Krankenversicherung)

Didaktisch-methodische Hinweise zur Aufgabe

Der Artikel und damit der Sachkontext ist der Realität entnommen. Am 18. Januar 2006 gingen je nach Schätzung 10.000 bis 14.000 Ärzte in Berlin auf die Straße, um gegen die Gesundheitspolitik der Bundesregierung zu protestieren. 50.000 der insgesamt rund 95.000 Praxen im Bundesgebiet blieben an diesem Tag geschlossen. Ein wesentlicher Teil des Protests der niedergelassenen Ärzte bezog sich auf ihre finanzielle Situation. Doch was ist dran am Ärzteprotest?

Das komplexe Problem, das sich ergibt, wenn man dieser Frage nachspürt, wird hier bezogen auf das Thema des Kapitels stark verkürzt dargestellt. Es entspricht dem in der Einleitung genannten Nachvollziehen gesellschaftlicher Entscheidungsprozesse. Eine ausführlichere Behandlung ist in Eichler (2007) enthalten. Auf solch eine ausführliche Behandlung, die die Datenrecherche und begründete Abschätzungen von Daten umfasst, zielt die Einstiegsfrage. Möchte man dagegen direkt auf die unterschiedliche Interpretation von Lageparametern und insbesondere die unterschiedliche Interpretation der *Mitte* eingehen, kann man sich mit den präzisierten, engeren Aufgabenstellungen begnügen. Entscheidend dafür ist zunächst allein die Frage: *Wie kommt es eigentlich, dass zwei so unterschiedliche Aussagen zu ein und demselben Thema geäußert werden können?*

Ein plausibler Erklärungsansatz, dass entweder die staatliche oder die den Ärzten verpflichtete Seite es nicht so genau nimmt mit der Wahrheit oder die beiden Parteien auf unterschiedliche Daten zurückgreifen, trifft hier nicht zu. Dennoch können solche wie auch andere Vermutungen von Schülerseite am Beginn der Analyse stehen. Dann müssen aber die Daten sprechen: Der Weg zu dieser Grafik ist hier nicht angegeben, er führt über das Datenmaterial der KBV[7] und das (mühsame, aber spannende) Eliminieren von Betriebskosten und schließlich der Berücksichtigung der in der Arbeitswelt verschiedenartigen Sozialabgaben (Selbstständige, Angestellte, Beamte). Es ergibt sich eine Verteilung, die für Verteilungen hinsichtlich sozialer Merkmale (beispielsweise: Wer liest wie viel, wer hat wie viel Wohnraum zur Verfügung etc.) und insbesondere hinsichtlich finanzieller Merkmale von Personen (aber auch Institutionen) charakteristisch ist: „Viele haben wenig, wenige haben viel." Das führt wie auch in diesem Fall zu einer Verteilung, die man sinnfällig als *linkssteil* bezeichnet. Was das bedeutet, lässt sich am besten an zwei konstruierten Beispielaufgaben erläutern.

Zwei konstruierte Aufgaben zum Durchdringen des Mittelwertbegriffs

Zusatzaufgabe 1: Nachfolgend ist das fiktive Jahreseinkommen von sechs Ärzten gegeben.

a) Bestimmt den Median und das arithmetisches Mittel der Einkommensverteilung!

b) Was ändert sich an den beiden Mittelwerten, wenn Ihr das Einkommen des 6. Arztes verändert?

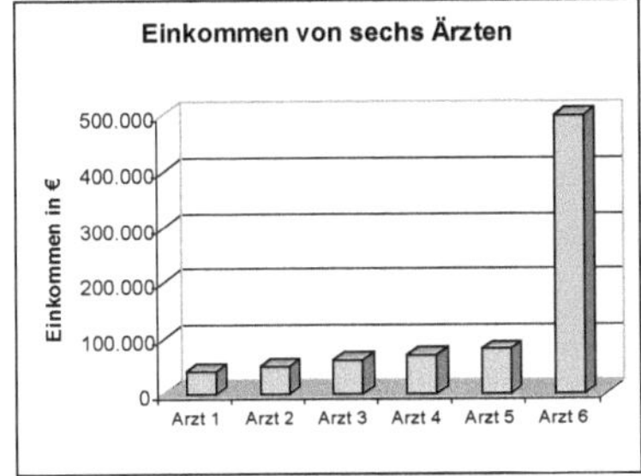

Arzt	Einkommen in Euro
1	40.000
1	50.000
1	60.000
1	70.000
1	80.000
1	500.000

Abbildung 2.22: Einkommen von sechs Ärzten

Diese Aufgabe kann man sowohl händisch als auch mit dem Rechner (vgl. Abb. 2.23) angehen. Es ergibt sich schnell:

- Der Median bleibt (fast immer) gleich. Unabhängig davon, wie weit man das Einkommen des Arztes in die Höhe konstruiert, der Median behält seinen Wert ($\bar{x}_{0,5} = 65.000$). Allein, wenn man das Gehalt des 6. Arztes unter das Gehalt des 4. Arztes senkt, ändert sich der Median.

---

[7] Kassenärztliche Bundesvereinigung: http://daris.kbv.de/daris.asp

- Das arithmetische Mittel ändert sich bei jeder Änderung des Gehalts des 6. Arztes. Setzt man dieses Gehalt herab, etwa auf 90.000 Euro, so erhält man als arithmetisches Mittel $\bar{x} = 65.000$ statt vorher $\bar{x} \approx 130.000$. Das arithmetische Mittel wird also durch die Veränderung eines Wertes beeinflusst. Speziell die Erhöhung des maximalen Arztgehalts treibt auch das arithmetische Mittel der Gehälter in die Höhe, während der Median von diesem Spitzengehalt nicht beeinflusst wird.

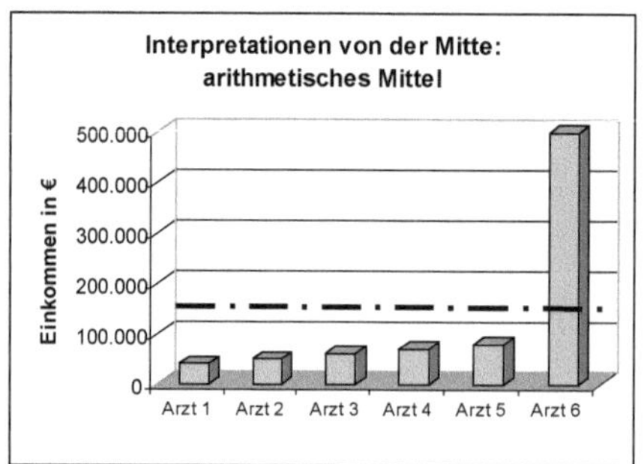

Abbildung 2.23: Einfluss des Spitzengehalts auf arithmetisches Mittel und Median
(Angaben in Euro)

Die Eigenschaft statistischer Methoden, mehr oder weniger von der Veränderung einzelner (oder mehrerer) Daten beeinflusst zu werden, wird durch den Begriff der *Robustheit* beschrieben (vgl. z. B. Polasek, 1994). Die Robustheit kann als Bewertungskriterium statistischer Methoden verwendet werden (Tukey, 1977). In dem hier beschriebenen Beispiel ergibt sich der Median als relativ robuste, das arithmetische Mittel als wenig robuste Methode.

Die unterschiedliche Interpretation von der Mitte: Weiter zeigt sich anhand dieses Beispiels die fundamental verschiedenartige Konstruktion des Medians und des arithmetischen Mittels. Ein Ergebnis der Bearbeitung des 6-Ärzte-Beispiels wäre die Erkenntnis, dass der Median die Ärzte hinsichtlich ihres Einkommens (d. h. die einzelnen Daten) „horizontal" in zwei Hälften teilt. Dagegen nivelliert das arithmetische Mittel die Einkommen der Ärzte (d. h. die Merkmalsausprägungen der einzelnen Daten) „vertikal".

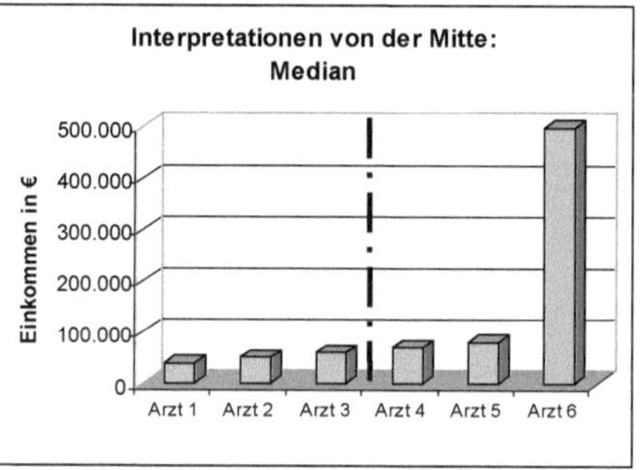

Abbildung 2.24: Visualisierung des Unterschieds von arithmetischem Mittel und Median

Bevor diese neuen Erkenntnisse auf das reale Beispiel angewendet werden, ist es sinnvoll, eine weitere konstruierte Aufgabe als Zwischenschritt zu untersuchen.

Verteilungsform und Interpretationen von der Mitte

Zusatzaufgabe 2: Gegeben ist das Gehaltsgefüge einer fiktiven Firma:

Bezeichnung	Anzahl	Gehalt in Euro	
		Durchschnitt	**Gruppe**
Arbeiter	1.000	1.000	1.000.000
Arbeiter, gehobene Position	500	2.000	1.000.000
Leiter von Arbeitsgruppen	50	5.000	250.000
Management	10	10.000	100.000
Firmenbesitzer	1	1.000.000	1.000.000
Summe	1.561	—	3.350.000

a) Ein Arbeiter bekommt genau das Durchschnittsgehalt seiner Berufsgruppe, möchte aber mehr Geld bekommen. Der Firmenbesitzer möchte dagegen das Gehalt des Arbeiters nicht erhöhen.

Argumentiert aus der Sicht des Arbeiters und aus der Sicht des Firmenbesitzers, warum das Gehalt nicht ausreichend bzw. angemessen ist!

b) Das Gehaltsgefüge der Firma wird von außen, z. B. von einer Gewerkschaft einerseits und vom Arbeitnehmerverband andererseits, begutachtet.

Argumentiert aus der Sicht der Gewerkschaft und aus der Sicht des Arbeitnehmerverbandes, warum das Gehalt der Arbeiter angehoben werden muss bzw. beibehalten werden kann!

Hinweis: Verwendet für Eure Argumentationen insbesondere den Median und das arithmetische Mittel.

Realistisch an dieser Aufgabe ist allein, dass viele wenig und wenige viel verdienen. Damit ergibt sich im Beispiel eine *linkssteile* Verteilung (sinnfällig: Nach *links* geht es *steil* nach oben).

Das arithmetische Mittel von rund 2.146 Euro ergibt sich durch Division innerhalb der Summenzeile ($335.0000/1.561 \approx 2.146$). Der Median hat den Wert 1.000 (Euro). Ordnet man die Einkommen der Größe nach, so steht das 781te (die 1.000 Euro eines Arbeiters) in der Mitte der 1561 Einkommen und entspricht dem Median ($x_{0,5} = 1.000$). Das heißt aber wiederum: Erhöht der selbst schon viel verdienende Firmenbesitzer das Einkommen des Managements, so hat das einen Einfluss auf das arithmetische Mittel, nicht aber auf den Median (siehe 6-Ärzte-Aufgabe). Diese Überlegungen sollten Schülerinnen und Schüler – eventuell durch entsprechende Hilfestellung – als Vorbereitung des Argumentierens machen.

Wie Schülerinnen und Schüler tatsächlich als Arbeiter oder Firmenbesitzer argumentieren, ist im Detail sicher nicht vorherzusagen. Sie könnten aber mit Hilfe des arithmetischen Mittels aus der Sicht des Arbeiters etwa folgende Argumentation verwenden:

„Im Durchschnitt bekommt man in dieser Firma mehr als doppelt so viel wie ich, ich verlange mehr!".

Aus der Sicht des Firmenbesitzers könnten sie mit Hilfe des Medians erwidern:

> „Über die Hälfte meiner Angestellten verdienen genau so viel wie du, warum willst
> du mehr?".

Werden die Schülerinnen und Schüler aufgefordert, aus der Außensicht im Sinne einer Gewerkschaft bzw. eines Arbeitgeberverbandes zu argumentieren, so könnten sie dieses folgendermaßen tun:

> „Über 50 % der Firmenangehörigen müssen mit 1000 Euro oder weniger auskommen, die Firmenleitung ist verpflichtet, die Situation ihrer Angestellten zu verbessern!" (Gewerkschaft, Median)

Oder sie argumentieren dagegen:

> „Im Schnitt verdienen doch die Firmenangehörigen rund 2150 Euro. Würde man
> nur sehr gut ausgebildete Facharbeiter der Sorte X (die verdienen 2145 Euro) beschäftigen, dann würde es die Firma noch billiger kommen!" (Arbeitgeberverband,
> arithmetisches Mittel)

Den Vergleich mit dem Facharbeiter der Sorte X kann man durch eine solche zusätzliche (fiktive) Information provozieren. Diese Information ist zwar nicht in der Aufgabe selbst gegeben, lenkt aber auf den Ausgangspunkt der Diskussion insgesamt nach der folgenden Systematisierung auf das Ausgangsproblem zurück.

Zusammenhang zwischen der Verteilungsform und den Mittelwerten: Für den Vergleich von Median ($x_{0,5}$) und arithmetischem Mittel ($\bar{x}$) gilt bezogen auf die Form der Häufigkeitsverteilung allgemein:

- $x_{0,5} < \bar{x}$ bei linkssteilen Häufigkeitsverteilungen (wenn also die wenigen mit sehr viel das arithmetische Mittel in die Höhe treiben)
- $x_{0,5} > \bar{x}$ bei rechtssteilen Häufigkeitsverteilungen (falls wenige Fälle aus einem einheitlichen Datensatz das arithmetische Mittel verringern)
- $x_{0,5} = \bar{x}$ bei symmetrischen Häufigkeitsverteilungen

Der Weg zu dieser qualitativen Erkenntnis lässt sich beispielsweise anhand des Kontextes der Firmengehälter motivieren. Über konstruierte Daten, die mit dem Rechner (oder händisch) bearbeitet werden, lassen sich die Einsichten gut belegen (Abb. 2.25). Als Konsequenz ergibt sich bei asymmetrischen Häufigkeitsverteilungen in einem realen (oder realitätsnah konstruierten) Kontext eine unterschiedliche Interpretation dieses Kontextes wie im Falle des Ärzteprotests bzw. der Firmengehälter.

Verbindung mit dem Ärzteprotest: Damit kann die Diskussion des Ärzteprotestes wieder aufgenommen werden. Die eher theoretischen Überlegungen, die anhand eines konstruierten Beispiels und rein abstrakt vorgenommen wurden, haben sicher einen Selbstzweck, der über das Problem des Ärzteprotests hinausgeht. Sie sind aber motiviert durch eine reale Aufgabenstellung und sind bezogen auf diese Aufgabenstellung ein Mittel zum Zweck.

Betrachtet man nun die Verteilung der Ärzte-Einkommen, so erkennt man unmittelbar, dass diese zumindest leicht linkssteil ist. Das arithmetische Mittel ist größer als der Median. Der Staat argumentiert daher mit dem größeren Mittelwert, dem arithmetischen Mittel. Die Ärzte würden dementsprechend mit dem kleineren Mittelwert, dem Median, argumentieren. Im Artikel wird

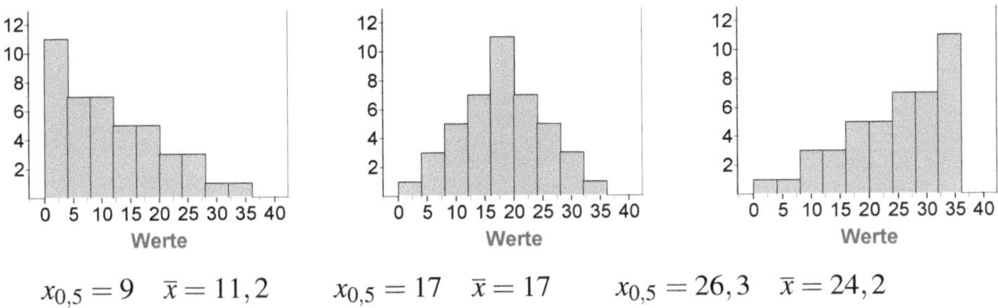

$$x_{0,5} = 9 \quad \bar{x} = 11,2 \qquad x_{0,5} = 17 \quad \bar{x} = 17 \qquad x_{0,5} = 26,3 \quad \bar{x} = 24,2$$

Abbildung 2.25: Zusammenhang zwischen der Verteilungsform und den Mittelwerten (links: linkssteile Verteilung; Mitte: symmetrische Verteilung; rechts: rechtssteile Verteilung)

statt des 0,5-Quantils (Median) sogar der noch kleinere Wert, der ungefähr dem des 0,25-Quantils entspricht, verwendet. Daher sind beide im *ZEIT ONLINE*-Artikel enthaltenen, unterschiedlichen Meinungsäußerungen berechtigt:

- Verwendet man die in Abbildung 2.21 gegebenen Einnahmen ohne Beachtung der Sozialabgaben, genauer die Klassenmitten der angegebenen Klassen, so ergibt sich die durchschnittliche (arithmetisches Mittel) Einnahme von rund 82.000 Euro – so wie im Artikel angegeben. Bezieht man die Sozialabgaben der selbstständigen Ärzte mit ein (Krankenversicherung ca. 14 %, Rente 19 %, Arbeitslosenversicherung 6,5 % und Pflegeversicherung 1,7 %), so ergibt sich ein durchschnittliches Brutto-Einkommen von rund 48.000 Euro. Das ist dann tatsächlich mehr als das Sockelgehalt eines so genannten W2-Professors (45.000 Euro). Festzuhalten ist: Der Staat argumentiert mit dem durchschnittlichen Gehalt, da das arithmetische Mittel in der linkssteilen Gehaltsverteilung größer ist als der Median. Zusätzlich verwendet der Staat in seiner Argumentation das Brutto-Jahresgehalt.

- Dagegen haben aber auch die Ärztevertreter recht, die mit dem Median und dem Monats-Nettogehalt der rund 120.000 niedergelassenen Ärzte argumentieren. Da etwa 40 % der Ärzte Bruttoeinnahmen bis 40.000 Euro im Jahr aufweisen, ist sicherlich die These, dass 25 % tatsächlich einen Netto-Verdienst zwischen 1.600 und 2.000 Euro haben, aufgrund der Daten gerechtfertigt.

Aufgaben wie die Analyse des Ärzteprotests sind aufwändig in der Vorbereitung und ebenso im Unterrichtseinsatz. Wenn die offene Fragestellung behandelt wird, die die eigene Recherche und Datenaufbereitung nötig macht, erhöht sich der Aufwand noch (vgl. Eichler, 2007). Andererseits ist es anhand dieser Aufgabenstellung möglich, Schülerinnen und Schülern die Relevanz der Datenanalyse für die Gesellschaft deutlich zu machen. Diese Relevanz ist nicht auf Ärzte und ihre Einkommenssituation beschränkt. So wird man fast immer, wenn sich in der Öffentlichkeit zwei konträre Meinungen zu der Interpretation sozialer Daten gegenüberstehen, das in den Daten steckende Phänomen entdecken, dass „viele wenig haben und wenige viel" (Einkommen, Wohnraum, Arbeitsweg, Zeitschriftenabonnemonts etc.). Falls es diese konträren Meinungen gibt, so versuchen beide Seiten, die in der Regel linkssteilen Verteilungen sozialer Daten zu verwenden, um mit der jeweils geeigneten Methode (Median oder arithmetisches Mittel) ihre Position (Besitzstandswahrung oder Protest) statistisch zu unterfüttern.

2.3 Streuung

Aufgabe 8:   Aus einem Interview des Vorstandsvorsitzenden des Hamburger Sportvereins, Bernd Hoffmann, mit dem *Hamburger Abendblatt* vom 10.01.2007:

„Wir spielen bis zum letzten Tag gegen den Abstieg"
Nach einem Kurzurlaub mit der Familie informiert sich der HSV-Vorstandsvorsitzende Bernd Hoffmann in Dubai über den Stand der Vorbereitungen. Bernd Hoffmann ist wieder da. Das Hamburger Abendblatt sprach mit ihm.
HOFFMANN: Das letzte halbe Jahr war für jeden, der in der Verantwortung stand, wirklich brutal. Man lebt ja in diesem Job von diesen Extremen, es geht nur zwischen Siegen und Niederlagen hin und her. Dadurch schafft man sich auch diese Balance. Und wenn dann das eine fast komplett ausfällt, nämlich die sportlichen Erfolge, dann zehrt das unglaublich an der Substanz. Deshalb war es unbedingt notwendig, acht, neun Tage auszuspannen und durchzupusten. Denn das nächste halbe Jahr wird sicher nicht weniger stressig.

ABENDBLATT: Wieso das?
HOFFMANN: Für uns geht es voraussichtlich bis zum letzten Spieltag um den Klassenerhalt.
ABENDBLATT: Sie erwarten nicht, dass der HSV durchstartet?
HOFFMANN: Selbst wenn sie so spielen würden wie vor einem Jahr, so würde das bedeuten, dass wir am Ende 43 Punkte haben. Wir haben 13, wir haben in der letzten Rückrunde 30 Punkte geholt – selbst wenn wir 43 Punkte bekommen sollten, spielt man bis zum 32., 33. oder auch 34. Spieltag gegen den Abstieg.

Mit wie vielen Punkten steigt ein Verein aus der Fußball-Bundesliga ab und mit wie vielen Punkten wird man Deutscher Fußball-Meister?

Mögliche Erweiterungen und Präzisierungen der Aufgabenstellung

In den Tabellen 2.3 und 2.4 sind die Punkte und die Tordifferenz aller Fußball-Meister sowie der Vereine, die mit Platz 16 abgeschlossen haben (das ist momentan ein Relegationsplatz, wir behandeln ihn als Abstiegsplatz) in der Geschichte der Fußball-Bundesliga gegeben. Das Jahr bezeichnet den Abschlusszeitpunkt der Saison. Die Jahre 1964, 1965 bzw. 1992 fehlen, da in diesen Spielzeiten weniger bzw. mehr als 18 Vereine in der Liga vertreten waren.

- In der Öffentlichkeit kursiert die „Faustformel", dass ein Verein nicht absteigt, wenn er 40 Punkte erreicht. Könnt Ihr das anhand der Daten bestätigen?

- Was meint Bernd Hoffmann mit dem Satz „selbst wenn wir 43 Punkte bekommen sollten, spielt man bis zum 32., 33. oder auch 34. Spieltag gegen den Abstieg"?

- Beschreibt genauer, mit wie vielen Punkten ein Verein absteigt.

- Beschreibt, mit wie vielen Punkten ein Verein Meister wird.

- Könnt Ihr solche Aussagen auch hinsichtlich der Tordifferenzen treffen?

Jahr	Verein	Punkte	Tordiff.	Jahr	Verein	Punkte	Tordiff.
2008	1. FC Nürnberg	31	-16	1986	Borussia Dortmund	38	-16
2007	1. FSV Mainz 05	34	-23	1985	Arminia Bielefeld	37	-15
2006	1. FC Kaiserslautern	33	-24	1984	Eintracht Frankfurt	34	-16
2005	VfL Bochum 1848	35	-21	1983	FC Schalke 04	30	-20
2004	Eintracht Frankfurt	32	-17	1982	Bayer Leverkusen	34	-27
2003	Arminia Bielefeld	36	-11	1981	TSV 1860 München	34	-18
2002	SC Freiburg	30	-27	1980	Hertha BSC	40	-20
2001	SpVgg Unterhaching	35	-24	1979	Arminia Bielefeld	35	-13
2000	SSV Ulm 1846	35	-26	1978	TSV 1860 München	29	-19
1999	1. FC Nürnberg	37	-10	1977	Karlsruher SC	37	-22
1998	Karlsruher SC	38	-12	1976	Hannover 96	36	-12
1997	Fortuna Düsseldorf	33	-31	1975	VfB Stuttgart	32	-29
1996	1. FC Kaiserslautern	36	-6	1974	Wuppertaler SV	33	-23
1995	VfL Bochum 1848	31	-24	1973	Hannover 96	35	-16
1994	1. FC Nürnberg	38	-14	1972	Hannover 96	33	-15
1993	VfL Bochum 1848	34	-7	1971	Rot-Weiß Oberhausen	36	-15
1991	FC St. Pauli	33	-20	1970	Eintracht Braunschweig	37	-9
1990	VfL Bochum 1848	40	-9	1969	Borussia Dortmund	41	-5
1989	Eintracht Frankfurt	34	-23	1968	1. FC Kaiserslautern	36	-28
1988	SVW Mannheim	35	-15	1967	Werder Bremen	39	-7
1987	FC 08 Homburg	27	-46	1966	Karlsruher SC	33	-36

Tabelle 2.3: Platz 16 in der Geschichte der Fußball-Bundesliga

Didaktisch-methodische Hinweise zur Aufgabe

Obwohl die Streuung im Prozess der Datenanalyse ungeheuer wichtig ist, ist es schwer, die Streuung als Produkt bzw. Ergebnis der Datenanalyse zu motivieren. So ist in der Regel das *Muster*, im eindimensionalen Fall also ein Lageparameter wie Median oder arithmetisches Mittel, von Interesse, nicht aber die Gestalt der Residuen bzw. die Abweichungen vom Muster. In dieser

Jahr	Verein	Punkte	Tordiff.		Jahr	Verein	Punkte	Tordiff.
2008	Bayern München	76	47		1986	Bayern München	70	51
2007	VfB Stuttgart	70	24		1985	Bayern München	71	41
2006	FC Bayern München	75	35		1984	VfB Stuttgart	67	46
2005	FC Bayern München	77	42		1983	Hamburger SV	72	46
2004	Werder Bremen	74	41		1982	Hamburger SV	66	50
2003	Bayern München	75	45		1981	Bayern München	75	48
2002	Borussia Dortmund	70	29		1980	Bayern München	72	51
2001	Bayern München	63	25		1979	Hamburger SV	70	46
2000	Bayern München	73	45		1978	1. FC Köln	70	45
1999	Bayern München	78	48		1977	Borussia Mönchengladbach	61	24
1998	1. FC Kaiserslautern	68	24		1976	Borussia Mönchengladbach	61	29
1997	Bayern München	71	34		1975	Borussia Mönchengladbach	71	46
1996	Borussia Dortmund	68	38		1974	Bayern München	69	42
1995	Borussia Dortmund	69	34		1973	Bayern München	79	64
1994	Bayern München	61	31		1972	Bayern München	79	63
1993	Werder Bremen	67	33		1971	Borussia Mönchengladbach	70	42
1991	1. FC Kaiserslautern	67	27		1970	Borussia Mönchengladbach	74	42
1990	Bayern München	68	36		1969	Bayern München	64	30
1989	Bayern München	69	41		1968	1. FC Nürnberg	66	34
1988	Werder Bremen	74	39		1967	Eintracht Braunschweig	60	22
1987	Bayern München	73	36		1966	TSV 1860 München	70	40

Tabelle 2.4: Meister in der Geschichte der Fußball-Bundesliga

Aufgabe ist dagegen offensichtlich, dass ein Lageparameter wie Median oder arithmetisches Mittel kaum ausreichend ist. So hilft etwa die Aussage: „Im Mittel hat der 16. der Fußball-Bundesliga am Ende der Saison 34,7 Punkte erreicht" nicht weiter, da eine erhebliche Anzahl von Vereinen auch mit einer höheren Punktzahl am Ende Platz 16 belegten und damit absteigen bzw. in die Relegation mussten.

Wie in einem vorangegangenen Abschnitt das Wetter (vgl. Kap. 2), umfasst auch der Themenkomplex nahezu unüberschaubar viele Ansatzmöglichkeiten, um Datenanalyse zu betreiben. Vorteil dieses Themenkomplexes ist die unmittelbare Verfügbarkeit des Sachkontextes und der Daten:

- Auch wenn die eine Schülerin oder der andere Schüler wenig Interesse am Fußball haben sollte, so gibt es sicher keine andere Sportliga, die in gleicher Weise im Licht der Öffentlichkeit steht. Dass 18 Mannschaften in einer Punktrunde gegeneinander spielen, der Erste am Ende Meister ist, die drei Letzten absteigen, ist entweder Allgemeingut oder stellt keine hohe Verstehenshürde dar.

- Die Daten zur Fußball-Bundesliga sind, wie viele andere Sportdaten auch, frei im Internet verfügbar (www.bundesliga.de). Für die hier behandelte Aufgabe sind diese Daten in besonderer Form gesammelt worden. [8]

Entdecken der Variabilität: Vor der systematischen Untersuchung der Streuung steht die grundlegende Einsicht, dass statistische Daten nicht uniform sind. Bezogen auf die Aufgabe

---

[8] Unter http://www.leitideedatenundzufall.de ist dieser Datensatz auf unserer Homepage zu diesem Buch verfügbar.

heißt das, dass zu einem Erhebungszeitpunkt der Abstieg mit 34 Punkten besiegelt ist (z. B. in der Saison 2006/07), in einer anderen Saison (z. B. 2007/08) aber ausreichend für den Verbleib in der Liga gewesen wäre.

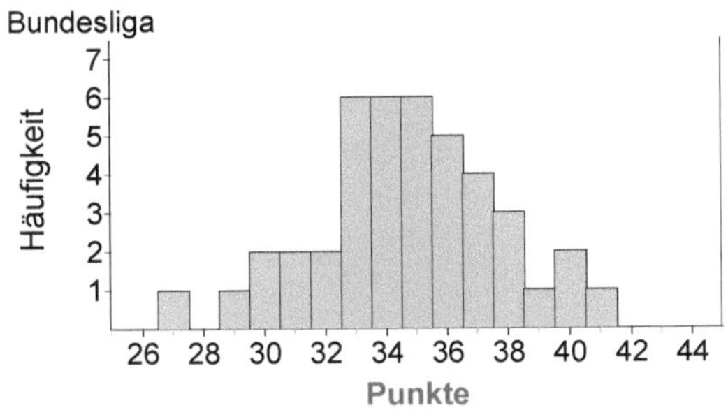

Abbildung 2.26: Punkte auf Platz 16 am Saisonende der Fußball-Bundesliga (1966-2008, ohne 1992)

Mit der empirischen Erfahrung aus 45 Spielzeiten der Fußball-Bundesliga ist damit die Aussage von Bernd Hoffmann durchaus berechtigt: *Wenn* ein Verein (hier der HSV) am Ende der Saison 43 Punkte erreicht, wird er nicht absteigen, da in den bisherigen Spielzeiten kein Verein mit einem Saisonabschluss auf dem 16. Platz 43 Punkte oder mehr erreicht hat. Hier wird also ein Bezug zum Maximum der Verteilung der Punkte des 16. Platzes genommen ($x_{Max} = 41$). Die Faustformel: „Erreiche 40 Punkte, so wirst du nicht absteigen" ist dagegen nicht durchgängig den empirischen Daten zu entnehmen. So hat sich diese Faustformel zwar in *mindestens* 93 % ($x_{0,93} = 40$) bewährt, war dagegen aber in rund 7 % der Spielzeiten (nämlich drei Spielzeiten) falsch.

Ein erster Schritt zur systematischen Analyse der Streuung: Was meint die Bemerkung des Vereinsvorstandes, selbst wenn die Mannschaft eine bestimmte (hohe) Punkt-Ausbeute von insgesamt 43 (13 + 30) Punkten erreichen würde, diese noch an den letzten Spieltagen zittern müsste? Nimmt man die 43 Punkte als Endergebnis an, so gibt es beispielsweise folgende verschiedene Szenarien:

	drei Siege	drei Niederlagen	Niederlage, Unentschieden, Sieg
Punkte 34. Spieltag	43	43	43
Punkte 33. Spieltag	40	43	40
Punkte 32. Spieltag	37	43	39
(Punkte 31. Spieltag)	34	43	39

Im zweiten Fall wären die 43 Punkte bereits am 31. Spieltag eingefahren und der Erfahrung nach nichts mehr zu befürchten. Im dritten Fall könnten die 39 bzw. 40 Punkte nach dem 32. und 33. Spieltag noch Anlass zur Sorge geben. Denn in *mindestens* 9 % der Fälle ($x_{0,91} = 39$) haben Mannschaften mit 39 oder mehr Punkten am Saisonende auf Platz 16 gestanden (genau in 4 Spielzeiten). Im verbliebenen Fall könnte die Situation nach dem 31. Spieltag noch dramatisch sein. Da in den vergangenen Spielzeiten mehr als 50 % der Mannschaften auf dem 16. Platz 35 oder mehr Punkte hatten, muss eine Mannschaft mit nur 34 Punkten vor dem drittletzten Spieltag vermutlich noch dringend Punkte sammeln und gerät unter starken Druck.

Ob man auf diese oder eine andere Weise die Aufgabe behandelt: Die Punkte-Verteilung der Mannschaften, die auf Platz 16 die Saison abschließen, muss insgesamt, d. h. mitsamt der Streuung, betrachtet werden. Systematisch kann das auch bei der dritten Aufgabe der Fall sein.

Systematische Untersuchung der Streuung: Dass der erste Absteiger in den betrachteten 42 Spielzeiten im Durchschnitt 34,7 Punkte ($\bar{x} \approx 34,7$) erzielt hat oder dass mindestens 50 % der ersten Absteiger mindestens bzw. höchstens 35 Punkte erzielt haben, ist alleine wenig aussagekräftig. Erst durch die (Mit-)Beachtung der Streuung gewinnt man brauchbare Aussagen. Allerdings ist an dieser Stelle eine Behandlung der Varianz oder Standardabweichung noch als ein *Lernen auf Vorrat* zu betrachten. So ist hier die empirische Varianz ($s^2 \approx 9,2$), die als Mittelwert der Abweichungsquadrate geometrisch den Inhalt einer Fläche angibt, kaum interpretierbar. In noch geringerem Maße gilt dies auch für die Standardabweichung ($s \approx 3,0$). Diese Maßzahlen werden für die Schülerinnen und Schüler zumindest in eine Richtung lesbar, wenn sie diese mit anderen vergleichen, z. B.:

- Die Streuung der Punkte bezogen auf die Mannschaften auf Platz 16 ist *geringer* als bezogen auf die Mannschaften auf Platz 1 ($s_{\text{Platz 16}} \approx 3,0 < 4,9 \approx s_{\text{Platz 1}}$).

Erst im Zusammenhang mit der Wahrscheinlichkeitsrechnung bzw. beurteilenden Statistik gewinnt die Standardabweichung ihre Bedeutung, wenn etwa bei zumindest annähernd normalverteilten Zufallsgrößen die Aussage möglich ist, dass rund 68 % der Daten[9] in einem Intervall einer Standardabweichung um den Erwartungswert liegen.

Wesentlich einsichtiger und in diesem Stadium sinnvoller ist es, die Streuung direkt über die Angabe von Intervallen zu benennen, in denen ein bestimmter Anteil der Daten liegt. Wie diese Intervalle gebildet werden, ist Aushandlungssache. Es ist zunächst wenig dagegen einzuwenden, dass beispielsweise folgende Aussagen zur Streuung in der Punkteverteilung gemacht werden:

- Mehr als 70 % der Mannschaften auf Platz 16 hatten zwischen 27 und 36 Punkten.

- Mehr als 40 % der Mannschaften auf Platz 16 hatten zwischen 34 und 36 Punkten.

Eine zur Konvention gewordene Variante, um die Streuung in einer Häufigkeitsverteilung zu messen, ist im Boxplot enthalten (Abb. 2.27). Die Box visualisiert den Quartilsabstand, also das Intervall, in dem *mindestens* 50 % der Daten liegen. Der Boxplot insgesamt visualisiert die Spannweite, also das Intervall, in dem alle Daten liegen (vgl. Kap. 2.1).

Während die Angabe der Spannweite noch natürlich erscheint, ist die Angabe oder Visualisierung des Quartilsabstands zwar nachvollziehbar, aber offensichtlich Konvention. Es würde auch nichts gegen eine Zehntelung des Datensatzes („Dezile") sprechen. Ebenso ist die Verankerung des Quartilsabstands in der *Mitte,* um den Median herum, zwar eine sinnvolle Konvention, aber nicht die einzig mögliche Verankerung dieses Streuungsmaßes.

Schülerinnen und Schüler könnten damit folgende *konventionalisierte* Äußerungen treffen:

- Die Spannweite (*SW*) der Punkte beträgt $SW = 41 - 27 = 14$. Dieser Spannweite entsprechend hätte eine Mannschaft, die in der einen Saison gerade nicht abgestiegen ist (28 Punkte) in der anderen Saison trotz einer deutlich besseren Leistung (z. B. 4 Siege und ein Unentschieden mehr) absteigen können.

---

[9]Als empirische Realisierungen solcher Zufallsgrößen betrachtet.

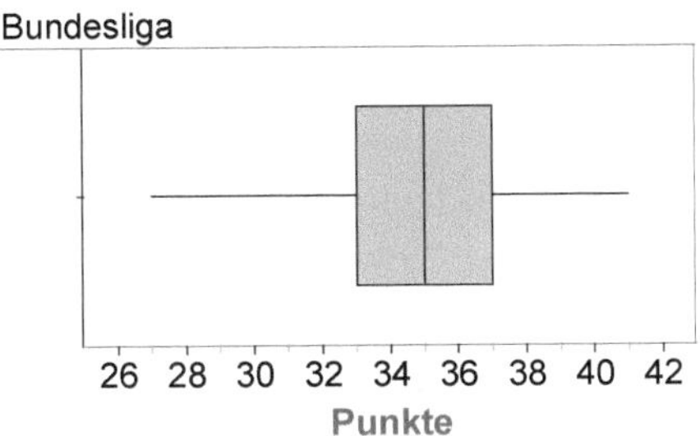

Abbildung 2.27: Punkte auf Platz 16 am Saisonende der Fußball-Bundesliga (1966-2008, ohne 1992)

- Der Quartilsabstand beträgt 4. Das bedeutet, dass die Mittleren mindestens 50 % der Absteiger zwischen 33 Punkten ($x_{0,25} = 33$) und 37 Punkten ($x_{0,75} = 37$) erreicht haben. Nimmt man dies als erste vorsichtige Prognose, so ist das Erreichen einer Punktzahl in diesem Intervall ein recht sicherer Abstieg, eine Punktzahl darunter benötigt ein kleines Wunder, eine Punktzahl darüber kann noch reichen (muss es aber nicht).

Wie in den oben betrachteten Beispielen ist dabei darauf zu achten, dass sowohl die Spannweite als auch der Quartilsabstand in den Daten verankert werden müssen. So sagt die Angabe $Q_{0,5} = 4$ (also, dass der Quartilsabstand 4 ist) allein nichts aus. Erst in der Verbindung mit dem 1. Quartil oder dem 3. Quartil bzw. in Verbindung mit der Angabe des Intervalls $[33; 37]$ gewinnt die Maßzahl 4 an Bedeutung.

Erweiterte Betrachtung der Streuung: Die Hinzunahme der strukturell identischen Betrachtung der Meister-Punkteverteilung zielt darauf hin, dass die Schülerinnen und Schüler entdecken, dass unterschiedliche Plätze verschiedene Streuungen aufweisen.

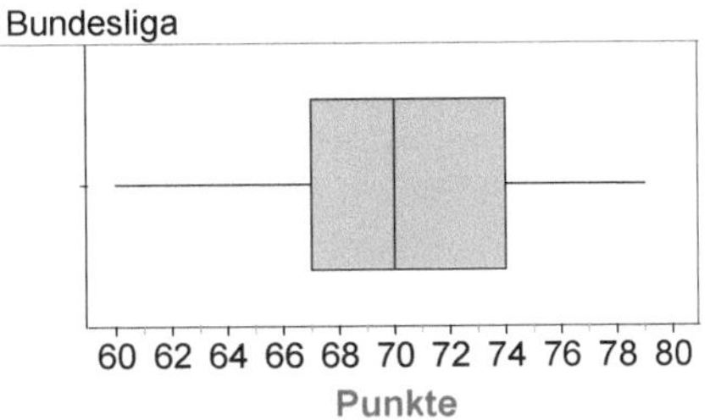

Abbildung 2.28: Punkte auf Platz 1 am Saisonende der Fußball-Bundesliga (1966-2008, ohne 1992)

Im Vergleich ergibt sich:

	Platz 1	Platz 16
Median	70	35
Spannweite	19	14
Quartilsabstand	7	4

Das heißt, dass die Streuung der Punkteverteilung bei Platz 1 deutlich höher als bei Platz 16 ist. Anders ausgedrückt, die Leistung der Meister ist bezogen auf die erreichten Punkte heterogener als die Leistung der ersten Absteiger. Hier zeigt sich das (Natur-)Phänomen, dass höhere Mittelwerte (oder Mediane) in der Regel auch eine größere Streuung nach sich ziehen. Man könnte dies plakativ so formulieren: „Größeres hat mehr Platz zu variieren." Dieses Phänomen lässt sich auch bei vielen Messungen in Natur und Technik wiederfinden. Ist dieses Phänomen auch bei den Tordifferenzen zu beobachten?

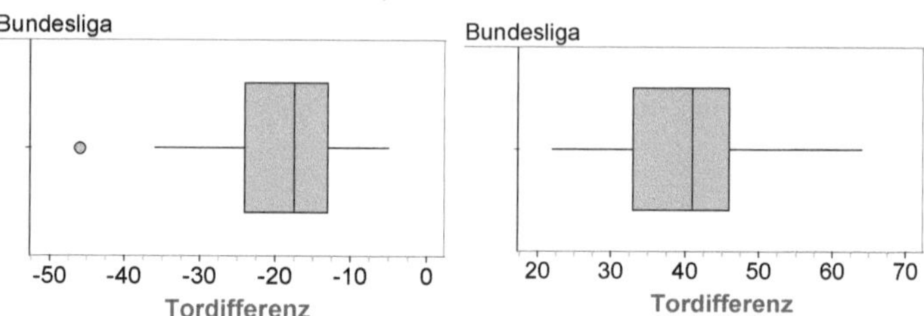

Abbildung 2.29: Vergleich der Tordifferenzen bei Platz 16 (linke Grafik) und bei Platz 1 (rechte Grafik)

	Platz 1	Platz 16
Arithmetisches Mittel	39,4	$-18,7$
Median	41	$-17,5$
Quartilsabstand	13	11
Spannweite	42	41

Nein, weder der Blick auf die Boxplots (vgl. Abb. 2.29) noch auf die Streuungsmaße selbst lässt dieses Phänomen erkennen. Warum ist das so? Das ist damit zu erklären, dass hier eine Differenz vorliegt. So werden von den Treffern der „schlechten" Mannschaften quasi die Tore der führenden, viele Treffer erzielenden Mannschaften abgezogen. Bei der Tordifferenz der „guten" Mannschaften ist dies gerade umgekehrt. Daher ist es plausibel, dass sich durch Umkehrung der Differenzenbildung die Streuung kaum unterscheidet. Was wäre aber, wenn man die absolut geschossenen Tore der Mannschaften auf Platz 1 und 16 vergleicht? Da müsste doch das genannte Naturphänomen wieder greifen? Diese und weitere Fragen kann man mit dem Datensatz zur Fußball-Bundesliga klären.

Eine letzte Bemerkung zu diesem Beispiel betrifft die Form der Verteilung. So ist die Verteilung der Tordifferenzen (wie auch bei der hier nicht behandelten Verteilung der Tore) eines der wenigen realen Beispiele einer leicht rechtsschiefen Verteilung, bei der also der Median größer als das arithmetische Mittel ist.

2.4 Allgemeine didaktisch-methodische Überlegungen

Die vorangegangenen drei Abschnitte haben eine Fülle statistischer Methoden für die Aufbereitung statistischer Daten dargestellt, die in der Sekundarstufe I behandelt werden können. Drei Aspekte der Leitidee *Daten und Zufall* (vgl. KMK, 2003) waren dabei wichtig:

- die Veranschaulichung statistischer Daten,
- die Interpretation statistischer Daten unter Verwendung von Kenngrößen und
- die Reflexion von Argumenten, die auf der Analyse statistischer Daten beruhen.

Nun soll noch ein didaktisches Gesamtkonzept in acht kurzen Abschnitten diskutiert werden. Dabei wird Bezug auf die Auswahl von statistischen Methoden genommen.

Flexible Datenaufbereitung: Die *flexible Aufbereitung statistischer Daten*[10] steht in diesem Kapitel 2 in allen vorangegangenen Aufgaben im Zentrum. Dieser Aspekt umfasst ein Alleinstellungsmerkmal der Stochastik unter den schulmathematischen Disziplinen. So gibt es zu jedem Realmodell, das in den erhobenen statistischen Daten besteht, verschiedene statistische Modelle (bzw. statistische Methoden) der Aufbereitung. Diese unterschiedlichen Möglichkeiten lassen sich nicht in „richtig" und „falsch", sondern nur in „sinnvoll, gewinnbringend" und „weniger sinnvoll, weniger gewinnbringend" sortieren. Das heißt aber, dass die Schülerinnen und Schüler im Laufe der Zeit ein Gespür dafür entwickeln sollen, welche Methode in einem bestimmten Sachkontext sinnvoll oder gewinnbringend sein kann.

Der Gedanke der flexiblen Datenaufbereitung steht damit in einem engen Wechselverhältnis zum fünften Aspekt des statistischen Denkens, der *steten Verbindung der statistischen Arbeit mit dem Sachkontext*. Ohne diesen Sachkontext ist häufig nicht ersichtlich, warum eine statistische Methode weniger sinnvoll sein soll als eine andere. Ist dagegen ein konkreter Sachkontext mit den Daten verbunden, so kann man dies beurteilen. Darüber hinaus wird die Abhängigkeit von der Perspektive deutlich, aus der die Daten betrachtet werden. So wäre es beispielsweise für den Staat *nicht sinnvoll,* den Median oder das erste Quartil zu verwenden, wenn er argumentieren will, dass die niedergelassenen Ärzte ausreichend verdienen. Dagegen ist für die Ärzte gerade diese Modellierung *sinnvoll* im Gegensatz zur Verwendung des arithmetischen Mittels.

Die Wahl einer bestimmten statistischen Methode hängt auch vom *Ziel der Auswertung* ab: Stellt man etwa nach einer politischen Wahl die Frage nach der stärksten Partei, so fragt man nach nach dem *Modalwert* (der Merkmalsausprägung mit der größten relativen Häufigkeit), der durch die höchste Säule in einem Säulendiagramm gut visualisiert wird (vgl. Abb. 2.15). Ist dagegen die Frage, welche Partei regieren kann, so muss man eine Menge von Merkmalsausprägungen suchen, deren Summe von relativen Häufigkeiten größer als 50 % ist (und die koalitionsfähige Parteien enthält). Das wird im Gegensatz zum Säulendiagramm besser in einem Kreisdiagramm visualisiert (vgl. Abb. 2.15). Will man einen schnellen Überblick zu Punktezahlen erhalten, bei denen der Abstieg aus der Fußball-Bundesliga droht (vgl. Kap. 2.3), so bieten die Quartile und deren Visualisierung im Boxplot einen guten Ansatz (vgl. Abb. 2.27). Möchte man die Streuung der Punktezahlen, die zum Abstieg oder auch zur Meisterschaft in der Fußball-Bundesliga geführt haben, genauer untersuchen, so bietet ein Histogramm zum Merkmal Punkte einen genaueren Überblick als der Boxplot (vgl. Abb. 2.26).

Schließlich kann die *Anwendung verschiedener Methoden* auch die Richtung der Datenanalyse verändern, z. B. dann, wenn sich Ergebnisse abzeichnen, die im Widerspruch zu vorab bestehenden Hypothesen stehen. Ergibt etwa die grafische Darstellung der Regentage in den verschiedenen Monaten, dass Frühling und Herbst die wenigsten Regentage bringen, so kann

---

[10]Als freie Übersetzung des dritten Aspekts des statistischen Denkens, der „transnumeration" (vgl. das einleitende Kap. „Zur Sache").

das überraschend sein und neue, vorher nicht intendierte Fragestellungen erzeugen (vgl. das Einstiegsbeispiel zu diesem Kap. 2 und Abb. 2.4). Versteht man die Datenanalyse als *explorativ*, so ist der Einsatz verschiedener Methoden also ein Mittel, um den Datensatz möglichst umfassend und vorurteilsfrei zu erforschen.

Zusammengefasst enthält der Aspekt der *flexiblen Datenaufbereitung* damit einerseits das Wissen um die stochastischen Methoden sowie ihrer Anwendungsmöglichkeiten und Grenzen. Andererseits geht es aber auch um ein Metawissen im Sinne der Erkenntnis, dass

- verschiedene statistische Methoden unterschiedliche Interpretationen der gleichen Daten bedingen können,

- sich erst durch die Perspektive bzw. das Ziel der Datenanalyse die konkurrierenden statistischen Methoden in sinnvolle und weniger sinnvolle einteilen lassen,

- der Sachkontext wesentlich für die Wahl geeigneter stochastischer Methoden ist und

- dass die Flexibilität in der Auswahl und im Einsatz statistischer Methoden gewinnbringend in dem Sinne ist, dass der Horizont möglicher Fragestellungen und Datenauswertungen erweitert wird.

Elementare Methoden: Je mehr stochastische Methoden eingesetzt werden, desto mehr Erkenntnisse kann die Datenanalyse bringen. Diese These, die wir im vorangegangenen Abschnitt diskutiert haben, steht im Widerspruch zu der Forderung, Schülerinnen und Schüler nicht mit Methoden zu überfrachten und ein Lernen von unverstandenen Methoden auf Vorrat zu betreiben. Wir vertreten in diesem Buch die Ansicht, dass der Stochastikunterricht in der Sekundarstufe I exemplarisch zeigen sollte, dass verschiedene stochastische Methoden unterschiedliche Erkenntnisse über Daten befördern können. Dieses Ziel motiviert erst die Behandlung konkurrierender stochastischer Methoden. Die Methoden zu thematisieren, ist also nicht Selbstzweck oder besagtes Lernen auf Vorrat, sondern ist wesentlicher Bestandteil des eigentlichen Lerngegenstandes:

- Erst wenn man explizit die Möglichkeiten *und* Grenzen der Interpretierbarkeit grafischer Darstellungen thematisiert, kann man die über das Säulendiagramm hinausgehende Behandlung verschiedener Darstellungsformen motivieren (vgl. Kap. 2.1).

- Erst die Thematisierung eines Problems, bei dem Median und arithmetisches Mittel unterschiedliche Interpretationen des gleichen Datensatzes ermöglichen, kann Schülerinnen und Schüler dazu motivieren, dass sie sich mit dem Median im Vergleich (zum vermutlich bereits bekannten) arithmetischen Mittel befassen (vgl. Kap. 2.2). Untersucht man dagegen lediglich unimodale, symmetrische Häufigkeitsverteilungen, die in vielen Datensätzen zu Naturphänomenen (z. B. die Verteilung von Körpergrößen, Anzahlen von vierblättrigen Kleeblättern auf einer Wiese, aber auch Anzahlen von roten Schokolinsen in einer Tüte) vorhanden sind, so lässt sich der Median kaum motivieren, da er stets ungefähr denselben Wert wie das arithmetische Mittel hat.

- Zielen alle Datenanalysen im Endeffekt darauf, mittels einer grafischen Abbildung oder eines Lageparameters eine Aussage zu einem Datensatz zu transportieren, so werden Schülerinnen und Schüler die insbesondere für den Analyseprozess wichtige Streuung kaum beachten. Dazu sind Problemstellungen wie etwa zur Fußball-Bundesliga (vgl. Kap. 2.3) wichtig, die unmittelbar die Streuung der Daten in den Mittelpunkt stellen. Ein weiteres Beispiel für diese – unseres Erachtens nur schwer zu findenden – Problemstellungen ist die skizzierte Aufgabe zum „launischen April" (in der Einleitung dieses Kap. 2, vgl. auch Eichler, 2009b), bei der das Attribut „launisch" nur an der Streuung von Wetterdaten (Temperatur, Niederschlag etc.), nicht aber an Lageparametern festgemacht werden kann. Eine konstruierte Aufgabe, die ebenfalls – aber nicht in dem Maße wie die vorangegangenen Beispiele – die Streuung in den Fokus rücken kann, ist der Vergleich zweier Datensätze mit identischen Mittelwerten (Abb. 2.30).

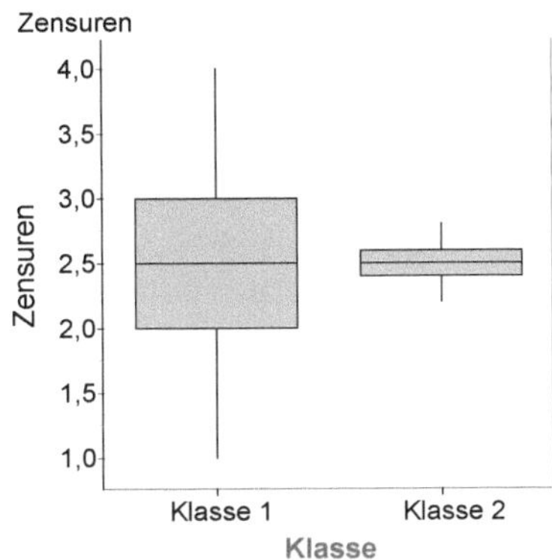

Abbildung 2.30: Durchschnittsnoten der Schülerinnen und Schüler zweier Klassen am Ende eines Schuljahres. Welche Klasse ist besser?

Neben dieser Flexibilität vertreten wir allerdings auch die *Beschränkung* auf wenige elementare und in der Sekundarstufe I interpretierbare Methoden. Zu diesen elementaren Methoden der Analyse univariater Datensätze zählen für uns folgende:

grafische Darstellungen	Punkt-, Kreis-, Säulendiagramm, Piktogramm, Histogramm und Boxplot
Lageparameter	Median bzw. Quartile, arithmetisches Mittel
Streuparameter	Spannweite, Quartilsabstand (Varianz, Standardabweichung)
Schiefe	in qualitativer Abstufung

„Elementar" bedeutet dabei, dass der potenzielle Nutzen einer Methode in einem (nur qualitativ einschätzbaren) günstigen Verhältnis zu ihrer algorithmischen und begrifflichen Komplexität steht. *Quartile* bzw. der *Median* sind beispielsweise als elementar zu betrachten, da sie primär auf der Idee des Abzählens beruhen. Hat man einen Datensatz (etwa Personen) hinsichtlich eines Merkmals der Größe nach geordnet, so kann man von beiden Seiten beginnend gleichmäßig mit den Fingern in die Mitte abzählen (Abb. 2.31). Treffen sich die Finger auf einem Datum, so ist der Wert dieses Datums der Median, treffen sich die Finger auf zwei verschiedenen Daten, so ist die numerische Mitte der beiden Daten der Median.[11]

Die später einzusetzende und zunächst komplex aussehende Formel für die Quartile (vgl. Kap. 2.5) ist lediglich die etwas umständliche Formalisierung eines einfachen Sachverhalts. Ein

---

[11]Verfährt man mit unterschiedlichen Rhythmen für die linke und rechte Hand (1:3-Rhythmus bzw. 3:1 Rhythmus), so erhält man auf gleiche Weise das 1. Quartil bzw. das 3. Quartil.

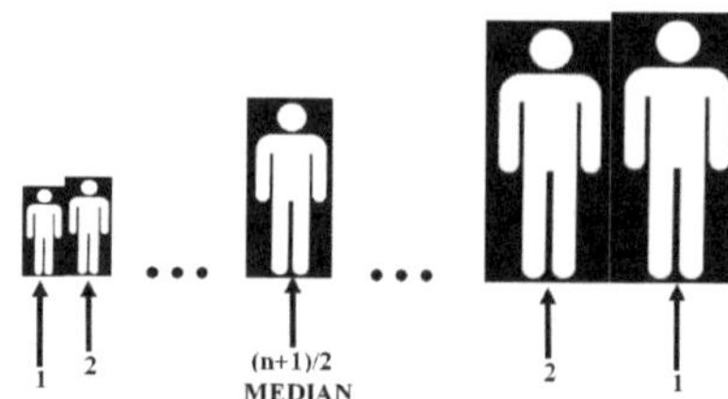

Abbildung 2.31: Abzählen der Daten zur Bestimmung eines Medians

begriffliches Problem besteht in der Interpretation eines Quantils x_p, indem gefordert wird, dass *mindestens* $p \cdot 100$ % der Merkmalsausprägungen kleiner oder gleich und *mindestens* $(1 - p) \cdot 100$ % größer oder gleich diesem Wert sind. Thematisiert man bei einer auch formalen Systematisierung der Quantile (oder spezieller der Quartile) die Bezeichnung *mindestens*, so bietet sich ein Datensatz mit wenigen konstruierten Daten als Untersuchungsobjekt an. Bestimmt man beispielsweise den Median der Merkmalsausprägungen 1, 2, 3, 4, 5, 6 und 7, so wird bei der Bestimmung des Medians ersichtlich, warum sowohl mehr als 50 % der Merkmalsausprägungen größer-gleich wie auch kleiner-gleich dem Median $x_{0,5}$ sind. Konstruiert man einen Datensatz bestehend aus den Merkmalsausprägungen 5, 5, 5, 5 und 5, so sind in diesem Extremfall stets 100 % der Merkmalsausprägungen sowohl kleiner-gleich als auch größer-gleich zu jedem Quantil.

In gleicher Weise sind auch die Streuungsmaße *Quartilsabstand* und *Spannweite* im Gegensatz zur *Varianz* bzw. der *Standardabweichung* elementar. Die Standardabweichung ist allein schon durch die Verwendung der Wurzel auf den möglichen Einsatz in späteren Klassen der Sekundarstufe I beschränkt. Sowohl die Varianz als auch die Standardabweichung lassen sich nicht in dem Maße natürlich herleiten, wie es bei dem Quartilsabstand und der Spannweite der Fall ist.

Das Elementare einer Methode bezieht sich weiterhin auf ihre Interpretierbarkeit und Motivierbarkeit. Alle Methoden, die in diesem Kapitel thematisiert wurden, genügen diesem Anspruch für Schülerinnen und Schüler der Sekundarstufe I. Bei der Varianz und Standardabweichung ist dies nicht oder nur kaum der Fall. So ist es kaum zu motivieren, dass man einen Flächeninhalt (die Varianz) als Maß für die Streuung eines eindimensionalen Merkmals verwendet. Dass die Konstruktion der Varianz auch historisch bedingt ist (die vergleichsweise einfachere mathematische Handhabung bei der Minimierung quadratischer Abstände im Gegensatz zu absoluten Abständen) und dass das arithmetische Mittel Minimalitätseigenschaft bezogen auf die Varianz besitzt, ist in der Sekundarstufe I nur schwer zu vermitteln. Da die Varianz geometrisch einem Flächeninhalt entspricht, kann sie – ein weiterer Nachteil – innerhalb einer grafischen Darstellung auch nicht als Abstand interpretiert werden. Lediglich der qualitative Vergleich der Varianzen zweier Datensätze ist möglich (kleiner, gleich, größer). Die Standardabweichung als Wurzel aus der Varianz kann zwar als Abstand interpretiert werden, allerdings bleibt die Herleitung und Motivation in der Sekundarstufe I ebenso verborgen wie bei der Varianz. Ihre eigentliche Bedeutung erhalten die Varianz und Standardabweichung erst in der Sekundarstufe II, wenn in der Wahrscheinlichkeitsrechnung oder der beurteilenden Statistik die σ-Umgebungen zu einer wichtigen und vielseitig verwendbaren Methode werden.

Aus ähnlichen Gründen haben wir hier auf den mittleren absoluten Abstand verzichtet, da dessen Minimalität bezogen auf den Median in der Sekundarstufe I nicht behandelt werden kann. Im Gegensatz zur Varianz ist dieses Streuungsmaß allerdings interpretierbar und könte daher – evtl. als Variante der Summe der absoluten Abstände zu einem Lageparameter oder auch der Summe der Residuen, die hier explizit angesprochen wurde – verwendet werden. Wir sehen allerdings keine Notwendigkeit für eine definitionsgetreue Einführung der mittleren absoluten Abweichung, da mit dieser keine wesentlich neuen Erkenntnisse in der Datenanalyse erzeugt werden können.

Reduktion, Variabilität und Muster: Nahezu jede statistische Methode verursacht im Vergleich zu den Rohdaten einen Informationsverlust.

- Klassiert man Merkmalsausprägungen zu einem Merkmal, was insbesondere bei großen Datensätzen oder bei metrisch skalierten Merkmalen sinnvoll ist, und stellt das durch Klassen definierte Merkmal grafisch dar, so sind nicht mehr alle Informationen der Rohdaten sichtbar. Wird etwa das Merkmal „Temperaturmaximum" in einem Histogramm dargestellt (z. B. in Abb. 2.5), so erhält man die Information, dass diese Temperatur in etwa einem Drittel der Tage zwischen 19 und 21 Grad Celsius betragen hat. Welche Temperatur tatsächlich innerhalb dieses Intervalls gemessen wurde, ist dagegen nicht mehr zu sehen.

- Berechnet man Lage- oder Streuparameter, so reduziert man die in den Daten enthaltenen Informationen auf einen Wert oder, falls man mehrere Lage und/oder Streuparameter berechnet, auf eine sehr geringe Anzahl von Werten.[12]

Mit diesem teilweise immensen Informationsverlust erkauft man sich aber etwas, was wichtiger ist als die möglicherweise nicht mehr sichtbaren Informationen der Rohdaten: die Übersicht über die entscheidenden Charakteristika einer Häufigkeitsverteilung oder die *Muster*, welche die Häufigkeitsverteilung ausmachen bzw. sie mit anderen vergleichbar machen. So ist in den Rohdaten allein das Ergebnis der *Variabilität* statistischer Daten zu sehen – dies zu erkennen, ist ein Aspekt des statistischen Denkens nach Wild & Pfannkuch (1999). Insbesondere in größeren Datensätzen zeigt sich zu jedem realen Merkmal in irgendeiner Form ein *Muster*, das den Datensatz charakterisiert und das es gilt, mit den zur Verfügung stehenden Methoden sichtbar zu machen – auch dies ein Aspekt des statistischen Denkens nach Wild & Pfannkuch (1999).

- Erhebt man beispielsweise (maximale) Tagestemperaturen, so erkennt man in den Rohdaten allein ihre Variabilität: Jeder Tag hat eine mehr oder weniger andere Temperatur als der Tag zuvor. Es gibt keine Uniformität hinsichtlich der Temperatur. Reduziert man die in den Temperaturdaten enthaltene Information durch Klassierung oder die Berechnung von Lage- und Streuungsparameter, so wird das Muster einer annähernd symmetrischen Verteilung sichtbar. Deren Werte streuen in messbarer Weise um *das* Zentrum (Median, arithmetisches Mitte und Modalwert).

---

[12] Sinnvoll wäre hier mitunter eine Aufstockung der wenigen Werte hinsichtlich der Berechnung der Schiefe (3. Moment) und der Wölbung (4. Moment). Dieser Hinweis gilt nur dem interessierten Leser, für die Schule und insbesondere die Sekundarstufe I ist dies nicht relevant.

- Erhebt man immer mehr Farbverteilungen einzelner Schokolinsen-Tüten, so wird man feststellen, dass jede Tüte wieder eine andere Farbverteilung hat (Variabilität). Zusammengefasst ergibt sich aber das Muster einer Gleichverteilung der Farben (Abb. 2.11).
- Erhebt man das Einkommen niedergelassener Ärzte, so wird man feststellen, dass jeder Arzt zwar ein unterschiedliches Einkommen hat, die Ärzte aber als Gruppe ein linkssteiles Einkommens*muster* aufweisen (Muster).

Individuelle statistische Daten zeichnen sich insgesamt durch ihre Variabilität aus (und machen so die Welt erst spannend), während das Datenkollektiv ein Muster zeigt. Den Zusammenhang zwischen Daten und dem ihnen innewohnenden Paar aus Variabilität und Muster kann man durch die Strukturgleichung

$$\textit{Daten} = \textit{Muster} + \textit{Variabilität} (= \textit{Trend} + \textit{Zufall} = \textit{Signal} + \textit{Rauschen})$$

ausdrücken (vgl. auch Kap. 4.1). Diese Strukturgleichung, die Individuum und Kollektiv verbindet, enthält auch das Dilemma der Statistik: So lässt sich der Einzelfall nicht mehr aus dem Muster erschließen. Man kann zwar etwa das Muster des mittleren Ärzteeinkommens von rund 82.000 Euro im Jahr (ohne persönliche Abgaben) kennen, es sagt einem aber über den Arzt, dessen Praxis wir morgen betreten, nur bedingt etwas aus. Das wird allerdings mitunter vergessen. Dieses Dilemma existiert aber wiederum bei politischen, wirtschaftlichen oder gesellschaftlichen Entscheidungsprozessen nicht, da diese (notwendigerweise) am musterbehafteten Datenkollektiv und nicht am wenig fassbaren individuellen Datum ausgerichtet sind.

Muster und Variabilität sind zwei sich gegenseitig ergänzende Seiten einer Medaille. Ohne Muster verliert der Reiz der Variabilität, ohne Variabilität verliert der Reiz des Musters. Das Spannende der Stochastik ist gerade, dieses Verhältnis in Daten auszuloten. Das ist auch das wesentliche didaktische Grundmotiv. Eine Stochastik, die im Unterricht rein rechnerisch und formalisiert abgearbeitet wird, ohne wirklich an die zugrunde liegenden Phänomene und Fragen anzuknüpfen, kann diesen Prozess des Auslotens, des Unterscheidens zwischen Trend und Zufall nicht glaubhaft motivieren.

Visualisierung: „Ein Bild sagt mehr als tausend Worte", so lautete die bereits bekannte Weisheit. Damit aber die Schülerinnen und Schüler in einer mathematischen Grafik auch mehr als tausend sinnvolle Worte erkennen und zum Ausdruck bringen können, müssen sie lernen, solche Darstellungen zu lesen. Legt man die bekannten Repräsentationsebenen nach Bruner (1980) – die enaktive, ikonische und symbolische Ebene – der didaktischen Betrachtung der Visualisierung zugrunde, dann geht es darum, dass die Schülerinnen und Schüler lernen, eine ikonische in eine symbolische Darstellung und umgekehrt eine symbolische in eine grafische Darstellung zu überführen. Kognitionspsychologisch betrachtet unterscheiden sich die Leseprozesse von grafischen und symbolischen Darstellungen (Mayer, 2001), und so wie das Lesen symbolischer Darstellungen, wie z. B. Texte und Formeln, gelernt werden muss, so muss auch das Lesen grafischer Darstellungen gelernt werden. In dieser Tatsache begründen sich die Überlegungen in Kapitel 2.1, S. 32, die bei der enaktiven Repräsentationsebene ansetzen, um die Darstellungs- und Lesekompetenz von grafischen Veranschaulichungsmitteln schrittweise aufzubauen.

Eine rein symbolische Darstellung, wie z. B. die Buchstaben des Wortes „Haus", ist ohne einen *Schlüssel* – eine Konvention, wie mit den einzelnen Zeichen umzugehen ist – nicht zu lesen. Zum sachgerechten Lesen von grafischen Darstellungen braucht es ebenfalls Vorwissen. Allerdings sind hier auch inhaltliche Bedeutungsträger in der grafischen Abbildung enthalten, die es erlauben, Informationen auch ohne Schlüssel auszulesen. Das wesentliche Problem ist, dass dies falsche oder irreführende Informationen sein können. Gerade bei abstrakten mathematischen Darstellungen ist die Gefahr groß, dass die Schülerinnen und Schüler etwas Konkretes aus der alltäglichen Erfahrungswelt in eine Grafik hineinlesen, was bei oberflächlicher Betrachtung daran erinnern kann. Ein bekanntes Problem ist der so genannte „Graph-als-Bild"-Fehler (Vogel, 2006), der sich beispielsweise darin äußert, wenn der Graph eines Weg-Zeit-Diagramms eines Radfahrers als tatsächliche Wegstrecke interpretiert wird. Im Zusammenhang mit der Datenanalyse darf entsprechend nicht vorausgesetzt werden, dass Darstellungen wie Histogramme oder Boxplots von den Schülerinnen und Schülern ohne Weiteres verstanden werden. So ist z. B. die Tatsache, dass ein Datensatz in einer Histogrammdarstellung je nach gewählter Breite der Klassen völlig unterschiedlich aussehen kann (vgl. Abb. 2.5, S. 26), für die Schülerinnen und Schüler erst zu entdecken.

Bei dem sukzessiven Erwerb von Fertigkeiten zum Entschlüsseln, Lesen und Interpretieren grafischer Darstellungen können drei Stufen unterschieden werden (vgl. Curcio 1986 und Friel et al. 2001), die sich an folgender Zusatzaufgabe festmachen lassen, die an die Einleitung zu diesem Kapitel angelehnt ist:[13]

Zusatzaufgabe 3:

a) Was wird durch die einzelnen Säulen ausgedrückt? Gebt ein Beispiel. (Wie viele Tage gab es im August 2008 mit einer maximalen Temperatur von ungefähr 26 Grad Celsius?)

b) Beschreibt die Form der Temperaturverteilung im August 2008! (Nennt einen Bereich, in dem ungefähr 50 % der Daten liegen!)

c) Wie könnte die Temperaturverteilung im Januar aussehen? Skizziert die von Euch vermutete Verteilung!

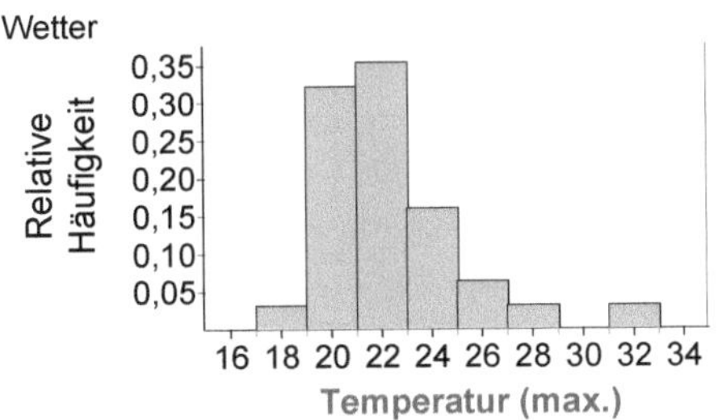

Abbildung 2.32: Verteilung der Temperatur-Maxima an den Tagen im August 2008

---

[13]Die für die ersten beiden Teilaufgaben genannten Alternativen (in Klammern) geben einen etwas präziseren Arbeitsauftrag.

- *read the data*: Aufgabe a) bezieht sich auf das Lesen einzelner Informationen, die in der Grafik enthalten sind. Die erste Kompetenz, die Schülerinnen und Schüler erwerben müssen, ist, einzelne Informationen zu den Daten und in Erweiterung auch über die Konstruktion der Darstellung aus der Grafik zu entnehmen: „Die Säulen geben die absolute Häufigkeit der Tage mit einem bestimmten Temperatur-Maximum an." „Es gab einen Tag mit einer Temperatur von 32 Grad Celsius", „Es gab vier Tage mit einer Maximaltemperatur von mindestens 26 Grad Celsius".

- *read in the data*: Aufgabe b) bezieht sich auf das Lesen der Verteilung der Daten insgesamt. In der zweiten Stufe können Schülerinnen und Schüler nicht nur eine Information, sondern die in allen Daten vorhandene Gesamtinformation lesen: „Das Maximum und Zentrum der Verteilung liegt bei 22 Grad Celsius, die Daten streuen etwa um 4 Grad Celsius um dieses Zentrum, die Verteilung ist annähernd symmetrisch" oder „Es sind 31 Daten gegeben. Im Bereich von 22 bis 24 Grad Celsius liegen ungefähr 50 % der Temperaturdaten".

- *read beyond the data*: Schließlich bezieht sich Aufgabe c) auf das Lesen der Daten über die Verteilung hinaus. In einer abschließend zu erreichenden Stufe ist es Schülerinnen und Schülern möglich, Prognosen oder Aussagen, die über die gegebenen Informationen hinausweisen, zu formulieren: „Man kann vermuten, dass die Form der Temperaturverteilung im Januar ähnlich ist, wobei das Zentrum stark nach links in Richtung der Null verschoben ist." o. Ä.

Die erste Stufe wird hier nicht als reiner Übergang betrachtet, d. h. als Kompetenz, die Schülerinnen und Schüler möglichst bald überwunden haben sollten. Vielmehr ist es ein notwendiger Schritt, um von der Einzelinformation zur Gesamtinformation einer Grafik und in Form von Hypothesen über die Information der Grafik hinauszugelangen. Das Lesen einzelner Daten ist die Grundvoraussetzung für weitergehende Interpretationen. Die genannten drei Stufen eines theoretisch – aber auch mehrfach empirisch – begründeten Modells können für den konkreten Unterricht zweierlei Funktion haben: Einerseits ist die Diagnose des Lernstandes möglich, da offenbar die drei Phasen zumindest überwiegend aufeinander aufbauen (Shaughnessy, 2007), andererseits können Aufgaben so gestaltet werden, dass sie explizit auf eine der drei Phasen fokussieren.

Modellierung: In Kapitel 1.4 sind wir bereits auf das Realmodell im Sinne des Modellierungskreislaufes (Abb. 1.6, S. 17) eingegangen, das in statistischen Daten repräsentiert ist. Durch dieses Realmodell werden die Richtung und die Ergebnisse einer statistischen Untersuchung wesentlich bestimmt. Die Festlegung eines Realmodells ermöglicht stets aber auch die Anwendung mehrerer, gleichermaßen plausibler mathematischer bzw. statistischer Modelle. Etwa ist bei jedem Datensatz (mit zumindest metrisch skalierten Merkmalen) die Berechnung des Modalwerts *oder* des Medians *oder* des arithmetischen Mittels plausibel und in der Regel sinnvoll. Welches Modell den größten Gewinn darstellt, ist – wie im vorangegangenen Abschnitt zur *flexiblen Datenaufbereitung* – wesentlich durch das im Sachkontext definierte Ziel der Datenanalyse bestimmt.

Der Umgang mit statistischen Modellen bzw. mit Methoden zur Bestimmung und Deutung von Lage- und Streuungsparametern lässt sich ebenfalls in drei sequenziellen Phasen beschreiben.

Watson et al. (1995) setzen an dem so genannten SOLO-Modell an[14], das sich an dem Modell zur Denkentwicklung nach Piaget (1972) orientiert, und unterscheiden drei Denkaspekte im Umgang von Schülerinnen und Schülern mit stochastischen Methoden (Shaughnessy, 2007):

- das unistrukturale Denken: Schülerinnen und Schüler beziehen sich hier allein auf einen Aspekt oder Wert einer Häufigkeitsverteilung. Die Vorstellung zu einer stochastischen Methode ist noch bildlich geprägt und propädeutisch.

  Der Mittelwert (arithmetisches Mittel, Median oder Modalwert) wird beispielsweise als zentraler, normaler Wert oder als Merkmalsausprägung mit der maximalen Häufigkeit gedeutet. Die Streuung eines Merkmals wird allein an den extremen Merkmalsausprägungen festgemacht.

- das multistrukturale Denken: Schülerinnen und Schüler beziehen hier mehrere Aspekte oder Werte einer Häufigkeitsverteilung in ihre Überlegungen mit ein. Die Vorstellung zu einer stochastischen Methode ist algorithmisch geprägt und noch isoliert.

  Der Mittelwert (arithmetisches Mittel oder Median) besteht beispielsweise aus der algorithmischen Verknüpfung der Merkmalsausprägungen. Die Streuung eines Merkmals wird beispielsweise an den extremen Merkmalsausprägungen und dem Mittelwert festgemacht.

- das relationale Denken: Schülerinnen und Schüler haben ein beziehungshaltiges Verständnis von einer Häufigkeitsverteilung und ihrer charakteristischen Werte. Die Vorstellung zu einer stochastischen Methode umfasst nicht allein die einzelne Methode, sondern schließt deren Beziehung zu anderen Methoden oder Eigenschaften einer Häufigkeitsverteilung mit ein.

  Mittelwerte (arithmetisches Mittel oder Median) repräsentieren eine Häufigkeitsverteilung und stehen untereinander in einer Wechselbeziehung, die durch die Form der Verteilung (z. B. linkssteil, symmetrisch, rechtssteil) bedingt ist. Die Streuung wird beispielsweise als ein mit einem Lageparameter verbundenes Maß für die Abweichungen der Merkmalsausprägungen von diesem Lageparameter verstanden.

Nach diesem Modell besteht das Ziel des Unterrichts darin, dass die Schülerinnen und Schülern ein beziehungshaltiges Denken in der Stochastik entwickeln, das es ihnen ermöglicht, Daten flexibel und reflektiert aufzubereiten und zu interpretieren.

Verbinden und Üben: Im Sinne dieser Denkentwicklung in Relationen, wie sie im vorangehenden Abschnitt skizziert wurde, ist es sinnvoll, neben den einzelnen Methoden immer wieder die Verbindungen zwischen den verschiedenen stochastischen Methoden zu verdeutlichen. Dies wurde bereits im Abschnitt zu den Lageparametern (vgl. Kap. 2.2) teilweise dargelegt.

Eine Möglichkeit, eine zunächst isolierte stochastische Methode umfassend einzuüben, folgt der Lerntheorie Aeblis (1998) im Prinzip des operativen Durcharbeitens oder einer Adaption von Schupp (2006) im Prinzip der Variation von Aufgaben. Sie kann hier für die systematische Durchdringung der datenanalytischen Methoden übertragen werden: Man verändere beispielsweise (basierend auf einem gegebenen Datensatz) eine Anzahl von Merkmalsausprägungen und

---

[14]In diesem Modell werden der sensomotorische, ikonische, konkret-symbolische, formale und post-formale Denkmodus unterschieden (Biggs & Collis, 1982).

betrachte die Wirkung dieser Veränderung. Ein Beispiel dazu ist in der Sechs-Ärzte-Aufgabe (S. 43) gegeben. Dort sind ein konstruierter Datensatz und die Aufgabe vorgegeben, die Auswirkung einer willkürlichen Änderung einer Merkmalsausprägung auf den Median und das arithmetische Mittel der Häufigkeitsverteilung zu beschreiben, was zum Begriff der robusten Methode führt.

Ein anderes Prinzip zur Durcharbeitung einer Methode ist das Verwenden der Umkehroperation. Übertragen auf die Datenanalyse könnte das in folgender Aufgabenstellung münden, die einerseits die Berechnung von Mittelwerten übt und andererseits die Reduktion deutlich macht: Welche Verteilung (auch kuriose) könnte zu dem arithmetischen Mittel von 22,18 (bzw. zum Median von 21,6) gehören? Zwei solche kuriose Verteilungen zum arithmetischen Mittel sind in Abbildung 2.33 gegeben. Es geht dabei allerdings nicht allein darum, kuriose Verteilungen zu konstruieren, sondern zu erkennen, wie viele unterschiedliche Formen von Verteilungen zu einem Mittelwert (Median oder arithmetisches Mittel) gehören können. In entsprechender Weise – allerdings komplexer in der Anforderung – könnte man mit Streuungsparametern verfahren.

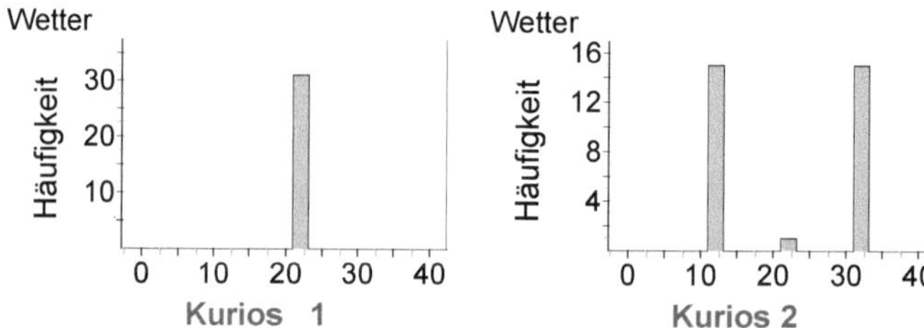

Abbildung 2.33: Kuriose Temperaturverteilungen: immer die gleichen Temperatur-Maxima (links), nur drei verschiedene Temperaturmaxima, symmetrisch um den Wert 22,18 herum

Um die Verbindung zwischen den stochastischen Methoden zu fördern, ist es möglich, explizit diese Verbindungen in Übungsaufgaben zu thematisieren. Das lässt sich bereits mit einfachen Mitteln anhand zunächst rein algorithmischer Aufgaben initiieren:

- Ist etwa eine Aufgabe gegeben, den Median einer Häufigkeitsverteilung zu berechnen, kann schon mit der Frage, ob das arithmetische Mittel eine andere Interpretation des Datensatzes ergibt, das rein algorithmische Abarbeiten aufgebrochen werden. In die gleiche Richtung zielt die Frage, ob und wie sich die Häufigkeitsverteilung am besten visualisieren lassen kann.

- Durch Clusterung (also durch Aufteilen der Merkmalsausprägungen in zwei oder mehr Gruppen) können weitere Übungen konstruiert werden. Ist etwa die Körpergröße von Jungen und Mädchen gegeben, so kann man die Körpergrößen nach Mädchen und Jungen clustern und die damit entstehenden zwei Datensätze erneut untersuchen.

- Anhand dieser neu gewonnenen Datensätze lassen sich Lage- *und* Streuungsparameter vergleichen und für diese Methoden wiederum Übungsmaterial gewinnen.

Eine letzte hier vorgestellte Möglichkeit, das Wissen um Verbindungen zwischen stochastischen Methoden zu fördern, ist eine Art Puzzle, in dem verschiedene Teile aufeinander bezogen werden sollen (vgl. auch Vogel, 2002 zur Puzzle-Methodik).

> **Zusatzaufgabe 4**: Ordnet die unten stehenden Aspekte einer Häufigkeitsverteilung passend zu.
> Begründet jeweils, warum Eure Zuordnung richtig ist.

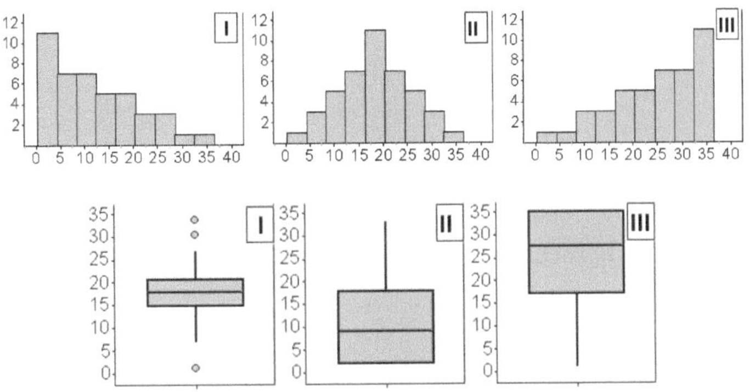

I: rechtssteile Verteilung	II: symmetrische Verteilung	III: linkssteile Verteilung

I: $x_{0,5} = \bar{x}$	I: $x_{0,5} < \bar{x}$	I: $x_{0,5} > \bar{x}$

2.5 Statistische Methoden und Begriffe

Absolute Häufigkeiten: Gegeben sei eine Stichprobe $x_1, x_2, ..., x_n$ vom Umfang n. Ein Merkmal Y trete in dieser Stichprobe mit s verschiedenen Merkmalsausprägungen $y_1, y_2, ..., y_s$ auf. Dann heißt die Anzahl der Merkmalsträger mit der Merkmalsausprägung $y_i, (i = 1, 2, ..., s)$ zu dem Merkmal Y *absolute Häufigkeit* $H_n(y_i)$.

Relative Häufigkeiten: Der Quotient aus der absoluten Häufigkeit einer Merkmalsausprägung $H_n(y_i)$ und dem Umfang n der Stichprobe heißt *relative Häufigkeit* $h_n(y_i)$:

$$h_n(y_i) = \frac{H_n(y_i)}{n}, \quad (i = 1, 2, ..., s)$$

Häufigkeitsverteilung: Die Funktion $f : y_i \to h_n(y_i)$ (oder auch $f : y_i \to H_n(y_i)$), $y_i \in Y$ (n bezeichnet die Größe der Stichprobe) heißt *Häufigkeitsverteilung* des Merkmals Y.

Klassierung: Als *Klassierung* $\mathcal{K}$ wird die Zusammenfassung verschiedener Merkmalsausprägungen $y_i, (i = 1, ..., s)$ eines Merkmals Y in Klassen $k_j, (j = 1, ..., r)$ bezeichnet (mit $r \geq s$). Die Klassen k_j bilden eine Zerlegung von Y, d. h. Y wird überlappungs- und lückenfrei in j Klassen k_j eingeteilt. Misst man die Körpergrößen von Personen, so ist etwa eine Klassierung der Merkmalsausprägungen zu Klassen $k_j, (j = 1, 2, ..., r)$ sinnvoll, die jeweils einen Dezimeter umfassen.

Modalwert: Als *Modalwert* x_{Mod} wird diejenige (oder diejenigen) Merkmalsausprägung (Merkmalsausprägungen) eines Merkmals X mit der größten relativen Häufigkeit bezeichnet:

$$x_{Mod} = \{x_j | h_n(x_j) \geq h_n(x_i), i = 1, ..., s\}) \qquad \text{mit } 1 \leq j \leq s$$

Arithmetisches Mittel: Seien $x_1, x_2, ..., x_n$ die in einer Stichprobe vom Umfang n erhobenen metrisch-skalierten Merkmalsausprägungen eines Merkmals X, so heißt $\bar{x}$ mit

$$\bar{x} = \frac{x_1 + x_2 + ... + x_n}{n} = \frac{1}{n} \sum_{i=1}^{n} x_i$$

arithmetisches Mittel der Häufigkeitsverteilung des Merkmals X.

Quantil: Als *p-Quantil* x_p bezeichnet man diejenige reelle Zahl, für die gilt:

$$x_p = \begin{cases} x_{[n \cdot p]+1} & \text{für} \quad n \cdot p \quad \text{nicht ganzzahlig} \\ \frac{1}{2}(x_{n \cdot p} + x_{n \cdot p + 1}) & \text{für} \quad n \cdot p \quad \text{ganzzahlig} \end{cases}$$

wobei $x_1, x_2, ..., x_n$ die erhobenen, mindestens metrisch skalierten Merkmalsausprägungen in einer Stichprobe mit Umfang n seien ($0 < p < 1$). $[x]$ bezeichnet die Gaußklammer, durch die eine reelle Zahl auf ihren ganzzahligen Anteil reduziert wird. Es gilt damit:

mindestens $p \cdot 100\,\%$ der (metrisch-skalierten oder ordinalskalierten) Merkmalsausprägungen der Daten sind kleiner oder gleich x_p und

mindestens $(1 - p) \cdot 100\,\%$ der Merkmalsausprägungen der Daten sind größer oder gleich x_p.

Quartile und Median: Man bezeichnet:
- das 0-Quantil als (*0. Quartil* oder) *Minimum* der Merkmalsausprägungen (x_{Min}),
- das 0,25-Quantil als *1. Quartil* der Merkmalsausprägungen ($x_{0,25}$),
- das 0,5-Quantil als (*2. Quartil* oder) *Median* der Merkmalsausprägungen ($x_{0,5}$),
- das 0,75-Quantil als *3. Quartil* der Merkmalsausprägungen ($x_{0,75}$) und
- das 1-Quantil als (*4. Quartil* oder) Maximum der Merkmalsausprägungen (x_{Max}).

Quartilsabstand und Spannweite: Man bezeichnet:
- die Differenz von 3. Quartil und 1. Quartil als *Quartilsabstand* $Q_{0,5}$ ($Q_{0,5} = x_{0,75} - x_{0,25}$)
- die Differenz von Maximum und Minimum als *Spannweite SW* ($SW = x_{Max} - x_{Min}$)

Residuen: Als *Residuen* $r_i, (i = 1, ..., n)$ zu einem Modell x_{Modell} werden die Differenzen der Merkmalsausprägungen x_i und diesem Modell (etwa das arithmetische Mittel) bezeichnet: $r_i = x_i - x_{Modell}$. Es gibt gemäß dieser Definition sowohl positive als auch negative Residuen. Wir verwenden bereits bei univariaten Daten den Begriff der Residuen, um später das Pendant der Residuen bei bivariaten Daten deutlich machen zu können.

Boxplot: Der *Boxplot* ist eine Visualisierung der fünf Quartile, des Quartilsabstandes (Höhe der Box, vgl. Abb.2.34) und der Spannweite (Höhe des Boxplots).

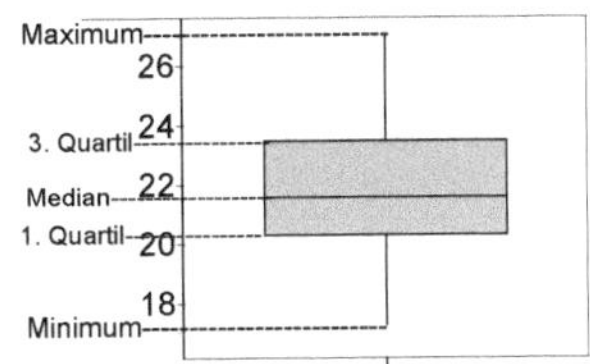

Abbildung 2.34: Der Boxplot: grafische Darstellung der fünf Quartile

Zusatz, mittlere absolute Abweichung: Das arithmetische Mittel der absoluten Abstände der Merkmalsausprägungen zum Median (oder zu alternativ gewähltem Wert c) heißt *mittlere absolute Abweichung zum Median* ($d_{x_{0,5}}$):

$$d_{x_{0,5}} = \frac{1}{n} \sum_{i=1}^{n} |x_i - x_{0,5}|$$

Zusatz, Varianz und Standardabweichung: Das arithmetische Mittel der quadratischen Abstände der Merkmalsausprägungen zum arithmetischen Mittel der Häufigkeitsverteilung heißt *empirische Varianz s^2*:

$$s^2 = \frac{1}{n} \sum_{i=1}^{n} (x_i - \bar{x})^2$$

Die Wurzel aus der empirischen Varianz heißt *empirische Standardabweichung s:*

$$s = \sqrt{s^2}$$

Soll die empirische Varianz (Standardabweichung) als Schätzer für eine theoretische Varianz (Standardabweichung) dienen, so ist als Faktor vor der Summe $\frac{1}{n-1}$ zu verwenden, wenn man einen erwartungstreuen Schätzer erzeugen möchte.

2.6 Lesehinweise – Rundschau

Rundschau: Material

Während sich zum Thema Datenerhebung sehr wenig an konkretem Material in der didaktischen Literatur findet, gibt es für das Auswerten von Daten eine Fülle von Materialien. Wir fassen einige im Folgenden nicht hinsichtlich der Abschnitte in diesem Kapitel, sondern unter übergreifenden Gesichtspunkten zusammen.

- *Gesamtdarstellungen zur Datenanalyse im deutschen Sprachraum:* Insbesondere Biehler (z. B. Biehler 1991, Biehler & Weber 1995, Biehler 1999) und Borovcnik (z. B. Borovcnik 1987, Borovcnik & Ossimitz 1987) haben über einen längeren Zeitraum immer wieder konkrete Beiträge zur Datenanalyse in die didaktische Diskussion eingebracht. Die genannten Arbeiten enthalten umfassende Darstellungen zur Datenanalyse im Sinne einer

„Explorativen Datenanalyse" (kurz EDA) – ein Ansatz, der auf den amerikanischen Statistiker J. W. Tukey zurückgeht und dessen Metapher die des *Datendetektivs* ist. Weitere Arbeiten, die insbesondere die grafische Orientierung und die Computerunterstützung in der EDA betonen, stammen etwa von Noll & Schmidt (1994) oder Vogel & Wintermantel (2003). In Biehler & Hartung (2006) ist schließlich eine Gesamtinterpretation der Leitidee *Daten und Zufall* enthalten.

- *Sonderthemen:* Ein von uns nicht behandeltes Thema betrifft die „Manipulation" in der Darstellung von Daten, die wir als möglichen Exkurs im Stochastikunterricht als durchaus sinnvoll ansehen, wenn auch der Schwerpunkt auf der konstruktiven Analyse von Daten liegen sollte. Die Analyse solcher Manipulationen enthalten etwa die Arbeiten von Krämer (2000; sehr allgemeiner, populärwissenschaftlicher Ansatz), Böer (2007; auf den Schulunterricht bezogen) oder Kütting (1994b; Manipulation grafischer Darstellungen).

- *Beispiele aus dem englischsprachigen Raum:* Dort hat der datenorientierte Zugang zur Stochastik eine längere und stärkere Tradition als in Deutschland. Bei der Quersicht ergibt sich das Bild einer stark handlungsorientierten Ausrichtung („activity-based") der Materialien, die auf die eigenständige Erarbeitung der Schülerinnen und Schüler hinzielt (Scheaffer et al., 2004; Landwehr & Watkins, 1996 in der Serie *Quantitative Literacy Series*; Hopfensperger, et al., 1999 in der Serie *Data-Driven Mathematics*).

Rundschau: Forschungsergebnisse

Der Umgang von Schülerinnen und Schülern mit statistischen Daten, der sich auf die Aufbereitung mit grafischen Darstellungen, Lage- und Streuungsparametern bezieht, ist international breit untersucht worden (Shaughnessy, 2007). Die bestehenden Forschungsergebnisse beziehen sich überwiegend auf die Denkentwicklung von Schülerinnen und Schülern bei der Konstruktion grafischer Darstellungen, der Anwendung von Lage- und Streuungsparametern sowie der Interpretation dieser stochastischen Methoden. Sie lassen sich hinsichtlich der in Kapitel 2.4 diskutierten Phasen folgendermaßen zusammenfassen:

- Bei Novizen in der Datenanalyse ist es nahezu unabhängig vom Alter, dass sich Fertigkeiten in der Konstruktion und Interpretation grafischer Darstellungen allmählich aufbauen. So ist bei Schülerinnen und Schülern (aber auch Studierenden) stets die anfängliche Tendenz festgestellt worden, grafische Darstellungen auf einzelne Werte zu reduzieren (read the data). Dagegen ist es Schülerinnen und Schülern mit zunehmender Erfahrung in der Datenanalyse möglich, die Häufigkeitsverteilung zu einem Merkmal ganzheitlicher sowohl zu konstruieren als auch zu interpretieren (read in the data). Die darauf aufbauende Fähigkeit, anhand einer grafischen Darstellung auch weitergehende Vermutungen (Hypothesen) aufzustellen, wird dagegen (zumindest in den vorliegenden Untersuchungen) nicht immer erreicht (read beyond the data).

- In gleicher Weise zeigen Schülerinnen und Schüler anfänglich zumeist bildlich geprägte Vorstellungen (unistruktural) zu stochastischen Methoden (wie etwa die Lageparameter) und entwickeln erst allmählich ein algorithmisches, ganzheitliches (multistruktural) und schließlich vernetztes Wissen (relational) zu diesen Methoden.

- Diese Entwicklung gilt bezogen auf alle Methoden sowohl für ihre Anwendung als auch ihre Interpretation. Beispielsweise scheint es so zu sein, dass statistische Aussagen in Medien sowohl bezogen auf grafische Darstellungen als auch auf charakteristische Werte einer Häufigkeitsverteilung (z. B. das arithmetische Mitte) erst nach einem Unterricht zur Datenanalyse angemessen interpretiert werden können (vgl. Watson & Moritz, 2000).

Exemplarisch sind diese drei Phasen der Konstruktion und Interpretation grafischer Darstellungen sowie stochastischer Methoden insgesamt in den folgenden Bearbeitungen von Studierenden sichtbar, die ein Würfelexperiment in einer Lerngruppe auswerten sollten (Batanero, Artega, & Ruiz, 2009). In diesem Lehrexperiment wurden Studierende gebeten, sich eine Serie von 20 Münzwurfergebnissen, die möglichst „zufällig" sein solle, auszudenken und zu notieren. Im Anschluss wurde das mit einer Münze konkret ausgeführt und die Ergebnisse wiederum notiert. Die Aufgabe für die Studierenden war, die ausgedachten und tatsächlichen Münzwurfergebnisse auszuwerten. Dabei wurde insbesondere auf die grafische Darstellung der Auswertung geachtet. Die Abbildung 2.35 zeigt exemplarisch Lösungsvorschläge dieser Aufgabe.

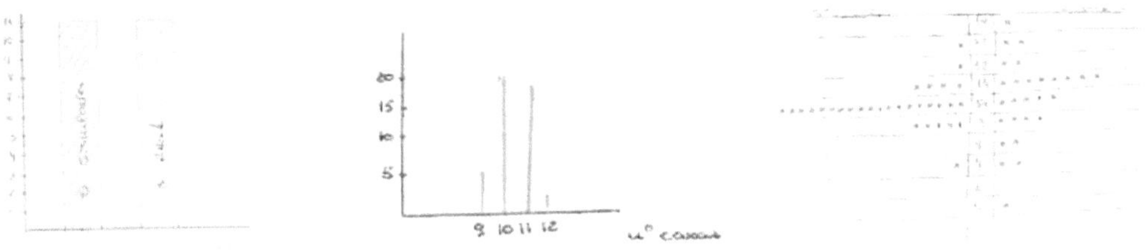

Abbildung 2.35: Ergebnisse von Studierenden zur Auswertung des Münzwurfexperiments

- Die Abbildung zeigt links eine unistruktural geprägte Auswertung, das nur das singuläre Ergebnis eines Studenten zur Anzahl von Wappen in der ausgedachten und experimentellen Serie von Münzwürfen umfasst. Es wird damit weder auf die Ergebnisse der Gesamtgruppe eingegangen, noch ist hier ein tragfähiger Vergleich der beiden unterschiedlichen Stichproben möglich.

- Dagegen ist in der mittleren Bearbeitung zumindest die Anzahl der Wappen in den jeweils 20 Würfen der ausgedachten Stichprobe aufgenommen. Damit wird zumindest die Verteilung dieser Stichprobe als Ganzes wahrgenommen (multistruktural), der Vergleich zur anderen Stichprobe ist dagegen mit dieser grafischen Darstellung nicht möglich.

- In der rechten Bearbeitung ist schließlich auch der Vergleich möglich, die Ergebnisse in beiden Stichproben werden aufeinander bezogen (relational).

Als Ergebnis insgesamt hat sich bei diesem Lehrexperiment ergeben, dass von den 88 abgegebenen Lösungen der Großteil in die Kategorie multistrukturales Denken eingeordnet werden kann, während nur wenige Studierende ein relationales Denken bei der Bearbeitung zeigten (obwohl alle eine erste Schulung in der Stochastik erhalten haben). Sind diese Schwierigkeiten im relationalen Verständnis der Datenanalyse noch bei Studierenden vorhanden, so werden diese, vermutlich in verstärkter Form, auch bei den jüngeren Schüler der Sekundarstufe I vorhanden sein. Das ist bei dem behutsamen und beziehungshaltigen Aufbau der stochastischen Methoden zu bedenken.

National gibt es nicht zuletzt deswegen kaum Forschungsergebnisse, da die Datenanalyse im Mathematikcurriculum eine kaum nennenswerte Rolle gespielt hat und immer noch eine eher untergeordnete Rolle spielt (vgl. Eichler, 2008b). Dabei werden von Lehrkräften in Deutschland zum Teil der Nutzen wie auch die Attraktivität der Datenanalyse gering geschätzt. Ersteres hat beispielsweise eine Lehrkraft für die Sekundarstufe I so ausgedrückt: „Wenn ich mir die ganze Wahrscheinlichkeitsrechnung oder Statistik ansehe: Baumdiagramme, Laplace-Wahrscheinlichkeiten, Boxplot. Wofür brauchen die das?" Ist hier die Ablehnung der gesamten Stochastik enthalten, so ist diese im folgenden Zitat aus einem Lehrerinterview allein auf die Datenanalyse bezogen (Eichler, 2006; Eichler, 2009): „Gut, wir machen in der beschreibenden Statistik immer sehr viel absolute und relative Häufigkeit und das ist dann, wenn sie was ausgezählt haben, ein bisschen langweilig. Insofern komme ich da schon relativ schnell zu den Wahrscheinlichkeiten."

Nicht zuletzt aus dieser häufiger anzutreffenden Ablehnung der Stochastik als Ganzes und der Datenanalyse im Speziellen war das wesentliche Anliegen dieses Kapitels, Beispiele aufzuzeigen, deren Bearbeitung spannend sein und zu Fragen von Schülerinnen und Schülern anregen kann und die erhebliche Bedeutung bereits von elementaren Methoden bei gesellschaftlichen Entscheidungsprozessen offenbaren.

3 Zusammenhänge in statistischen Daten

Einstiegsproblem

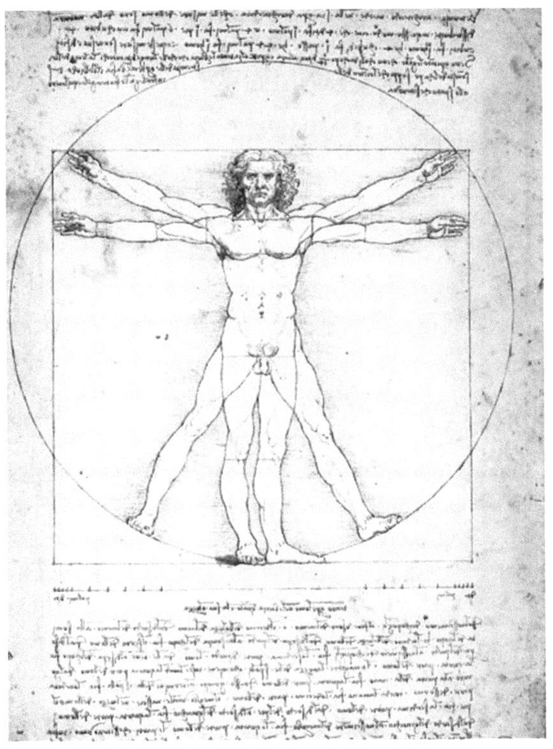

Abbildung 3.1: Studie zu Körperproportionen von Leonardo da Vinci

Aufgabe 9: 1492 untersuchte das Universalgenie Leonardo da Vinci (1452 – 1519) die Körperproportionen von Menschen. In der berühmten Skizze zu diesen Körperproportionen geht Leonardo da Vinci auf den Zusammenhang zwischen der Körpergröße und der Armspannweite ein. Untersucht diesen Zusammenhang.

Alter	Geschlecht	Körpergröße (in cm)	Armspann-weite (in cm)	Alter	Geschlecht	Körpergröße (in cm)	Armspann-weite (in cm)
6	m	117	118	9	w	141	140
6	m	127	130	9	w	134	126
6	m	112	112	E	m	181	187
6	w	130	129	E	m	187	188
6	w	121	121	E	m	186	193
6	w	127	123	E	m	173	174
7	m	129	128	E	m	180	184
7	m	132	128	E	m	182	188
7	w	121	121	E	m	180	186
7	w	134	129	E	m	190	190
7	w	135	130	E	w	169	169
8	m	134	124	E	w	167	163
8	m	141	136	E	w	165	156
8	m	133	126	E	w	177	177
8	w	136	125	E	w	172	163
8	w	129	126	E	w	166	152
8	w	156	142	E	w	182	174
9	m	150	150	E	w	192	179
9	m	154	147	E	w	182	183
9	w	151	152	E	w	162	159

Tabelle 3.1: Daten von Grundschülern und Studierenden (E bedeutet: erwachsen)

Mögliche Erweiterungen und Präzisierungen der Aufgabenstellung

In der Tabelle 3.1 ist das Ergebnis einer systematischen Beobachtung gegeben und zwar zum Geschlecht, der Körpergröße und der Armspannweite von 40 Personen (Grundschüler[1] und Studierende im Alter von 20 bis 30 Jahren).

- Teilt die Daten nach dem Merkmal Körpergröße in drei Gruppen auf: klein, mittel und groß. Eine solche Einteilung nennt man *Clustern*. Achtet darauf, dass alle Gruppen annähernd gleich groß sind, und zeichnet zu jeder Gruppe einen Boxplot zum Merkmal Armspannweite. Beschreibt und interpretiert das, was Ihr seht.

- Stellt die Daten in einem Koordinatensystem dar. Tragt dabei die Koordinaten der Datenpunkte zur Körpergröße (in x-Richtung) zur Armspannweite (in y-Richtung) ab. Beschreibt in eigenen Worten, was Ihr anhand der entstandenen *Punktwolke* erkennt.

- Fügt eine Gerade in die Punktwolke ein, die möglichst gut zu allen Datenpunkten passt. Welche Probleme entstehen dabei?

Didaktisch-methodische Hinweise zur Aufgabe

Schülereigene Körpermaße stellen insbesondere dann ein dankbares Themenfeld dar, wenn man ohne größeren Aufwand Daten beschaffen will. Sie haben gegenüber Fremddaten stets den Vorteil der Authentizität, da die Schülerinnen und Schüler ihre individuellen Daten als Bestandteil der Erhebung in Beziehung zu der Gesamtheit der Daten setzen können. Die Erhebung von Kör-

---

[1] Vielen Dank an die Grundschulkinder der Grundschule Braunsbedra (Sachsen-Anhalt), die uns mit diesem Datensatz unterstützt haben! Der vollständige Datensatz ist auf unserer Homepage zu diesem Buch erhältlich unter: `http://www.leitideedatenundzufall.de`

pergröße und Armspannweite ist nur eine von vielen Möglichkeiten, den eigenen Körper zu „vermessen". Allerdings haben die Daten zu diesem Zusammenhang drei wesentliche Vorteile:

- Die Daten sind einfach zu erheben. So ist das Beobachtungsdesign schnell festgelegt und die Datenwerte machen keine zu hohe, zeitraubende Messgenauigkeit notwendig.[2]

- Die Ergebnisse werden interpretierbar sein und sind nicht diskriminierend.[3] Dass die Ergebnisse der Datenanalyse leicht zu interpretieren sein werden, ist natürlich kein allgemeines Gütekriterium eines Datensatzes. So ist das primäre Ziel der Datenanalyse die Beantwortung interessierender Fragen, unabhängig davon, ob der Weg zur Antwort leicht oder weniger leicht sein wird. Zuweilen kann jedoch – insbesondere für einen Einstieg – das Kriterium, dass die Ergebnisse interpretiert werden können, durchaus bedeutsam werden.

- Daten eines überschaubaren Beispiels eignen sich, um auf elementare Weise zu verdeutlichen, wie Zusammenhänge zweier Merkmale verschieden untersucht werden können. Solche Verfahren werden im Folgenden skizziert und anhand weiterer Problemstellungen in den nachfolgenden Abschnitten diskutiert.

Datenerhebung: Das Erhebungsverfahren ist eine *Beobachtung*, obwohl die Schülerinnen und Schüler geneigt sein werden, von „Messung" zu sprechen. In einem offenen Zugang müssten die Schülerinnen und Schüler zunächst klären, wer wie beobachtet (ausgemessen) werden soll. Das „Wer" kann mit Hinblick auf die schulischen Rahmenbedingungen beantwortet werden: die eigene Klasse oder, besser noch, mehrere Klassen unterschiedlicher Jahrgänge. Das „Was" kann mit Hilfe der Vorlage von Leonardo da Vinci (Abb. 3.1) festgelegt werden: also beispielsweise die Messung der Körpergröße (ohne Schuhe, direkt an der Wand, gerade stehend) und der Armspannweite, wenn die Arme annähernd in einem rechten Winkel zur Körperachse ausgestreckt werden (vgl. zur Festlegung der Erhebungssituation Kap. 1).

Clusterung als qualitativer Ansatz: Warum (immer) schwer, wenn es auch einfach geht? Will man allein die Frage beantworten, ob es einen Zusammenhang zwischen zwei (metrisch skalierten) Merkmalen gibt, dann reicht zunächst ein einfaches, bereits bekanntes Verfahren: das Clustern von Datensätzen und der Vergleich der Verteilung in den geclusterten Datensätzen. Der Unterschied bei diesem Beispiel ist, dass man einen numerischen Datensatz willkürlich, beispielsweise in kleine/große Personen clustert. Im Gegensatz dazu wurde bisher mit „natürlicheren" Clusterungen gearbeitet, wie etwa weibliche/männliche Personen. Über die Visualisierung der geclusterten Verteilung mit Boxplots gewinnt man einen schnellen Überblick zu dem möglichen Zusammenhang von Körpergröße und Armspannweite (Abb. 3.2).

In der Grafik kann man ohne große Schwierigkeiten erkennen, dass große Personen offenbar auch über eine große Armspannweite verfügen. Es ergibt sich eine Zusammenhangshypothese

---

[2]Man könnte beispielsweise auch zusätzlich die Handbreite oder die Fingerlänge messen. Um hier in homogenen Altersklassen überhaupt verwertbare Unterschiede messen zu können, muss man sehr genau messen, was hohe Anforderungen an die Messwerkzeuge und die Beobachter stellt.

[3]Nimmt man etwa das klassische Beispiel des Zusammenhangs von Körpergröße und Gewicht, so wird man möglicherweise über den nur vagen Zusammenhang der beiden Merkmale überrascht sein (insbesondere, wenn die Alterszusammensetzung in der Stichprobe heterogen ist). Außerdem muss man abwägen, ob und wie man mit den Daten der schwergewichtigen Schüler umgehen möchte.

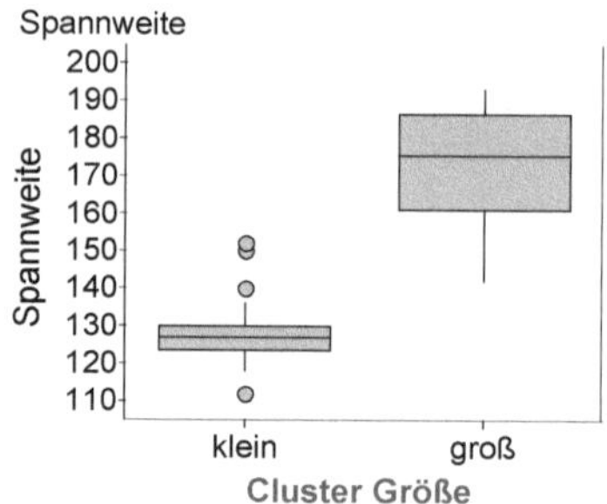

Abbildung 3.2: Zusammenhang zwischen Körpergröße und Armspannweite

wie etwa: „Je größer eine Person ist, desto größer ist auch dessen Armspannweite." Eine verbesserte Analysemöglichkeit erhält man, indem man den Datensatz feiner clustert (z. B. klein/ mittel/ groß). Das ist allerdings nur dann sinnvoll, wenn der Umfang der Cluster ausreichend ist, um einen Boxplot zu erstellen. Der Umfang von 20 wie in diesem Fall ist schon recht gering. Im Extremfall hat man pro Cluster nur noch ein Datum und erstellt, wenn man die Verteilung in einer Grafik abbildet, eine Punktwolke, die weiter unten erläutert ist.

Das Ergebnis bei diesem Beispiel, dass größere Personen auch größere Armspannweiten haben, ist nicht spektakulär, sondern auch intuitiv aufgrund von Alltagserfahrungen klar. Dies muss nicht immer so sein: Alltagserfahrung und empirische Ergebnisse einer Datenerhebung widersprechen sich auch häufig. Bei diesem Beispiel ist noch eine weitere Eigenschaft interessant, die in den Boxplots der Datencluster zu sehen ist: Beide zeigen eine annähernd symmetrische Verteilung und offenbar ist die Armspannweite bei den größeren Personen größer als bei den kleineren Personen. Man gewinnt hier ein weiteres Indiz für das Phänomen, dass Stichproben zu einem Merkmal mit größeren Mittelwerten (absolut) auch eine vergleichsweise größere Streuung aufweisen (vgl. Kap. 2.3).

Ergibt schon die qualitative Analyse des Zusammenhangs ein so deutliches Ergebnis wie in dem Beispiel Körpergröße - Armspannweite, so ergibt sich fast von selbst die Frage, wie „stark" denn der Zusammenhang ist. Dazu braucht es ein Maß – wie aber kann ein Zusammenhang zwischen zwei Merkmalen gemessen werden?

Punktwolke und deren Reduktion auf einen Funktionsgraphen: Die Visualisierung als Punktwolke eignet sich, um die Frage nach dem Messen eines Zusammenhangs zwischen zwei Merkmalen zu veranschaulichen.

Für einen Einstieg in die Analyse von Zusammenhängen eignen sich solche Beispiele, bei denen die entsprechende Punktwolke geradezu nach dem Ersatz durch eine Gerade ruft (Abb. 3.3). Hier visualisiert diese Gerade die Kernaussage, die in den Daten enthalten ist, qualitativ als: „Je größer eine Person ist, desto größer ist auch ihre Armspannweite." Wichtig ist es allerdings, schon von Beginn an darauf hinzuarbeiten, dass die lineare Modellierung der Daten zwar (relativ) einfach ist und einfach handhabbare Aussagen ermöglicht, dass aber nicht alle bivariaten Datensätze – auch nicht alle mit einem starken Zusammenhang – einen linearen Zusammenhang aufweisen.[4]

---

[4]Z. B. der Zusammenhang zwischen Weg und Zeit beim freien Fall.

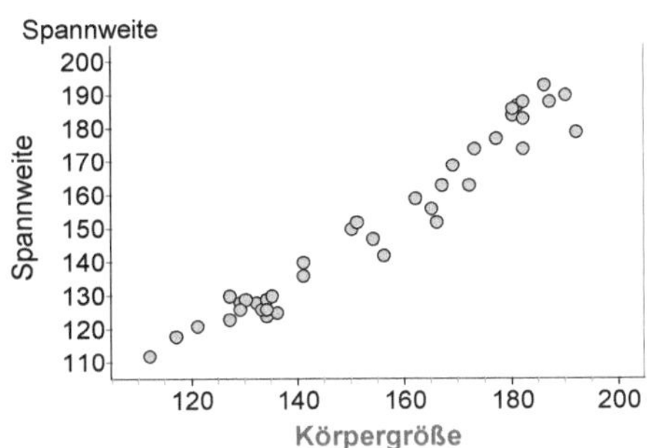

Abbildung 3.3: Zusammenhang zwischen Körpergröße und Armspannweite von Schülern

Ist der Zusammenhang linear, stellt sich den Schülerinnen und Schüler das Problem, welche Gerade in den Datensatz eingepasst werden soll. In den anwendenden Wissenschaften wird diese Frage in der Regel mit der *Regressionsgeraden* beantwortet, die über die standardisierte statistische Methode der kleinsten Quadrate ermittelt wird und als ein Standardwerkzeug in Statistik-Software zur Verfügung steht. Dieses Verfahren (vgl. zur Berechnung Kap. 3.7) ist allerdings kein Standardstoff der Sekundarstufe I und kann es auch nur in Ausnahmefällen sein. Dennoch sollte die Analyse bivariater Daten auch in der Sekundarstufe I thematisiert werden, da sonst die Datenanalyse aus rein technischen Gründen um einen ihrer spannenden Aspekte reduziert würde. So kann die Analyse univariater Datensätze zwar auch interessierende Fragen beantworten, sobald aber im Datenmaterial mehr als zwei Merkmale enthalten sind, besteht ein unwillkürliches Interesse an Zusammenhängen. Dies ergibt sich aus der steten Suche nach Kausalitäten bzw. nach Ursache und Wirkung. In der Sekundarstufe I ist das folgende Zwei-Schritt-Verfahren gewinnbringend, da es ohne komplexe mathematische Verfahren anwendbar ist, selbst bei nicht-linearen Zusammenhängen:

1. Einpassen eines Funktionsgraphen nach Augenmaß und Bestimmung der Funktionsgleichung.

2. Analyse der *Residuen* (vertikal gemessene Entfernung zwischen Datenpunkt und Funktionsgraph) und Entscheidung aufgrund der Residuenanalyse, ob die Datenanpassung genügt oder, ob eine feinere Anpassung notwendig ist.

Der erste Schritt ist bei Beherrschung der einzupassenden Funktionen fast banal. Dieses zunächst willkürlich erscheinende Verfahren wird durch die Analyse der Residuen fundiert: Bei einem linearen Zusammenhang wird die einzupassende Gerade so lange verändert, bis die Residuen kein (sichtbares) Muster mehr aufweisen (dazu mehr in Kap. 3.3). Ist der Zusammenhang nicht (nur) linear, so wird eine Funktion gesucht, die nach Anpassung der entsprechenden Funktionsparameter ebenfalls kein Muster mehr in den Residuen aufweist (vgl. z. B. Kap. 3.4, die Anpassung der CO_2-Daten).

Unabhängig davon, wie die Funktion angepasst wurde, welches Verfahren zur Bestimmung der Funktionsgleichung verwendet wurde (händisch oder mit Hilfe des Rechners) und unabhängig davon, ob die grafische Darstellung der Residuen (*Residuenplot*) eine Revision der Anpassung

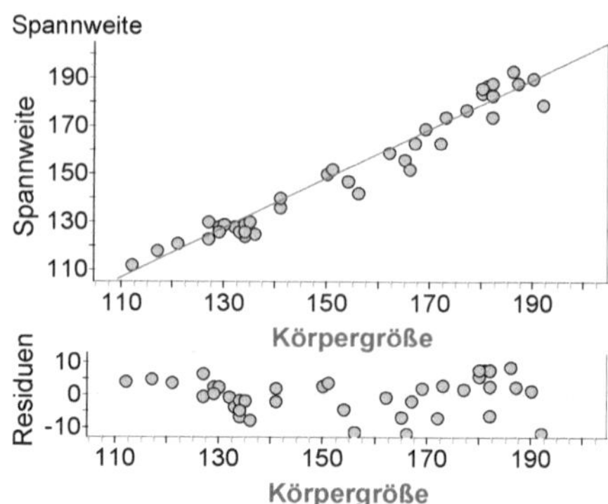

Abbildung 3.4: Zusammenhang zwischen Körpergröße und Armspannweite von Schülern, Geradenanpassung nach Augenmaß und Residuenplot (ohne erkennbares Muster)

bewirkt hat, das Ergebnis ist eine Funktionsgleichung: Hier im Beispiel ergab sich (mit Variablenaustausch) $y = x - 2,7$ (vgl. Abb. 3.4). Wurde eine Funktionsgleichung bestimmt, dann sind zwei Dinge didaktisch entscheidend: Einerseits sollen die Schülerinnen und Schüler die Funktionsgleichung im Sachkontext interpretieren können („Die Armspannweite entspricht ungefähr der Körpergröße."). Andererseits sollte ihnen bewusst gemacht werden, dass eine solche Funktionsgleichung die in den Daten steckende Information stark reduziert und auch nur in Grenzen aussagekräftig ist (etwa für x nahe 0 ist die lineare Funktion kein tragfähiges Modell mehr). Jeder Modellierungsprozess sollte abschließend reflektiert werden. Wenn die Schülerinnen und Schüler sich in diesem Beispiel rückblickend fragen, was die Geradenanpassung mit dem zu tun hat, was sie bisher gelernt haben, dann bietet sich folgender Vergleich an: So wie das arithmetische Mittel einen univariaten Datensatz auf einen mittleren Wert reduziert, so wird die Punktwolke eines bivariaten Datensatzes auf eine Mittelwertkurve reduziert. Im einfachsten (wie hier vorliegenden) Fall ist dies eine Gerade.

Beurteilen der Güte von Zusammenhängen: Versucht man, in verschiedene Punktwolken mit identischem Zusammenhangsmuster – und hier speziell einem linearen Muster – eine Funktion anzupassen, so wird man schnell qualitative Unterschiede in der Anpassung feststellen. Einmal scheint die Gerade die Punktwolke nicht so gut zu repräsentieren, ein anderes Mal viel besser. Dadurch kann ein letzter für die Sekundarstufe I relevanter Aspekt motiviert werden: die Beurteilung der Güte eines funktionalen Zusammenhangs zweier Merkmale.

Auch hier ist das statistische Standardverfahren – die Berechnung des *Korrelationskoeffizienten* nach Bravais und Pearson – für die Sekundarstufe I zu komplex. Aber auch hier gibt es vereinfachte und gangbare Verfahrensweisen, mit denen man ein Gütekriterium für den Zusammenhang zweier Merkmale erhält, das für die Belange der Sekundarstufe I ausreicht (vgl. Kap. 3.3). Zudem kann mit diesen vereinfachten Verfahrensweisen der Grundgedanke der Korrelationsbestimmung behandelt werden. Beim Zusammenhang zwischen der Körpergröße und der Armspannweite ergibt sich das, was man bereits anhand der Punktwolke sieht, ein *starker positiver linearer Zusammenhang*.

Erweiterungen: Folgende Anschlussfrage könnte sich aus den vorangegangenen Betrachtungen ergeben:

> Hinsichtlich der Körpergröße und Armspannweite untersucht man zwei metrisch skalierte Merkmale auf ihren Zusammenhang. Ist dies in gleicher Form bei Merkmalen mit anderen Skalierungsarten möglich?

Ohne Beachtung der ordinalskalierten Merkmale, die man hier den nominalskalierten zuordnen kann, ergeben sich drei Fälle:

	1. Merkmal	2. Merkmal	Beispiel in
1.1	nominal skaliert	nominal skaliert	Kap. 3.1
1.2	nominal skaliert	metrisch skaliert	Kap. 3.2
1.3	metrisch skaliert	metrisch skaliert	Kap. 3.3

Eine weitere Anschlussfrage ergibt sich zur Form der Regression, falls die Schülerinnen und Schüler bereits über ein Wissen verfügen, das über lineare Funktionen hinausgeht:

> Wenn zwei (metrisch skalierte) Merkmale einen nichtlinearen Zusammenhang aufweisen, welche Möglichkeiten ergeben sich, diesen zu beschreiben?

Mit Hilfe dieser Fragen ist es möglich, die Leitidee *Daten und Zufall* mit einer weiteren Leitidee, nämlich der des *funktionalen Denkens*, zu verknüpfen. Eine Funktion kann man abstrakt als mathematisches Objekt betrachten, das klassifizierbare Eigenschaften besitzt und das aufgrund bestimmter Regeln manipuliert werden kann. Funktionen kann man aber auch als mathematisches Werkzeug zur Umwelterschließung nutzen, z. B. als Modell für bivariate Daten, in denen sich reale Phänomene widerspiegeln. Die Daten aus einem Wurfexperiment (z. B. Werfen eines Balles unter einem bestimmten Abwurfwinkel) werden beispielsweise nie vollständig und genau auf der vielleicht angestrebten Parabel liegen (obwohl diesen Eindruck leider manche Schulbücher suggerieren), sondern darum streuen. Die Parabel kann den Trend des Wurfes modellieren und ist mathematisch gut handhabbar. In Kapitel 3.4 werden wir zwei Beispiele diskutieren, bei denen es darum geht, begründet funktionale Modelle für empirische Daten zu finden.

Schließlich ist auch noch folgende Anschlussfrage denkbar:

> Merkmale wie die Körpergröße oder die Armspannweite entwickeln sich über den Zeitraum des körperlichen Wachstums. Lässt sich diese Entwicklung statistisch beschreiben?

Da bei jeder Entwicklung eines Merkmals (z. B. der Körpergröße) die Zeit einen wesentlichen Einfluss auf die Merkmalsausprägungen hat, werden wir auch solche Probleme behandeln, die einen Einblick in die elementare Zeitreihenanalyse geben können (vgl. Kap. 3.5).

In allen diesen Abschnitten verfolgen wir nicht die Absicht, den *Stoff* der Sekundarstufe I übermäßig zu erweitern. Es geht viel mehr darum, die Menge der potenziellen *Fragestellungen* erheblich zu erweitern, nämlich um die interessante und in der Realität wichtige Frage des Zusammenhangs zweier Merkmale. Antworten auf solche Fragen können bereits in der Sekundarstufe I gegeben werden, indem man elementare, überwiegend bereits bekannte Methoden einsetzt. Auf diese haben wir uns beschränkt, wobei wir allerdings am Ende der Teilkapitel in Kürze den Weg zu komplexeren, später üblichen Methoden skizzieren, um die Einbettung der elementaren Methoden aufzuzeigen.

3.1 Zusammenhang nominalskalierter Merkmale

Abbildung 3.5: Mädchen vor dem Computer

Aufgabe 10:   In einer Meldung bei *heise online* vom 10.04.2006 heißt es: „Jungen bei der Nutzung von Computer und Internet vorn: Bei der Nutzung von Computer und Internet gibt es zwischen Mädchen und Jungen einer neuen Studie zufolge ein zum Teil erhebliches Ungleichgewicht. Zwar würden bereits 63 % der Schüler an deutschen Gymnasien, Real- und Hauptschulen inzwischen einen eigenen PC besitzen. Dabei hätten allerdings lediglich 49 % der insgesamt befragten Mädchen gegenüber 71 % aller befragten Jungen einen PC, teilte der Software-Branchenverband Business Software Alliance (BSA) mit.“

(http://www.heise.de/newsticker)

Erhebt Daten in Eurer Klasse (möglicherweise auch in der Parallelklasse) und überprüft, ob Ihr das publizierte Ergebnis bestätigen könnt.

Mögliche Erweiterungen und Präzisierungen der Aufgabenstellung

- Bereitet einen Fragebogen vor, in dem Felder für das Eintragen des Geschlechts (weiblich/männlich) und für das Eintragen des Computerbesitzes (ja/nein) enthalten sind.

- Sammelt Daten in Eurer Klasse und möglichst auch in weiteren Klassen Eurer Schule.

- Versucht, die Daten möglichst übersichtlich darzustellen. Eine Möglichkeit ist zum Beispiel die Vierfelder-Tafel.

- Vergleicht zwei Klassen: Ihr werdet feststellen, dass die Anteile der Mädchen mit/ohne Computer und auch die Anteile der Jungen mit/ohne Computer sich unterscheiden. Legt nun fest, ab welchem Unterschied Ihr davon ausgehen wollt, dass zwischen Mädchen und Jungen tatsächlich ein Ungleichgewicht herrscht bzw. bei welchen Unterschieden in den Anteilen Ihr davon ausgeht, dass diese Unterschiede nicht aussagekräftig sind.

Didaktisch-methodische Hinweise zur Aufgabe

Die Aufgabe ist so konzipiert, dass die Schülerinnen und Schüler mit einer festgelegten Zielrichtung den gesamten Zyklus einer Datenanalyse – vom Sammeln der Daten bis zum Ergebnisbericht – durchlaufen können. Falls die Erhebung von Daten nicht eigenständig erfolgen soll, kann man auch auf Fremddaten zurückgreifen. Eine Möglichkeit bietet der *Muffins*-Datensatz,[5] dessen Aktualität bezogen auf den Geschlechtervergleich zum Thema Computerbesitz möglicherweise noch geprüft werden muss. Dies wiederum könnte durch eine kleine Umfrage in der eigenen Schule erfolgen. Die Analysen in diesem Teilkapitel basieren auf den Muffins-Daten.

Obwohl die Darstellung zweier nominalskalierter Merkmale in einer Vierfelder-Tafel einfach erscheint, birgt die Interpretation viele Fallstricke. Diese sind insbesondere in dem wahrscheinlichkeitstheoretischen Pendant bekannt – dem Themenkomplex stochastische Abhängigkeit bzw. Unabhängigkeit und bedingte Wahrscheinlichkeiten (vgl. Kap. 6). Zudem sind bei der deskriptiven Zusammenhangsanalyse zweier nominalskalierter Merkmale die Auswertungsmöglichkeiten in der Sekundarstufe I beschränkter als die Analyse des Zusammenhangs zweier metrisch skalierter Merkmale (vgl. Kap. 3.3). Dennoch besprechen wir auch diese Form bivariater Datensätze, da die berechtigte Frage des Zusammenhangs natürlich auch bei nominalskalierten Merkmalen vorkommt, wie der Online-Artikel exemplarisch zeigt. Wir schlagen dabei einen grafisch und geometrisch orientierten Weg vor.

Datenerhebung: Die in Kapitel 1 diskutierten Aspekte, die bei einer Erhebung von Daten gelten sollten, sind natürlich auch für eine kleinere Erhebung wirksam. Hier sollte man beispielsweise darauf achten, dass die Altersstufe und/oder die Schulform homogen ist. Allerdings können sich dann alle weiteren Aussagen nur auf das erhobene Alter bzw. die erhobene Schulform beziehen. Variiert man Alter und/oder Schulform, so kann man bei systematischer Variation (Repräsentativität) eine allgemeinere Aussage gewinnen oder durch den Vergleich von Alters- und Schulstufen neue Fragestellungen angehen.

Ein einfacher Fragebogen genügt für die hier gestellte Aufgabe:

Fragebogen zur Erhebung von Geschlecht und Computerbesitz in der ... Jahrgangsstufe (Schulform: ...)

Fall	Geschlecht		Eigener Computer	
	Junge	Mädchen	ja	nein
1	$\times$		$\times$	
2		$\times$	$\times$	
...	...	...	...	...

Auswertung der Daten: Eine Vierfelder-Tafel (oder allgemeiner gesprochen: eine 2×2-Kontingenztafel) ist eine übersichtliche, halbgrafische Methode, um Zusammenhänge von zwei nominalskalierten Merkmalen darzustellen. Solch eine Darstellung wird von Schülerinnen und Schülern im Allgemeinen nicht von selbst verwendet. Sie wird vorgegeben und es muss thematisiert werden, wie aus einer solchen Darstellung Informationen zu entnehmen sind, da hier – wie bereits erwähnt – Fallstricke lauern.

---

[5] http://www.mathematik.uni-kassel.de/didaktik/HomePersonal/biehler/home/Muffins/Muffins.htm

Eine Vierfelder-Tafel, welche die absoluten Häufigkeiten einer Klasse aus dem Muffins-Datensatz enthält, hat folgende Gestalt:

		Geschlecht		Zeilensummen
		Junge	Mädchen	
Eigener	ja	29	6	35
Computer	nein	14	23	37
Spaltensummen		43	29	72

In den vier zentralen Feldern werden die (absoluten) Häufigkeiten der Daten eingetragen, für die beide angrenzenden Merkmalsausprägungen zutreffen. So ergibt sich z. B. unmittelbar, dass 29 der befragten Jugendlichen die Eigenschaften haben, männlich zu sein und einen Computer zu besitzen. Die Zeilen- bzw. Spaltensummen enthalten die (absoluten) Häufigkeiten der Merkmalsausprägungen eines Merkmals: 35 der befragten Jugendlichen haben beispielsweise einen eigenen Computer. Ebenso könnte man auch die Vierfelder-Tafel mit relativen Häufigkeiten betrachten:

		Geschlecht		Zeilensummen
		Junge	Mädchen	
Eigener	ja	0,403	0,083	0,486
Computer	nein	0,194	0,319	0,514
Spaltensummen		0,597	0,403	1

Hier gibt es eine erste Schwierigkeit, die in analoger Weise die kommenden Aufbereitungen durchzieht: Worauf bezieht man die relative Häufigkeit, was ist das n bzw. was ist die zugrunde gelegte Stichprobengröße? In der Vierfelder-Tafel kann noch recht einfach begründet werden, dass alle Einträge auf die gesamte Stichprobe bezogen werden, also etwa 29 von 72 (oder $0,403$ bzw. $40,3\,\%$) der Jugendlichen männlich sind *und* einen Computer haben. Insgesamt ist aber die Interpretation der einzelnen relativen Häufigkeiten problematisch. So sind hier zeilen- bzw. spaltenweise Bedingungen oder Einschränkungen eingetragen. Ein Beispiel:

- Die Häufigkeit in der Stichprobe für Mädchen, die einen Computer haben, ist 0,083. Um die formale Schreibweise kurz, aber übersichtlich zu fassen, werden die Merkmalsausprägungen mit m für Mädchen, j für Junge, c für Computer und kc für kein Computer abgekürzt. Es gilt also $h_{72}(m \text{ und } c) = 0,083$.

- Betrachtet man nur die Spalte, so wird die Stichprobe auf die Mädchen (bzw. Jungen) *eingeschränkt*. Etwa gilt für den Anteil der Mädchen, die einen Computer besitzen bezogen auf alle Mädchen: $\frac{0,083}{0,403}$. Dieser Anteil kann nun als *bedingte Häufigkeit* definiert werden: $h_{72}(c \text{ unter der Bedingung } m) = \frac{0,083}{0,403}$. Die Formulierung „unter der Bedingung" wird durch ein einfacheres „|" abgekürzt. Es ergibt sich damit $h_{72}(c|m) = \frac{0,083}{0,403} \approx 0,207$. Etwas allgemeiner gilt also in diesem Fall

$$h_{72}(c|m) = \frac{h_{72}(m \text{ und } c)}{h_{72}(m)} \iff h_{72}(m \text{ und } c) = h_{72}(c|m) \cdot h_{72}(m)$$

- Betrachtet man nur die Zeile, so gewinnt man ebenso eine bedingte relative Häufigkeit, indem man die Stichprobe auf die Computer besitzenden Jugendlichen einschränkt: Der Anteil der Mädchen unter denen, die einen Computer besitzen ist $\frac{0{,}083}{0{,}486}$, also $h_{72}(m|c) = \frac{0{,}083}{0{,}486} \approx 0{,}171$.

Die Vierfelder-Tafel enthält – hier in noch zurückhaltender syntaktischer Strenge formuliert – alle, auf Häufigkeiten bezogenen Bestandteile, die später im Zusammenhang mit dem Themenkomplex bedingte Wahrscheinlichkeit bedeutsam werden (und damit auch die Schwierigkeiten dieses Themenkomplexes).

Die Fertigkeit, die Zahlen und Beziehungen in der Vierfelder-Tafel zu interpretieren, ist nicht selbstverständlich vorhanden und muss geübt werden:

- Im Artikel wird gesagt, dass „49 % der insgesamt befragten Mädchen gegenüber 71 % aller befragten Jungen einen PC" hätten. Welche Prozentzahlen ergeben sich in der hier vorliegenden Stichprobe von 72 Jugendlichen?

- Wie viele der befragten Computerbesitzer sind eigentlich Mädchen, wie viele Jungen?

Erweiterung zur grafischen Vierfelder-Tafel und Einheitsquadrat: Eine didaktisch motivierte Erweiterung der Vierfelder-Tafel besteht in ihrer „Verbildlichung": Die Flächen der inneren vier Tabellenzellen werden entsprechend ihrem Anteil an der Gesamtstichprobe grafisch dargestellt, alle übrigen Informationen werden beibehalten (vgl. Abb. 3.6, links). Wir bezeichnen dies als *grafische Vierfelder-Tafel*. Eine Erweiterung der grafischen Vierfelder-Tafel ist wiederum das Einheitsquadrat, das den Fokus auf die in der Vierfelder-Tafel berechenbaren bedingten Wahrscheinlichkeiten legt (vgl. Abb. 3.6, rechts). Beide, die grafische Vierfelder-Tafel und das Einheitsquadrat, unterstützen die gegebenen numerischen Informationen visuell.

	j	m	Summe
c	0,403 (29)	0,083 (6)	0,486 (35)
kc	0,194 (14)	0,319 (23)	0,514 (37)
Summe	0,597 (43)	0,403 (29)	1 (72)

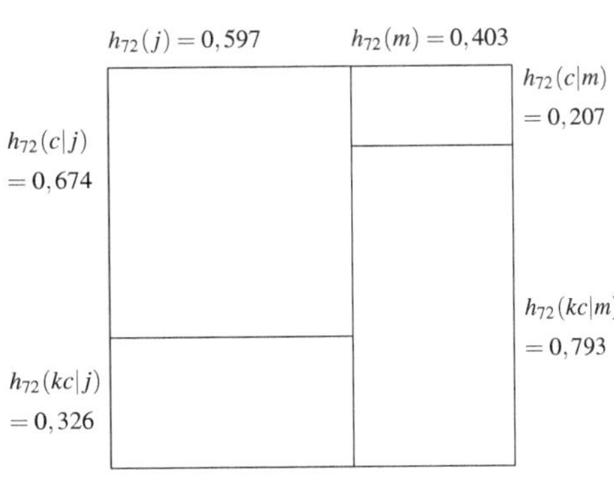

Abbildung 3.6: Grafische Vierfelder-Tafel und Einheitsquadrat mit den Bezeichnungen *m*: Mädchen, *j*: Junge, *c*: eigener Computer und *kc*: kein eigener Computer

Die Konstruktionsschritte des Einheitsquadrats mit Seitenlänge 1 sind im Einzelnen:

- Das Quadrat wird senkrecht geteilt, die Breite der beiden entstehenden Rechtecke entspricht den relativen Häufigkeiten des ersten Merkmals ($h_{72}(j)$ und $h_{72}(m)$).

- Diese beiden Rechtecke werden ein weiteres Mal waagerecht unterteilt. Die Höhen der jeweils entstehenden zwei Rechtecke entsprechen den bedingten Häufigkeiten, die das Geschlecht als Bedingung haben, also ist beispielsweise $h_{72}(c|m) = \frac{0,083}{0,403} \approx 0,207$ die Höhe des oberen rechten Feldes.

- Damit ergibt sich für die Fläche dieses Feldes:

$$h_{72}(m) \cdot h_{72}(c|m) = 0,403 \cdot 0,207 = h_{72}(m \text{ \underline{und} } c) \approx 0,083$$

Weiter kann man aber auch noch folgende Beziehungen betrachten:

- Die Zeilensummen (Computer/kein Computer) entsprechen den Flächeninhalten zweier Teilrechtecke:

$$h_{72}(c) = h_{72}(m) \cdot h_{72}(c|m) + h_{72}(j) \cdot h_{72}(c|j) = 0,403 \cdot 0,207 + 0,597 \cdot 0,674 = 0,486$$

Hier wird in Häufigkeitsschreibweise das ausgedrückt, was später als *totale Wahrscheinlichkeit* bezeichnet wird (vgl. Kap. 6).

- Die bedingten Wahrscheinlichkeiten, die den Computerbesitz als Bedingung haben, entsprechen einem Flächenvergleich. So ist z. B. die Häufigkeit, unter der Bedingung Computer ein Mädchen zu sein, durch folgendes Verhältnis ausgedrückt:

$$h_{72}(m|c) = \frac{h_{72}(m) \cdot h_{72}(c|m)}{h_{72}(m) \cdot h_{72}(c|m) + h_{72}(j) \cdot h_{72}(c|j)} = \frac{h_{72}(m) \cdot h_{72}(c|m)}{h_{72}(c)}$$

Bezogen auf Wahrscheinlichkeiten wird dies in Kapitel 6 als einfache Variante der Regel von Bayes bezeichnet.

Das Einheitsquadrat ist nicht selbsterklärend. Wenn allerdings die Konstruktion bekannt ist, kann das Einheitsquadrat eine geeignete Hilfestellung sein, um einfache, bedingte oder konjugierte Häufigkeiten (und später der entsprechenden Wahrscheinlichkeiten) zu unterscheiden. Dies zeigt auch der folgende Abschnitt.

Beschreibung der Unterschiede: Welche der Werte sollen Schülerinnen und Schüler verwenden, um einen Vergleich der beiden Merkmale Geschlecht und Computerbesitz leisten zu können? Aus dem Vorangegangenen ist möglicherweise deutlich geworden, dass es wenig sinnvoll ist, die konjugierten Häufigkeiten (also die vier inneren Einträge der Vierfelder-Tafel) zu vergleichen – zumindest dann, wenn die Teilstichproben, etwa zu Junge und Mädchen, unterschiedlich groß sind. Die (ungünstige) Frage hierzu wäre: Sagt einem der Unterschied der konjugierten Häufigkeiten $h_{72}(m \text{ \underline{und} } c) = 0,083$ und $h_{72}(j \text{ \underline{und} } c) = 0,403$ etwas zu der in der Aufgabenstellung geäußerten Aussage, die Jungen hätten viel häufiger einen Computer als die Mädchen? Sollte die Frage mit „Ja" beantwortet werden, hilft ein konstruiertes Beispiel mit Einheitsquadrat und Vierfelder-Tafel wie in Abbildung 3.7 dargestellt:

	j	m	Summe
c	0,15 (15)	0,05 (5)	0,2 (20)
kc	0,6 (60)	0,2 (20)	0,8 (80)
Summe	0,75 (75)	0,25 (25)	1 (100)

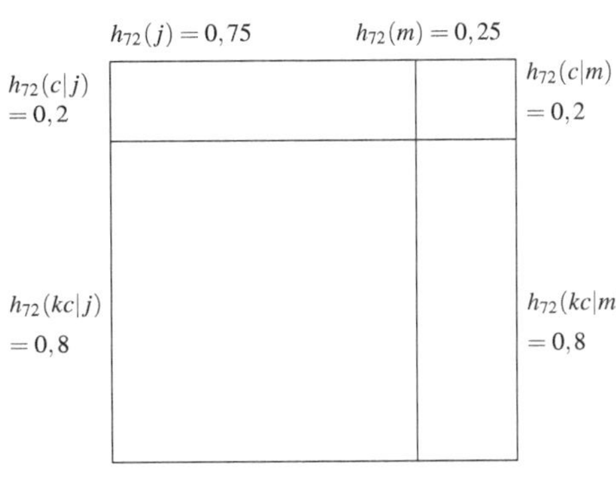

Abbildung 3.7: Grafische Vierfelder-Tafel und Einheitsquadrat für einen konstruierten Datensatz, bei dem das Geschlecht keinen Einfluss auf den Computerbesitz hat

Hier würde gelten $h_{72}(j \text{ und } c) = 0,15 > 0,05 = h_{72}(m \text{ und } c)$. Dieser Unterschied wird bildlich offensichtlich, wenn man die oberen Flächen im Einheitsquadrat vergleicht. Dagegen entspricht der Anteil der Jungen, die einen Computer besitzen, aber dem Anteil der Mädchen, die einen Computer besitzen: $h_{72}(j|c) = 0,2 = h_{72}(m|c)$. Das sind aber offensichtlich die beiden Größen, die für den Vergleich des Computerbesitzes in den Geschlechtergruppen entscheidend sind.

In unserem Beispiel mit den realen Daten gilt:

Das Geschlecht wird (wie bei der Entwicklung des Einheitsquadrats und später der des Baumes (vgl. Kap. 6)) als Grundlage oder Bedingung verwendet:

$h_{72}(c|j) = 0,674 > h_{72}(c|m) = 0,207$, also rund 67 % der befragten Jungen besitzen einen Computer im Gegensatz zu rund 21 % der Mädchen – ein Unterschied von rund 46 Prozentpunkten.

Ist aber das Geschlecht überhaupt das entscheidende bedingende Merkmal? Man könnte doch auch folgendermaßen argumentieren:

Der Computerbesitz wird als Bedingung verwendet:

$h_{72}(j|c) = 0,828 > h_{72}(m|c) = 0,172$, also von den Jugendlichen, die einen Computer besitzen, sind rund 83 % männlich und 17 % weiblich.

Welcher dieser beiden Vergleiche bedingter Häufigkeiten ist sinnvoll? Das ist die schwierige und Fehler produzierende Frage nach *möglicher* Ursache und Wirkung. In dem Ausgangsartikel sowie der darauf folgenden Frage ist es das Geschlecht: Jugendliche haben als „Ursache" ihr Geschlecht und es wird daraufhin gefragt, ob das eine Wirkung auf den Besitz eines eigenen Computers hat. Es gibt im Allgemeinen keinen Algorithmus, mit Hilfe dessen entschieden werden kann, welches Merkmal Ursache und welches Wirkung sein könnte. Vielmehr ist es notwendig, den Sachkontext zu interpretieren, um ein angemessenes Modell der Situation zu wählen.

Schon klassisch ist die Verwechslung von Ursache und Wirkung bezogen auf die Merkmale Alkohol am Steuer und tödlicher Unfall. Es heißt beispielsweise auf einer Internetseite des *Bundes gegen Drogen und Alkohol am Steuer:* „Trotz dieses erfreulichen Rückgangs starben 2004 immer noch 12 % aller Verkehrstoten in Deutschland an den Folgen eines Alkoholunfalls." In formaler Notation der bedingten Häufigkeiten stellt sich dies so dar: $h_n(\text{Alkohol} \mid \text{Tod bei Unfall}) = 0,12$. Da könnte man ja sagen (so wie es sinngemäß ein bundesdeutscher Ministerpräsident zur Belustigung der Öffentlichkeit im Jahr 2008 getan hat): „Da trinke ich doch lieber zwei Maß Bier vor dem Autofahren, wenn nur 12 % der tödlichen Unfälle auf das Konto von Alkohol am Steuer gehen." Um das Risiko des alkoholisierten Fahrens zu vermitteln, ist aber die Häufigkeit mit vertauschter Bedingung entscheidend, also: $h_n(\text{Tod bei Unfall} \mid \text{Alkohol})$. Diese Häufigkeit ist sicherlich größer als $h_n(\text{Tod bei Unfall} \mid \text{kein Alkohol})$.

Analyse des Unterschieds: Zurück zum Ausgangsbeispiel: Wie kann nun der Unterschied der Häufigkeiten zum Computerbesitz bei Jungen $h_{72}(c|j) = 0,674$ und Mädchen $h_{72}(c|m) = 0,207$ bemessen werden? Ein einfacher, aber dennoch aussagekräftiger Weg besteht in der Differenzenbildung $d = h_{72}(c|j) - h_{72}(c|m) = 0,674 - 0,207 = 0,467$. d ist ein sehr einfaches so genanntes *Assoziationsmaß*, also ein Maß für die (mathematische) Wirkung des einen Merkmals auf das andere.[6]

Dieses Assoziationsmaß d kann Werte von -1 bis 1 annehmen. Das zeigt auch die folgende Abbildung:

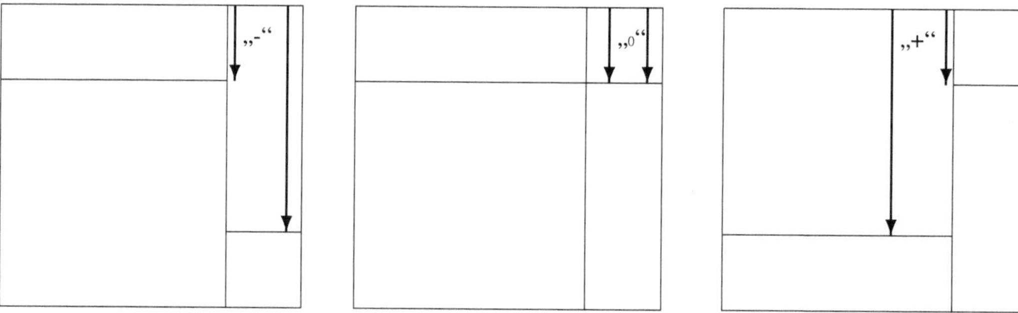

Abbildung 3.8: Einheitsquadrate und Werte des Assoziationsmaßes. Links mit negativem Wert, in der Mitte mit Wert 0, rechts mit positivem Wert

Ist der Wert nahe 0 oder gar gleich 0, so ergeben sich (annähernd bruchlos) durchgehende Linien, die das Einheitsquadrat senkrecht und waagrecht aufteilen. Das ist ein Hinweis darauf, dass die beiden Merkmale keinen Einfluss aufeinander haben. Beispielsweise kann folgende Überlegung angestellt werden: Ob Computer oder nicht – der Anteil der Computerbesitzer(innen) bzw. Nichtbesitzer(innen) ist unter Mädchen und Jungen gleich. Geometrisch bedeutet dies eine

---

[6] In Hartung (1987) werden beispielsweise elaboriertere Assoziationsmaße beschrieben, die häufig vom so genannten „odds ratio"-Quotienten ausgehen. Dieser besteht bezogen auf das Einheitsquadrat aus dem Quotienten von Flächeninhalten („Fläche oben links mal Fläche unten rechts durch Fläche unten links mal Fläche oben rechts).

durchgehende waagerechte Teilung (Computer – kein Computer) der Rechtecke, die durch die senkrechte Teilung (Jungen – Mädchen) des Einheitsquadrats entstehen.

Mit diesem geometrischen und numerischen Maß kann man nicht nur den Zusammenhang zweier nominalskalierter Merkmale quantifizieren, man erhält insbesondere den Begriff der (empirischen) Unabhängigkeit. In den konstruierten drei Fällen in Abbildung 3.8 sind im mittleren Fall die bedingten Häufigkeiten für Jungen und Mädchen, wie auch für die Gesamtstichprobe gleich. Also hätte das Merkmal Geschlecht keinen Einfluss auf das Merkmal Computerbesitz. Es gilt dann:

$$h_{72}(c|j) \;=\; h_{72}(c|m) \;\overset{!}{=}\; h_{72}(c) \qquad \text{und wegen}$$

$$h_{72}(c|j) \;=\; \frac{h_{72}(c \ \underline{\text{und}} \ j)}{h_{72}(j)} \qquad \text{auch}$$

$$h_{72}(c \ \underline{\text{und}} \ j) \;=\; h_{72}(c) \cdot h_{72}(j)$$

Diese Beziehungen können als Definiens der Definition der (empirischen) Unabhängigkeit zweier Merkmale verwendet werden. Es liegt damit das Pendant der stochastischen Unabhängigkeit zweier zufälliger Ereignisse vor (vgl. Kap. 6).

Nun ist es aber aufgrund der Variabilität statistischer Daten kaum zu erwarten, dass tatsächlich $h_{72}(c) = h_{72}(c|j) = h_{72}(c|m)$ gilt, selbst wenn das Merkmal Geschlecht keinen Einfluss auf das Merkmal Computerbesitz haben sollte. Aber, ab welchem Wert des Assoziationsmaßes, also welchem Wert der Differenz $h_{72}(c|j) - h_{72}(c|m)$, soll man von einem Einfluss des Merkmals Geschlecht auf das Merkmal Computerbesitz ausgehen? Das hängt von der Größe der Stichprobe ab. Wird im Extremfall nur ein Mädchen und ein Junge befragt, so kann die Differenz -1, 0 oder 1 sein. Egal, welche Differenz dabei tatsächlich herauskäme, sie würde nicht viel aussagen. Werden sehr viele befragt, so kann bereits ein Wert des Assoziationsmaßes nahe 0 einen Einfluss der beiden Merkmale aufeinander belegen. An dieser Stelle kommt man mit rein deskriptiven Mitteln nicht weiter, man braucht wahrscheinlichkeitstheoretische oder inferenzstatistische Methoden. Wir werden in Kapitel 6 einen informellen Zugang über Simulationen vorstellen, der ohne die weiterführenden Konzepte der Inferenzstatistik auskommt und sich für die Sekundarstufe I eignet.

3.2 Zusammenhang nominal und metrisch skalierter Merkmale, Clusterung

---

Aufgabe 11: „Damit sich auch bei den durch die Wiedervereinigung höheren Mitspielerzahlen öfter ein werbewirksamer Jackpot durch das Nichtbesetzen der höchsten Gewinnklasse ergibt, wurde am 7. Dezember 1991 die so genannte Superzahl eingeführt. Diese Zahl ist die letzte Ziffer der Losnummer des Tippscheins und wird in Deutschland am Schluss mit einer weiteren Ziehungsmaschine bestimmt.“

http://de.wikipedia.org/wiki/Lotto

Untersucht, ob die Werbewirksamkeit der Superzahl tatsächlich gegeben war, also ob tatsächlich höhere Einnahmen nach der Einführung der Superzahl zu verzeichnen waren.

Mögliche Erweiterungen und Präzisierungen der Aufgabenstellung

- Besorgt Euch alle für das Lotto-Spiel in Deutschland relevanten Daten auf den Seiten der Lottogesellschaft von Rheinland-Pfalz: http://www.lotto-rlp.de/

- Informiert Euch über die Geschichte des Lotto-Spiels auf den Seiten der Lottogesellschaft von Berlin: https://www.lotto-berlin.de/

- Verwendet (nach Absprache) die Zeit von ein oder zwei Jahren vor und nach der Regeländerung, stellt die Spieleinsätze jeweils in einem Boxplot dar und vergleicht diese.

- Reichen die Spieleinsätze aus, um auch zu behaupten, dass nach der Regeländerung mehr gespielt wurde als vorher?

Didaktisch-methodische Hinweise zur Aufgabe

Seit fast 50 Jahren bewegen sechs kleine Kugeln die deutschen Spielerherzen. Nach einem eher bescheidenen Anfang am 9. Oktober 1955, als rund eine Million Spieltipps einen Spieleinsatz von 500 000 D-Mark ergaben, ziehen mittlerweile Rekord-Jackpots von vielen Euro-Millionen ganz Deutschland in seinen Bann. Während die wahrscheinlichkeitstheoretische Seite des Spiels schon häufig für die Schule aufbereitet wurde, war dies mit den tatsächlichen Spielergewohnheiten deutlich seltener der Fall (vgl. Eichler, 2006). Diese Spielergewohnheiten sind aber für die Lottogesellschaften entscheidend, wenn sie mit einer Regeländerung eine Erhöhung der Lotto-Tipps oder zumindest der Einnahmen im Sinn haben.

Die dritte Teil-Aufgabe ist schon sehr eingeengt formuliert. Die Spielgewohnheiten der Lotto-Spieler kann man deutlich umfassender untersuchen (Eichler, 2006). Wir wollen hier jedoch nur einen Aspekt der Analyse des Zusammenhangs zweier Merkmale illustrieren, nämlich die Clusterung, wenn eines der Merkmale nominal-, das andere metrischskaliert ist. Auf diese Untersuchung werden wir uns im Folgenden beschränken.

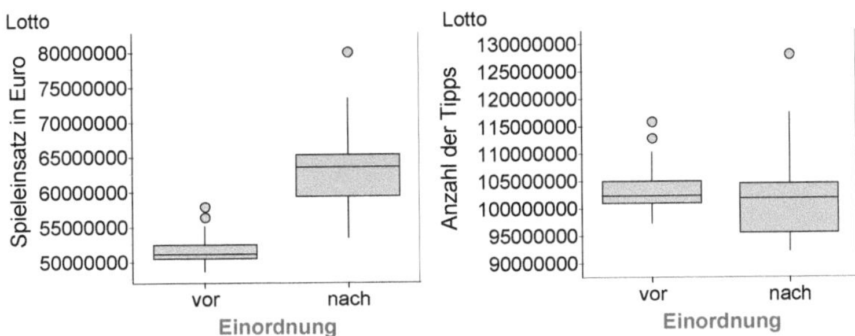

Abbildung 3.9: Spieleinsätze und Tipps ein Jahr vor und nach der Einführung der Superzahl

Analyse der Wirkung der Regeländerung:　　Hat man die Lotto-Daten zur Verfügung,[7] so ist von Schülerinnen und Schülern festzulegen, welcher Zeitraum vor und nach der Regeländerung untersucht werden soll. Einigt man sich beispielsweise auf ein Jahr, so erhält man hinsichtlich der Spieleinsätze – mit dem Faktor 0,5 umgerechnet auf die heutige Währung Euro – das in der Abbildung 3.9 links stehende Ergebnis. Interpretiert man dieses grafische Ergebnis der Clusterung, so ergibt sich: Offenbar hat die Lotto-Gesellschaft ihr Ziel, die Einnahmen zu erhöhen, deutlich erreicht. So entspricht das Minimum der Spieleinsätze nach der Regeländerung nahezu dem Maximum der Spieleinsätze vor der Regeländerung. Offenbar ist aber die Heterogenität der Spieleinsätze nach der Regeländerung deutlich höher als vorher: Dies wird sowohl in der Höhe der Box (Quartilsabstand) als auch in der Höhe des Boxplots insgesamt (Spannweite) sichtbar. Während zudem die Spieleinsätze vorher zumindest annähernd symmetrisch zu sein scheinen (für einen genaueren Eindruck wäre ein Säulendiagramm oder Histogramm geeignet), zeigt sich nach der Regeländerung eine andere Verteilungsform. So scheinen einige wenige Spieleinsätze sehr hoch zu sein, wie die langgestreckte Antenne des Boxplots über dem 3. Quartil impliziert.

Die letzte Frage in der Aufgabe zielt auf ein genaues Lesen der Regeländerung, die neben der Einführung der Superzahl, die zum Anwachsen des Jackpots führen sollte, auch eine Erhöhung des Spieleinsatzes pro Spiel von 1 DM auf 1,25 DM umfasste (umgerechnet von 50 Cent auf 62,5 Cent). Die Anzahl der Tipps erhält man also dadurch, dass der Spieleinsatz (pro Ziehung) durch den Preis des Spiels dividiert wird. Damit ergibt sich die Verteilung der Tipps vor und nach der Regeländerung (Abb. 3.9, rechts): Der Median wie auch das arithmetische Mittel haben vor *und* nach der Regeländerung in beiden Verteilungen nahezu den gleichen Wert ($\approx$ 100 Millionen Tipps). Das bedeutet, dass die Mittelwerte nicht geeignet sind, um den Unterschied beider Verteilungen deutlich zu machen. Dieser Unterschied wird in der größeren Streuung der Tipps nach der Regeländerung deutlich. Offenbar sind bei mehr als 25 % der Ziehungen nach der Regeländerung geringere Anzahlen von Tipps abgegeben worden, da das 1. Quartil der Tipps nach der Regeländerung kleiner ist als das Minimum der Tipps vor der Regeländerung (vermutlich eine Auswirkung der Preiserhöhung). Dagegen gibt es ebenso einige (wenige) Ziehungen, bei denen nach der Regeländerung mehr Tipps abgegeben wurden als im Jahr vor der Regeländerung (möglicherweise dann, wenn sich ein Jackpot zumindest anfänglich gefüllt hat).

---

[7]Unter `http://www.leitideedatenundzufall.de`, unserer Homepage zu diesem Buch, haben wir einen zum Erscheinungstermin dieses Buches aktuellen Datensatz im *Excel-* und *Fathom*-Format zum Download bereit gestellt.

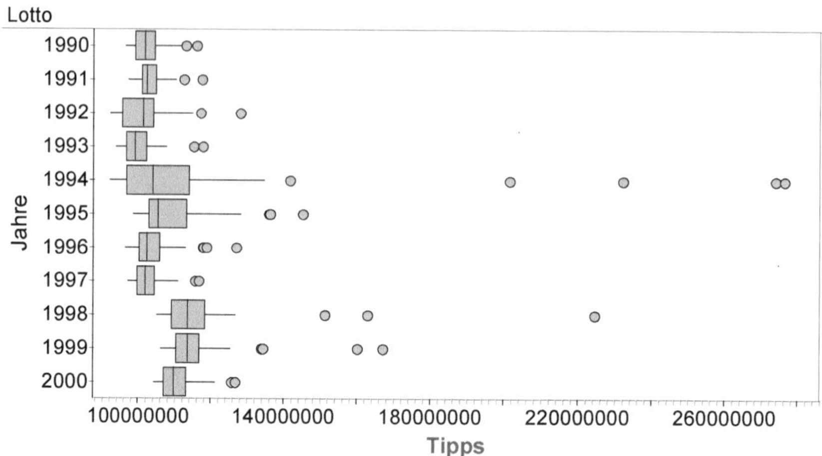

Abbildung 3.10: Ausschnitt aus der mit Boxplots visualisierten Zeitreihe der Lottoeinsätze in den Jahren 1990 bis 2000

Die hier exemplarisch verdeutlichten Strategien zum Verteilungsvergleich durch Clusterung sind allgemeingültig: So können stets über die Analyse der Mittelwerte, der Streuung und der Verteilungsform Unterschiede zweier Verteilungen beschrieben werden. Über diesen ersten, qualitativen Vergleich, der für die Lösung der Aufgabe ausreichend ist, ergeben sich unmittelbar weitergehende Fragestellungen, wie etwa:

- Bleibt die Erhöhung der Einnahmen durch die Regeländerung stabil? Das kann mit einer Zeitreihenanalyse untersucht werden: Man bildet Cluster mehrerer Jahre und vergleicht wiederum die entstehenden Verteilungen wie oben (vgl. z. B. Abb. 3.10).

- Hat ein schleichender Rückgang der Spieleinnahmen die Regeländerung der Lottogesellschaft provoziert? Das kann wie die vorherige Frage ebenfalls mit einer Zeitreihenanalyse untersucht werden.

- Gab es andere Regeländerungen, wie haben diese gewirkt? Die Analyse verläuft analog zur oben beschriebenen.

- Welche Auswirkungen haben wachsende Jackpots? Hier könnte man ab 1991 Cluster bilden, die Ziehungen mit einem Hauptgewinn (Sechser + Superzahl), Ziehungen nach einer Ziehung ohne Hauptgewinn, Ziehungen nach zwei Ziehungen ohne Hauptgewinn etc. umfassen, und anschließend die entstehenden Verteilungen wie gehabt vergleichen.

Kurz gesagt: Die nicht sehr aufwändige Clusterung eines Merkmals kann schnell wesentliche Aspekte des Zusammenhangs zweier Merkmale deutlich machen.

3.3 Lineare Regression und Korrelation

Aufgabe 12: Die Vierschanzentournee der Skispringer findet stets um den Jahreswechsel auf den Schanzen von Bischofshofen, Garmisch-Partenkirchen, Innsbruck und Oberstdorf statt. Bei jedem der vier Springen starten zunächst 50 qualifizierte Springer. Die besten 30 des ersten Sprungs messen sich dann noch einmal in einem zweiten Sprung. Bestimme den Zusammenhang zwischen den beiden Sprungweiten.

Mögliche Erweiterungen und Präzisierungen der Aufgabenstellung

Gegeben sind die Sprungweiten von 30 Springern des Wettkampfs der Vierschanzentournee 2008/09 in Innsbruck.

- Schaut Euch die Messwerte des Sprungwettbewerbs in Innsbruck an. Welche Auffälligkeiten entdeckt Ihr? Notiert Euch alles, auch wenn es Euch zunächst nicht wichtig erscheint.

- Teilt die Tabelle in drei gleichgroße Abschnitte (Spitze, Mittelfeld, hintere Ränge) ein und vergleicht die Gruppen miteinander: Welche Gemeinsamkeiten, welche Unterschiede lassen sich finden?

- Lässt sich etwas über den Zusammenhang zwischen erstem und zweitem Sprung feststellen? Zieht zur Betrachtung auch geeignete Lage- und Streuungsmaße heran.

- Stellt die Daten in einem Streudiagramm dar, bei dem die x-Achse durch den ersten Sprung und die y-Achse durch den zweiten Sprung festgelegt ist. Überprüft Eure Überlegungen zu den vorausgehenden Fragen an dem Streudiagramm. Welche Überlegungen bestätigen sich, was erscheint anders?

- Mit der Modellgleichung *Weite* 2 = *Weite* 1 + Mittelwertunterschied$_{Weite\ 2-Weite\ 1}$ könnte man versuchen, nachträglich die zweite Sprungweite aus der ersten vorherzusagen. Erklärt die Modellgleichung, diskutiert Vor- und Nachteile und bewertet dieses Modell. Wie lässt sich der Mittelwertunterschied erklären?

- Tragt dieses Modell als Funktion in das Streudiagramm ein. Was fällt auf? Was bedeuten die Abweichungen im Sprungwettbewerb gedacht?
- Versucht zunächst von Hand mit einem Bleistift oder einem Strohhalm, anschließend mit Computerunterstützung, eine Gerade zu finden, die „besser" durch die Datenwolke passt. Worin unterscheiden sich die Geraden? Wie lässt sich die „bessere" Geradensteigung mit Bezug auf die Achsen und die Mittelwerte anschaulich begründen?

Platz	Name	Weite 1	Weite 2	Platz	Name	Weite 1	Weite 2
1	Schmitt	128,5	125,5	16	Evensen	119	119
2	Loitzl	126,5	128,5	17	Watase	118	122
3	Schlierenzauer	126	127,5	18	Eggenhofer	117,5	118
4	Amman	125,5	123,5	19	Larinto	117	120,5
5	Morgenstern	124,5	125	20	Uhrmann	116,5	125,5
6	Kasai	124	126	21	Hilde	116,5	122,5
7	Neumayer	124	126	22	Ito	116,5	121,5
8	Hautamaeki	123,5	128	23	Schoft	116,5	122
9	Rosliakow	123,5	121,5	24	Stoch	116	119,5
10	Olli	122	125	25	Hocke	115,5	124
11	Koch	122	122,5	26	Koudelka	115,5	123,5
12	Vassilev	121,5	129	27	Lackner	115,5	121,5
13	Jacobsen	121,5	126,5	28	Yumoto	115	123
14	Malysz	120,5	121,5	29	Kofler	114,5	119,5
15	Kuettel	119,5	124,5	30	Tochimoto	112,5	122

Tabelle 3.2: Springen in Innsbruck (geordnet nach Weite 1)

Didaktisch-methodische Hinweise zur Aufgabe

Außer den Lage- und Streuungsparametern, die einzelne Merkmale charakterisieren, interessieren bei der Betrachtung zweier Merkmale auch Maßzahlen, die die zwischen den Merkmalen vorhandenen Wechselwirkungen oder Zusammenhänge ausdrücken. So stellt sich in diesem Beispiel fast zwangsläufig die Frage, welcher Zusammenhang zwischen der ersten und zweiten Sprungweite bei einem Skisprungwettbewerb besteht. Solche Fragen führen auf das Problem einer eindeutigen, nachvollziehbaren Quantifizierung, die in der Regel durch Messen beantwortet wird. Im Unterschied zur Messung einer Merkmalsausprägung, bei der die Messergebnisse unmittelbar zu vergleichen sind (sie streuen in der gleichen Ausprägungsrichtung), ist der Sachverhalt bei den in zwei Richtungen streuenden Merkmalsausprägungen bivariater Daten etwas schwieriger. Elementare Ansätze, den Zusammenhang zu messen und zu beurteilen, werden im Folgenden diskutiert.

Lineare Regression als natürliches Phänomen: Man stelle sich vor, dass der erste Durchgang durchgeführt wurde und nun der zweite Durchgang ansteht. Vor dessen Durchführung machen sich Reporter Gedanken darüber, wie der zweite Durchgang aussehen könnte. Es ist klar, dass aus den Sprungweiten des ersten Durchgangs heraus der zweite Durchgang nicht exakt vorherzusagen ist – dann wäre die Durchführung ja auch überflüssig. Es ist aber auch nicht so, dass der erste Durchgang überhaupt keine Anhaltspunkte für den zweiten Durchgang liefern könnte. So kann man intuitiv jemand von der vorderen Plätzen des ersten Durchgangs auch beim zweiten Durchgang wieder vorne erwarten, es sei denn, ungewöhnliche Ereignisse führen zu einem nicht erwarteten Ergebnis. Analoges kann man für die schlechteren Springer des ersten Durchgangs vermuten. Intuitiv werden also aus dem ersten Durchgang die systematischen Fähigkeiten eines Springers zur Prognose verwendet und dabei aber auch noch Platz gelassen für unkalkulierbare glückliche bzw. unglückliche Umstände. Dieser Sachverhalt lässt sich in folgender Strukturgleichung ausdrücken (vgl. Kap. 2.4 und Kap. 4.1):

Daten = Trend + Zufall

Hier im Kontext erhielte man dann für eine vorsichtige Abschätzung:

Weite 2 = Größenordnung Weite 1 + zufällige Einflüsse

Die Aufgabe für Schülerinnen und Schüler ist es, damit den *Trend* zu quantifizieren und eine Begründung zu finden, warum die Reste tatsächlich „lediglich" als zufällige Einflüsse aufgefasst werden. Im Folgenden werden dazu verschiedene Möglichkeiten vorgestellt.

Ein qualitativer Ansatz über die Clusterung: Die grafische Darstellung der Clusterung, bei der das Merkmal „Weite 1" in drei gleichgroße Gruppen aufgeteilt wird und das Merkmal „Weite 2" für die drei entstehenden Cluster als Punktdiagramm (Abb. 3.11, links) visualisiert ist,[8] verdeutlicht die Vorabeinschätzung noch nicht allzu gut: Das „je weiter der erste Sprung, desto weiter auch der zweite Sprung" ist durch die Überschneidungen zwischen den Clustern nur vage zu erkennen.

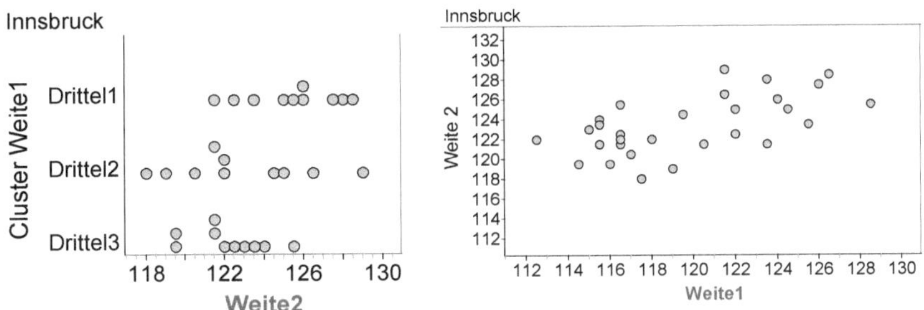

Abbildung 3.11: Skispringen in Innsbruck 2009, geclustertes Punktdiagramm und Streudiagramm

Geraden als Modell einer Punktwolke: Bei der grafischen Darstellung für zwei metrisch skalierte Merkmale ist die Abbildung in einem (zweidimensionalen) Koordinatensystem geeignet: Zusammenhänge zwischen den beiden abgebildeten Merkmalen lassen sich aus einem vermeintlichen Trend in der Punktwolke herauslesen. Dazu werden auf einer Achse die Ausprägungen eines Merkmals abgetragen, auf der anderen Achse werden die Ausprägungen des zweiten Merkmals abgetragen. Welches Merkmal auf die Abszisse und welches auf die Ordinate abzutragen

---

[8]Hier ist ein Punktdiagramm aufgrund der wenigen Daten in jedem Cluster eine sinnvolle Darstellung.

ist, dafür sprechen zuweilen Gründe aus dem Datenkontext. Möglicherweise gibt es eine Chronologie in der Erhebung (erster Sprung, Abszisse; zweiter Sprung, Ordinate) oder einen vermuteten kausalen Zusammenhang (wenn der erste Sprung – Abszisse – weit ist, dann auch der zweite – Ordinate). Wichtig ist allerdings, dass ein kausaler Zusammenhang allein in der Interpretation der Daten liegt, nicht aber im mathematischen Ergebnis!

Durch die Verwendung eines Koordinatensystems entstehen Datenpunkte, die in einem von den beiden Koordinatenachsen aufgespannten Feld zweidimensional streuen und durch ihre Lage die Ausprägungen beider interessierenden Merkmale angeben. Die Gesamtheit aller Datenpunkte bildet so eine Punktwolke, die in einem sogenannten *Streudiagramm* (engl. *Scatterplot*) die interessierenden Informationen grafisch abbildet (Abb. 3.11, rechts).

Wie bei der Analyse univariater Daten ist es auch ein Ziel der Analyse bivariater Daten, die in diesen steckende Information auf charakteristische Werte zu reduzieren. Der Entsprechung der Reduktion univariater Datensätze auf einen mittleren Wert (etwa Median oder arithmetisches Mittel) entspricht bei bivariaten Daten eine Mittelwertkurve – eine Funktion, die für jede potenzielle Merkmalsausprägung des einen Merkmals den modellhaft angenommenen mittleren Wert für die Merkmalsausprägung des zweiten Merkmals vorgibt. Welcher Art die Funktion ist, ist eine Modellüberlegung, die im Sachkontext plausibel erscheint, möglichst gut zu den vorhandenen Daten passt und aus pragmatischen Gründen handhabbar sein sollte. Ein Modell, das in diesem Beispiel alle drei Kriterien erfüllt, ist eine Gerade (vgl. z. B. Abb. 3.12). Nur welche Gerade soll es ein? Zu dieser Frage werden wir vier mögliche Antworten, drei elementare und eine komplexe, aber sehr häufig verwendete geben.

Geradenanpassung aufgrund einer Plausibilitätsüberlegung: Eine plausible Überlegung im Sinne der oben gegebenen Modellgleichung für eine Prognose des 2. Sprungs könnte folgende sein: Da im zweiten Durchgang im Durchschnitt $3,7\ m$ weiter gesprungen wurde ($\bar{x}_2 = 123,5\ m$ zu $\bar{x}_1 = 119,8\ m$), könnte dieser Mittelwert dazu verwendet werden, die Weite des 2. Sprungs für jeden Springer vorherzusagen (Abb. 3.12):

$$Weite\ 2 = Weite\ 1 + 3,7$$

Die Abbildung 3.12 zeigt deutlich, dass diese Schätzung nicht sehr gut ist. Während im oberen Drittel (zur Weite 1) nahezu alle Datenpunkte unterhalb der eingepassten Geraden liegen, ist es im unteren Drittel gerade umgekehrt: Hier liegen die Datenpunkte fast ausschließlich oberhalb der eingepassten Geraden. Nur im mittleren Drittel verteilen sich die Datenpunkte in etwa gleich ober- und unterhalb der eingepassten Geraden. Dieses *Muster* zeigt sich auch in der Abbildung der *Residuen* ($r_i = y_i - y_{i;Modell}$) zu dem ersten Modell einer Geraden (Abb. 3.12). Hier zeigt sich deutlich das Phänomen, das Sir Francis Galton in einem anderen Kontext als „Regression zur Mitte hin" bezeichnete: Ein leistungsstarker Skispringer, der im ersten Durchgang zu seinem überdurchschnittlichen Leistungsvermögen noch dazu das nötige „Quäntchen Glück" hatte und dadurch bedingt einen außerordentlich weiten Sprung erzielte, wird im zweiten Durchgang wiederum über dem Durchschnitt landen, nur nicht mehr ganz so weit, weil dieses Mal diese zusätzliche Portion Glück nicht wieder so extrem zu Buche schlägt. Auf der anderen Seite wird ein eher unterdurchschnittlicher Springer, der noch dazu im ersten Durchgang das „Pech am Sprungstiefel kleben hatte" und dadurch bedingt noch weiter hinten als sonst landete, im zweiten Durchgang erfahrungsgemäß nicht nochmals dieses Pech haben: Er landet wiederum unter dem

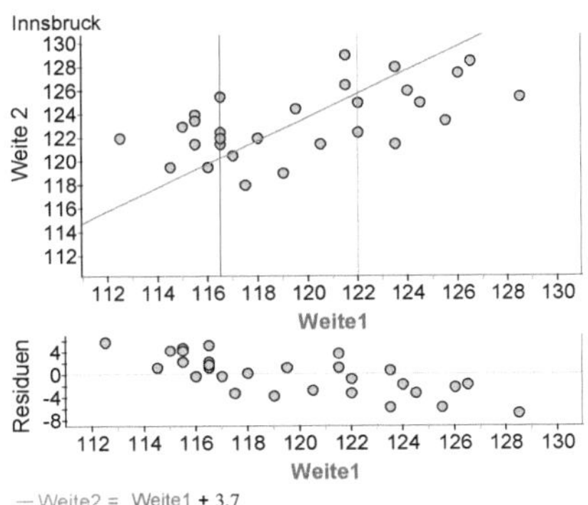

Abbildung 3.12: Skispringen in Innsbruck 2009, dreiteilige Betrachtung, Geraden-Modell und Residuen

Durchschnitt, nur eben nicht ganz so weit davon entfernt wie beim ersten Mal. Das Phänomen der Regression zur Mitte ist allerdings in diesem ersten Modell nicht beachtet worden, wie anhand einer Umformung der Modellgleichung (Geradengleichung) offenbar wird:

$$\textit{Weite 2} = \textit{Weite 1} + 3,7$$
$$= \textit{Weite 1} + \left(\bar{x}_{Weite\ 2} - \bar{x}_{Weite\ 1}\right)$$

Daraus ergibt sich unmittelbar:

$$\textit{Mittelwertabstand } a_2 := \textit{Weite 2} - \bar{x}_{Weite\ 2}$$
$$= \textit{Weite 1} - \bar{x}_{Weite\ 1}$$
$$=: \textit{Mittelwertabstand } a_1$$

Das Problem ist also, dass eine im wörtlichen Sinn „über-durchschnittliche" Spitzenleistung a_1, die nur durch das Zusammenspiel besonders glücklicher Umstände im ersten Durchgang erreicht wurde, für den zweiten Durchgang mit a_2 wieder erwartet wird, weil der „über-durchschnittliche" Abstand im ersten Durchgang a_1 nur auf das reproduzierbare Können des Skispringers zurückgeführt wird.

	Name	Weite1	Weite2	Abstand1	Abstand2
1	Schmitt	128,5	125,5	8,7	2
2	Loitzl	126,5	128,5	6,7	5
3	Schlieren...	126,0	127,5	6,2	4
4	Amman	125,5	123,5	5,7	0
5	Morgenst...	124,5	125,0	4,7	1,5

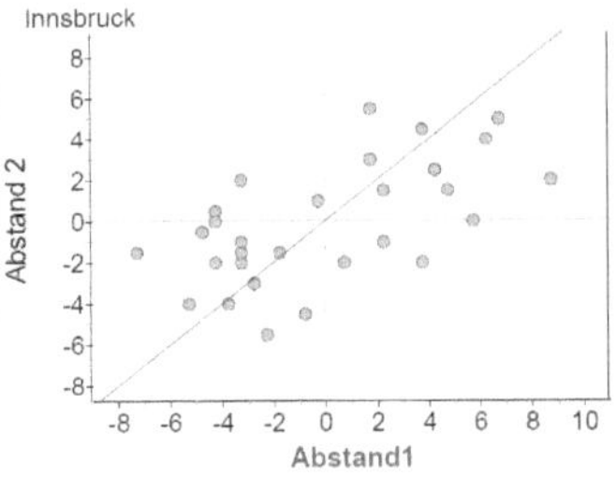

Abbildung 3.13: Abstände zum Durchschnitt

Trägt man nur die Abstände zu den jeweiligen Mittelwerten in ein Streudiagramm ein, dann erhält man das in Abbildung 3.13 gezeigte Streudiagramm. Die Punktwolke stellt sich unverändert dar, nur der Koordinatenursprung steht nun für die Mittelwerte der beiden Sprünge und ist daher in das Zentrum der Punktwolke verschoben. Die Schätzgerade $y_{Abstand2} = x_{Abstand1}$ ist hier einfacher als in der absoluten Betrachtung der Sprungweiten eine Nullgerade mit der Steigung 1.

Betrachtet man zusätzlich die Abstände in der Tabelle, dann wird hier der Regressionseffekt deutlicher sichtbar als in der Originaldatentabelle. Im abgebildeten oberen Tabellenbereich sind die Abstände des ersten Sprungs größer als im zweiten Durchgang. Im Trend entsprechend umgekehrt verhält es sich am Tabellenende.

Einpassung einer Geraden nach Augenmaß: Im Vorgehen noch einfacher als das vorangehende Modell, dagegen aber zunächst scheinbar willkürlich, ist folgendes Vorgehen:

1. Man lege per Augenmaß eine Gerade in die Punktwolke (zeichne diese ein oder lege einen Strohhalm über die Punktwolke);

2. Man bestimme die Gleichung der Geraden;

3. Man verändere die Gerade, falls der Residuenplot ein Muster aufweist.

Das Darstellen der Residuen ist dabei ein Verfahren, für das die Verwendung des Rechners sinnvoll bzw. praktisch notwendig ist. Von Hand wäre die Abarbeitung der notwendigen Subtraktionen natürlich ebenfalls möglich, jedoch sehr mühsam und wenig anspruchsvoll. Die Residuenbetrachtung in ihrer Form und möglichst auch ihrer Summe ist nicht zuletzt aus dem Grund wichtig, da sich sonst die Einpassung der Gerade an Äußerlichkeiten orientieren könnte. So werden beim Einpassen der Geraden nach Augenmaß übereinanderliegende Punkte nicht beachtet, was zu Verzerrungen führen kann. Die Abbildung 3.14 enthält eine Gerade, die nach Augenmaß in die Punktwolke eingepasst wurde.

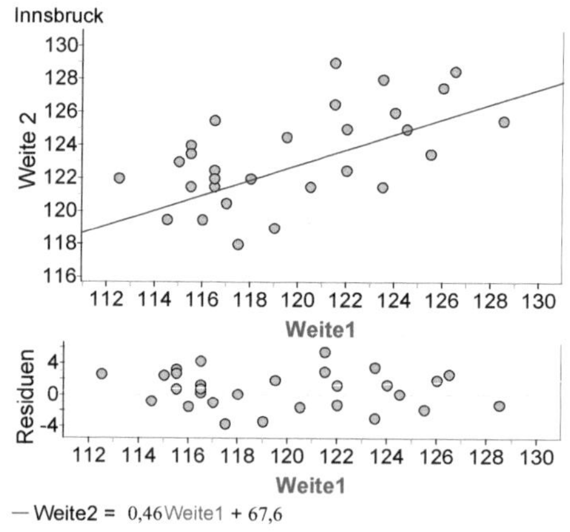

Abbildung 3.14: Nach Augenmaß eingepasste, im Medianpunkt verankerte Gerade mit Residuendiagramm

Um die Willkür beim Einpassen der Gerade in die Punktwolke abzuschwächen, kann man sich auf die Verankerung der Geraden in dem Punkt einigen, dessen Koordinaten aus den Medianen beider Merkmale gebildet werden. Es ist plausibel, diesen Punkt auf einer gut gewählten Gerade zu vermuten, da er bezüglich beider Verteilungen das Zentrum (bezogen auf den Median) repräsentiert. Solch eine Gerade ist in Abb. 3.14 zusammen mit den Residuen dargestellt, die kein Muster mehr aufweisen (diese streuen scheinbar willkürlich oder zufällig). Wichtig ist die Interpretation der Geradengleichung:

$$Weite\ 2 = \frac{7}{15} \cdot Weite\ 1 + 67,6 \qquad (y = \frac{7}{15} \cdot x + 67,6)$$

Entgegen dem ersten Modell wird also der ersten Sprungweite ein wesentlich geringeres Gewicht zugebilligt. Sie geht in diesem Modell nur noch mit dem Faktor von etwa 0,5 in die zweite Sprungweite ein ($\frac{7}{15} = 0,4\overline{6}$), während bei allen Springern die nicht weiter interpretierbare Konstante von 67,6 (m) addiert wird.

Einpassung der Median-Median-Gerade: Eine weitere Möglichkeit, die Daten durch eine Gerade zu modellieren, ist die Einpassung der so genannten *Median-Median-Gerade*.[9] Anders als bei dem Einpassen nach Augenmaß ist sie nicht mehr willkürlich, dennoch aber mit den Mitteln der Sekundarstufe I machbar. Die Konstruktion basiert auf folgenden Schritten:

1. Man clustere das erste Merkmal (Weite 1) in drei gleich große Teile.

2. Man berechne von allen Clustern den jeweiligen Medianpunkt. Dessen Koordinaten bestehen aus den jeweiligen „Cluster-Medianpunkten" der beiden Merkmale Weite 1 und Weite 2. Dabei ergibt sich:

   Cluster 1 (im ersten Sprung schwache Springer): Medianpunkt $M_1(115,5|122)$;
   Cluster 2 (im ersten Sprung mittlere Springer): Medianpunkt $M_2(119,25|122,25)$;
   Cluster 3 (im ersten Sprung starke Springer): Medianpunkt $M_3(124,25|125,75)$.

3. Man bestimme die Steigung a der Geraden durch die beiden äußeren Medianpunkte.
   Aus M_1 und M_3 ergibt sich: $a = \frac{125,75-122}{124,25-115,5} = \frac{3}{7} \approx 0,429$.

4. Man bestimme die Schnittpunkte der drei Geraden mit der Steigung a durch die drei Medianpunkte mit der senkrechten Achse (y-Achse bzw. Weite 2-Achse).

   Mit a gewinnt man die beiden gesuchten Schnittpunkte mit Rundungen $S_1(0|72,50)$, $S_2(0|71,14)$ und $S_3 = S_1$.

5. Man bestimme das arithmetisches Mittel der Koordinaten der drei Schnittpunkte. Sind diese drei Schnittpunkte $S_1(0|b_1), S_2(0|b_2)$ und $S_3(0|b_3)$ (dieser Punkt entspricht stets S_1), so ist $S(0|\frac{2 \cdot b_1 + b_2}{3})$ dieses arithmetische Mittel.

   Für den Schnittpunkt gilt $S(0|\frac{2 \cdot 75,5 + 71,14}{3})$, also ungefähr $S(0|72,05)$.

6. Man wähle S als Schnittpunkt der Median-Median-Geraden mit der senkrechten Achse und erhält dadurch die Gleichung dieser Geraden mit $Weite\ 2 = a \cdot Weite\ 1 + \frac{2 \cdot b_1 + b_2}{3}$.

   Es ergibt sich als Median-Median-Gerade $Weite\ 2 = 0,429 \cdot Weite\ 1 + 72,05$.

Die Median-Median-Gerade lässt sich in gleicher Weise wie die per Augenmaß bestimmte Gerade interpretieren.

---

[9]Ein anderer Name dieser Geraden ist 3-Schnitt-Median-Gerade (Polasek, 1994).

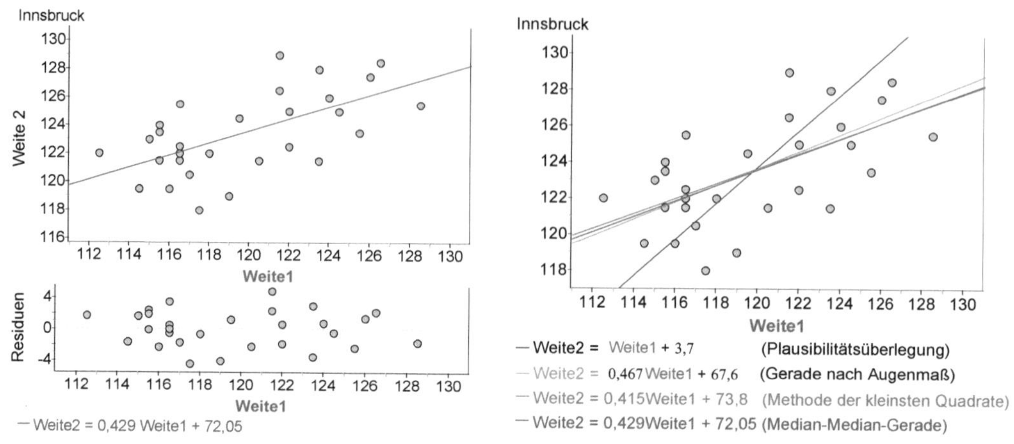

Abbildung 3.15: Median-Median-Gerade (links) und Vergleich der Geraden (rechts)

Regressionsgerade mit der Methode der kleinsten Quadrate: Die so genannte *Regressionsgerade* geht auf Carl Friedrich Gauß zurück und ist diejenige Gerade mit der minimalen Summe der quadratischen Residuen. Sie ist damit ein Pendant zum arithmetischen Mittel: Das arithmetische Mittel ist ein eindimensionales Muster und entspricht dem Wert in einer eindimensionalen Häufigkeitsverteilung, der die quadratischen Residuen minimiert. Die Regressionsgerade, die durch die Methode der kleinsten Quadrate bestimmt wird, ist das zweidimensionale Muster in einer zweidimensionalen Häufigkeitsverteilung, das ebenfalls die Summe der quadratischen Residuen minimiert.

Obwohl diese Regressionsgerade standardmäßig in der Statistik verwendet wird und in der gängigen Statistiksoftware ebenfalls standardmäßig implementiert ist, ist sie aus unserer Sicht nicht für die Sekundarstufe I geeignet: Es kann weder die Minimalitätseigenschaft dieser Gerade durchschaut, noch die Betrachtung quadratischer Residuen motiviert werden.

Welches ist die beste dieser Geraden? Falls in der Sekundarstufe I die Frage der besten Gerade überhaupt thematisiert werden soll, favorisieren wir die Gerade mit der minimalen Summe der *absoluten* Abstände als „beste" Möglichkeit. Das ist allein in Annäherung und mit Hilfe des Rechners möglich, wenn man die Parameter der Geraden variabel hält und sich für die verschiedenen Parameter-Werte die Summe der (absoluten) Residuen berechnen lässt. Es ist aber tatsächlich die Frage, ob dies in der Sekundarstufe I weiterführt: Die vorgestellten Methoden kommen

Typ der Einpassung	Geradengleichung	Summe der absoluten Abstände	Summe der quadratischen Abstände
Plausibilitätsüberlegung	$Weite\,2 = Weite\,1 + 3,7$	83,5	333,2
Gerade nach Augenmaß	$Weite\,2 = 7/15 \cdot Weite\,1 + 67,6$	56,2	154,0
Median-Median-Gerade	$Weite\,2 = 0,429 \cdot Weite\,1 + 72$	56,4	152,8
Methode der kleinsten Quadrate	$Weite\,2 = 0,415 \cdot Weite\,1 + 73,8$	56,4	152,6

Tabelle 3.3: Vergleich von verschiedenen Geraden-Einpassungen

offenbar nahe an eine mühsam zu bestimmende „beste" Gerade heran. In Abbildung 3.15 ist ein Ausschnitt der Punktwolke mit den vier hier vorgestellten Geraden dargestellt. In der darunterstehenden Tabelle sind die Geradengleichung sowie die Summe der absoluten und quadratischen Residuen angegeben. Allein das (ungeeignete) erste, mit Plausibilitätsüberlegungen konstruierte Modell zeigt nennenswerte Unterschiede zu den anderen Modellen.

Propädeutische Vorbetrachtungen zur Korrelation als Zusammenhangsmaß

> **Zusatzaufgabe 1**: Bei den Skisprungwettbewerben sind der erste und der zweite Durchgang immer unterschiedlich, aber auch nicht völlig unabhängig voneinander. Dabei spielen die unterschiedlichsten Faktoren eine Rolle, wie z. B. Leistungskonstanz der Springer und Wettereinflüsse. Vergleiche die Sprungwettbewerbe in Innsbruck und in Oberstdorf: In welchem der beiden Wettbewerbe wurde mit einer größeren Beständigkeit gesprungen? Das heißt, in welchem der beiden Wettbewerbe gleichen sich erster und zweiter Durchgang mehr?

Mögliche Erweiterungen und Präzisierungen der Aufgabenstellung

- Sucht jeweils die Springer heraus, die

    - in beiden Sprüngen *besser* (oder gleich) als der Durchschnitt waren,

    - in beiden Sprüngen *schlechter* als der Durchschnitt waren,

    - im ersten Sprung *besser* (oder gleich), aber im zweiten Sprung *schlechter* als der Durchschnitt waren und die

    - im ersten Sprung *schlechter*, aber im zweiten Sprung *besser* (oder gleich) als der Durchschnitt waren.

    Kennzeichnet die vier Gruppen von Springern unterschiedlich.

- Verfahrt genauso wie in der vorangegangenen Aufgabe, nur verwendet statt des Durchschnitts (arithmetisches Mittel) den mittleren Springer (Median) für die Unterscheidung der vier Gruppen.

- Verändert die Punktwolke so, dass Ihr die vier Gruppen besser seht. Dazu gibt es zwei Möglichkeiten:

    - Ihr könnt entweder statt der Sprungweiten nur die Abstände der Sprungweiten zum arithmetischen Mittel (zum Median) aller Sprungweiten in eine Punktwolke eintragen, oder

    - Ihr könnt eine Parallele zur senkrechten Achse durch das arithmetische Mittel (durch den Median) der ersten Sprungweite und eine Parallele zur waagerechten Achse durch das arithmetische Mittel (durch den Median) der zweiten Sprungweite zeichnen.

- Vergleicht die beiden Datensätze des Springens aus Innsbruck und des Springens aus Oberstdorf. Was fällt Euch zu den jeweils vier Gruppen von Springern auf, die Ihr in den vorstehenden Aufgaben gebildet habt?

- Überlegt, welche der vier Gruppen von Springern groß oder klein sein muss, wenn folgende Aussage gut zur Punktwolke passen soll: „Je besser der erste Sprung, desto besser der zweite Sprung."

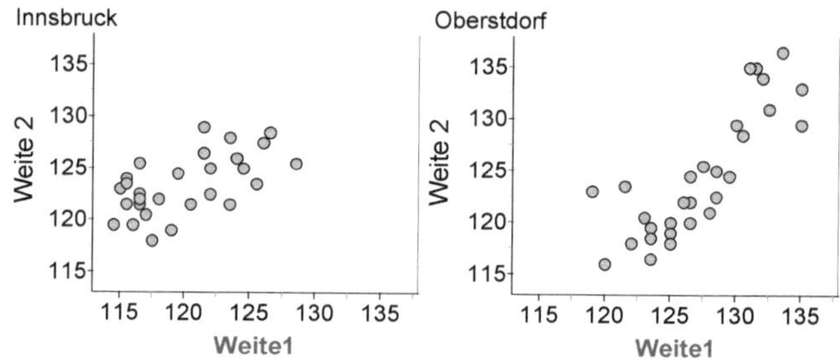

Abbildung 3.16: Vergleich der Sprungwettbewerbe in Innsbruck und Oberstdorf

Didaktisch-methodische Hinweise zur Aufgabe

Die Behandlung der Korrelation ist sicher ein inhaltlicher Zusatz zum Curriculum der Sekundarstufe I. Die Frage der Güte des linearen Zusammenhangs zweier Merkmale besitzt allerdings enorme Bedeutung in den die Statistik anwendenden Wissenschaften. Zudem gewinnt man über die Betrachtung der Korrelation ein Kriterium dafür, dass es inhaltlich auch sinnvoll ist, eine Gerade in eine Punktwolke einzupassen. Wie in den vorangegangenen Abschnitten verwenden wir dabei elementare Methoden, die in der Sekundarstufe I behandelt werden können. Nur zum Abschluss geben wir einen kurzen Hinweis zum Standardverfahren in der Statistik, um die Brücke zu weiterführenden Überlegungen zu schlagen. Dabei verwenden wir durchgehend die folgende Idee der Vierteilung eines bivariaten Datensatzes.

Einteilung der Punktwolke in vier Quadranten: Legt man allein den in beiden Punktwolken (bei gleicher Achsenskalierung) sichtbaren Unterschied zugrunde, so könnte man qualitativ behaupten, dass die Daten des Springens in Oberstdorf (abgesehen von zweien) besser zu einer Geraden passen als diejenigen des Springens in Innsbruck. Richtig fassbar wird der Unterschied allerdings nicht. Einen besseren Eindruck erhält man durch die folgende systematische Analyse. Diese Analyse bezieht sich auf die sequenzielle Lösung der ersten beiden Teilaufgaben (siehe oben). Deren Ergebnisse werden hier exemplarisch wiedergegeben.

Teilt man die Springer in die vier Gruppen hinsichtlich des arithmetischen Mittels ein, so entstehen Darstellungen der Punktwolke wie in Abb. 3.17.

Zeichnet man Parallelen zu den Achsen durch die entsprechenden Mittelwerte der beiden Merkmale, so entsteht ein Kreuz aus sich im rechten Winkel schneidenden Geraden, das wir *Mittelkreuz* nennen. Verwendet man den Median, so hat dieses Mittelkreuz den speziellen Namen *Mediankreuz* (Abb. 3.18, links, nur Mediankreuz). Betrachtet man allein die Abstände der

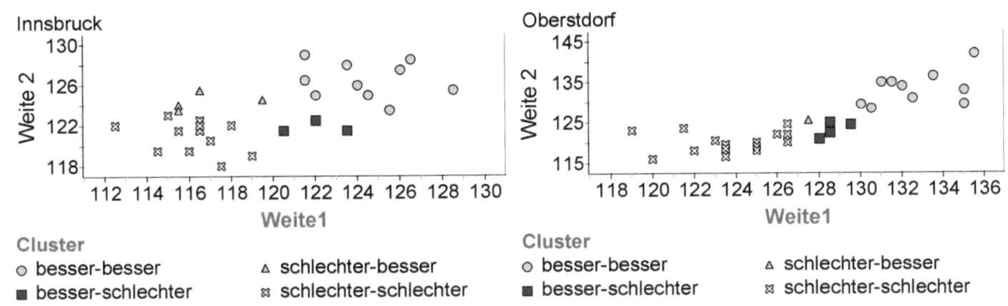

Abbildung 3.17: Vergleich der Sprungwettbewerbe in Innsbruck und Oberstdorf, vier Gruppen

Sprünge vom arithmetischen Mittel bzw. vom Median, so sind die vorher betrachteten Kreuze die Koordinatenachsen der Punktwolken zu den Abständen (Abb. 3.18, rechts, Abstände zum Median). Beides ist in der Abbildung nur für das Springen in Innsbruck dargestellt.

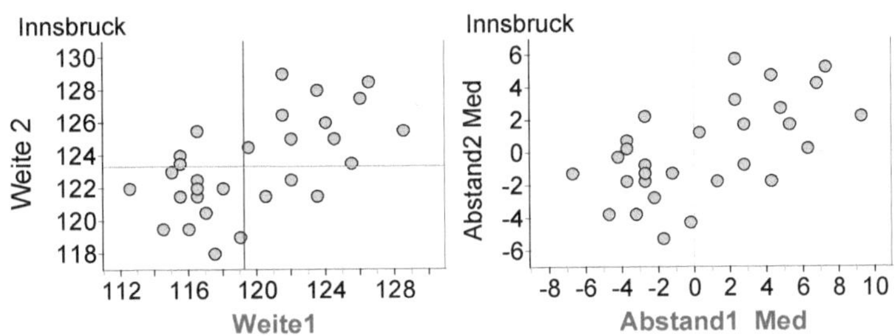

Abbildung 3.18: Mediankreuz und Abstände zum Median, Springen in Innsbruck

Entscheidend ist nun, die Eigenschaften der Punktwolke im Sinne eines linearen Zusammenhangs zu deuten. Ist solch ein linearer Zusammenhang gegeben, so sollte eine Gerade ein gutes Muster oder Modell für die Repräsentation der Punktwolke sein. Um eine Vorstellung davon zu haben, was mit „gut" gemeint ist, betrachten wir die Sache zunächst einmal vom Ende her: Wie sehen Punktwolken aus, die durch das Mittelkreuz in vier Gruppen eingeteilt sind und diese Eigenschaften besitzen? Die Abbildung 3.19 zeigt drei konstruierte Punktwolken mitsamt der Mittelkreuze (zum arithmetischen Mittel). In allen drei Datensätzen entspricht die erste Sprungweite den real in Innsbruck erzielten. Die Datensätze unterscheiden sich dadurch, dass

- die zweite Sprungweite im ersten Datensatz (Abb. 3.19, links) bei allen gleich der ersten Sprungweite ist. Das bedeutet, die Springer, die im ersten Durchgang über- oder unterdurchschnittlich waren, sind dies auch im zweiten Durchgang.

- die zweite Sprungweite im zweiten Datensatz (Abb. 3.19, Mitte) ist bei allen Springern quasi umgedreht ist. Es wird dabei konstruiert, dass alle Springer eine konstante Gesamtsprungweite von 240 m haben und demnach die Weite des zweiten Sprunges durch die Gleichung $Weite\ 2 = 240 - Weite\ 1$ bestimmt ist.

- die zweite Sprungweite im ersten Datensatz (Abb. 3.19, rechts) dadurch zustande kommt, dass per Randomisierung allen Springern zufällig je zwei der realen Sprungweiten zugeordnet wurden.

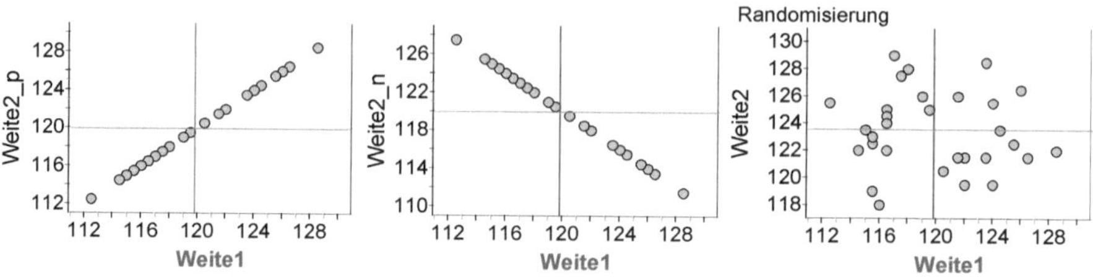

Abbildung 3.19: Konstruierte zweite Sprungweiten: Punktwolke und Mittelkreuz zum arithmetischen Mittel

Im ersten Fall wäre offenbar eine Gerade mit positiver Steigung, im zweiten Fall eine Gerade mit negativer Steigung, im dritten Fall keine Gerade ein passendes Modell für die Punktwolke. Betrachtet man nun die Zugehörigkeit der Punkte zu den durch das Kreuz gebildeten Quadranten, so liegen diese,

- im Fall der Geraden mit positiver Steigung vollständig in den Quadranten I und III,

- im Fall der Geraden mit negativer Steigung vollständig in den Quadranten II und IV und

- im Fall, dass offenbar keine Gerade als Modell der Punktwolke passender ist als andere, schließlich etwa zur Hälfte in den Quadranten I und III sowie in den Quadranten II und IV.

Unabhängig davon, ob man die Abstände zu einem Mittelwert betrachtet oder durch eines der Kreuze aufgeteilte Daten der Punktwolke betrachtet, kann man festhalten:

> Die Punkte in den Quadranten I und III (oben rechts und unten links) leisten einen positiven Beitrag zu einer positiven linearen Zusammenhang der beiden Merkmale (Sprungweiten), Punkte in den Quadranten II und IV einen negativen Beitrag.[10] Sind die Punkte in allen Quadranten gleichermaßen verteilt, dann ist nicht zu entscheiden, ob ein positiver oder ein negativer linearer Zusammenhang zwischen den beiden Merkmalen besteht.

Dieses Prinzip wird durch den Korrelationskoeffizienten r gemessen. Für den Korrelationskoeffizienten gilt: $-1 \leq r \leq 1$.

- Gilt $r = +1$, so besteht ein perfekter positiver linearer Zusammenhang zwischen den beiden Merkmalen (Fall 1),

- gilt $r = -1$, so besteht ein perfekter negativer linearer Zusammenhang zwischen den beiden Merkmalen (Fall 2),

- gilt $r = 0$, so besteht kein linearer Zusammenhang zwischen den beiden Merkmalen (Fall 3).

---

[10]Oder umgekehrt formuliert: einen positiven Beitrag zu einem negativem linearen Zusammenhang.

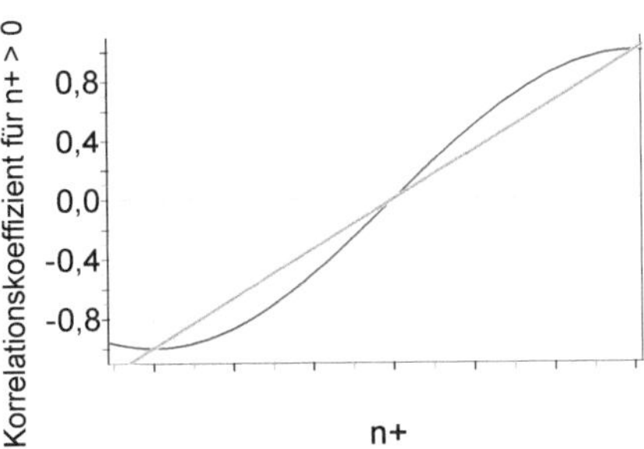

Abbildung 3.20: Konstruktion des *gezählten* und des resistenten Korrelationskoeffizienten

Dies kann man nicht entdecken, dagegen aber nutzen, um einen Algorithmus für die Berechnung des Korrelationskoeffizienten zu konstruieren. Elementar wäre es, die Punkte in den Quadranten schlicht auszuzählen und auszuwerten (die Auszählung muss sich dabei an den *Daten*, nicht an den sichtbaren Punkten, orientieren, da mehrere Punkte mit gleichen Koordinaten übereinander liegen können). Dazu wird die Anzahl der Punkte in den Quadranten I und III mit n^+, die Anzahl der Punkte in den Quadranten II und IV mit n^- bezeichnet. Punkte, die auf den Achsen des Mittelkreuzes (bzw. des Mediankreuzes) liegen, werden für die anliegenden Quadranten halb gezählt.[11]

- Mit der Formel $r_z = \frac{n^+ - n^-}{n}$ erhält man einen einfachen Korrelationskoeffizienten (das z steht hier für „zählen"), der die oben genannten Anforderungen erfüllt.

- Polasek (1994) schlägt $r_{rst} = \sin\left(\left(\frac{n^+}{n} - \frac{1}{2}\right) \cdot \pi\right)$ zur Berechnung des *resistenten Korrelationskoeffizienten* vor. Der Unterschied zum zuvor genannten Korrelationskoeffizienten liegt in der Transformation der Punkte-Auszählung durch den Sinus. Dadurch haben wenige Punkte in den Quadranten II und IV (in den Quadranten I und III) eine nicht so starke Auswirkung auf den Korrelationskoeffizienten hinsichtlich des positiven (negativen) linearen Zusammenhangs der beiden Merkmale (vgl. Abb. 3.20).

- Beide auf Auszählen beruhenden Korrelationskoeffizienten können in der Sekundarstufe I (als Zusatz) behandelt werden. Das gilt nicht mehr für den Korrelationskoeffizienten nach Bravais und Pearson (r), der allerdings in der Statistik wie auch in Statistik-Software die übliche Methode darstellt. Dieser ist verbunden mit dem Regressionsmodell nach der Methode der kleinsten Quadrate, baut aber ebenfalls auf der Einteilung der Punktwolke in vier Quadranten auf.

In dem Beispiel des Skispringens würden die Werte für die verschiedenen Korrelationskoeffizienten entstehen, die in Tabelle 3.4 aufgeführt sind. Man sieht, dass die Korrelationskoeffizienten durchaus ähnliche Werte ergeben. Sie implizieren zum Springen in Innsbruck eine schwächeren positiven linearen Zusammenhang als zum Springen in Oberstdorf. Damit ist also

---

[11]Liegt einer der Punkte im Ursprung des Koordinatensystems bzw. des Mittelkreuzes, so liegt er in jedem Quadranten zu einem Viertel und damit in I und III sowie in II und IV jeweils zur Hälfte.

Korrelationskoeffizient	Springen in	
	Innsbruck	Oberstdorf
r_z (Mediankreuz)	0,60	0,73
r_z (Mittelkreuz, arithmetisches Mittel)	0,53	0,7
r_{rst} (Mediankreuz)	0,81	0,91
r (Bravais und Pearson)	0,61	0,85

Tabelle 3.4: Vergleich verschiedener Korrelationskoeffizienten

die eingangs formulierte Frage beantwortet, die nach einem Unterschied hinsichtlich des linearen Zusammenhangs der beiden Merkmale fragt. Ebenso ist ersichtlich, dass die elementaren Methoden, die auf dem Auszählen von Punkten in Quadranten basieren, für die hier vorgegebene Fragestellung ausreichend sind. Das Experimentieren mit den drei Korrelationskoeffizienten zu verschiedenen Punktwolken wird hier nicht behandelt.[12]

---

[12]Unter `http://www.leitideedatenundzufall.de` haben wir ein Arbeitsblatt im *Fathom*-Format zur Verfügung gestellt, mit dem man die drei Korrelationskoeffizienten untersuchen kann.

3.4 Modellieren mit Funktionen

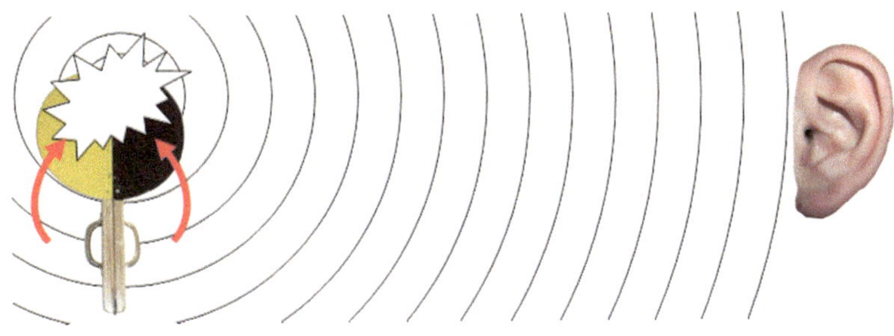

Abbildung 3.21: Der Startknall

Aufgabe 13: „Wie schnell hört man eigentlich?" Plant ein Experiment zu dieser Frage und führt es durch.

Mögliche Erweiterungen und Präzisierungen der Aufgabenstellung

- Plant ein Experiment zur Messung der Schallgeschwindigkeit. Verwendet beispielsweise eine Starterklappe, Stoppuhren und Ferngläser.

- In der unten stehenden Tabelle sind Messwerte aus einem Experiment gegeben. Schaut Euch die Messwerte genau an. Welche Auffälligkeiten entdeckt Ihr? Notiert Euch alles, auch wenn es Euch zunächst nicht wichtig erscheint.

Entfernungen	Zeiten (in Sekunden)
Gruppe blau (165 m)	0,56; 0,58; 0,54; 0,56; 0,46; 0,47; 0,62; 0,32
Gruppe rot (295 m)	0,99; 0,91; 1,01; 0,80; 0,86; 0,85; 0,97; 0,88
Gruppe gelb (440 m)	1,36; 1,57; 1,29; 1,46; 1,09; 1,13; 1,03; 1,25
Gruppe grau (670 m)	2,03; 1,96; 1,84; 1,97; 1,90; 2,04; 1,86; 1,82

- Bei einer bestimmten Entfernung (z. B. 440 m) gibt es immer mehrere Zeitwerte. Warum? Wie sollte man Eurer Meinung nach vorgehen, wenn man für eine Entfernung einen Zeitwert ermitteln möchte, der für alle anderen Werte zu dieser Entfernung als Modellwert stehen kann?

- Stellt die Daten in einem Streudiagramm dar, bei dem die x-Achse durch die Entfernung und die y-Achse durch die Zeit festgelegt ist. Tragt dann die Messwerte und die Modellwerte ein. Vergleicht Eure Grafik mit dem Streudiagramm. Was ist in beiden Darstellungen zu erkennen, obwohl sie unterschiedlich aussehen?

- Könnt Ihr einen ungefähren Zeitwert für 600 m angeben, obwohl diese Strecke nicht gemessen wurde? Zeichnet in das Streudiagramm ein und beschreibt möglichst genau, wie Ihr vorgegangen seid. Könnt Ihr eine Gesetzmäßigkeit erkennen und beschreiben?

Didaktisch-methodische Hinweise zur Aufgabe

Diese Aufgabe ist aus der Frage einer Schülerin heraus entstanden. Sie hatte aus der Ferne einen Freefalltower eines Jahrmarkts beobachtet (Fahrgeschäft, bei dem zumindest kurzfristig der freie Fall simuliert wird) und bemerkt, dass die Leute erst dann vor Schreck aufbrüllen, wenn sie bereits unten sind. Diese Art, mit Fragen an die Realität heranzugehen, ist ein durchgängiges Prinzip in diesem Buch. Im Unterricht führte die Frage der Schülerin nach ersten Hypothesen („Vielleicht waren das schon etwas ältere Leute?") zu der Diskussion, wie schnell man eigentlich hört und sieht. Unter der Voraussetzung, dass man unmittelbar sieht („Lichtgeschwindigkeit – was Schnelleres gibt es nicht"), ist das hier verarbeitete, mehrfach in der Sekundarstufe I durchgeführte Experiment zur Schallgeschwindigkeit entstanden.

Alle Methoden, die bei der Modellierung der experimentellen Daten verwendet werden, sind bereits in den vorangegangenen Kapiteln behandelt worden. Im Gegensatz zur Untersuchung des Zusammenhangs zwischen den Sprungweiten eines Skispringers geht es aber bei dem Schallbeispiel primär darum, eine mögliche Gesetzmäßigkeit zu ermitteln – im Gegensatz zu den eher explorativ ausgelegten Untersuchungen in den vorangegangenen Kapiteln ist dies eine sehr zielgerichtete Datenanalyse. Es soll zudem gezeigt werden, dass die Funktionen der Sekundarstufe I ein Modell zur Beschreibung von Umweltphänomenen sein können. Bereits an dieser Stelle ist wichtig zu betonen, dass es aber kaum dazu kommen wird, dass die experimentellen Daten, wie hier zum Schall und später zum CO_2-Gehalt der Luft, genau auf dem Graphen einer Funktion liegen. Diese Sichtweise würde den Modellierungsgedanken umdrehen, es gilt aber: Die Funktion soll zu den Daten passen und nicht umgekehrt die Daten zur Funktion! Dabei gilt grundsätzlich: Eine Funktion ist stets nur eines von mehreren möglichen Modellen. Im günstigsten Fall findet man eine Funktion, die ein mathematisch *und* im Sachkontext plausibles Modell darstellt.

Abbildung 3.22: Schallgeschwindigkeitsmessung an einem Flussabschnitt

Das Experiment: Grundlage des Experiments ist ein einfaches Gerät, das von weitem zu sehen ist und das bei Betätigung unmittelbar einen lauten Knall erzeugt: Eine Starterklappe, die an jeder Schule vorhanden und den Kindern aus dem Sportunterricht bekannt ist. Für die Messung entsprechender „Schall-Zeiten" sind verschiedene Streckenlängen notwendig. Diese müssen einerseits genügend lang sein, damit die Reaktionszeiten beim Stoppen gegenüber den eigentlich interessierenden „Schall-Zeiten" nicht zu sehr ins Gewicht fallen. So ist innerhalb der bereits angesprochenen Strukturgleichung (vgl. Kap. 2.4 und 3.3, siehe auch Kap. 4.1)

$$Daten = Signal + Rauschen$$

das Signal, nicht aber das Rauschen von Interesse. Daher sollte das Signal möglichst das Rauschen übertreffen. Andererseits dürfen die Streckenlängen nur so lang sein, dass mit Fernglas die Person mit der Starterklappe noch gut sichtbar ist. Als geeignetes Areal mit genügend großen Blickweiten bietet sich etwa ein Flussabschnitt, eine längerer gerader (und sicherer) Straßenabschnitt, ein genügend großes freies Feld oder auch der freie Blick von mehreren Punkten eines Hügels auf einen Punkt im Tal an (vgl. Abb. 3.22). Mit *Google-Earth* lassen sich einige Strecken im Luftbild festlegen und die zugehörigen Längen mit genügender Genauigkeit ermitteln.

Weitere Materialien, die für diese Datenerhebung notwendig sind: Stoppuhren, Klemmbretter als Schreibunterlagen, Tabellenblätter zum Ausfüllen und Ferngläser, um auf weite Distanzen die Starterklappe eindeutig zu erkennen. Es bietet sich an, die Klasse in Gruppen aufzuteilen: eine „Startergruppe" und mehrere „Zeitmessgruppen", die an verschiedenen Stellen positioniert sind. Mit Handys lässt sich die Verständigung zwischen den verschiedenen Gruppen organisieren. Wichtig ist schließlich ein möglichst windstiller Tag mit guter Sicht, um brauchbare Messergebnisse zu erzielen.

Das Streudiagramm lesen (lernen):   Die Sachsituation und die Daten eignen sich auch dafür, um das Streudiagramm einzuführen. Auf einem großen karierten Blatt (z. B. aus zwei Flipchart-Blättern zusammengeklebt) werden entlang der Abszisse die Streckenabschnitte maßstabsgerecht und in der Farbe eingetragen, wie sie auf dem Luftbild markiert sind. Zusätzlich können Fotos von den Standpunkten der einzelnen Gruppen an die entsprechenden Stellen geklebt werden. Bilder und farbige Markierungen helfen den Schülerinnen und Schülern, sich die Szenerie „hinter" dem Diagramm vorstellen zu können. Auf der Ordinate werden die Zeiten abgetragen. Hier kann das Bild einer Stoppuhr helfen, die Bedeutung der Achse im Sinn zu behalten. Mit entsprechend farbigen Klebepunkten können die Daten im Streudiagramm markiert werden.

Den Trend herauslesen: Im Diagramm erkennen Schülerinnen und Schüler deutlich die Streuung der Messwerte an den einzelnen Messstationen. Der Grund für die unterschiedlichen Werte zu einer Entfernung ist in der Regel schnell ausgemacht, da die unterschiedlichen Reaktionszeiten den Schülerinnen und Schülern bereits bei der Versuchsdurchführung auffallen. Die qualitative Feststellung eines offenbar linearen Trends fällt Schülerinnen und Schülern bei diesem Beispiel leicht. Hier lässt sich auch die Frage motivieren, welche Zeit an einer nicht gemessenen Entfernung denn ungefähr zu erwarten wäre: Welche Zeitmessung kann bei 600 m, welche bei $2 \cdot 165$ m, $3 \cdot 165$ m usw. erwartet werden? Als Spezialfall erhält man das für die Geradenanpassung wichtige Ergebnis „kein Weg – keine Zeit".

Eine wichtige Frage ist, wie man sinnvoll von den Messwerten einer Station zu repräsentativen Modellwerten kommt. Für Schülerinnen und Schüler, die bereits Erfahrung mit der Datenanalyse haben, liegt das arithmetische Mittel oder der Median nahe. Mit diesen Modellwerten oder auch mit der Punktwolke als Ganzer kann anschließend so verfahren werden, wie es im Kapitel 3.3 zur linearen Regression beschrieben ist.

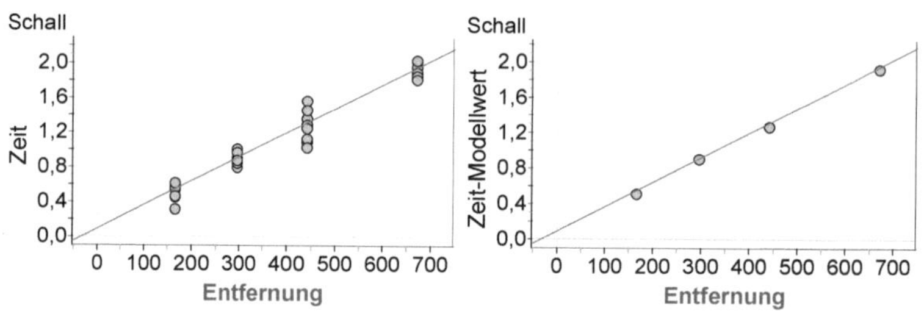

Abbildung 3.23: Punktwolke zu einer Schallgeschwindigkeitsmessung und Punktwolke mit den zugehörigen Modellwerten, jeweils mit einer Geradeneinpassung nach Augenmaß

In diesem Beispiel bestehen die Modellwerte aus den arithmetischen Mitteln (wäre der Median vielleicht geeigneter?) und die Geradeneinpassung ist per Augenmaß vorgenommen worden.

Die Interpretation der entstehenden Geradengleichung (egal ob modell- oder messwertbasiert, y: Zeit in Sekunden; x: Entfernung in Metern): $y = 0,00285 \cdot x$ ist nicht einfach und sollte behutsam untersucht werden: „Was erhält man, wenn für x 100 eingesetzt wird? Was bedeutet $x = 100$ im Sachkontext? Mit der Frage nach der „Schallgeschwindigkeit" drängt sich die Frage nach einer Normierung auf, wie z. B. die Frage nach der Zeit für 100 m oder 1 km oder aber auch umgekehrt, wie viele Meter der Schall in z. B. 1 s zurücklegt. Mit einem Dreisatz ergibt sich hier im Beispiel:

$$1\,m \mathrel{\widehat{=}} 0,00285\,s; \quad 1\,s \mathrel{\widehat{=}} \frac{1\,m}{0,00285} \approx 350\,m; \quad 1\,h \mathrel{\widehat{=}} 3600 \cdot 350\,m = 1260\,km$$

Demnach hat der Schall also eine Geschwindigkeit von ungefähr 1260 km/h oder – bezogen auf die Ausgangsfrage formuliert – man hört mit einer Geschwindigkeit von ungefähr 1260 km/h. Um die eigene Arbeit mit den Daten zu überprüfen (zu validieren), bietet sich beispielsweise die ungefähre Vorhersage von Werten innerhalb der Modellgrenzen an. Diese können anschließend in einer zweiten Messung überprüft werden. Eine andere Form der Validierung ist die Recherche zur Schallgeschwindigkeit, die tatsächlich (bei 15 Grad Celsius in Bodennähe) mit $340m/s$ angegeben wird. Ist wie hier das Ergebnis der Analyse so nah bei dem in Lexika angegebenen Wert, ist nachträglich noch einmal der Wert der eigenen Untersuchung, der Erhebung und Analyse von Daten zu einem realen Phänomen offensichtlich. Allerdings darf dies nicht zu dem Umkehrschluss verleiten, man könnte unter schulischen Bedingungen immer so gut passende Werte erhalten: Bei den vorliegenden Daten wirkten die vielfältigen Einflussfaktoren der Datenerhebung günstig zusammen. Aber nicht alle diese Faktoren lassen sich in gleicher Weise kontrollieren (z. B. ändernde Windgeschwindigkeiten bei der Erhebung). Auch hier braucht es eben das Quäntchen Glück bei größtmöglicher eigener Sorgfalt.[13]

---

[13]Weitergehende Überlegungen zu diesem Beispiel finden sich bei Vogel (2008b).

> **Zusatzaufgabe 2:** In Abbildung 3.24 ist ein Ausschnitt aus den Originaldaten einer CO_2-Messstation auf Mauna Loa dargestellt, welcher die Messwerte aus dem Zehn-Jahres-Zeitraum von 1995-2004 umfasst. Untersucht den vorliegenden Datensatz.

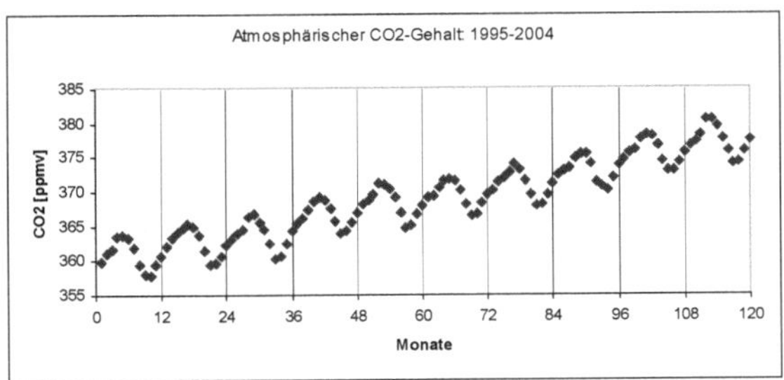

Abbildung 3.24: CO_2-Daten in Tabelle und Streudiagramm (Angaben in ppmv)

Monat	1995	1996	1997	1998	1999	2000	2001	2002	2003	2004
J	359,96	362,05	363,18	365,32	368,15	369,14	370,28	372,43	374,68	376,79
F	361,00	363,25	364,00	366,15	368,87	369,46	371,50	373,09	375,63	377,37
M	361,64	364,03	364,57	367,31	369,59	370,52	372,12	373,52	376,11	378,41
A	363,45	364,72	366,35	368,61	371,14	371,66	372,87	374,86	377,65	380,52
M	363,79	365,41	366,79	369,29	371,00	371,82	374,02	375,55	378,35	380,63
J	363,26	364,97	365,62	368,87	370,35	371,70	373,30	375,40	378,13	379,57
J	361,90	363,65	364,47	367,64	369,27	370,12	371,62	374,02	376,62	377,79
A	359,46	361,49	362,51	365,77	366,94	368,12	369,55	371,49	374,50	375,86
S	358,06	359,46	360,19	363,90	364,63	366,62	367,96	370,71	372,99	374,06
O	357,75	359,60	360,77	364,23	365,12	366,73	368,09	370,24	373,00	374,24
N	359,56	360,76	362,43	365,46	366,67	368,29	369,68	372,08	374,35	375,86
D	360,70	362,33	364,28	366,97	368,01	369,53	371,24	373,78	375,70	377,48

Mögliche Erweiterungen und Präzisierungen der Aufgabenstellung

- Schaut Euch die CO_2-Daten zunächst nur in der Tabelle genau an. Welche Auffälligkeiten entdeckt Ihr? Notiert Euch alles, auch wenn es Euch zunächst nicht wichtig erscheint.

- Schaut Euch die CO_2-Daten dann im Streudiagramm genau an. Welche Auffälligkeiten entdeckt Ihr hier? Beschreibt Eure Beobachtungen möglichst genau.

- Ein Modell für den Datentrend kann sich aus mehreren Teilen zusammensetzen. Welche zwei Einzeltrends sind im vorliegenden Fall zu benennen? Beschreibt beide getrennt voneinander möglichst genau. Wie könnte man die Einzeltrends mathematisch beschreiben? Begründet!

- Benutzt den Computer als Hilfsmittel, um die Daten durch Funktionen zu modellieren. Geht schrittweise vor, indem Ihr die einzelnen Trends nacheinander modelliert. Das, was bei dem ersten Modellierungsschritt übrig bleibt (Residuen), bildet den Ausgangspunkt für den zweiten Modellierungsschritt.

- Mit Schiebereglern lassen sich die Parameter der verwendeten Funktionen einstellen. Außer einer möglichst guten Datenanpassung solltet Ihr Euch überlegen, welche Bedeutung die Parameter im Datenkontext haben. Versucht auch die Größenordnung der gefundenen Parameterwerte im Nachhinein (oder im Vorhinein) zu erklären.

- Versucht, Ursachen für die Datenstruktur zu benennen. Betrachtet auch hier die Einzeltrends getrennt voneinander. Zieht bei Euren Recherchen naturwissenschaftliche Fachliteratur heran und fragt die Lehrerinnen und Lehrer der naturwissenschaftlichen Fächer an Eurer Schule.

Didaktisch-methodische Hinweise zur Aufgabe

Natürlich gibt es nicht nur reale Phänomene, in denen eine *lineare* Funktion als Beschreibungsmodell passend erscheint wie etwa bei der Ermittlung der Schallgeschwindigkeit. So können alle in der Sekundarstufe I relevanten Funktionstypen bestimmte reale Phänomene modellhaft repräsentieren. Der CO_2-Gehalt der Luft ist ein Beispiel, in dem auch trigonometrische Funktionen als Modell verwendet werden können. Bei der folgenden Diskussion der Aufgabe werden diejenigen Aspekte, die bereits im Vorangegangenen thematisiert worden sind, stark verkürzt dargestellt.

Erster Datenzugang: Bei dieser Aufgabe ist es notwendig, den Sachkontext zu recherchieren bzw. offenzulegen: Es ist mittlerweile weithin unbestritten, dass die Verbrennung fossiler Brennstoffe wie Erdöl, Kohle und Erdgas zum weltweiten Anstieg des CO_2-Gehalts der Luft beiträgt. Als empirischer Beleg kann der Datensatz des *Carbon Dioxid Information Analysis Center* dienen, der im Internet zur Verfügung steht.[14] Dieser enthält CO_2-Messungen im Zeitraum von 1958 bis einschließlich 2004 am Mauna Loa, der einer der größten aktiven Vulkane der Erde ist und zu Hawaii gehört. Dieser Datensatz gilt allgemein als wichtige Informationsquelle, um die Entwicklung der atmosphärischen CO_2-Konzentration zu verfolgen.

Im Gegensatz zu den bisherigen Beispielen ist bei den CO_2-Daten einerseits das Phänomen zweier sich überlagernder Trends offensichtlich, andererseits wird das zyklische Verhalten in einem zwölfmonatigen Zeitraum deutlich, das eine jahreszeitlich bedingte Interpretation nahelegt.[15] Aufgrund der Überlagerung zweier Trends bietet sich ein schrittweises Vorgehen an, indem die Trends getrennt funktional angepasst werden. Verwendet man wiederum die bereits

---

[14]http://cdiac.ornl.gov/

[15]Eine einfache Erklärung für die periodische Veränderung des atmosphärischen CO_2-Gehalts liefert die jahreszeitlich bedingte Veränderung der Vegetation vor Ort. Von Frühjahr bis Herbst sind Bäume und sonstige Grünpflanzen belaubt. Durch die Photosynthese wird CO_2 umgewandelt und der CO_2-Gehalt der Atmosphäre sinkt in diesem Zeitraum. Im Zeitraum von Spätherbst bis Frühjahresende trägt dann verrottendes organisches Material (z. B. abgeworfenes Laub) zur Steigerung des CO_2-Gehalts in der Atmosphäre bei. Für die zyklische Schwankung ist die Tatsache von Bedeutung, dass die Landmasse mit der Vegetation ungleich auf Nord- und Südhalbkugel der Erde verteilt ist. Eine Erklärung für den aufsteigenden, im gewählten Zehnjahreszeitraum augenscheinlich nahezu linearen Trend, kann im steigenden weltweiten Verbrauch fossiler Brennstoffe vermutet werden: Das Verbrennen von Fossilbrennstoffen wie Kohle und Erdöl geht nicht in die natürliche CO_2-Bilanz ein, da die dadurch freigesetzten CO_2-Mengen nicht aus einer vorangehenden photosynthetischen Bindung hervorgehen. So werden zusätzliche Mengen an Kohlendioxid in der Atmosphäre frei.

mehrfach genannte Strukturgleichung *Daten = Funktion + Residuen* (vgl. Kap. 2.4 und 3.3, siehe auch Kap. 4.1), so kann zunächst der lineare Trend durch eine Geradengleichung angenähert werden:

$$Daten = lineare\ Funktion + Residuen_{zyklisch}$$

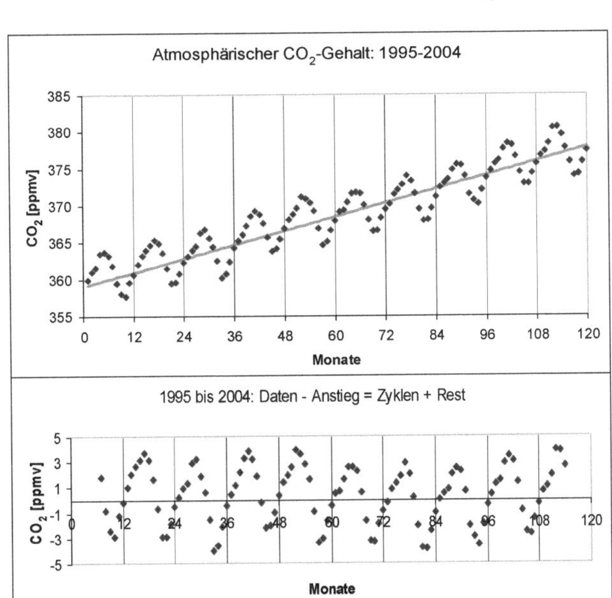

Abbildung 3.25: Erster Schritt der Modellbildung: Anpassung einer Geraden nach Augenmaß

In Abbildung 3.25 ist der Datensatz mit einer nach Augenschein eingepassten Geraden im Streudiagramm abgebildet. Lässt man die zyklischen Schwankungen außer Betracht, dann ergibt sich für den Anstieg ein augenscheinlich nahezu linearer Trend. Das kann man beispielsweise deutlich machen, indem man über die zehn Jahre hinweg nur einen Monat betrachtet (die zyklischen Schwankungen sind so nicht mehr zu sehen).

Ebenfalls abgebildet sind die Residuen, die – nicht sehr überraschend – einen deutlich zyklischen Trend zeigen. Dennoch ist es sinnvoll, Schülerinnen und Schüler über das Aussehen des Residuenplots reflektieren bzw. über sein Aussehen vorab mutmaßen zu lassen. Gerade in diesem einfachen Fall lässt sich so der grafische Zusammenhang zwischen Streu- und Residuendiagramm thematisieren: So genügen die Residuen der Strukturgleichung *Residuen = Daten − Trend* und zeigen in diesem Fall, da der lineare Trend aus den Daten eliminiert wurde, allein noch das zyklische Verhalten der Daten. Im Sinne der Anforderungen, möglichst jedes Muster aus den Residuen zu entfernen, wenn man den Trend gut beschreiben möchte (vgl. Kap. 3.3), bietet sich die Anpassung eines zyklischen Musters, einer trigonometrischen Funktion an:

$$Residuen_{zyklisch} = trigonometrische\ Funktion + Residuen_{rest}$$

Die Tatsache, dass die CO_2-Daten einem periodisch wiederkehrenden Zyklus unterliegen, legen die Überlegung nahe, die Residuen mit z. B. einer Sinusfunktion $f(x) = u \cdot sin(v \cdot x + w)$ zu modellieren. Dabei bietet sich die Verwendung von Software an, die die Anpassung der Funktionsparameter durch Schieberegler ermöglicht. Der Datenkontext sollte allerdings im Hinterkopf bleiben, damit die computergestützte Datenanpassung bei der Spezifizierung von Parametern nicht Gefahr läuft, zu einem bloßen Hantieren mit Schiebereglern zu werden. Ob vor oder nach der funktionalen Anpassung, in jedem Fall sollten die Schülerinnen und Schüler die Bedeutung und Größenordnung der verwendeten Funktionsparameter überdenken:

- Der verwendete Amplitudenparameter u ist ein Maß für die Weite der zyklischen jahreszeitlichen Schwankungen. Dadurch wird die Ober- und Untergrenze des Korridors festgelegt, in welchem die modellierten CO_2-Werte jahreszeitlich bedingt periodisch schwanken. Ausgehend davon, dass die Funktionswerte von *sin x* in einem Korridor zwischen -1 und $+1$ schwanken, wird mit Blick auf die Daten leicht deutlich, dass u einen Wert in der Größenordnung von ungefähr 3 annehmen muss (vgl. den Residuenplot in Abb. 3.25).

- Mit dem Parameter v wird die Periodendauer bestimmt. Die Periodendauer ist in diesem Beispiel die Zeit, in welcher der jahreszeitlich bedingte Zyklus der atmosphärischen CO_2-Gehaltsänderung einmal durchlaufen wird. Somit ist v ein Parameter, mit dem die Monats- bzw. Jahreslänge beschrieben wird. Seine Größenordnung kann durch folgende Überlegung bestimmt werden: Der Parameter v bezeichnet die Winkelgeschwindigkeit der Kreisbewegung, deren Projektion die modellierte harmonische Schwingung ergibt. Für diese gilt: $v = \frac{2\pi}{T}$, wobei T die Dauer einer vollen Schwingung bezeichnet. Damit ergibt sich $T = 12$ bezogen auf die Zeiteinheit Monat. Daraus folgt: $v = \frac{2\pi}{12} = \frac{\pi}{6} \approx 0,52$.

- Mit dem Nullphasenwinkel w wird der Phasenwinkel zum Anfangszeitpunkt der Schwingung festgelegt. Hier entspricht dies der zeitlichen Abweichung (Vielfaches der Zeiteinheit Monat) zwischen einer angenommenen Schwingung, deren Zyklus im Januar beginnt, und der auf der Datenbasis angepassten Schwingung.

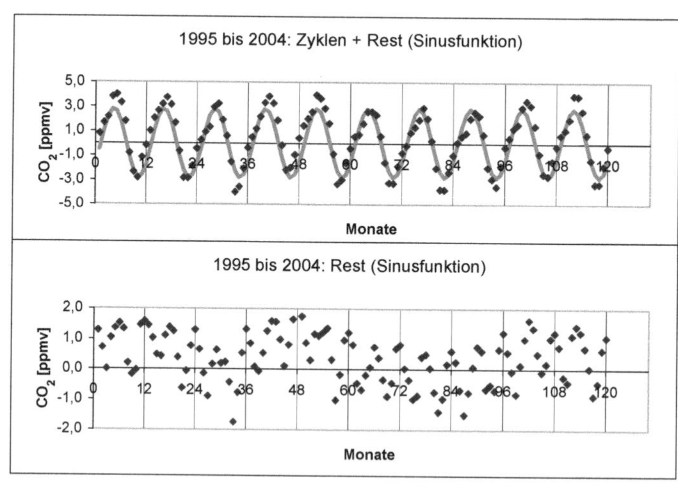

Abbildung 3.26: Zyklische Datenanpassung mit zugehörigem Residuendiagramm

Wiederum können die Residuen hinsichtlich dieser Modellanpassung betrachtet werden (vgl. Abb. 3.26). Augenscheinlich streuen die Reste hier schon „recht zufällig". Man erkennt vage einen Resttrend, der zu tiefer gehenden Überlegungen anstiften kann (noch ein Zyklus mit einer Periode, die länger als ein Jahr ist?). Die Größenordnung und die Reststruktur der Streuung mögen vielleicht allgemein noch nicht hinreichend erscheinen, sollen aber für die Behandlung dieses Beispiels auf dem Niveau der Sekundarstufe I ausreichen. Im Sinne der Strukturgleichung ist damit insgesamt folgende Anpassung vorgenommen worden:

$$Daten = lineare\ Funktion + trigonometrische\ Funktion + Residuen_{rest}$$

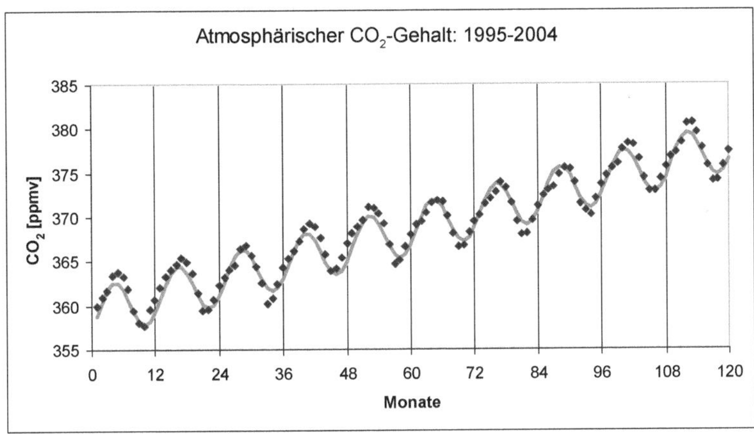

Abbildung 3.27: Gesamte Datenanpassung

3.5 Zeitreihenanalyse

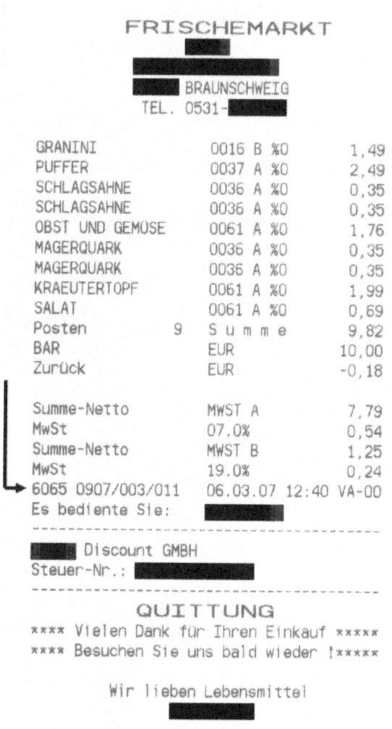
FRISCHEMARKT
[redacted]
[redacted] BRAUNSCHWEIG
TEL. 0531-[redacted]

GRANINI	0016 B %0	1,49
PUFFER	0037 A %0	2,49
SCHLAGSAHNE	0036 A %0	0,35
SCHLAGSAHNE	0036 A %0	0,35
OBST UND GEMÜSE	0061 A %0	1,76
MAGERQUARK	0036 A %0	0,35
MAGERQUARK	0036 A %0	0,35
KRAEUTERTOPF	0061 A %0	1,99
SALAT	0061 A %0	0,69
Posten 9	S u m m e	9,82
BAR	EUR	10,00
Zurück	EUR	-0,18
Summe-Netto	MWST A	7,79
MwSt	07.0%	0,54
Summe-Netto	MWST B	1,25
MwSt	19.0%	0,24
6065 0907/003/011	06.03.07 12:40	VA-00

Es bediente Sie: [redacted]
[redacted] Discount GMBH
Steuer-Nr.: [redacted]

QUITTUNG
**** Vielen Dank für Ihren Einkauf *****
**** Besuchen Sie uns bald wieder !*****

Wir lieben Lebensmittel
[redacted]

Abbildung 3.28: Der Kassenbon eines Supermarkts

Aufgabe 14: Die Kassenbons eines Supermarkts enthalten viele statistische Informationen. Versucht, anhand von Kassenbons eines Supermarktes in Eurer Nähe die Einnahmen dieses Supermarkts zu rekonstruieren.

Mögliche Erweiterungen und Präzisierungen der Aufgabenstellung

- Entschlüsselt alle numerischen Informationen Eurer Kassenbons.
- Auf den Kassenbons sind auch Angaben zu Datum und Uhrzeit, zur einnehmenden Kasse sowie zur Nummer eines Kunden gegeben. Nutzt diese, um eine Zeitreihe zu der Anzahl von Kunden an einer Kasse seit Beobachtungsbeginn zu erstellen.
- Ermittelt, wie viel die Kunden im Mittel ausgeben, und schätzt damit die Einnahmen des Supermarkts.

Didaktisch-methodische Hinweise zur Aufgabe

Die Aufgabe, die auf Kassenbons gesammelten Daten zu entschlüsseln und durch deren Analyse ein Wirtschaftsunternehmen nahezu durchsichtig zu machen, ist ein datendetektivisches Projekt. Hier geht es im Kern nicht um den Sachkontext, also darum, etwas über einen Supermarkt zu erfahren. Es geht vielmehr darum zu erkennen, welche Fülle von Informationen sich den Daten entlocken lassen, die in Form von Kassenbons im wahrsten Sinne des Wortes auf der Erde liegen.[16]

In der sehr straffen Aufgabenstellung und deren Präzisierung ist das Augenmerk allein auf die Zusammenhänge zwischen dem Merkmal *Zeit* und dem Merkmal *Kundennummer* gerichtet. Bivariate Datensätze werden dann als *Zeitreihe* bezeichnet, wenn eines der beiden Merkmale die Zeit ist. Bei einer Zeitreihenanalyse geht der Blick prinzipiell dahin, bestimmte, von der Zeit abhängige Trends, Veränderungen oder Besonderheiten des zweiten Merkmals zu beschreiben. Da die Zeitreihenanalyse in diesem Sinne eine Sonderform bivariater Datensätze ist, werden einige der Betrachtungen analog zu der vorangegangenen Diskussion dieses Kapitels sein. Diese werden sehr kurz gehalten: Es sollen nur die spezifischen, auf Zeitreihen bezogenen Analysemethoden diskutiert werden, die für die Sekundarstufe I bedeutsam sein können. Dies geschieht zunächst anhand der Analyse der Supermarktbons und später im Rückgriff auf die schon bekannten CO_2-Daten.

Kundennummer und Kunden pro Zeiteinheit: In der mit Pfeil gekennzeichneten Zeile des Kassenbons (Abb. 3.28) sind wesentliche statistische Informationen in verschlüsselter Form enthalten. Diese Informationen sind auch auf den Kassenbons (fast) aller anderen Supermärkte enthalten, zum Teil in etwas abgeänderter Form:

- Die vierstellige Zahl am Beginn der Zeile enthält die fortschreitende Zählung der Kunden an einer Kasse. Diese beginnt bei 1, endet bei 9999, um dann erneut bei 1 zu beginnen.

- die jeweils dreistelligen Codes enthalten die Nummer des Supermarktes/die Nummer der Kasse/die Nummer der Verkäuferin bzw. des Verkäufers.

Sind diese Informationen entschlüsselt – hierzu ist die Analyse mehrerer Kassenbons notwendig[17] – so lassen sich die Daten, die die Merkmalsausprägungen zur Zeit wie auch zur Kundennummer enthalten, in der bereits diskutierten Weise als Punktwolke darstellen (Abb. 3.29).

Ein Problem besteht darin, dass die Kundennummer zyklisch und nicht fortlaufend ist, wie es in Abbildung 3.29 im linken Teil zu sehen ist. Transformiert man die Kundennummer so, dass diese fortlaufend wird, so schmiegen sich die Punkte fast perfekt an eine Gerade (Abb. 3.29, rechts). Diese wurde hier per Augenmaß eingefügt. Der Korrelationskoeffizient ist in allen Varianten, die in Kapitel 3.3 vorgestellt wurden, ungefähr 1.

---

[16]Unter `http://www.leitideedatenundzufall.de` ist ein Datensatz bereit gestellt. Die Idee, Kassenbons auszuwerten, stammt von Wolfgang Riemer (Riemer, 2006). Wie diese Aufgabe mit dem zum Download bereit stehenden Datensatz umfangreich angegangen werden kann, ist in Eichler & Riemer (2008) dargestellt.

[17]Sinnvoll ist das Sammeln der Kassenbons an mehreren Tagen im Eingangsbereich eines Supermarkts, in dem diese Zettel in der Regel in größerer Anzahl liegen. Sammelt man in diesem Sinne zufällig, so werden automatisch auch die Kassenbons der verschiedenen Kassen gesammelt, ohne dass dies vorher im Unterricht thematisiert werden muss.

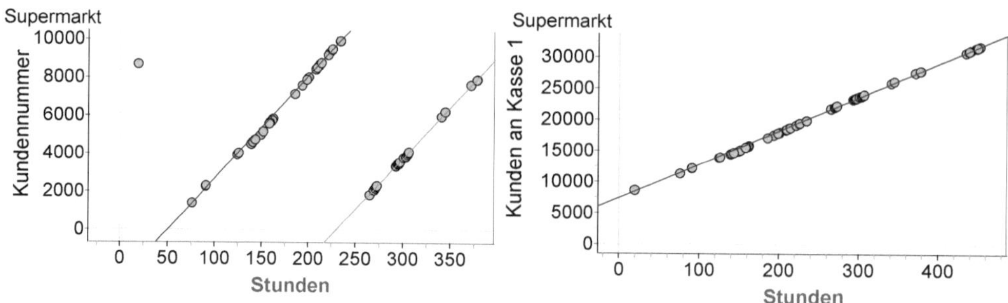

Abbildung 3.29: Zeitreihen zur Kundennummer einer Kasse im Supermarkt mit eingepassten Geraden (nach Augenmaß)

Der Schnittpunkt einer solchen Geraden mit der senkrechten Achse hängt allein vom Beobachtungsbeginn ab.[18] Daher ist die Steigung der Geraden (in beiden Fällen 54) entscheidend für die Bestimmung des linearen Trends in dieser Zeitreihe, von dem die Daten offensichtlich nur wenig abweichen. Die Steigung 54 bedeutet hier, dass an *dieser* Kasse in *diesem* Supermarkt 54 Kunden pro Stunde bezahlen. Ermittelt man diese Durchläufe auch für die anderen Kassen und berechnet man eine mittlere Einkaufssumme pro Kunde (arithmetisches Mittel oder Median: welcher Mittelwert eignet sich besser?), so lassen sich die Einnahmen des Supermarkts für fast jeden beliebigen Zeitabschnitt sehr gut schätzen. Selbstverständlich wird der Kundendurchlauf in diesem Supermarkt nicht für alle Zeiten gleich bleiben. Daher muss die Prognose oder Extrapolation des Trends auf sinnvolle Zeitabschnitte nach dem Ende der Datenerhebung eingeschränkt werden.

Gilt allgemein für eine Zeitreihe die folgende Strukturgleichung (wobei das t die Abhängigkeit von der Zeit repräsentiert):

$$Daten(t) = Glatte\ Komponente(t) + Saisonkomponente(t) + Residuen(t)$$

so ist bei diesem Beispiel die Saisonkomponente (im Allgemeinen eine zyklische Komponente) nicht enthalten (bzw. 0 für alle t). Die glatte Komponente besteht in der eingepassten Geraden, die Residuen sind wie gehabt definiert. In diesem Beispiel ging es im Unterschied zu vorangegangenen Beispielen allein um die Benennung der mathematischen Objekte. Das folgende Beispiel enthält eine saisonale Komponente und wird mit alternativen Methoden zur Analyse von Zeitreihen bearbeitet.

---

[18]Die y-Koordinate dieses Schnittpunkts entspricht ungefähr der ersten durch die Erhebung dokumentierten Kundennummer. Bei einem neu eröffneten Supermarkt würde (ungefähr) der Ursprung der gesuchte Schnittpunkt sein.

> **Zusatzaufgabe 3**: In Abbildung 3.24 ist ein Ausschnitt aus den Originaldaten einer CO_2-Messstation auf Mauna Loa dargestellt, welcher die Messwerte aus dem Zehn-Jahres-Zeitraum von 1995-2004 umfasst. Untersucht den vorliegenden Datensatz mit elementaren Methoden der Zeitreihenanalyse.

Mögliche Erweiterungen und Präzisierungen der Aufgabenstellung

- Die CO_2-Daten sollen zunächst „geglättet" werden, sodass der Anstieg der Daten sichtbar wird, der von den Jahreszeiten unabhängig ist. Die Glättung erfolgt dadurch, dass für jeden Monat t ein gleitender Mittelwert $\bar{y}_t$ berechnet wird. Dies geschieht über folgende Formel:

$$\bar{y}_t = \frac{0,5 \cdot y_{t-6} + y_{t-5} + ... + y_{t+5} + 0,5 \cdot y_{t+6}}{12}$$

Erklärt diese Formel mit eigenen Worten und erläutert, was es mit den Summanden $0,5 \cdot y_{t-6}$ und $0,5 \cdot y_{t+6}$ auf sich hat.

- Welche Nachteile hat diese Vorgehensweise? Welche Vorteile hat diese Vorgehensweise gegenüber einer „Durchschnitts-Geraden" mit Steigung und Achsenabschnitt, die man durch die Daten legen könnte?

- Erläutert, wie das Residuendiagramm zu der geglätteten Zeitreihe in etwa aussehen würde und welche Bedeutung die Darstellung im Datenkontext hat.

- Überlegt, wie man diese Residuen ohne elementare Funktionen modellieren könnte, wenn man von gleich bleibenden Zyklen in jedem Jahr ausgehen würde.

Didaktisch-methodische Hinweise zur Aufgabe

Wie auch im vorangegangenen Abschnitt ist diese Aufgabe eng gestellt worden. Natürlich können auch die CO_2-Daten sehr viel umfangreicher untersucht werden – von einer ersten qualitativen Betrachtung bis hin zur Diskussion von Methoden der Zeitreihenanalyse. Wir wollen an dieser Stelle allerdings nur auf einige wenige Aspekte der Zeitreihenanalyse eingehen.

Die schon in Kapitel 3.4 festgestellte offensichtliche Überlagerung zweier Trends zeigt sich bei den CO_2-Daten wiederum in der Strukturgleichung:

$$Daten(t) = Glatte\ Komponente(t) + Saisonkomponente(t) + Residuen(t)$$

Dies macht wiederum ein Vorgehen in zwei Schritten sinnvoll: Zunächst wird der jahreszeitlich unabhängige Anstieg durch eine gleitende Mittelwertkurve (Glatte Komponente) modelliert und anschließend die periodisch wiederkehrenden Schwankungen durch Monatsmittelwerte angenähert (Saisonale Komponente).

Glätten statt Anpassung einer elementaren Funktion: Gerade weil viele Schülerinnen und Schüler geneigt sein mögen, in dem langfristigen Aufwärtstrend in Abbildung 3.24 eine Linearität zu erkennen, sollte man hier zur Vorsicht mahnen: Wenn man mit einer linearen Funktion

„auf die Daten losgeht", dann unterstellt man den Beobachtungswerten von vornherein eine bestimmte mathematische Struktur: In gleichen Zeitintervallen gibt es stets den gleichen absoluten Zuwachs. Hier gehen vergleichsweise starke Annahmen gewissermaßen „von außen" in die Daten ein. Solche Modellannahmen sollten sehr vorsichtig getroffen werden und gut begründet sein (etwa durch bekannte Theorien zum beobachteten Phänomen). In jedem Fall gilt es, die Modellgrenzen zu beachten.

Bei Zeitreihen, wie im vorliegenden Fall, bietet sich im Allgemeinen eine vorsichtigere Zugangsweise an: Man glättet die Daten. Dies empfiehlt sich insbesondere dann, wenn die Daten keinen so offensichtlichen Trend erahnen lassen, wie dies im Beispiel des atmosphärischen CO_2-Gehalts der Fall ist. Das Glätten der Daten stellt gegenüber der vorher diskutierten Funktionsanpassung also eine vorsichtigere Zugangsweise dar: Man arbeitet ohne weitere Annahmen „von außen" (wie es durch das Anpassen eines bestimmten Funktionstyps ja deshalb der Fall wäre, weil die mathematische Struktur des gewählten Funktionstyps mit in die Interpretation der funktionalen Modellierung eingeht) nur mit dem vorliegenden Datenmaterial quasi „von innen" heraus. Ein einfaches, aber tragfähiges Verfahren ist die *gleitende Mittelwertbildung:* Man zentriert ein „Fenster" der Breite h um einen Punkt t (hier also einen bestimmten Monat) und berechnet den Mittelwert $\bar{y}_t$ von allen Beobachtungswerten y_t, die in diesem Fenster auftreten. Diesen Wert $\bar{y}_t$ ordnet man dem mittleren Zeitpunkt bzw. Zeitintervall t des Fensters zu. Anschließend „gleitet" das Fenster um eine festgelegte Einheit weiter (im Beispiel des atmosphärischen CO_2-Gehalts bietet sich ein Monat an) und die Prozedur wird wiederholt. So entsteht eine Abfolge von arithmetischen Mittelwerten[19], die einen idealisierten funktionalen Zusammenhang darstellt und durch die (fast) jede Merkmalsausprägung y_t durch einen Modellwert $\bar{y}_t$ ersetzt wird. Der Nachteil dieser Vorgehensweise besteht darin, dass keine kompakte Funktionsgleichung zur Verfügung steht, mit der Funktionswerte berechnet werden können. Überdies ist die sehr häufig wiederholte Mittelwertbildung nur mit dem Computer sinnvoll realisierbar.

Aus der Modellgleichung in der Aufgabenstellung ist zu entnehmen, dass nach dem dargestellten Verfahren keine Modellwerte für die ersten und letzten sechs Monate zu berechnen sind, da für diese Monate ein Teil der für die Mittelwertbildung vorausgesetzten $y_{t-6}, y_{t-6}, ..., y_{t-1}$ fehlen. Die mathematischen Verfahren, die üblicherweise dazu eingesetzt werden, um diesen Mangel über Schätzungen auszugleichen, basieren auf Überlegungen, die an dieser Stelle zu weit führen.[20] Mit dem dargestellten Verfahren ergibt sich die in Abbildung 3.30 dargestellte Glättungskurve.

Das Residuendiagramm (Abb. 3.31) enthält die um die glatte Komponente (oder den Trend) bereinigten Daten ($Residuen(t) + Saisonkomponente(t) = Daten(t) - Glatte\ Komponente(t)$): Das sind die zyklischen Schwankungen, die sich unabhängig von dem insgesamt ansteigenden Trend ergeben.

Modellierung der zyklischen Schwankungen durch Monatsmittelwerte: Will man auch die zyklischen Schwankungen, die aus den Residuen und der Saisonkomponente bestehen, wie bei

---

[19]In gleicher Form lässt sich auch mit Medianen glätten, d. h., es wird fortgesetzt ein Median von Beobachtungswerten in einem bestimmten zu t symmetrischen Zeitfenster mit konstanter Breite gebildet.

[20]Vgl. etwa in didaktischer Aufbereitung für die Oberstufe die Artikel von Nordmeier (1993, 1994).

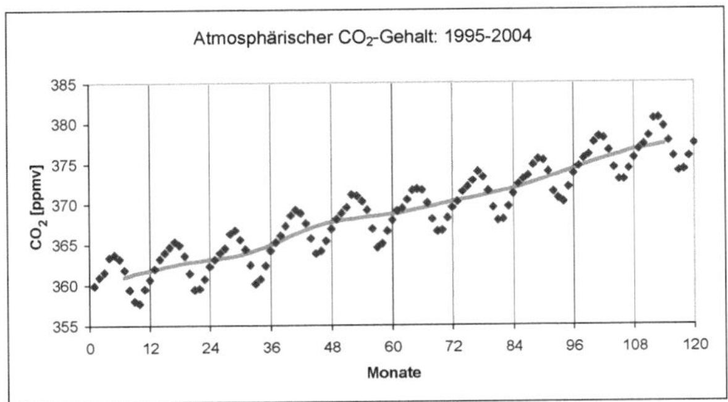

Abbildung 3.30: Gleitende Mittelwertkurve und Originaldaten

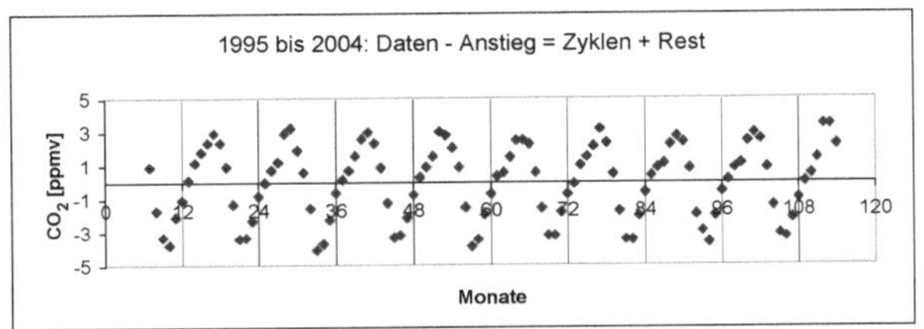

Abbildung 3.31: Zyklische Residuen

der gleitenden Mittelwertbildung vorsichtig modellieren,[21] dann gibt es das im Folgenden skizzierte elementare Verfahren. Es basiert auf der Idee, als Modell eine zyklische Schwankung anzunehmen, die in allen Jahren gleich bleibt. Die Residuen von diesem Modell werden dann als zufällige Einflüsse gewertet.

- Für eine kürzere Schreibweise bezeichne man die zyklischen Schwankungen (Residuen und Saisonkomponente) durch $\tilde{r}_t$.

- Man betrachte die Residuen $\tilde{r}_t$ mit $t = Juli\,1995, August\,1995, ... Juni\,2004$[22] nach der ersten Glättung, also $\tilde{r}_{Juli\,1995} = y_{Juli\,1995} - \overline{y}_{Juli\,1995}, \tilde{r}_{August\,1995} = y_{August\,1995} - \overline{y}_{August\,1995}, ...$ Diese Residuen sind in Abbildung 3.31 dargestellt.

- Zu diesen Residuen $\tilde{r}_t$ bilde man das arithmetische Mittel zu den jeweils 9 vorhandenen Monaten (die 9 der 10 ursprünglichen Monate sind durch die Glättung vorgegeben) als Modellwert, also z. B. das arithmetische Mittel der zyklischen Residuen im Juli:

$$\tilde{r}_{Juli,Modell} = \frac{\tilde{r}_{Juli\,1995} + \tilde{r}_{Juli\,1996} + ... + \tilde{r}_{Juli\,2003}}{9} \approx 0,79$$

Damit erhält man für jeden Monat einen Modellwert für den zyklischen Trend der CO_2-Daten, der in allen Jahren als konstant angenommen wird. In Abbildung 3.32 sind diese

---

[21] Das heißt, auch hier soll auf ein parametrisches Funktionenmodell verzichtet werden, sodass keine Annahmen „von außen" in die Daten hineingetragen werden.

[22] Aufgrund der Festlegung der Glättung gibt es keine geglätteten Werte im ersten und letzten halben Jahr.

Modellwerte als eine Kurve sowie die zyklischen Residuen nach der Glättung mit den
gleitenden Mittelwerten dargestellt.

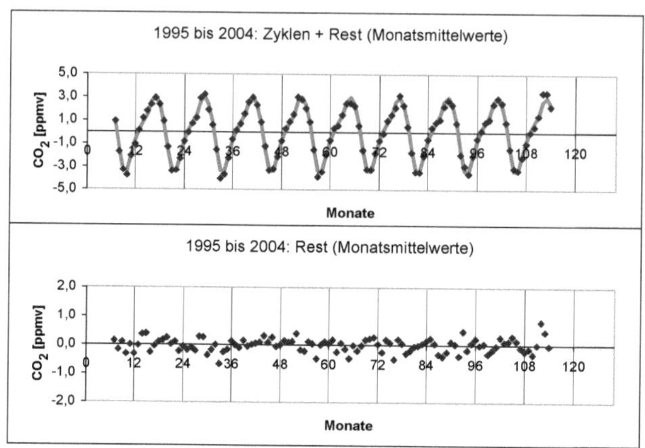

Abbildung 3.32: Zyklische Datenanpassung mit zugehörigem Residuendiagramm

Vergrößert man das letzte Residuendiagramm (Abb. 3.33), so kann man eine weitere interessante Entdeckung machen: Das Verbinden der einzelnen „Reste-Punkte" lässt erkennen, dass
die größten Schwankungen im Frühjahr und im Herbst zu finden sind. Eine Erklärung für diese Beobachtung kann der phänomenologische Hintergrund geben: Im Frühjahr und im Herbst
resultieren aus der starken Veränderung der Be- und Entlaubung die größten Schwankungen im
atmosphärischen CO_2-Gehalt.

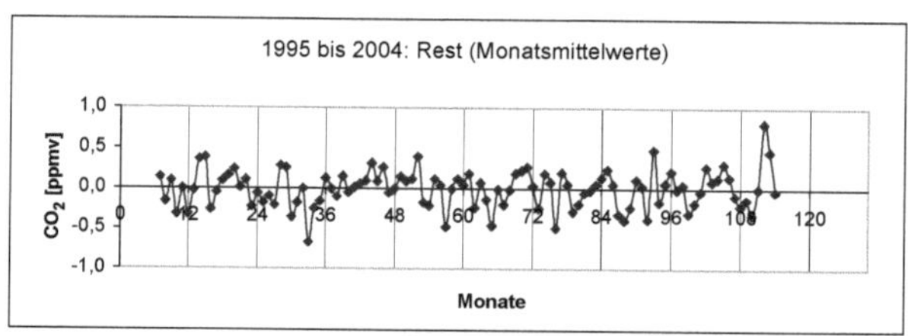

Abbildung 3.33: Detailbetrachtung des Residuendiagramms

Welche Glättung soll aber verwendet werden, wenn keine Saisonkomponente vorhanden ist,
d. h., welche Breite h für ein Zeitfenster ist günstig? Das lässt sich am besten ausprobieren:
Wählt man den Mittelwert aller Merkmalsausprägungen des zweiten Merkmals (hier der CO_2-
Konzentration, so erhält man eine Konstante, die die Zeitreihe schlecht repräsentiert. Wählt man
das Zeitfenster zu schmal, so wird die Zeitreihe kaum geglättet. Die Breite des Zeitfensters ist
damit, wie es schon häufig bei der Ausgestaltung der datenanalytischen Methoden der Fall war,
vom Kontext und den Daten abhängig.[23]

---

[23]Weitere Überlegungen zur Modellierung der CO_2-Daten finden sich in Vogel (2008a).

3.6 Allgemeine didaktisch-methodische Überlegungen

Obwohl die Analyse bivariater Daten nicht unmittelbar Bestandteil der Leitidee *Daten und Zufall* (vgl. KMK, 2003) ist, haben wir diesem Aspekt der Datenanalyse breiten Raum gegeben. Warum? Die Antwort auf diese Frage wird ein Schwerpunkt der folgenden zusammenfassenden Diskussion zu den Beispielen dieses Kapitels sein. Alle weiteren im Folgenden diskutierten Aspekte haben teilweise große Gemeinsamkeiten mit den Überlegungen im vorangegangenen Kapitel 2.4, da in diesem Kapitel die bekannten Methoden lediglich von einer auf zwei Dimensionen bzw. von einem Merkmal auf die Verbindung zweier Merkmale ausgeweitet wurden. Daher werden wir den überwiegenden Teil der folgenden Abschnitte nur kurz mit Verweisen auf das Kapitel 2.4 diskutieren.

Warum die Analyse bivariater Datensätze in der Sekundarstufe I?   In allen Beispielen dieses Buches und insbesondere im Kapitel zur Erhebung statistischer Daten haben wir einen Aspekt der Datenanalyse immer wieder hervorgehoben: Die Datenanalyse basiert stets auf dem fragenden Interesse von Schülerinnen und Schülern. Diese Fragen zu realen Phänomenen sind der Ausgangspunkt, die Motivation und der stete Kontrollmechanismus allen Arbeitens mit den Daten. Solche Fragen machen aber nicht halt vor Beschränkungen, die im Stoffkanon einer Klasse oder Schulstufe gegeben sind. Allenfalls der Verweis darauf, dass für bestimmte Fragestellungen das methodische Rüstzeug in einer bestimmten Klasse noch nicht erreicht werden kann, könnte unserer Meinung nach ein Grund sein, weitergehende Fragen von Schülerinnen und Schülern zurückzustellen. Aus diesem Grund sind die in diesem Kapitel ausführlich besprochenen Methoden durchweg elementar. Das heißt, sie sind, was die mathematische Technik anbelangt, nicht anspruchsvoller als die elementaren Methoden, die für die Analyse univariater Daten vorgestellt wurden.

Die Fragen, die sich bei der Datenanalyse stellen, zielen fast zwangsläufig auf einen *Vergleich* oder auf die Suche nach *Ursache und Wirkung*. Beides sind Facetten eines *Erklärungsansatzes* für die Beschaffenheit der Daten bzw. für die Ergebnisse der ersten Analyse. Ein Weiterfragen dieser Art ist aber unmittelbar verbunden mit der Erweiterung der Analyse univariater Daten auf die Analyse bivariater Daten. Beispiele zu diesem Weiterfragen bezogen auf Aufgabenstellungen in diesem Buch sind etwa folgende:

- In Kapitel 1 sind Schüler zu ihren Eigenschaften befragt werden. Gibt es Unterschiede zwischen Mädchen und Jungen, verschiedenen Altersstufen oder einzelnen Klassen etwa hinsichtlich ihrer Freizeitgewohnheiten (*Vergleich* bzw. *Ursache* Geschlecht und *Wirkung* Freizeitgewohnheit)? Welcher Papierfrosch springt weiter? Hier steckt der *Vergleich* von großen und kleinen Papierfröschen hinsichtlich ihrer Sprungweite unmittelbar in der Aufgabenstellung.

- In Kapitel 2 wurden Wetterdaten analysiert. Ist der April launischer als andere Monate (*Vergleich*)? Hat sich das Klima gewandelt? Eine elementare Zeitreihenanalyse der Wetterdaten kann möglicherweise die Hypothese einer ansteigenden Temperatur bestätigen (Sichtbarmachen einer vermuteten *Wirkung*). Wie kommt die linkssteile Form der Einkommensverteilung der Ärzte zustande? Verdienen verschiedene Arztgruppen unterschiedlich viel? Eine Clusterung und der anschließende *Vergleich* können hier Aufschluss geben.

Kurz: In jedem der Beispiele zur Datenanalyse steckt unmittelbar der Ansporn, den Zusammenhang zwischen zwei Merkmalen zu betrachten, durch den die Datenanalyse enorm erweitert wird. Solche Aspekte auszublenden, wäre aus unserer Sicht eine verpasste Chance für die Behandlung der Leitidee *Daten und Zufall* in der Sekundarstufe I. Außerdem wird auf diese Weise einem – leider immer wieder anzutreffenden – Vorurteil Vorschub geleistet, dass „richtige Stochastik" eben zu schwer und nur ab der Oberstufe angemessen machbar sei. Unser Anliegen ist aber, dass die Schülerinnen und Schüler schon früher die Erfahrung machen können, dass sich auf ihre Fragen an die Realität auch schon mit den mathematischen Mitteln tiefgründige Antworten finden lassen, die ihnen zur Verfügung stehen. Hierdurch kann u. E. auch die Bereitschaft, das mathematische Repertoire sukzessive erweitern zu wollen (nämlich, um immer weiterführende Fragen beantworten zu können), unterstützt werden.

Transnumeration oder Flexibilität bei der Aufbereitung statistischer Daten mit elementaren Methoden: Wir haben zu einigen Beispielen in diesem Kapitel mehrere Methoden diskutiert. Das soll nicht in dem Sinne missverstanden werden, dass alle diese Methoden in der Sekundarstufe I behandelt werden sollten! Das wäre zwar sinnvoll und wünschenswert, da sich durch den Vergleich der Methoden die Interpretationsmöglichkeiten erweitern lassen. Anders als bei den Methoden der univariaten Datenanalyse vertreten wir jedoch die Auffassung, dass ein derartiger Vergleich für die Sekundarstufe I in der Regel zu weit führen würde.

Wichtiger als die Analyse der Unterschiede scheint uns zu sein, dass je nach Klasse zumindest eine der verschiedenen Methoden zum Einsatz kommt. Bei diesen Methoden haben wir stets elementare Techniken bevorzugt, also Methoden, deren potenzieller Nutzen in einem (nur qualitativ einschätzbaren) günstigen Verhältnis zu ihrer algorithmischen und begrifflichen Komplexität steht. Erst durch die Verwendung von elementaren Methoden kann der Bereich der bivariaten Datensätze auch in der Sekundarstufe I behandelt werden, der für die Datenanalyse wichtig ist. Während beispielsweise die Methode der kleinsten Quadrate zur Regression wie auch der Korrelationskoeffizient nach Bravais und Pearson unserer Meinung nach in der Sekundarstufe I kaum motiviert, hergeleitet und verstanden werden kann, basieren die hier vorgestellten Methoden auf elementaren Algorithmen, etwa auf

- dem Bestimmen der bereits bekannten Lage- und Streuparameter einer Häufigkeitsverteilung (Clusterung),

- dem Bestimmen einer linearen Funktion anhand zweier Punkte (lineare Regression) bzw. dem Bestimmen von Parametern einer Funktion aus dem Funktionenpool der Sekundarstufe I (Modellieren mit Funktionen),

- dem Auszählen (Korrelationskoeffizient) oder

- dem Bestimmen von Differenzen (Residuenanalyse bei der linearen Regression, dem Modellieren mit Funktionen oder der Zeitreihenanalyse).

Elementarisiert man die Methoden der Datenanalyse, so ist natürlich stets auch zu fragen, ob diese Elementarisierung nicht so stark ist, dass das Ergebnis der Datenanalyse wertlos wird. Das ist aber hier nicht der Fall. Vergleicht man etwa das Ergebnis der elementaren Methoden zur linearen Regression mit dem Ergebnis der Regression mit der Methode der kleinsten Quadrate

(Kap. 3.3, Abb. 3.15), so erkennt man einen höchsten geringfügigen Unterschied. Ebenso ergeben die elementaren Korrelationskoeffizienten zumindest qualitativ die gleiche Aussage wie der Standard-Korrelationskoeffizient nach Bravais und Pearson (Kap. 3.3, S. 102). Verzerren aber die elementaren Methoden das zu interpretierende Ergebnis der Datenanalyse nicht wesentlich, so kann man pragmatisch postulieren, dass das gewählte (und elementare) mathematische Modell *ausreichend* ist, um ein reales Phänomen zu beschreiben. Diese Validierung im Modellbildungsprozess kann bei allen genannten Beispielen positiv bewertet werden.[24] Überträgt man das wissenschaftliche Sparsamkeitsprinzip *Ockhams Rasiermesser* – dieses Prinzip wurde nach dem mittelalterlichen Theologen Wilhelm von Ockham (1285 – 1347) benannt und besagt, dass von einer Auswahl an verschiedenen Theorien, die den gleichen Sachverhalt beschreiben, die einfachste Theorie zu bevorzugen ist –, könnte man sogar weitergehend argumentieren: Wenn das einfache Modell ausreicht, dann erhält es auch den Vorzug. Mit diesem Argument soll den vorgestellten elementaren Methoden der Datenanalyse das vermeintlich defizitär Anhaftende genommen werden: Es ist keine bloße Verlegenheitslösung, mit elementaren datenanalytischen Methoden zu arbeiten, nur „weil die Schülerinnen und Schüler noch nicht soweit sind" – es ist auch wissenschaftlich durchaus angemessen.

Wichtig bei allen elementaren Methoden ist die Interpretation der erzeugten Werte:

- Im Falle des Vergleichs nominalskalierter Merkmale ist der Abstand innerhalb des Einheitsquadrates als einfaches Assoziationsmaß zumindest qualitativ zu beurteilen.

- Im Fall der Clusterung dienen möglicherweise unterschiedliche Lage- *und* Streuparameter zum Vergleich der Häufigkeitsverteilung in den verschiedenen Clustern.

- Im Fall der linearen Regression ist die Geradengleichung bezogen auf den Sachkontext zu interpretieren und die Residuen sind auf ein Muster hin zu untersuchen.

- Im Fall der Korrelationsanalyse ist der Wert des Korrelationskoeffizienten qualitativ bezogen auf den Sachkontext zu interpretieren.

Datenanalyse und Sachkontext: Bei allen oben genannten Interpretationsansätzen spielt die Verbindung von Datenanalyse und Sachkontext (der fünfte Aspekt des statistischen Denkens nach Wild & Pfannkuch, 1999) wie bei jeder Untersuchung statistischer Daten eine entscheidende Rolle. Ohne diesen inneren Zusammenhang ließen sich statistische Abhängigkeiten belegen, die im Sachkontext jeglicher Grundlage entbehren. Das klassische Beispiel ist der statistisch vorhandene Zusammenhang zwischen der Anzahl der Störche und der Anzahl von Geburten (Abb. 3.34) – selbst wenn man die Daten aus der Zeit vor der Gründung der Bundesrepublik vernachlässigt.[25]

Das bedeutet, dass nicht allein die Maßzahl einen Zusammenhang zwischen zwei Merkmalen belegt, sondern dass stets auch der Sachkontext einen solchen Zusammenhang plausibel machen muss. Das lässt sich – vielleicht auch als Übungsaufgabe – durch die Verbindung verschiedenster

---

[24]Werden die Datensätze größer oder sollen inferenzstatistische Untersuchungen durchgeführt werden, haben die algorithmisierten Standardverfahren allerdings einen deutlichen Vorteil.

[25]Fairerweise muss man hier zugeben, dass die Storchenzahl sich auf Norddeutschland bezieht, die Geburtenanzahl auf Deutschland (in unterschiedlichen Grenzen).

Abbildung 3.34: Statistische Nonsens-Abhängigkeiten: Bringt der Storch die Kinder? (Zeichnung: Verena Mai)

metrisch skalierter Merkmale deutlich machen. Wählt man jeweils eine gleiche Stichprobengröße aus – etwa zu zwei Zeitreihen die Merkmalsausprägungen derselben Jahre –, so findet man beispielsweise bei den in Abbildung 3.35 dargestellten Merkmalen einen starken positiven Zusammenhang zwischen der Anzahl von Lehrern und der Anzahl von Insolvenzen bzw. einen starken negativen Zusammenhang zwischen der Anzahl von Ärzten und der Anzahl geschlossener Ehen. Die Zusammenhänge mögen (positiv wie negativ) noch so stark sein, im Sachkontext lassen sich kaum sinnvolle Argumente für ihren inhaltlichen Zusammenhang anführen.

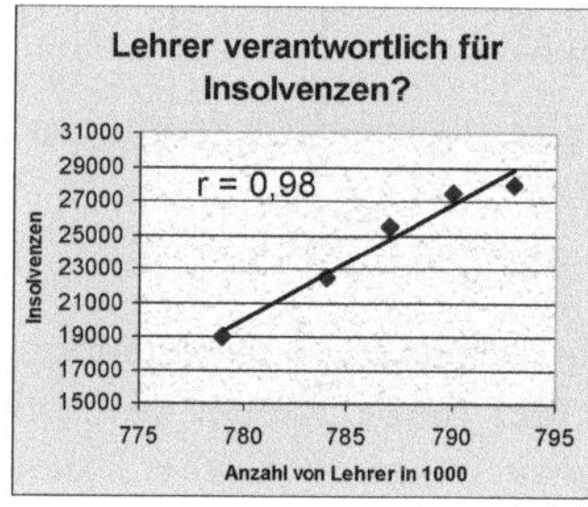

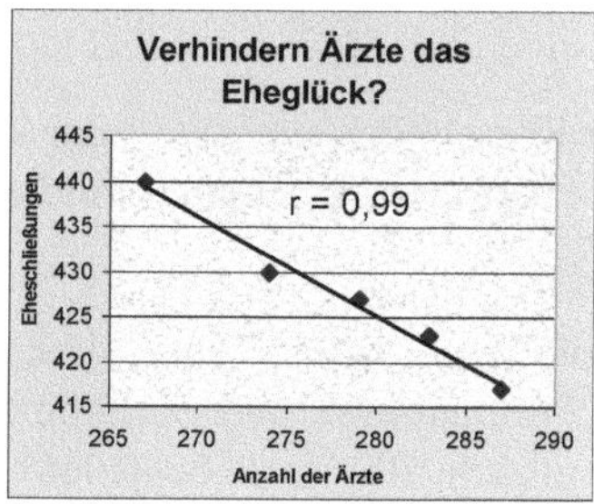

Abbildung 3.35: Statistische Nonsens-Abhängigkeiten

In enger Verbindung mit solchen *Scheinkorrelationen*, die statistisch, aber nicht im Sachkontext vorhanden sind, stehen *Scheinkausalitäten*. So sagt ein hoher Korrelationskoeffizient nur etwas über einen linearen Zusammenhang zweier Merkmale aus. Jede Zuweisung, dass eines der Merkmale Ursache für die sich im anderen Merkmal zeigende Wirkung ist, ist reine Interpretation, die außerhalb der statistischen Methoden steht. Welcher Unfug dabei entstehen kann, zeigt folgende Überlegung zum Zusammenhang zwischen Sterbezahlen und Aufenthaltsort: Es ist bekannt, dass mehr Leute im Bett als auf der Straße, auf der Toilette, im Fußballstadion oder in der Kneipe sterben. Also sollte man das Bett tunlichst vermeiden und lieber in der Kneipe noch ein Bier bestellen.

Liegt eine Zeitreihe vor, so bestehen die Fragen nach Scheinkorrelationen und Scheinkausalitäten nur unterschwellig. Die Zeit wird prinzipiell kaum als im Sachkontext bedingendes Merkmal angesehen („Weil die Zeit voranschreitet, ist die CO_2-Konzentration gestiegen."). Bei Zeitreihen liegt das Augenmerk viel mehr auf dem zweiten Merkmal (etwa dem CO_2-Gehalt der Luft) als bei der Analyse zweier beliebiger Merkmale. Die Hypothesen zu Ursache und Wirkung liegen dabei außerhalb der Zeitreihenanalyse: Beispielsweise könnte der Ausstoß von CO_2 durch Menschen als plausible Ursache der ansteigenden CO_2-Konzentration angenommen werden. Eine Verbindung der Merkmale Ausstoß-Konzentration (CO_2) wäre damit im Gegensatz zur Zeitreihe eine Untersuchung des Zusammenhangs zweier Merkmale, die darauf hinzielen, eine Erklärung für das in der Zeitreihe beschriebene Phänomen zu finden.

Reduktion, Variabilität und Muster: Das, was in Verbindung zum Sachkontext interpretiert werden muss, ist das Muster, das in den bivariaten Daten steckt.

Wie stets in der Datenanalyse basiert dabei die Herausbildung eines Musters darauf, dass die in den Daten enthaltenen Informationen ausgefiltert und reduziert werden. So werden beispielsweise bivariate Daten, die in Bezug auf zwei metrisch skalierte Merkmale in zwei Richtungen streuen, auf die Gleichung einer Anpassungsgeraden oder gar einen Korrelationskoeffizienten reduziert. Dieser Aspekt ist also identisch zur Analyse univariater Daten (vgl. Kap. 2.4).

Visualisierung: Ob Punktwolke oder geclusterte Häufigkeitsverteilungen: Alle Aspekte der Diskussion zum Lesen und Interpretieren grafischer Abbildungen eines Merkmals gelten auch, wenn bivariate Daten grafisch dargestellt werden.

Insbesondere das Entschlüsseln von Punktwolken kann dabei erhöhte Schwierigkeiten verursachen:

- Bei univariaten Daten kann beispielsweise die Häufigkeit einer bestimmten Merkmalsausprägung unmittelbar abgelesen werden. Bei einem Datenpunkt einer Punktwolke sind bei der Informationsentnahme zwei Merkmalsausprägungen zu berücksichtigen (*read the data*, vgl. Kap. 2.4).

- Die Form einer Häufigkeitsverteilung, Muster und Streuung sind bei univariaten Daten nur entlang einer Richtung zu erfassen, nämlich der Skala mit den Merkmalsausprägungen. Bei Punktwolken ist die Streuung in zwei Richtungen zu beachten, auch die Form der zweidimensional streuenden Daten ist schwerer beschreibbar als bei univariaten Daten (*read in the data*, vgl. Kap. 2.4).

- Ist in einer Punktwolke ein Muster sichtbar, so ist die über die sichtbaren Daten hinausgehende Interpretation (*read beyond the data*, vgl. Kap. 2.4) mit dieser Interpretation univariater Datensätze vergleichbar.

Über diese Betrachtung hinaus gibt es einen Aspekt bei der Visualisierung, der in diesem Kapitel neu hinzukommt: Bisher hatten die grafischen Darstellungen hauptsächlich die Funktion, die in den Daten enthaltenen Information zu kommunizieren und den Analyseprozess zu steuern. Die Verwendung einer Vierfelder-Tafel und das Einheitsquadrat haben eine weitergehende Funktion: So bietet insbesondere das Einheitsquadrat die Möglichkeit, die Begrifflichkeit zu veranschaulichen, die für die Analyse der bivariaten, nominalskalierten Daten notwendig ist. Es visualisiert bedingte und konjugierte Häufigkeiten als Strecken und Flächen. Wie etwa Skizzen in der Geometrie bietet damit das Einheitsquadrat die Möglichkeit, mathematische Strukturen und Zusammenhänge bildlich deutlich zu machen. Weitere Formen grafischer Darstellungen mit dieser Funktion werden in den Kapiteln zur Wahrscheinlichkeitsrechnung, Kapitel 5, 6 und 7, diskutiert.

Modellierung: Wie bei der systematischen Analyse univariater Datensätze sind auch die in diesem Kapitel vorgestellten Methoden als mögliche mathematische Modelle im Sinne des Modellierungskreislaufes (Abb. 1.6, S. 17) zu verstehen. Wiederum gibt es jeweils unterschiedliche Modelle. Allerdings wurden diese hier so gewählt, dass die Interpretationen der mathematischen Lösungen kaum voneinander abweichen.

Analog zur Analyse univariater Daten lassen sich auch bei der Analyse bivariater Daten die Kategorien des unistrukturalen, multistrukturalen und relationalen Denkens von Schülerinnen und Schülern unterscheiden.

- Das unistrukturale Denken: Schülerinnen und Schüler beziehen sich hier allein auf einen Aspekt oder Wert einer zweidimensionalen Häufigkeitsverteilung. Die Vorstellung zu einer stochastischen Methode ist noch bildlich geprägt und propädeutisch.

  Einzelne, vielleicht extreme Daten einer Punktwolke werden beachtet. Es besteht möglicherweise eine bildliche Vorstellung zur möglichen Anpassung einer Geraden („Die Punktwolke geht so nach oben."). Die isolierte Betrachtungsweise kann sich ebenso auf Einzelwerte in Clustern oder einzelne Zellen in einer Vierfelder-Tafel beziehen.

- Das multistrukturale Denken: Schülerinnen und Schüler beziehen hier mehrere Aspekte oder Werte einer Häufigkeitsverteilung in ihre Überlegungen mit ein. Die Vorstellungen zu einer stochastischen Methode sind algorithmisch geprägt und noch isoliert.

  Eine Regressionsgerade kann in eine Punktwolke eingefügt, der Korrelationskoeffizient oder auch Häufigkeiten in einer Vierfelder-Tafel berechnet werden.

- Das relationale Denken: Schülerinnen und Schüler weisen ein beziehungshaltiges Verständnis von einer zweidimensionalen Häufigkeitsverteilung auf.

  Die Ergebnisse verschiedener Methoden, etwa der Korrelationskoeffizient und die Regressionsgerade oder Muster und Residuen, können miteinander in Beziehung gebracht werden. Die einfachen, bedingten und konjugierten relativen Häufigkeiten können miteinander in Verbindung gebracht werden (das Einheitsquadrat soll also eine Visualisierung sein, die das relationale Denken unterstützt).

Das Ziel des Unterrichts ist in diesem Modell wiederum darin zu sehen, dass sich das Denken von Schülerinnen und Schülern zu einem beziehungshaltigen stochastischen Denken entwickelt. Dieses ermöglicht ihnen, Daten flexibel und reflektiert aufzubereiten und zu interpretieren.

Verbinden und Üben: Analog zur Diskussion dieses Aspekts in Kapitel 2.4 lassen sich wiederum Übungen zu einzelnen Methoden wie auch zu deren Zusammenhängen konstruieren. Zudem ist die Analyse bivariater Datensätze mit den hier vorgestellten elementaren Methoden per se eine Übung, da die Methoden der univariaten Datenanalyse in einem neuen Kontext verwendet werden.

Die Möglichkeiten, einzelne stochastische Methoden dieses Kapitels zu üben, bestehen wiederum in der Variation von Parametern einer (zweidimensionalen) Häufigkeitsverteilung, der Zuordnung von Bild und Ergebnis einer Methode oder der Umdrehung von Aufgaben (vgl. auch Kap. 2.4). Dies sollen folgende Aufgaben beispielhaft verdeutlichen:

Zusatzaufgabe 4: Ihr seht unten ein Ergebnis zur Analyse des Zusammenhangs von Geschlecht und Computerbesitz. Wie ändern sich die Gestalt des Einheitsquadrates und die Interpretation der Differenz $h_{72}(c|j) - h_{72}(c|m)$, wenn Ihr

- den Anteil von Mädchen und Jungen verändert?

- den Anteil der Jungen verändert, die einen Computer besitzen?

- die Größe der Stichprobe verändert?

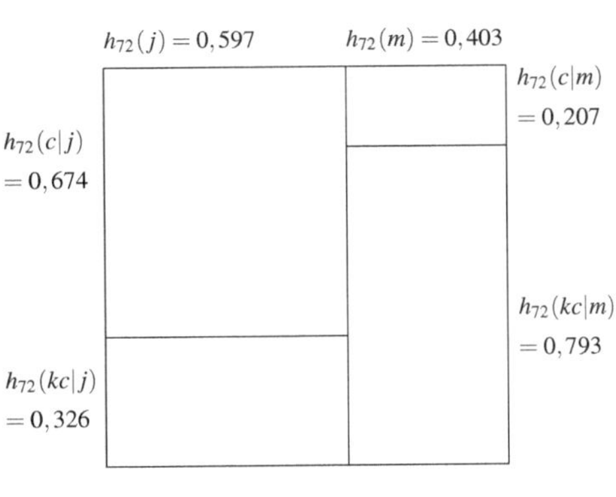

	j	m	Summe
c	0,403 (29)	0,083 (6)	0,486 (35)
kc	0,194 (14)	0,319 (23)	0,514 (37)
Summe	0,597 (43)	0,403 (29)	1 (72)

Abbildung 3.36: Grafische Vierfelder-Tafel und Einheitsquadrat mit den Bezeichnungen m: Mädchen, j: Junge, c: eigener Computer und kc: kein eigener Computer

Während diese Zusatzaufgabe das Prinzip der Variation enthält, geht es bei der folgenden Aufgabe um das Zuordnen von grafischer Darstellung und Ergebnis einer Methode, die bereits den Aufbau des relationalen Denkens mit enthalten.

Zusatzaufgabe 5: Ordnet die untenstehenden grafischen Abbildungen den Korrelationskoeffizienten zu.

Eine Aufgabe, die ebenfalls bereits den Aufbau des relationalen Denkens enthält und auf der Umdrehung von Aufgaben (bezogen auf den üblichen Analyseweg) basiert, ist folgende:

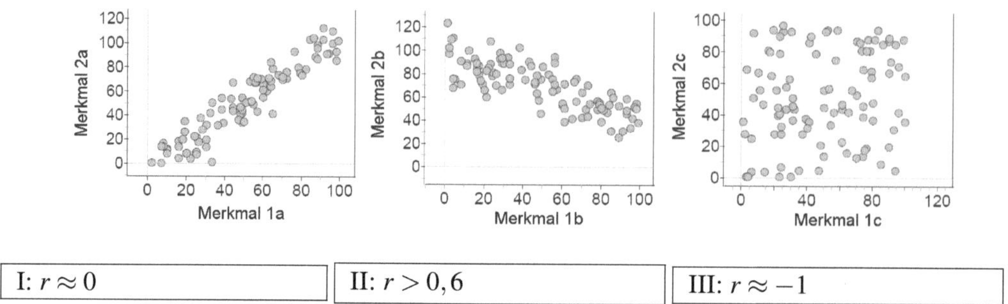

| I: $r \approx 0$ | II: $r > 0,6$ | III: $r \approx -1$ |

Zusatzaufgabe 6: Es sind zu verschiedenen Datensätzen Regressionsgeraden und Korrelationskoeffizienten gegeben. Skizziert jeweils eine Punktwolke, die gut zu diesen Regressionsgeraden bzw. Korrelationskoeffizienten passen könnte:

- $r = 0,7$
- $y = 5 \cdot x - 20$
- $r = 0,1$
- $y = -0,5 \cdot x + 2$

Überlegt Euch auch passende Datenkontexte zu den Punktwolken.

Eine Aufgabe, die schließlich direkt auf die Beziehung zweier Methoden, hier des Korrelationskoeffizienten, zielt und dabei den typischen Fehler, den Korrelationskoeffizienten als Steigung der Geraden zu identifizieren, provozieren soll, ist folgende:

Zusatzaufgabe 7: Es sind zwei Korrelationskoeffizienten gegeben: $r = 0,7$ und $r = -0,9$.

- Skizziert eine Punktwolke und eine darin eingefügte Gerade, die gut zu dem ersten Korrelationskoeffizienten passen könnten.
- Skizziert zwei Punktwolken und jeweils darin eingefügte Geraden, die gut zu dem zweiten Korrelationskoeffizienten passen könnten.

3.7 Statistische Methoden und Begriffe

Zeitreihe: Ist statt einer punktuellen Betrachtung die zeitliche Entwicklung eines Merkmals von Interesse, ist eine Zeitreihe die angemessene Beschreibung dieser Entwicklung. Bei einer Zeitreihe wird das identische Merkmal zu verschiedenen Zeitpunkten erhoben. Eine Zeitreihe ist damit durch das Paar (T, Y_t) bestimmt, wobei T Zeitpunkte und Y_t ein beliebiges Merkmal sind.

Mittelkreuz: Als Mittelkreuz wird (in diesem Buch) ein sich senkrecht schneidendes Geradenpaar in einem kartesischen Koordinatensystem bezeichnet. Bezieht sich das Mittelkreuz

- auf das arithmetische Mittel zweier Merkmale X und Y, so sind die Geraden durch je zwei Punkte festgelegt: $g_1 : P_{x_1}(\bar{x}|0) \wedge P_{x_2}(\bar{x}|1)$ und $g_2 : P_{y_1}(0|\bar{y}) \wedge P_{y_2}(1|\bar{y})$.

- auf den Median zweier Merkmale X und Y, so sind die Geraden durch je zwei Punkte festgelegt: $g_1 : P_{x_1}(x_{0,5}|0) \wedge P_{x_2}(x_{0,5}|1)$ und $g_2 : P_{y_1}(0|y_{0,5}) \wedge P_{y_2}(1|y_{0,5})$. Dieses Mittelkreuz wird auch als *Mediankreuz* bezeichnet.

Korrelationskoeffizient: Ein Maß für die Güte der linearen Abhängigkeit zweier metrisch skalierter Merkmale X und Y heißt *Korrelationskoeffizient r*. Für r gilt: $-1 \leq r \leq 1$. Liegen alle Punkten auf einer Geraden mit einer Steigung $m < 0$, so nimmt der Korrelationskoeffizient den Wert -1 an, für $m > 1$ ist entsprechend der Wert des Korrelationskoeffizienten $+1$. In beiden Fällen besteht ein perfekter negativer bzw. positiver linearer Zusammenhang zwischen den Merkmalen X und Y. Ist der Wert des Korrelationskoeffizienten 0, so besteht kein linearer Zusammenhang.[26]
Es lassen sich drei Korrelationskoeffizienten unterscheiden:

1. $r = \dfrac{\sum_{i=1}^{n}(x_i-\bar{x})\cdot(y_i-\bar{y})}{\sqrt{\sum_{i=1}^{n}(x_i-\bar{x})^2}\cdot\sqrt{\sum_{i=1}^{n}(y_i-\bar{y})^2}}$. Der Korrelationskoeffizient nach Bravais und Pearson ergibt sich, indem die *empirische Kovarianz* im Zähler durch das Produkt der empirische Standardabweichungen s_X und s_Y der Merkmale X und Y geteilt (und dadurch normiert) wird.

2. $r_{rst} = \sin\left(\left(\frac{n^+}{n} - \frac{1}{2}\right)\cdot\pi\right)$, wobei n^+ die Anzahl der Punkte im I und III Quadranten, n die Anzahl aller Punkte in einem Mediankreuz einer Punktwolke bezeichnet. Punkte auf dem Mediankreuz werden halb gezählt (resistenter Korrelationskoeffizient).

3. $r_z = \dfrac{n^+ - (n-n^+)}{n}$, wobei n^+ die Anzahl der Punkte im I und III Quadranten, n die Anzahl aller Punkte in einem Mittelkreuz einer Punktwolke bezeichnet. Punkte auf dem Mittelkreuz werden halb gezählt („zählend" ermittelter Korrelationskoeffizient).

Gleitender Mittelwert: Als *gleitender Mittelwert* der Ordnung h einer Zeitreihe (T, Y_t) wird das arithmetische Mittel von h Merkmalsausprägungen des Merkmals Y_t der folgenden Form bezeichnet:

$$\bar{y}_t := \frac{y_{t-\frac{1}{2}(h-1)} + y_{t-\frac{1}{2}(h-1)+1}\cdots + y_{t+\frac{1}{2}(h-1)-1} + y_{t+\frac{1}{2}(h-1)}}{h} \qquad \text{falls } h \text{ ungerade}$$

$$\bar{y}_t := \frac{\frac{1}{2}\cdot y_{t-\frac{1}{2}h} + y_{t-\frac{1}{2}h+1}\cdots + y_{t+\frac{1}{2}h-1} + \frac{1}{2}\cdot y_{t+\frac{1}{2}h}}{h} \qquad \text{falls } h \text{ gerade}$$

Regressionsfunktion: Als *Regressionsfunktion* wird eine Funktion bezeichnet, die als Modell für einen bivariaten Datensatz stehen soll. Im einfachsten Fall handelt es sich um eine *Regressionsgerade*. Mit der *Methode der kleinsten Quadrate* minimiert solch eine Regressionsgerade $y = a \cdot x + b$ die quadratischen Residuen. Für diese Regressionsgerade gilt:

$$a = \frac{\sum_{i=1}^{n}(x_i - \bar{x})\cdot(y_i - \bar{y})}{\sum_{i=1}^{n}(x_i - \bar{x})^2} = \frac{\textit{empirische Kovarianz}}{s_X^2} \quad \text{und } b = \bar{y} - a\cdot\bar{x}$$

---

[26]Für r_z und r_{rst} gilt diese Aussage asymptotisch, also für $n \to \infty$, da ein auf dem Mittelkreuz liegender Punkt trotz perfekter Linearität einer Punktwolke den Wert der Korrelationskoeffizienten verringert.

Eine andere Anpassungsgerade ist die *Median-Median-Gerade:* Ihre Steigung a entspricht der Steigung der parallel verlaufenden Geraden durch die Medianpunkte des ersten und letzten Drittels der Daten zu den Merkmalen X und Y. Ihr y-Achsenabschnitt ergibt sich aus dem arithmetischen Mittel der y-Achsenabschnitte der drei Geraden durch die Medianpunkte im ersten, zweiten und dritten Drittel mit Steigung a. Die Drittelung der Daten bezieht sich auf das Merkmal X.

Medianpunkt: Als *Medianpunkt* wird in einer Punktwolke, die die Merkmale X und Y grafisch darstellt, der Punkt $P(x_{0,5}|y_{0,5})$ bezeichnet.

3.8 Lesehinweise – Rundschau

Rundschau: Material

Die Analyse univariater und bivariater Daten muss nicht getrennt erfolgen. Daher gibt es im Folgenden Überschneidungen zum Abschnitt 2.6 unter der Rubrik *Rundschau: Materialien.* Die folgende, keinesfalls vollständige Übersicht beschränkt sich auf solche Arbeiten, die aus unserer Sicht wichtige Aspekte der Analyse bivariater Daten im Rahmen der Sekundarstufe I beleuchten und die, zumindest überwiegend, gut verfügbar sind.

- *Vierfelder-Tafel:* Bei Biehler & Hartung (2006) wird der Computerbesitz in Abhängigkeit vom Geschlecht zunächst anhand der Vierfelder-Tafel betrachtet. Von dort ausgehend werden weitere grafische Darstellungsmöglichkeiten vorgestellt und diskutiert.

- *Verteilungsvergleich, Clusterung:* Biehler (2007) untersucht in einem ähnlich gelagerten Datensatz die Zeit, die mit dem Computer verbracht wird, geclustert nach dem Geschlecht. Wesentliche Verfahrensweisen des Verteilungsvergleichs werden dabei herausgestellt.

- *Regression und Korrelation:* Es gibt ein älteres, leider nicht sehr gut verfügbares Werk zur explorativen Datenanalyse, in der elementare Techniken im Rahmen der Regression und Korrelation an interessanten Datensätzen (etwa Seehöhe und Durchschnittstemperatur) diskutiert werden (Borovcnik & Ossimitz, 1987). Eine kommentierte Aufgabenauswahl zur überwiegend klassischen Regression und Korrelation bieten Vogel & Wintermantel (2003). Eine fachliche Zusammenschau von Arbeiten zur Regression und Korrelation ist schließlich in zwei Heften (1 und 2) der Zeitschrift *Stochastik in der Schule* aus dem Jahr 1988 enthalten. Diese sind im Internet verfügbar.[27] Relevant sind schließlich die Arbeiten von Noll & Schmidt (1994) sowie von Engel & Theiss (2001), die den Themenkomplex Regression und Korrelation mit elementaren Methoden bearbeiten. Die Arbeit von Engel & Vogel (2002) enthält einen handlungsorientierten Zugang zum Verstehen des Regressionseffekts, der in der Sekundarstufe I eingesetzt werden kann.

- *Modellieren von funktionalen Abhängigkeiten:* In der Arbeit von Engel (2009) werden in zahlreichen Anwendungskontexten bivariate Daten auf einen funktionalen Zusammenhang hin analysiert und den Leserinnen und Lesern Raum für eigene Erkundungen gegeben. Das Spektrum der Aufgaben reicht hier weit über die Sekundarstufe I hinaus, enthält aber auch tragfähige Beispiele für den Mittelstufenunterricht. Beispiele speziell für das Modellieren

---

[27] http://www.stochastik-in-der-Schule.de/

mit elementaren Funktionen finden sich auch bei Biehler (z. B. Biehler & Schweynoch 1999, 2006) und in mehreren Arbeiten von Vogel (z. B. 2007, Hafenbrak & Vogel 2008).

- *Zeitreihenanalyse:* Einige Arbeiten zu einer schulrelevanten, elementaren Zeitreihenanalyse stammen von Nordmeier (z. B. 1993, 1994 und 2003). Auch Engel (1999) diskutiert elementare Glättungsmethoden, die noch an der Sekundarstufe I anknüpfen.

Rundschau: Forschungsergebnisse

Der Umgang von Schülerinnen und Schülern mit bivariaten statistischen Daten ist auch international noch nicht umfassend untersucht worden (Shaughnessy, 2007). Die bestehenden Forschungsergebnisse beziehen sich überwiegend auf den Vergleich zweier Häufigkeitsverteilungen, die durch Clusterung entstanden sind (was unter das momentan breit diskutierte Schlagwort der *informellen Inferenz* fällt). Deutlich weniger Forschungsergebnisse gibt es zu den anderen Vergleichsmöglichkeiten zweier Merkmale.[28] Die Forschungsergebnisse, die sich insbesondere auf die Kategorien des unistrukturalen, multistrukturalen und relationalen Denkens (vgl. Kap. 3.6) beziehen lassen, können folgendermaßen zusammengefasst werden:

- Nahezu unabhängig vom Alter ist bei Novizen in der bivariaten Datenanalyse die Tendenz festzustellen, dass der Vergleich zweier Merkmale überwiegend an isolierten Eigenschaften der Merkmale festgemacht wird. Etwa wird bei dem Vergleich zweier Häufigkeitsverteilungen, die durch Clusterung entstehen, wenig auf die Verteilungen insgesamt und ebenso wenig auf die charakterisierenden Werte der Lage- und (insbesondere) der Streuparameter Bezug genommen (Shaughnessy, 2007). Bezogen auf den Vergleich zweier Merkmale in einer Kontingenztafel bezieht sich diese unistrukturale Herangehensweise auf das Betrachten einzelner Felder in der Kontingenztafel (Batanero, Estepa, Godino & Green, 1996). Diese Forschungsarbeit enthält eine Aufgabe, die auch für den Unterricht in der Sekundarstufe I geeignet ist:[29]

Zusatzaufgabe 8: Untersucht den Zusammenhang von Kabinenklasse und Überleben des Untergangs der Titanic.

Kabinenklasse	Tote	Überlebende	Summe
Erste Klasse	122	197	319
Zweite Klasse	167	94	261
Dritte Klasse	476	151	627
Summe	765	442	1207

---

[28]Hier sind allerdings keine Ergebnisse zu Schülerschwierigkeiten zum Themenkomplex der bedingten Wahrscheinlichkeit, die man durchaus auf die in Kapitel 3.1 diskutierten Inhalte übertragen könnte. Diese Diskussion wird an entsprechender Stelle des Kapitels 6 zur Wahrscheinlichkeitsrechnung skizziert.

[29]In diesem Beispiel liegt eine 2×3-Kontingenztafel vor. Im Einheitsquadrat wäre damit eine Unterteilung in 2×3 Felder vorzunehmen (waagerecht eine Unterteilung, senkrecht zwei Unterteilungen).

Wir vertreten hier die These, dass die grafische Entsprechung einer Kontingenztafel in einem Einheitsquadrat die bivariate Verteilung zweier Merkmale im Sinne eines relationalen Denkens fördern kann.

- Beim Vergleich zweier metrisch skalierter Merkmale in einer Punktwolke besteht neben dem Lesen der einzelnen Dateninformationen ebenfalls die Schwierigkeit, die bivariate Verteilung als Ganzes aufnehmen zu können. Shaughnessy (2007) schlägt hier vor, zunächst Zeitreihen zu behandeln, da hier das erste Merkmal (bestehend aus den Zeitpunkten) quasi natürlich ist und das Augenmerk auf das zweite Merkmal gelegt werden kann. Die Schwierigkeit, Gründe für die Form der Zeitreihe hypothetisch zu entwickeln (read beyond the data, vgl. 3.6), bleibt aber auch bei diesem Zugang bestehen (Shaughnessy, 2007). Falls dieser Zugang gewählt werden sollte, wäre unseres Erachtens allerdings zunächst der Bezug zu einfachen Regressionsfunktionen wie etwa im Beispiel der Kassenbons (Kap. 3.5) zu wählen.

- Werden schließlich zwei metrisch skalierte Merkmale verglichen, so scheinen Schülerinnen und Schüler eher geneigt zu sein, auch Scheinkorrelationen als Beleg für Ursache und Wirkung hinzunehmen, als den eben nur scheinbaren Zusammenhang im Sachkontext kritisch zu beurteilen (Watson & Moritz, 1997). Überzieht man die Unsinnigkeit eines Zusammenhangs im Sachkontext (z. B. Störche und Geburten), so ist es möglich, Schülerinnen und Schüler für die Notwendigkeit zu sensibilisieren, auch den Sachkontext in Zusammenhangsüberlegungen mit einzubeziehen.

National gibt es nicht zuletzt deswegen kaum Forschungsergebnisse, da die Analyse bivariater Daten im Mathematikcurriculum keine Rolle gespielt hat bzw. spielt (vgl. Eichler, 2008b). Auch etwa der Versuch, durch den staatlichen Lehrplan in Nordrhein-Westfalen die Themen Regression und Korrelation in der Jahrgangsstufe 11 zu behandeln, scheint zumindest in der Fläche nicht erfolgreich gewesen zu sein. Wir sind der Auffassung, dass die auch in diesem Versuch enthaltene Fokussierung auf komplexe Methoden das Scheitern zumindest mit verursacht hat und dass eine stärkere Verschiebung auf elementare Methoden die spannende Analyse bivariater Daten auch in der Sekundarstufe I möglich machen kann.

4 Vernetzungen zur Leitidee Daten

Einleitung

Beispiele, die aus unserer Sicht dazu geeignet sind, das statistische Denken bei Schülerinnen und Schülern beispielgebunden zu entwickeln, haben wir in den vergangenen drei Abschnitten diskutiert. Obwohl wir in den zusammenfassenden Betrachtungen die Beispiele stets auf übergreifende inhalts- und prozessorientierte Ideen der Stochastikdidaktik bezogen haben, sind nicht alle diese Ideen explizit diskutiert worden. Diejenigen Überlegungen, die in unserem Verständnis wichtig sind und die Datenanalyse in der Sekundarstufe I aus einer noch nicht beleuchteten Perspektive erscheinen lassen, werden wir in diesem Kapitel 4 „Vernetzungen zur Leitidee Daten" noch einmal neu aufnehmen. Dabei gehen wir von dem üblichen Vorgehen ab und bauen unsere Überlegungen nicht an neuen Beispielen auf, sondern illustrieren diese an bereits behandelten.

Die Fragen oder Aspekte, die uns wichtig sind, können wie nachfolgend umschrieben werden:

1. Einen Aspekt der Stochastikdidaktik, das Modellieren, haben wir in den allgemeinen didaktischen Überlegungen der vorangegangenen Kapitel stets diskutiert. Wie lässt sich aber das Verhältnis von Datenanalyse und Modellbildung insgesamt beschreiben? Ist die Datenanalyse stets Modellbildung oder die Modellbildung stets Datenanalyse?

2. Der fünfte Aspekt des statistischen Denkens umfasst die unmittelbare Verknüpfung von Kontext und Statistik, postuliert also auch den direkten Realitätsbezug der Datenanalyse. Wie aber sieht genau dieses Verhältnis aus? Was gilt als Realitätsbezug?

3. Ein weiteres didaktisches Schlagwort ist das vernetzte Lernen. Obwohl wir bei der Betrachtung der Einzelbeispiele immer wieder auf andere Beispiele, Begriffe oder Methoden verwiesen haben, soll in einem eigenen Abschnitt eine systematische Vernetzung der bisher besprochenen Inhalte als Umsetzung einer *Leitidee Daten* skizziert werden. Diese Überlegungen werden wir im Schlusskapitel des Buches mit den Überlegungen zur Wahrscheinlichkeitsrechnung schließlich zu der einen *Leitidee Daten und Zufall* verknüpfen.

4. Alle Beispiele haben wir implizit oder explizit mit Rechnerunterstützung, zumeist bezogen auf die Software *Fathom*, behandelt. Geht Datenanalyse ohne den Rechner nicht? Wenn man die Datenanalyse rechnerunterstützt unterrichtet, welches Programm soll man nehmen?

Diese Aspekte und Fragen werden wir in den folgenden vier Abschnitten auf die Aufgabenstellungen in diesem Buch beziehen.

4.1 Datenanalyse als Modellierung

Beim mathematischen Modellieren geht es darum, reale Situationen mit mathematischen Mitteln zu beschreiben, zu erklären oder zu prognostizieren. Der wesentliche Kern des Modellierens besteht darin, dass nicht die gesamte Komplexität der Ausgangsfragestellung berücksichtigt wird und prinzipiell auch nicht berücksichtigt werden kann. Es wird vielmehr mit Verkürzungen gearbeitet, die nur jeweils relevante Merkmale berücksichtigen. Was als relevant angesehen wird, darüber entscheidet die modellierende Person. Eine eindeutige, zeitlich und inhaltlich allgemeingültige Zuordnung von Original und Modell gibt es daher nicht – dieses Charakteristikum bezeichnet Stachowiak (1973) als *Pragmatisches Merkmal* eines Modells. Schupp (1988) formuliert dies so: „Modelle sind Modelle für jemanden, zu einer bestimmten Zeit und zu einem bestimmten Zweck." Aus diesem Grund sind Modelle nicht hinsichtlich ihrer Richtigkeit, sondern hinsichtlich ihrer Nützlichkeit zu beurteilen. Für die Modellbeurteilung sind nach Stachowiak (1973) zwei weitere Merkmale wesentlich: Die Güte eines Modells bemisst sich zum einen über das *Abbildungsmerkmal* daran, wie gut es die relevanten Eigenschaften des Ausgangssachverhalts wiedergeben kann, und zum anderen über das *Verkürzungsmerkmal* daran, wie gut es der mathematischen Bearbeitung zugänglich ist und intuitive Einsichten zu vermitteln vermag.

Mathematischer Modellierungskreislauf: Ein *Modell* des Modellierens, das in der mathematikdidaktischen Literatur nunmehr seit einigen Jahrzehnten verschiedentlich vorgestellt und diskutiert wurde (z. B. Blum, 1985; Schupp 1988; Blum et al. 2003; Maaß 2004; Borromeo-Ferri & Kaiser, 2008), ist der so genannte Modellierungskreislauf (Abb. 4.1, links).

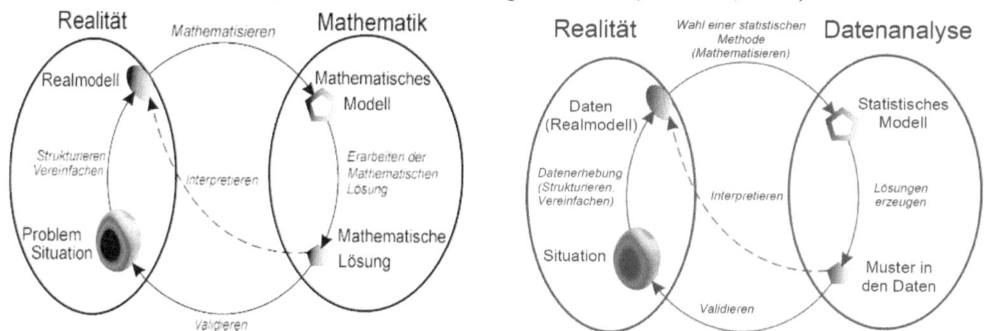

Abbildung 4.1: Modellierungskreislauf nach Förster (Eichler & Förster, 2008) und Spezifizierung als stochastischer Modellierungskreislauf

In diesem Modell des Modellierens sind wie auch in der didaktischen Diskussion zum Modellieren Aspekte der Datenanalyse in den seltensten Fällen präsent. Das ist insofern erstaunlich, als dass sich die Datenanalyse in fast idealtypischer Weise als mathematischer Modellierungsprozess beschreiben lässt.

Stochastisches Modellieren: Am Beispiel des Ärzteprotestes (vgl. Kap. 2.2) lässt sich der Modellierungsvorgang bei der Datenanalyse folgendermaßen beschreiben: Zunächst muss die *reale Ausgangssituation* strukturiert und um unwesentlich erscheinende Aspekte reduziert werden. Hier bedeutet das, dass eine journalistische Situationsbeschreibung in Printmedien oder digitalen

Medien die Recherche nach verfügbaren Daten zu den Einkommensverhältnissen in der Ärzteschaft motiviert. Bei dieser Reduktion der Problemsituation auf ein *Realmodell* bleiben politische Überzeugungen, Kommentare oder sonstige Informationen, die nicht das Einkommen betreffen, außen vor. Hier bilden die vorhandenen Einkommensdaten das Realmodell zur Ausgangssituation.

Im Schritt des *Mathematisierens* wird dieses Realmodell in ein *mathematisches Modell* übertragen, das in inhaltlicher wie formaler Hinsicht die mathematische Weiterverarbeitung ermöglicht. Der Ansatz zur Datenanalyse (reduziert man die Daten auf das arithmetische Mittel oder auf ein Quantil?) bestimmt wesentlich das nachfolgende Analyseergebnis. Dieser Modellierungsschritt umfasst stets die Suche nach einem Muster in der Variabilität der statistischen Daten und damit stets auch die Reduktion der in den Daten enthaltenen Information.

Die möglichen entstehenden *mathematischen Ergebnisse* werden im *Interpretationsvorgang* in den Kontext des Realmodells, also in den Datenkontext übersetzt: „Ärzte verdienen im Schnitt mehr als Professoren, nämlich 82.000 Euro im Jahr" oder „Ein Drittel der Ärzte bangt um die Existenz bei 1.500 Euro monatlich." Schließlich werden die gewonnenen Ergebnisse mit der problemhaltigen Ausgangssituation auf ihre Tragfähigkeit hin verglichen (*Validierung*): Ist der Ärzteprotest nun gerechtfertigt oder eben nicht?

Die Datenanalyse umfasst in diesem Beispiel (wie auch in allen anderen bisher diskutierten Beispielen) also alle in der Sprache des Modellierens entscheidenden Schritte. Die Datenanalyse ist damit zumindest ein Teilbereich des Modellierens und kann als spezifisch stochastischer Modellierungskreislauf dargestellt werden (Abb. 4.1, rechts).

Auch die in diesem Buch stetig diskutierten fünf Aspekte des statistischen Denkens (Wild & Pfannkuch, 1999) lassen sich als Bestandteile des Modellierens auffassen, nämlich als Prozesse zwischen den einzelnen Phasen des Modellierens (Abb. 4.1, rechts). Damit ist statistisches Denken als Modellierungsdenken beschreibbar:

- Situation $\longrightarrow$ Daten: Das Erheben von Daten folgt der Einsicht, dass statistische Daten notwendig für die Beantwortung vieler Fragen sind („recognition of the need for data"),

- Daten $\longrightarrow$ Statistisches Modell: Die Übersetzung vom Realmodell in ein datenanalytisches Modell ist der Prozess, den Wild & Pfannkuch (1999) als „transnumeration" beschreiben.

- Statistisches Modell $\longrightarrow$ Datenmuster: Auf dem Weg von einem datenanalytischen Modell zu verschiedenen Lösungen muss versucht werden, bei Beachtung der Variabilität statistischer Daten ein geeignetes Muster in den Daten zu identifizieren („consideration of variation" und „reasoning with statistical models").

- Datenmuster $\longrightarrow$ Situation: Sowohl in der Interpretation als auch in der Validierung muss bei der Datenanalyse der Sachkontext beachtet werden („integrating the statistical and contextual").

Die stochastische oder datenanalytische Modellierung als Teilbereich des Modellbildens in der Schule zu behandeln, hat einen bedeutsamen Vorteil. Dieser lässt sich an dem oben wiederholten Beispiel des Ärzteprotests deutlich machen:

- Dass das *Mathematisieren* ein entscheidender Auswahlprozess zum Beschreiben oder Erklären einer realen Situation ist, kann nur deutlich werden, wenn solch eine Auswahl tatsächlich besteht.

- Die Motivation für eine echte Auswahl ist aber nur dann vorhanden, wenn die unterschiedlichen mathematischen Modelle unterschiedliche Einschätzungen bzw. Interpretationen hinsichtlich des Realmodells bieten. Ansonsten ist nur die pragmatische Wahl des einfachsten mathematischen Modells sinnvoll.

- Wie bei den meisten Beispielen zur Datenanalyse existieren auch beim Ärzte-Beispiel tatsächlich Alternativen in der Mathematisierung (bzw. Auswahl einer statistischen Methode), etwa das arithmetische Mittel und Quantile zur Beschreibung der Ärzte-Einnahmen.

- Das ist bei vielen gängigen Beispielen zum Modellieren in der Schule nicht der Fall (vgl. Hinrichs, 2008; Maaß, 2007). Dort gibt es in der Regel Alternativen bei der Konstruktion des Realmodells, nicht aber bei der Wahl eines mathematischen Modells.

Aus diesen Überlegungen heraus begründet sich unsere Auffassung, dass die Datenanalyse fester Bestandteil eines Mathematikunterrichts sein sollte, der sich mit dem mathematischen Modellieren beschäftigt. Über diesen entscheidenden Vorteil der Datenanalyse hinaus vertreten wir die These, dass sehr viele Modellierungen zumindest einen stochastischen Teilaspekt umfassen, selbst wenn sie außerhalb der Datenanalyse eingeordnet werden. Das gilt nämlich immer dann, wenn in irgendeiner Form Daten die Grundlage der Modellbildung sind. Sind aber solche Daten die Grundlage, so sollten unseres Erachtens auch die Methoden der Datenanalyse explizit beachtet werden: Wo kommen die Daten her? Ist es möglich, selber Daten nach festgelegten Kriterien zu erheben? Welche Muster können in den Daten bei welcher Streuung identifiziert werden? Gibt es alternative Möglichkeiten, Muster zu benennen? Beachtet man diese Schritte nicht, so kann die Modellierung als Suche nach einer Antwort werden, die auch schon vor dem anstrengenden Modellieren allen Schülerinnen und Schülern klar war. Diese kritische Sicht führen wir an dem folgenden Teilaspekt stochastischer Modellierung aus, in dem sich die Leitidee *Daten und Zufall* mit der Leitidee *funktionales Denken* überschneidet.

Daten und Zufall – funktionales Denken: Ein fiktiver Dialog einer Lehrkraft mit einem wissenden Schüler soll den vorangegangenen Gedanken bezogen auf das Modellieren von funktionalen Zusammenhängen verdeutlichen:

Lehrkraft: „Heute werden wir modellieren! In dem Weg-Zeit-Diagramm sind die Ergebnisse eines Experiments eingetragen. Hier scheint doch eine Funktion gut zu diesen Ergebnissen zu passen!“
Schüler: „Was für eine Funktion? Können wir eine beliebige Funktion wählen?“
Lehrkraft: „Nein. Verwendet eine lineare Funktion. Passt also eine Gerade an!“
Schüler: „Warum denn ausgerechnet eine Gerade?“
Lehrkraft: „Na, schaut Euch doch die Punktwolke an. Die Punkte werden doch offensichtlich am besten durch eine Gerade repräsentiert!“ (Abb. 4.2, links)
Schüler: „Würde zu den uns gegebenen n Daten nicht viel besser ein Polynom $(n-1)$-ten Grades passen, das alle n Punkte enthält?“ (Abb. 4.2, rechts)

Lehrkraft: „Ja, du hast schon recht, aber die Schallgeschwindigkeit ist nun mal konstant, also in einem Weg-Zeit-Diagramm durch eine Gerade zu repräsentieren!"
Schüler: „Wenn wir das schon wissen, warum modellieren wir dann?"

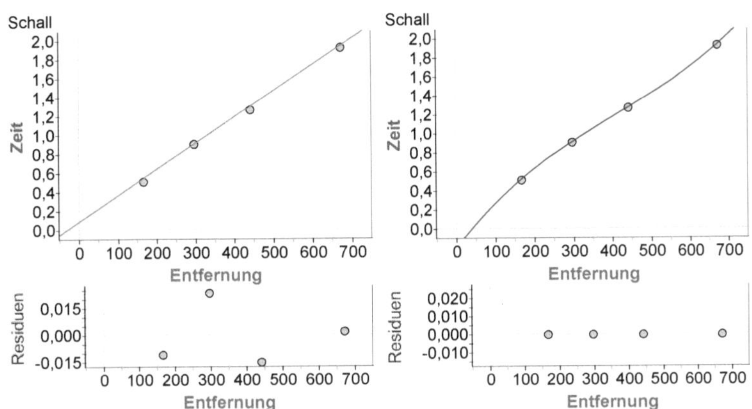

Abbildung 4.2: Welche funktionale Anpassung stellt das bessere Modell dar?

Warum also soll modelliert werden? Aus stochastischer Perspektive wäre folgende Antwort
möglich, die auf das oben wieder aufgenommene Schallbeispiel bezogen ist:

- Es braucht eine wirkliche Fragestellung („Wie schnell hört man eigentlich?"), nicht eine
  Antwort („Die Schallgeschwindigkeit ist durch eine Gerade mit Steigung ... in einem Weg-
  Zeit-Diagramm darstellbar.").

- Ist die Fragestellung festgelegt und das Realmodell gebildet, also die Daten erhoben, so
  müssen die Daten sprechen. Das heißt, die Antworten müssen den Daten angepasst werden
  und nicht die Daten den bereits feststehenden Antworten.

- Die auf der Datenanalyse basierenden Antworten müssen interpretiert und validiert werden. Im Sinne der Strukturgleichung *Daten = Muster + Residuen* sind dazu insbesondere
  die Residuen zu analysieren.

In dem Schallbeispiel könnte allein mit dem Wissen um die Omnipräsenz der Variabilität statistischer Daten die Anpassung mit dem Polynom verworfen werden (vgl. Abb. 4.2): „Reale Daten
werden nie exakt einem mathematischen Modell entsprechen, sondern um dieses je nach Güte
der Messung mehr oder weniger streuen. Wir sollten also ein gut, aber eben nicht exakt passendes
Modell favorisieren, da ein mathematisch exakt passendes Modell im Sachkontext kaum sinnvolle Schlussfolgerungen zulässt. Das Modell sollte zudem möglichst einfach sein, damit wir mit
ihm arbeiten und es auch interpretieren können!" Dem Konzept des Ernstnehmens statistischer
Daten stehen solche Ansätze aus Schulbüchern diametral gegenüber, bei denen sich die Daten
oftmals als Punkte einer Funktion ergeben. Solche Ansätze gaukeln eine realistische Situation
lediglich vor.

Die Interpretation und Validierung eines vorläufigen Modells können zur Veränderung des mathematischen Modells, aber auch zur Veränderung des Realmodells führen: Entspricht das Modell bzw. die Folgerungen aus dem Modell nicht der Alltagserfahrung oder auch den Ergebnissen anderer Experimente[1], so könnte man zunächst an dem Modell (der Funktion) zweifeln und versuchen, andere Modelle anzupassen. Ist auch dieser Schritt nicht erfolgreich, so könnte man an dem Messvorgang und dem damit erzeugten Realmodell zweifeln.[2]

Beachtet man diese Schritte bei der Modellbildung nicht, indem man brachial ein vorher schon feststehendes Modell auf die Daten anwendet, und bezeichnet möglicherweise unangenehm abweichende Daten als fehlerhaft, so nimmt man die Daten und deren Analyse nicht ernst und könnte auch auf diese verzichten. Allerdings müsste man dann auch auf das verzichten, was bei dieser Zweckentfremdung von Daten mitgeliefert wird: eine vorgefertigte Antwort, deren vermeintliche Gültigkeit mit dem Mäntelchen einer quasi-empirischen Vorgehensweise belegt werden soll. Nimmt man dagegen die Datenanalyse ernst, so ist es einerseits möglich, die beiden Leitideen *Daten und Zufall* und *funktionaler Zusammenhang* zu verknüpfen und dabei andererseits die notwendige innermathematische Behandlung des Funktionsbegriffs durch den Modellierungsaspekt zu ergänzen. Für letzteren Aspekt gibt es bereits eine Fülle von Beispielen, in denen Funktionstypen der Sekundarstufe I als Modell für experimentelle Daten (echte Experimente mit echten Daten) stehen (vgl. etwa die Beispiele in Kap. 3.4).

Residuen als Prozessbestandteil der Modellierung: Dass die Residuen oder allgemeiner die Streuung statistischer Daten um einen Lageparameter ein Bestandteil der stochastischen Modellierung sind, der zwar im Prozess der Modellierung wichtig ist, beim Kommunizieren von Ergebnissen statistischer Analysen eine geringe Rolle spielt, haben wir bereits in Kapitel 2 diskutiert. Wir wollen an dieser Stelle in Kürze die Diskussion um die „Reste", die Residuen oder Abweichungen von einem Muster in statistischen Daten zusammenfassen.[3]

Betrachtet man reale Daten als Zahlen im Kontext eines Phänomens, besteht ein wesentlicher Teil des Datenverstehens darin, eine den Daten zugrunde liegende Struktur aufzudecken und in einem mathematischen Modell zu beschreiben. Bildlich gesprochen geht es ganz grundsätzlich darum, im Nebel der Daten Muster ausfindig zu machen und diese Muster sowie das Verbleibende zu quantifizieren. Solch ein Muster kann bei univariaten Daten beispielsweise aus einem Mittelwert, bei bivariaten Daten aus einer Funktion, etwa einer linearen Funktion, bestehen.[4] Funktionen sind leistungsfähige Modellierungswerkzeuge der Mathematik, um Abhängigkeiten zwischen Merkmalen zu beschreiben, und eignen sich, um Datenstrukturen zu modellieren. Unabhängig von der Dimension der Daten (univariat, bivariat) stellt sich aber bei der Identifizierung eines Muster die Frage nach dem, was von den Daten mit Hilfe dieses Musters *nicht* erfasst wurde. Die Differenz zwischen Daten und Muster lässt sich mit Hilfe des Konstrukts *Zufall* beschreiben. Zu der deterministischen Komponente des Musters kommt also eine stochastische Komponente hinzu, wie es auch in der bereits mehrfach angeführten Strukturgleichung und der

---

[1]Das wird in der Statistik als *Reliabilität* bezeichnet: Harmonieren die Messergebnisse mit bereits vorhandenen?

[2]Das wird in der Statistik als *Validität* bezeichnet: Hat man tatsächlich gemessen, was man messen wollte?

[3]Eine ausführliche Darlegung findet sich bei Vogel (2008c).

[4]Selbst der gewählte Mittelwert lässt sich über eine konstante Funktion beschreiben, die jedem Datenpunkt eines univariaten Datensatzes einen konstanten Wert zuordnet.

Vielzahl von Pendants der Strukturgleichung zum Ausdruck kommt (vgl. Borovcnik, 2005):

$$\begin{aligned} \text{data} \ &= \ \text{signal} + \text{noise} \\ &= \ \text{pattern} + \text{deviation} \\ &= \ \text{fit} + \text{residual} \\ &= \ \text{model} + \text{residual} \\ &= \ \text{explained} + \text{unexplained variation} \\ &= \ \text{common} + \text{specific causes} \end{aligned}$$

Grafisch lässt sich diese Strukturgleichung wie in Abbildung 4.3 veranschaulichen:

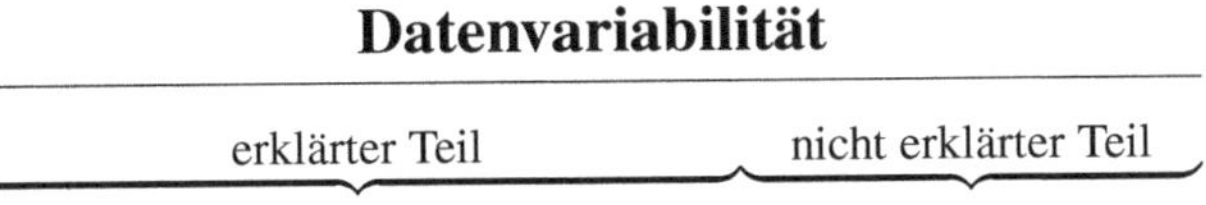

Abbildung 4.3: Trennung der Variabilität

Grundsätzlich ist das Bemühen der Datenanalyse davon getragen, den erklärten Teil möglichst groß und dadurch den nicht-erklärten Teil möglichst klein zu gestalten. Wichtig ist dabei allerdings, dass dies nicht um den Preis von scheinbaren und suggestiven Erklärungen geschieht. Es müssen stichhaltige und nachvollziehbare Erklärungen sein. Dazu müssen beide Teile, die erklärte Variabilität (als Trend modelliert) und die nicht-erklärte Variabilität (als Zufall modelliert), quantifiziert und angegeben werden: Sie bedingen sich gegenseitig.

Im univariaten Fall betrachtet steht beispielsweise ein arithmetisches Mittel für die erklärte Variabilität der Daten und die Abweichungen davon (die Residuen) für die nicht-erklärte Variabilität. Im bivariaten Fall steht die modellierende Funktion für die erklärte Variabilität der Daten. Auch hier zeugen die Residuen von der nicht-erklärten Variabilität der Daten. Wird die funktionale Datenanpassung als Mathematisierungsprozess betrachtet, dann stehen somit die Daten für die Realmodellebene und die modellierende Funktion für die mathematische Modellebene. Die Residuen stehen für den Unterschied zwischen diesen beiden Modellebenen, sie vermitteln zwischen Daten und Funktion. In didaktischer Hinsicht kann dies dann von Bedeutung werden, wenn auf diese Weise der Unterschied zwischen Modell und Realität betont werden kann. Ein im Unterricht häufig auftretendes Problem besteht darin, dass die Schülerinnen und Schüler Modell und Realität miteinander verwechseln (z. B. Humenberger & Reichel, 1995).

Die Residuen können als wichtige Informationsquelle betrachtet werden, die erst weitere Entdeckungen nach dem Finden eines Musters ermöglichen. So enthalten sie noch die Informationen von den Originaldaten, die beim (ersten) Mathematisieren nicht berücksichtigt wurden. Residuen dokumentieren auch einen Teil des Modellierungsvorgangs: Sie stehen für die vereinfachenden Annahmen und Entscheidungen, die beim Bemühen getroffen wurden, sich in den Daten zurechtzufinden. Eine konstruierte Beispielaufgabe (vgl. Biehler, 2007) kann diesen Aspekt verdeutlichen:

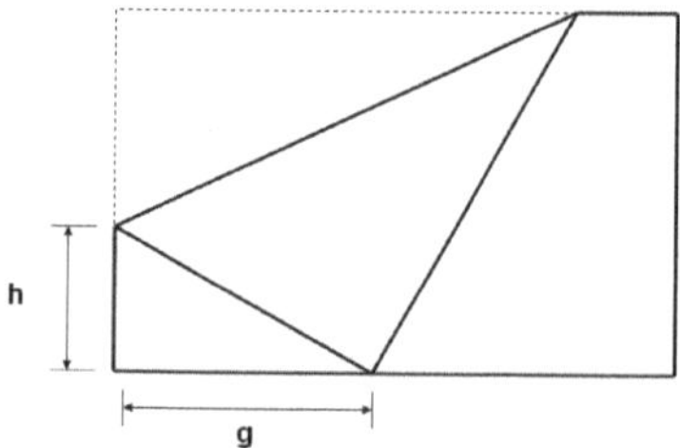

> **Zusatzaufgabe 1**: Faltet die linke obere Ecke und die untere Seite so, wie es im Bild oben zu sehen ist. Es entsteht ein rechtwinkliges Faltdreieck mit den Seiten g und h sowie der sich daraus ergebenden Fläche F.
>
> - Führt 20 Messungen durch und untersucht den Zusammenhang zwischen einer der beiden Seitenlängen und dem Flächeninhalt.
> - Bereitet in einer Tabellenkalkulation die Spalten g, h und F vor.
> - Tragt in die Spalten g und h Eure Messergebnisse ein und berechnet in der Spalte F die Fläche des Dreiecks.
> - Stellt die Punktwolke in einem Streudiagramm dar: Auf der x-Achse sollen die Seitenlängen g eingetragen werden, auf der y-Achse die Flächeninhalte F.
> - Fügt den Graphen einer Funktion in die Punktwolke ein, der möglichst gut zu der Punktwolke passt.
> - Berechnet die Residuen und stellt die Residuen grafisch dar (wenn die Residuen kein Muster mehr zeigen, seid Ihr fertig).

Führt man anhand des entstehenden Datensatzes eine Modellierung mit Hilfe einer quadratischen Funktion durch (Abb. 4.4, linke Seite) und betrachtet allein das Muster, so hat man zwar ein Muster entdeckt, das anscheinend gut zu den Daten passt und einfach ist. Aber bei gleichzeitiger Beachtung der Residuen kann die Anpassung verbessert werden. So weisen die Residuen ein Muster auf, in dem ein kubischer Trend sichtbar wird (Abb. 4.4, linke Seite). Setzt man diese Erkenntnis um und passt den Graphen eines kubischen Polynoms in die Punktwolke ein, so ist dieses Modell offensichtlich besser geeignet, da die Residuen kein erkennbares Muster mehr aufweisen.[5] Besonders schön an diesem Beispiel des Papierfaltens ist, dass sich die datenanalytischen Überlegungen durch einen geometrisch-analytischen Beweis bestätigen lassen.

Insgesamt lassen sich zu der Wahl eines Modells sowie der Betrachtung der Residuen folgende Überlegungen zusammenfassen:

- Werden die Daten durch ein Muster ersetzt, so sollte das Muster interpretierbar sein. Im Falle einer Funktion in einer Punktwolke sollte z. B. die Bedeutung der verwendeten Funktionsparameter inhaltlich interpretiert werden können.
- Bei der Modellierung der Daten gilt es, das wissenschaftliche Sparsamkeitsprinzip Ockhams Rasiermesser (vgl. Kap. 3.6, S. 121) zu beachten. Für die Datenarbeit mit parame-

---

[5]Für die Verbesserung der Modellierung würde auch schon reichen, dass die Residuen weniger Struktur aufweisen.

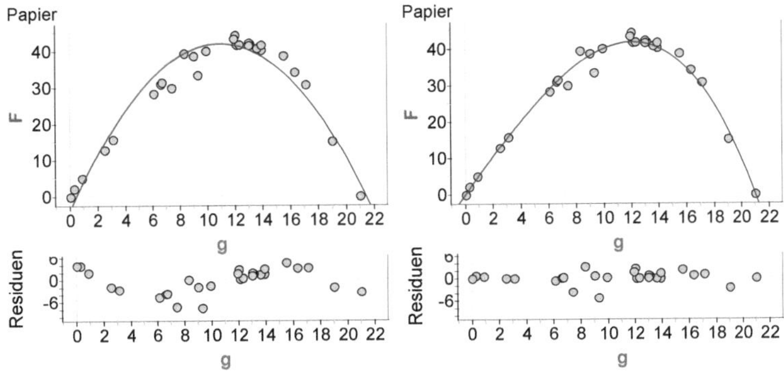

Abbildung 4.4: Zwei Modelle und Residuen

trischen Funktionen spezifiziert Erickson (2004, S. 37) dieses Prinzip folgendermaßen: „Make your models with as many parameters as you need – but no more."

- Im Sinne des Modellierungskreislaufs nach Blum (2003) bietet sich für die Modellierung von Daten im Unterricht folgende Vorgehensweise an: Klärung des phänomenologischen Hintergrunds – Betrachtung der Daten in verschiedenen Repräsentationen, insbesondere im Streudiagramm – Überlegungen zur funktionalen Anpassung der Daten (Auswahl eines Funktionstyps, Spezifizierung der Funktionsparameter) – Reflektieren der Datenmodellierung im Kontext (inhaltliche Deutung der Funktionsparameter, Ursachen für das Residuenverhalten, Modellgrenzen) und Beurteilung. Insbesondere die Modellgrenzen sind den Schülerinnen und Schülern bewusst zu machen.

- Der Residuenplot kann dazu beitragen, dass die Schüler lernen, Daten als solche ernster zu nehmen: Streuungen um einen vermeintlich erkannten Trend gehören zu Daten und sind nicht als „Fehler" von vermeintlich „wahren realen Werten" zu betrachten.

Bezogen auf die Schalldaten bedeutet dies: Eine Gerade ist ein einfach zu handhabendes, anhand der Residuen nicht zurückweisbares und im Sachkontext auch interpretierbares Modell für die Punktwolke der vorliegenden Daten. Das ist zwar das gleiche Ergebnis wie in dem fiktiven Dialog zu Beginn dieser Diskussion. Es beruht aber auf einer echten Modellierung der Daten und nicht auf dem Abschreiten eines vorab festgelegten Pfades.

4.2 Datenanalyse und Realität

Sollen die Daten, die Schülerinnen und Schüler analysieren sollen, immer tatsächlich real sein? Das ist eine Frage mit erheblichen Konsequenzen für den Unterricht. So gilt als Faustformel: „Je realer, desto aufwändiger." Reale Datensätze sind nicht nur in der Regel größer als fiktive, sondern erfordern auch größere Modellierungsanstrengungen. Andererseits können reale Daten und deren Analyse in einer Weise bereits auf mathematisch elementarer Ebene verdeutlichen, dass Mathematik und hier speziell die Stochastik mächtige Werkzeuge bereit stellt, um die Welt zu beschreiben oder gar – in kleinen Teilen – zu erklären.

Für das Verhältnis der Datenanalyse zur Realität lassen sich folgende drei Stufen oder auch Aufgabenklassen identifizieren:

1. Die rekonstruktive Datenanalyse,

2. die konstruktive Datenanalyse,

3. die Analyse konstruierter Daten.

Die rekonstruktive Datenanalyse: Geht man von dem hehren und spät wirksamen Ziel aus, Schülerinnen und Schüler bei ihrem Werden zu kritikfähigen Staatsbürgern zu helfen,[6] so ist die *rekonstruktive Datenanalyse* ein großer Schritt in Richtung dieses Ziels. Hier geht es mit den Worten einer Lehrkraft (in einem Interview) darum, dass

> „Schüler mit stochastischen Modellen, die ja unser wirtschaftliches Leben bestim-
> men, eine größere Verbindung herstellen können, das zwar nicht selber machen kön-
> nen, aber eine Vorstellung davon haben, was im Hintergrund abläuft".

Das Zitat enthält die beiden entscheidenden Aspekte. Durch die systematische Rekonstruktion von öffentlich diskutierten Entscheidungsprozessen mit Hilfe der Datenanalyse können Schülerinnen und Schüler ein Gespür dafür bekommen, mit welchen stochastischen Mitteln in der Realität argumentiert wird. Ein Beispiel in diesem Buch ist der Ärzteprotest, der die Möglichkeiten offenbart, aufgrund identischer Daten unterschiedliche Argumentationen oder Interpretationen zu erzeugen (Kap. 2.2). Findet man diese Beispiele in den Medien (oder entnimmt sie der Literatur)[7], so muss allerdings klar sein, dass Schülerinnen und Schüler die Erkenntnisse der Datenanalyse *nicht* für öffentlich wirksame Entscheidungen nutzen werden, sondern dass ihnen „allein" das Nachvollziehen oder das kritische Begleiten dieser Entscheidungsprozesse bleibt. Werden aber Schülerinnen und Schüler durch einen datenorientierten Stochastikunterricht, der punktuell auch öffentlich diskutierte Entscheidungsprozesse thematisiert, quasi mit dem kritischen Blick „infiziert", so kann das dazu führen, dass nicht alle Meinungen kommentarlos hingenommen werden, die auf einer vermeintlich soliden Datenanalyse basierend in den Medien verbreitet werden. Das aber ist eine der zentralen Aufgaben des Mathematikunterrichts, folgt man der OECD[8], die gerade die Verbindung von Mathematik und Entscheidungsprozessen im Mathematikunterricht als zentrales Bildungsziel erkoren hat.

Die konstruktive Datenanalyse: Bei der konstruktiven Datenanalyse werden Daten von den Schülerinnen und Schülern selbst erhoben oder bestehende Daten von ihnen nach einer Analyse selbst interpretiert. Der Sachkontext bezieht sich dabei nicht auf die „großen Fragen der Gesellschaft", sondern auf „kleinere", aber dennoch reale Phänomene.

Aufgaben könnten sich etwa auf die Analyse realer Fragen beziehen, die direkt Belange von Schülerinnen und Schülern betreffen:

---

[6]Diese Zielsetzung findet sich so oder in ähnlicher Weise formuliert im Grunde in allen curricularen Rahmenplänen.

[7]Das Finden solcher gesellschaftlichen Entscheidungsprozesse, die im Stochastikunterricht der Sekundarstufe I rekonstruiert werden können und im Sachkontext auch noch schülergemäß sind, ist keine leichte Aufgabe. Das in diesem Buch vorgestellte Phänomen, dass viele wenig haben, wenige viel, ist allerdings eine Situationsklasse, die man aber immer wieder in öffentlichen sozialen Disputen findet (vgl. auch Eichler, 2009).

[8]Organisation für wirtschaftliche Zusammenarbeit und Entwicklung, http://www.oecd.org/.

- Sitzen Jugendliche zu viel vor dem Computer (Eichler, 2009)?

- Haben Jungen häufiger einen Computer als Mädchen (vgl. Kap. 3.1)?

- Ist die heutige Jugend zu dick, zu unpolitisch, zu wenig gebildet, zu ...?

Die Daten für eine Antwort auf solche Fragen können Schülerinnen und Schüler in ihrer Schule systematisch sammeln und analysieren. Auch der Rückgriff auf bereits vorhandene Datensätze ist möglich (Biehler, 2003). Die Schülerinnen und Schüler können aber ebenso bei Problemstellungen, die nicht unmittelbar ihre eigenen Eigenschaften betreffen, konstruktiv den gesamten Modellierungskreislauf oder eine vollständige Datenanalyse bestehend aus „Problemstellung – Planung der Erhebung – Datenerhebung – Auswertung – Interpretation – Schlussfolgerung und Ergebnisbericht" (Biehler & Hartung 2006, S. 53) durchlaufen:

- Welcher Papierfrosch springt weiter, ein kleiner oder großer (Kap. 1.2)?

- Welche Farben sind in einer Schokolinsen-Tüte (Kap. 2.1)?

- Welchen Umsatz macht ein Supermarkt (Kap. 3.5)

Schließlich gibt es bei einer konstruktiven Datenanalyse die Möglichkeit, ohne eigene Datenerhebung Problemstellungen anhand der häufig im Internet verfügbaren Datensätze zu untersuchen:

- Wie ist das Wetter (Kap. 2, Einstiegsproblem)?

- Welcher Zusammenhang besteht zwischen erster und zweiter Weite beim Skispringen (Kap. 3.3)?

- Wie entwickelt sich das Speichervermögen von Festplatten (Kratz, 2009)?

Wesentlich für diese Klasse von Aufgabenstellungen ist, dass die *Interpretation* innerhalb des Modellierungsprozesses von Schülerinnen und Schülern geleistet wird.

Die Analyse konstruierter Daten: Bei der Analyse von konstruierten Daten wird die Authentizität der Problemstellungen durch die Konstruktion von Datensätzen und/oder des Sachkontexts erheblich eingeschränkt. Die Funktion dieser Aufgabenklasse ist es, Begriffe, Methoden oder den Vergleich von Begriffen und Methoden besonders deutlich zu machen. Bezogen auf das Modellieren heißt dies, dass die Komplexität der Realmodellebene reduziert wird, damit die Schülerinnen und Schüler ihr Augenmerk ganz auf die mathematische Modellebene richten können.

- Will man beispielsweise die unterschiedlichen Interpretationen von Median und arithmetischem Mittel herausarbeiten, so bietet sich ein konstruierter Datensatz zum realen Sachkontext von Firmengehältern an, der den Unterschied zwischen beiden Modellen deutlicher machen kann als die gesellschaftlich relevante Frage des Ärzteprotests (Kap. 2.2).

- Ist das Ziel, die Zusammenhänge zwischen Mittelwerten sowie der Form von Häufigkeitsverteilungen im Säulendiagramm und Boxplot deutlich zu machen, so kann auch ein gänzlich konstruierter Datensatz diese Zusammenhänge vielleicht deutlicher werden lassen als ein realer (Kap 2.2).

Im Sinne eines datenorientierten, auf reale Fragestellungen zielenden Stochastikunterrichts sind konstruierte Datensätze aber nur ein Mittel zum Zweck. Eine vollständige Reduktion des Unterrichts auf das Durcharbeiten stochastischer Modelle ohne die Beachtung aller weiteren Aspekte der Modellierung wäre dagegen wenig sinnstiftend. Insgesamt ist aus unserer Sicht für das Verstehen der Bedeutung der Datenanalyse, der Möglichkeiten und Grenzen ihrer Methoden für die Erhebung und Auswertung statistischer Daten eine Mischung aus allen drei Aufgabenklassen zum Entdecken, Systematisieren und Üben sinnvoll. In der Phase des Entdeckens sollte überwiegend, wenn nicht ausschließlich, mit realen Datensätzen gearbeitet werden, in der Phase des Systematisierens und insbesondere des Übens könnte stärker auf konstruierte Datensätze zurückgegriffen werden.

Fatal wäre es, wenn dann allerdings bei Prüfungen allein die rein konstruierten Daten betrachtet werden würden, das Modellieren von Daten dagegen keine Rolle mehr spielte. Dass das aber selbst in zentralen Abschlussprüfungen nicht mehr der Fall ist, zeigt etwa die Diskussion von Testaufgaben von Büchter (2009).

4.3 Vernetzen

Sollen Schülerinnen und Schüler vernetztes Wissen – „conceptual knowledge" (Hiebert & Carpenter, 1992) – erhalten, so müssen inhaltliche Zusammenhänge im Unterricht auch explizit thematisiert werden. Die in solchen Systematisierungsphasen vorgenommenen Vernetzungen sind zum einen das Schaffen eines Rahmens, in den die Inhalte eingeordnet werden können. Zum anderen sind solche Phasen aber auch eine Hilfestellung für Schülerinnen und Schüler im Sinne des Lernens von Strategien, wie überhaupt ein größerer thematischer Bereich zusammengefasst werden kann.

Wir sehen speziell für den Bereich der Datenanalyse in der Sekundarstufe I zwei Möglichkeiten der Vernetzung von Begriffen und Methoden: eine Makro-Strukturierung und eine Mikro-Strukturierung.

Vernetzen der Datenanalyse im Sinne einer Makro-Struktur: Eine Möglichkeit der Vernetzung der Begriffe und Methoden der Datenanalyse insgesamt ist in Abbildung 4.5 dargestellt.[9] Diese genügt zwei Prinzipien:

1. Dem Ordnen der datenanalytischen Begriffe und Methoden in wenigen und hier drei Kategorien (*Ordnung*, *grafische Darstellung* und *Reduktion*).

2. Der Visualisierung des unmittelbaren Zusammenhangs der Analyse univariater und bivariater Daten.

In der grafischen Darstellung ist eine Übersicht gegeben, die als Aufgabe auch an Schülerinnen und Schüler gegeben werden kann, indem beispielsweise Concept-Maps erstellt werden. Eine weitere Aufgabe könnte darin bestehen, einzelne Zusammenhänge zwischen der Analyse univariater und bivariater Daten genauer zu kennzeichnen, wie es in der folgenden Tabelle exemplarisch dargestellt ist.

---

[9]Es gibt sicher weitere, möglicherweise auch anders gewichtete Strukturierungen der Begriffe und Methoden der Datenanalyse.

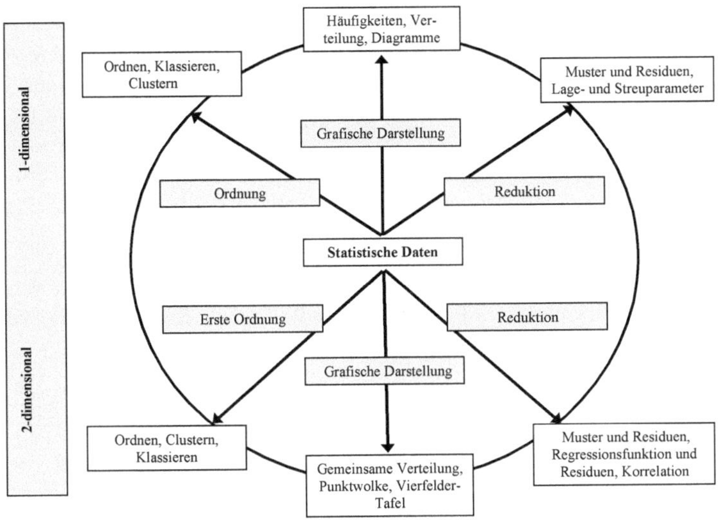

Abbildung 4.5: Makro-Struktur zur Datenanalyse

Analyse univariater Daten	Analyse bivariater Daten	Kategorie
Daten	Datenpaare	ordnen
Punktdiagramm	Punktwolke	grafische Darstellung
Boxplot	mehrfacher oder multipler Boxplot	grafische Darstellung
Median + Residuen	Median-Median-Gerade + Residuen	Reduktion
arithmetisches Mittel als Wert minimaler Varianz	Regressionsgerade (Methode der kleinsten Quadrate) als Muster mit minimaler Summe quadratischer Residuen	Reduktion
...	...	...

Der Liste könnten weitere Begriffspaare hinzugefügt werden. So lassen sich von den in diesem Buch beschriebenen Methoden zur Datenanalyse allein zum Begriff der (qualitativ behandelten) Schiefe (univariate Daten) wie auch zum Korrelationskoeffizienten, der Vierfelder-Tafel oder dem (einfachen) Assoziationsmaß (bivariate Daten) keine Paare bilden.

Vernetzen der Datenanalyse im Sinne einer Mikro-Struktur: Während die bisherigen systematisierenden Überlegungen die Vernetzung im Sinne einer Übersicht und einer *vertikalen* Verbindung der Begriffe in Abbildung 4.5 schaffen können, gibt es weitere Vernetzungsmöglichkeiten, die stärker Begriffe unter einer Kategorie oder die *horizontale* Verbindung von Begriffen mehrerer Kategorien umfassen.

Ansätze dazu haben wir im Rahmen der Überlegungen zum Üben in den einzelnen Kapiteln zur Datenanalyse bereits skizziert sowie im vorangegangenen Abschnitt zur Aufgabenklasse der *Analyse konstruierter Daten* noch einmal aufgegriffen. Diese Ansätze basieren

- auf Aspekten des *operativen Durcharbeitens* nach Aebli (1998) und

- auf Aspekten des aus dem operativen Durcharbeiten ableitbaren Prinzips der *Variation von Aufgaben* (Schupp, 2006).

Herausgestellt haben wir dabei insbesondere das *Verändern (Variieren) von Parametern* einer statistischen Methode sowie das *Umdrehen der Aufgabenrichtung*. Im Folgenden nennen wir zu beiden Aspekten je ein Beispiel zusammen mit dem Verweis auf die Kapitel, in denen diese Beispiele ausgeführt sind:

Verändern von Parametern

Ausgangssituation	Aufgabe
Gegeben ist das Gehalt von sechs Ärzten (Kap. 2.2 und 2.4)	Verändere das Gehalt des Arztes mit dem höchsten Verdienst: Entdecken des Phänomens der Robustheit einer Methode, Verbindung von Median und arithmetischem Mittel

Umdrehen der Aufgabenrichtung

Ausgangssituation	Aufgabe
Gegeben ist ein Korrelationskoeffizient (Kap. 3.6)	Skizziere eine Punktwolke sowie eine Regressionsgerade, die zu diesem Korrelationskoeffizienten passen könnte: Entdecken der Zusammenhänge der drei Methoden

4.4 Rechner und Datenanalyse

Die Verwendung des Rechners in Verbindung mit geeigneter Software kann im Stochastikunterricht mit drei Funktionen eingesetzt werden:[10]

- Der Rechner als *Rechenhilfe* ermöglicht die Bewältigung von komplexen Berechnungen. Bezogen auf die Datenanalyse in der Sekundarstufe I sind notwendige Berechnungen zwar in der Regel weniger komplex, dafür aber dennoch zeitraubend. Ist der Stichprobenumfang groß, so werden die Ordnung der Daten und alle elementaren Methoden zur Bestimmung von Mustern und Residuen zur quälend langweiligen Abarbeitung wenig anspruchsvoller Algorithmen. Sind die Algorithmen (etwa zur Bestimmung eines arithmetischen Mittels) bekannt und anhand kleinerer Datensätze geübt, so ist der Rechner unseres Erachtens kaum aus dem Unterricht einer realitätsorientierten Stochastik wegzudenken, um nicht durchweg bei kleinen und möglicherweise konstruierten Datensätzen bleiben zu müssen.

- Der Rechner kann weiterhin als *Darstellungs- und Erforschungsinstrument* fungieren. Um Daten in angemessener Zeit flexibel darstellen zu können und so grafische Darstellungen sinnvoll zur Steuerung des Analyseprozesses werden zu lassen (vgl. Kap. 2.4), ist ein Rechner sinnvoll. Zum Erstellen eines Histogramms von Hand kann bei einem Stichprobenumfang von $n \approx 30$ selbst bei ausreichender Übung ein nicht unwesentlicher Teil einer Unterrichtsstunde benötigt werden. Stellt man anschließend fest, dass die Klassen nicht gut gewählt waren oder vielleicht ein anderes Diagramm besser geeignet sein könnte, wird der Rest der Stunde für eine dann möglicherweise weiterführende grafische Darstellung verbraucht. Statistiksoftware wie *NSpire CAS* oder *Fathom* erledigen das Erstellen einer

---

[10] Ähnliche Funktionen nennen auch Weigand & Weth (2002) bezogen auf die Verwendung des Rechners im Mathematikunterricht. Dort ist allerdings die Stochastik trotz ihrer Relevanz für die Schule komplett ausgelassen worden.

Grafik bei ausreichender Übung in Sekundenschnelle. Erst durch diese Eigenschaft sind Datenanalysen möglich, die durch grafische Darstellungen gesteuert werden. Wenn beispielsweise bei der Faltaufgabe (S. 138) das Residuendiagramm von Hand erstellt werden würde, wäre die eigentliche Aufgabenstellung vermutlich schon aus den Augen verloren bzw. die Motivation zum weiteren Erforschen der Datenstruktur dahin, noch bevor das Residuendiagramm fertiggestellt wäre. Zudem ermöglicht die interaktive Verknüpfung von Daten, modellierender Funktion und Residuendiagramm, dass innere Zusammenhänge durch simultane Änderungen sichtbar werden. So wird beispielsweise bei der Faltaufgabe schnell deutlich, wie sich die Wahl des Funktionstyps und der Funktionsparameter auf die Residuen auswirkt. So kann das gewählte Funktionenmodell grafisch validiert und ein besseres Modell angepasst werden. Bei einer interaktiven Verknüpfung unterschiedlicher Programmarten (Tabellenkalkulation, Dynamische Geometrie und Computer-Algebra) wie im *NSpire CAS* könnte zusätzlich die Beziehung unterschiedlicher mathematischer Disziplinen verdeutlicht werden.

- Schließlich kann der Rechner die *Begriffsbildung* unterstützen. Das ist dann möglich, wenn die Daten selbst, deren grafische Darstellungen sowie auf den Daten basierende Berechnungen interaktiv miteinander verknüpft sind. Beispielsweise lässt sich die Eigenschaft robuster Methoden anhand dieser interaktiven Verknüpfungen verdeutlichen. Ist es, wie in Abbildung 4.6 angedeutet, möglich, die Daten auf der Achse zu verschieben und gleichzeitig die Werte für arithmetisches Mittel und Median anzugeben, so wird visualisiert, dass sich das arithmetische Mittel bei jeder Änderung eines Datums ändert, der Median nicht.

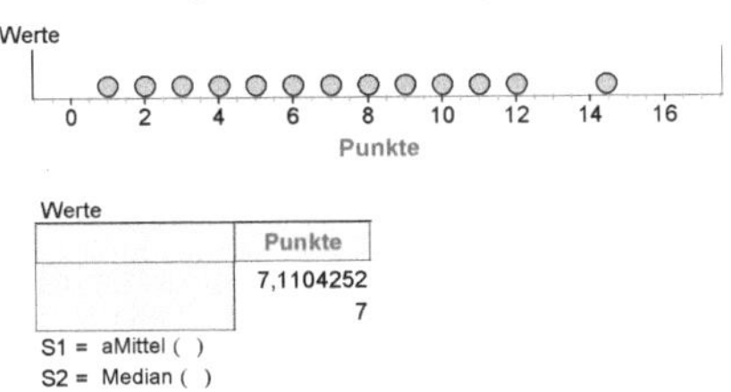

Abbildung 4.6: Interaktive Darstellung zum Unterschied zwischen Median und arithmetischem Mittel

In weitgehender Analogie, allerdings stärker auf Denkprozesse bezogen, nennen Biehler (1997), Garfield (1990) und Ben-Zvi (2000) sinngemäß drei Kriterien für die Güte einer Software zum Lehren und Lernen von Stochastik:

- den *schnellen Zugang* zu verschiedenen Repräsentationen eines Datensatzes, d. h. einfach und schnell ausführbare grafische Darstellungen und Berechnungen.

- die mögliche *Variation von Parametern* statistischer Modelle. Dazu gehört etwa die einfach auszuführende Änderung der Stichprobe (Filter), von Klassierungen in einem Histogramm, von Parametern einer Regressionsfunktion (Schieberegler) oder auch Algorithmen zur Berechnung von Merkmalsausprägungen.

- die flexibel möglichen *Wechsel von Repräsentationsformen* und deren interaktive Verknüpfung, die es Schülerinnen ermöglicht, über Phänomene in den Daten zu reflektieren und in ihnen Zusammenhänge zu entdecken.

Neben diesen drei didaktischen Kriterien gibt es ein pragmatisches Kriterium, das Kosten-Nutzen-Kriterium für eine Schule: Rechtfertigt der Nutzen eines Programms dessen möglicherweise kostspielige Anschaffung? Dieses Kosten-Nutzen-Kriterium gilt ebenso für die einzelne Lehrkraft: Rechtfertigt der potenzielle Nutzen eines Programms die möglicherweise zeitintensive Einarbeitung (und möglicherweise die Abkehr von einem bisher verwendeten System)? Dieses letzte Kriterium ist vermutlich häufig das gewichtigste („Never change a running system."). So kennt man in einem vertrauten System viele Möglichkeiten, Kniffe und Wege, solche Programme im Lehr-Lern-Prozess einzusetzen. Ein „neues" Programm muss also so gut sein, die Schwelle der Überzeugung, das „alte" sei genau das richtige, überwinden können zu wollen.

Wir wollen daher nicht an diesen Überzeugungen und Präferenzen zu einer schulrelevanten statistischen Software rühren, sondern allein exemplarisch zwei Systeme, *Fathom*[11] respektive *NSpire CAS*[12] und und *Excel*[13], in wesentlichen Punkten einander kurz gegenüberstellen.

Kategorie	*Fathom*; *NSpire CAS*	*Excel*
Allgemeines	Software, die direkt für das Lehren und Lernen von Stochastik in der Schule gestaltet wurde	Software im Rahmen des Office-Paketes, das Tabellenkalkulation weit über konkrete Bezüge zur Stochastik hinaus anbietet
3 Funktionen (s. o.)	können alle erfüllt werden	können alle erfüllt werden
schneller Zugang	In *Fathom* und bei *NSpire CAS* sind Auswertungen in numerischer wie grafischer Repräsentation zwei Mausklicks entfernt. Der *NSpire CAS* hat zudem die einfache Möglichkeit eines Zellbezugs	In *Excel* sind die numerischen Auswertungen unmittelbar möglich. Zudem bietet *Excel* den Zellbezug ohne jegliche Einschränkungen. Grafische Darstellungen sind allein über einen Assistenten zu erstellen.
Variation von Parametern	Dies ist in *Fathom* und bei *NSpire CAS* in Bezug auf Einschränken der Stichprobe, Klassierungen, Variation von Parametern durch Schieberegler unmittelbar einsichtig und leicht und schnell bedienbar.	In *Excel* lassen sich Parameteränderungen durch den uneingeschränkten Zellbezug schnell und einfach ausführen. Die Änderung einer grafischen Darstellung, etwa der Klassierung oder der Form ist umständlich.
Interaktivität	auf allen Anwendungen vorhanden und beim *NSpire CAS* zudem hinsichtlich geometrischer und algebraischer Anwendungen möglich	vorwiegend auf die Änderung der Datenebene beschränkt

Für *Fathom* und *NSpire CAS* spricht die intuitive Verwendung insbesondere dann, wenn die Datenanalyse stark grafisch gesteuert werden soll. Darüber hinaus bietet *NSpire CAS* mit der Verknüpfung zu Geometrie-Software und Computer-Algebra weitere Möglichkeiten.[14] *Excel* besitzt wiederum den Vorteil der großen Verbreitung. Zudem ist natürlich auch *Excel* geeignet, die Datenanalyse mit dem Rechner zu unterstützen.

Andere schulrelevante Software wie *Tinkerplots* (insbesondere für den Einsatz im Anfangsbereich der Stochastik) oder *GrafStat* haben alle ihre eigenen Vorzüge und Schwächen, die hier nicht weiter betrachtet werden. Das gilt ebenso für Statistik-Software zum professionellen Einsatz wie *SPSS* oder *R*, die im Sinne der oben genannten Kriterien nicht für den Schuleinsatz zum Lehren und Lernen der Datenanalyse geeignet sind.

---

[11] Diese Software von Key Curriculum Press wird in der deutschen Version von Springer vertrieben. Informationen: http://www.mathematik.uni-kassel.de/~fathom/

[12] *NSpire CAS* ist gleichzeitig auf einem Handheld (Taschenrechner) als auch in einer Software-Variante verfügbar, in dem Teile der Funktionalität von *Fathom* und *Excel* verbunden sind (http://education.ti.com/).

[13] *Excel* ist Teil des Microsoft-Office-Paketes. Informationen: http://www.microsoft.de

[14] Mittlerweile ermöglicht auch *Geogebra* (http://geogebra.org/cms/) diese Verknüpfung und könnte damit zu einer sinnvollen Alternative werden, momentan umfasst der Bereich der Tabellenkalkulation allerdings noch nicht die Funktionalität der genannten Programme.

5 Zufall und Wahrscheinlichkeit

Einstiegsproblem

Abbildung 5.1: Zwei Würfel

Aufgabe 15: In der oben abgebildeten Grafik sind zwei Würfel zu sehen. Einer der beiden ist ein normaler Spielwürfel, der andere ein Quaderwürfel.

a) Schätzt für beide Würfel die Wahrscheinlichkeit dafür, dass beim einfachen Werfen der Würfel eine bestimmte Augenzahl fällt. Tragt Eure Schätzungen in die untenstehende Tabelle ein.

b) Versucht, Eure Schätzungen zu verbessern. Tragt diese Schätzungen, die möglicherweise verbessert worden sind, ebenfalls in die untenstehende Tabelle ein.

Normaler Würfel:

Augenzahl	1	2	3	4	5	6
Schätzung Wahrscheinlichkeit						
Wahrscheinlichkeit						

Quaderwürfel:

Augenzahl	1	2	3	4	5	6
Schätzung Wahrscheinlichkeit						
Wahrscheinlichkeit						

Mögliche Erweiterungen und Präzisierungen der Aufgabenstellung

- Füllt zunächst nur die erste Zeile der Tabellen für den normalen Würfel und den Quaderwürfel aus.

- Erstellt zu beiden Würfeln eine weitere Tabelle, wie sie nachfolgend gegeben ist, und füllt diese aus.

So bin ich auf meine Vermutung gekommen:	Begründung für meine Vermutung	Wie würde ich meine Vermutung überprüfen?

- Sammelt Eure Einträge. Entscheidet Euch dann, welchen der darin angegebenen Wege Ihr weiterverfolgen wollt. Plant genau, wie Ihr vorgehen wollt.

Didaktisch-methodische Hinweise zur Aufgabe

So genannte *objektive* Wahrscheinlichkeiten, die *Zufallsgeneratoren* wie hier den beiden Würfeln innewohnen, können nicht exakt angegeben werden. Alle *objektiven* Wahrscheinlichkeiten, die als Zahlenwerte zwischen 0 und 1 angegeben werden, sind stets ein Modell der Realität, das bestimmte zufällige Phänomene beschreiben oder vorhersagen soll. Die beiden Modelle, die mit der oben formulierten Aufgabe den Einstieg in die systematische Wahrscheinlichkeitsrechnung ermöglichen sollen, sind der *frequentistische* und der *klassische* Wahrscheinlichkeitsansatz.[1] Beide Modelle sind nicht selbsterklärend. Daher steigt dieses Kapitel mit einem Würfelexperiment ein, das im Vergleich zu allen vorangegangenen Einstiegsbeispielen relativ leicht überschaubar ist. Würfel sind den Schülerinnen und Schülern als Zufallsgeneratoren bekannt. Sie sind von ihrer Struktur her sehr einfach und ermöglichen damit einen unmittelbaren, anschaulichen und erweiterungsfähigen Einstieg in die zentralen Ansätze zum Begriff der Wahrscheinlichkeit. Die Idee zu diesem Einstieg ist nicht neu. In leicht abgewandelter Form stammt sie von Riemer (1991). Sie wird von uns als konkurrenzlos für einen Einstieg in die Wahrscheinlichkeitsrechnung angesehen, der den frequentistischen und den klassischen Wahrscheinlichkeitsbegriff miteinander kombiniert.

Neben dem experimentellen Einstieg[2] in zwei Wahrscheinlichkeitsansätze ist das wesentliche Ziel der Aufgabe, dass die Schülerinnen und Schüler den Zusammenhang von theoretischem und empirischem Modell und deren empirischer Validierung kennenlernen. Die Aufgabe selbst ist für ein Erkunden, nicht aber für ein Systematisieren des Wahrscheinlichkeitsbegriffs gedacht. Diese Systematisierung, zu der unten Hinweise gegeben sind, ist der Aufgabe nachgeordnet.

Das Arbeiten mit dieser Würfelaufgabe ist dann als Einstieg in den Begriff der Wahrscheinlichkeit geeignet, wenn die Schüler bereits Kenntnisse in der Bruchrechnung haben. Sind diese Kenntnisse nicht vorhanden, so kann man propädeutisch oder qualitativ solch einen Einstieg in

---

[1] Der klassische Ansatz ist gleichbedeutend mit der Laplace-Wahrscheinlichkeit, der frequentistische Ansatz wird teilweise auch statistischer Ansatz genannt.

[2] Im Rahmen der Wahrscheinlichkeitsrechnung gelten für Experimente auch die notwendigen Festlegungen, die in Kapitel 1 diskutiert wurden.

den Wahrscheinlichkeitsbegriff vorbereiten. Hinweise dazu finden sich im Kapitel 5.3.

Material und Vorbereitung: Die Aufgabe ist experimentell angelegt, d. h. man benötigt einen (zumindest einen halben) Klassensatz der beiden Würfelarten. In den Schulen sind solche Klassensätze für den normalen Würfel meist vorhanden, für den Quaderwürfel dagegen nicht. Teilweise sind die benötigten Quader in älteren Stochastik-Kästen enthalten, dann allerdings ohne Aufschrift. Möglich, aber nicht so gut geeignet wie ein Holzquader, ist ein Legostein, am besten hier ein Legostein mit sechs Noppen.[3] Sinnvoll ist die Arbeit in Zweiergruppen.

Die ersten Schritte: Wie sind die ersten Schritte für die Schülerinnen und Schüler möglich, wenn doch der Begriff der Wahrscheinlichkeit, der in der Aufgabe steht, noch gar nicht bekannt ist? Es geht bei dieser Aufgabe sicher nicht darum, den nur axiomatisch definierbaren Begriff der Wahrscheinlichkeit an sich zu *entdecken*. Vielmehr geht es um Folgendes: Die Schülerinnen und Schüler sollen Gelegenheit erhalten, ihre Intuitionen zu einem implizit vorhandenen Wahrscheinlichkeitsbegriff mit Hilfe experimenteller Erfahrungen zu systematisieren.

Nach Erfahrungen in unterschiedlichen Schulformen und Altersstufen werden die Schülerinnen und Schüler folgende verschiedenen Wege bei der Schätzung und deren Begründung (die mit der Tabelle oder mündlich gesammelt werden können) einschlagen:

	Normaler Würfel	Quaderwürfel
1. naive Vorerfahrung	z. B. die 6 kommt in einem Spiel seltener als andere Augenzahlen	z. B. die 6 kommt in einem Spiel seltener als andere Augenzahlen
2. Bezug zur Form der Würfel	der Würfel ist symmetrisch, daher sind die Augenzahlen gleichwahrscheinlich	das Verhältnis der Seitenflächen ist $X : Y : Z$, also ist das Verhältnis der Wahrscheinlichkeiten ebenso
3. empirische Argumentation	z. B. in n Würfen ist m Mal die 6 erschienen. Die Wahrscheinlichkeit für die 6 ist also m/n	z. B. in n Würfen ist m Mal die 6 erschienen. Die Wahrscheinlichkeit für die 6 ist also m/n

Die Bildung eines Modells: Je nach Erfahrung in der Durchführung von Experimenten[4] werden Schülerinnen und Schüler eher dem 3. Zugang zuneigen und diesen möglicherweise auch auf den normalen Würfel übertragen. Welcher Zugang aber auch individuell gewählt wird: Keiner sollte unmittelbar als ungeeignet zurückgewiesen werden. So bildet jeder der drei Zugänge (und ebenso weitere mögliche, aber seltene Zugänge) individuell offenbar ein plausibles theoretisches Modell, dessen Validierung zunächst argumentativ und später viel besser noch empirisch erfolgen kann.

Mit einem Rückgriff auf die Eigenschaften relativer Häufigkeiten, die hier als bekannt vorausgesetzt werden, kann über die Symmetrie-Eigenschaften des normalen Würfels ein theoretisches Modell erstellt werden (vgl. nachfolgende Tabelle zum normalen Würfel). Zieht man beim Quaderwürfel einerseits die Teilsymmetrien und andererseits die Größen der Flächen in die Überlegungen mit ein, so ergibt sich mit den Flächeninhalten von rund $2,21\ cm^2$ (Augenzahlen 1 und 6), $2,73\ cm^2$ (Augenzahlen 2 und 5) und $3,57\ cm^2$ (Augenzahlen 3 und 4) ein theoretisches Modell über den Flächenvergleich (vgl. nachfolgende Quader-Würfel-Tabelle):

---

[3] Im Unterschied zum Holzquader besitzt der Legostein nicht in vollem Umfang die Eigenschaft, dass gegenüberliegende Seiten zumindest im Modell identisch sind.

[4] Diese kann beispielsweise im Bereich der Datenanalyse erworben werden.

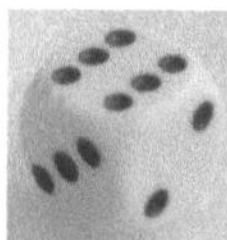

Modell für den normalen Würfel (Symmetrieüberlegung)

Augenzahl	1	2	3	4	5	6
Schätzung der Wahrscheinlichkeit	$\frac{1}{6}$	$\frac{1}{6}$	$\frac{1}{6}$	$\frac{1}{6}$	$\frac{1}{6}$	$\frac{1}{6}$

Modell für den Quaderwürfel (Flächenvergleich)

Augenzahl	1	2	3	4	5	6
Schätzung der Wahrscheinlichkeit	0,13	0,16	0,21	0,21	0,16	0,13

Unabhängig davon, dass das zweite Modell einer empirischen Überprüfung nicht standhalten wird, ist in diesem Modell ein entscheidender Aspekt enthalten: die plausible Vermutung, dass die gegenüberliegenden, gleich großen Seiten eine Gleichwahrscheinlichkeit nach sich ziehen.

Ein empirisches begründetes Modell lässt sich zu beiden Würfeln erstellen. Hier ist es allein für den Quaderwürfel skizziert. Haben einige der Schülerinnen und Schüler den Quaderwürfel geworfen, so sind vielleicht 100 Würfe zusammengekommen (viele werfen aber auch weniger häufig in der Annahme, dass sich ein Muster auch bei wenigen Würfen zeigt). Die Schülerinnen und Schüler könnten hier, evtl. mit einem zusätzlichen Impuls, argumentieren, dass eine Zusammenfassung der Würfe der gesamten Klasse das Modell verbessern könnte. Ein mögliches Ergebnis wäre etwa folgendes:

Modell für den Quaderwürfel (100 Versuche)

Augenzahl	1	2	3	4	5	6
Schätzung der Wahrscheinlichkeit	0,03	0,10	0,35	0,40	0,08	0,04
Neue Schätzung der Wahrscheinlichkeit	0,03	0,09	0,38	0,38	0,09	0,03

Der entscheidende Schritt für diese Einstiegsaufgabe ist die Modellannahme, die in der untersten Zeile repräsentiert ist: Der Quaderwürfel weist Teilsymmetrien auf und dies führt mit den gleichen Überlegungen, die auch für den normalen Würfel angestellt wurden, zu dem Schluss, dass die jeweils gegenüberliegenden Seiten gleichwahrscheinlich sein sollten. In dieser Teilsymmetrie steckt der wesentliche Vorteil des Quaderwürfels gegenüber der Verwendung des normalen Würfels oder einer Reißzwecke, wenn der frequentistische Wahrscheinlichkeitsansatz eingeführt werden soll: Ergibt sich beim normalen Würfel beispielsweise eine relative Häufigkeit von 0,18 für eine bestimmte Augenzahl, werden viele Schülerinnen und Schüler dennoch an der Überzeugung festhalten, dass die Wahrscheinlichkeit für diese Augenzahl $\frac{1}{6}$ ist. Bei einer Reißzwecke wird die Häufigkeit einer Lage direkt als Wahrscheinlichkeit übernommen, da es keine Alternative dazu gibt. Beim Quaderwürfel dagegen ist offensichtlich, dass die Wahrscheinlichkeit aufgrund einer empirisch ermittelten relativen Häufigkeit *geschätzt* wird. Diese *Schätzung* dient als *Modell* für die Prognose zukünftiger Würfe.

Systematisierung und Validierung der Modelle: Für das auf Symmetrieüberlegungen beruhende Modell zum normalen Würfel gibt es zunächst keine weitere Systematisierung.[5] Dieses Modell kann aber durch Würfe des normalen Würfels validiert werden. Dazu muss ein Experiment genau geplant werden (vgl. dazu auch Kap. 1.2) – beispielsweise bezogen auf:

- die Arbeitsteilung, d. h. etwa die Anzahl der Gruppen, die jeweils n-Mal (z. B. 100 Mal) den normalen Würfel werfen;

- die innere Arbeitsteilung: Ein Schüler wirft und zählt leise die Würfe, der andere notiert die Ergebnisse in einer Strichliste;

- eventuell die Wahl des Untergrundes, um möglichst gleiche Bedingungen herzustellen. Das ist für modellierungserfahrene Schüler sicher ein wichtiger Aspekt;

- die Modellierung, mit der die verschiedenen normalen Würfel als identisch angesehen werden.

Wichtig hierbei ist die Erkenntnis, dass die Validierung umso besser ist, je mehr Würfe erfolgen. So kann z. B. ein einzelner Wurf nicht zu einer Validierung führen. Wie viel es sein sollten, muss an dieser Stelle offen bleiben und man kann pragmatisch eine im Unterricht zu bewältigende Anzahl wie 100 Würfe wählen. In der Auswertung des Experiments können durch behutsame Lenkung der Lehrkraft sowohl die relativen Häufigkeiten für eine Augenzahl betrachtet werden wie auch die Kumulierung[6] (vgl. Abb. 5.2). Ist das Verfahren geklärt, so kann die Auswertung von Hand oder mit dem Rechner vorgenommen werden. Letztere bietet den Vorteil, die auftretende Stabilisierung dynamisch sichtbar machen zu können: Zu jeder Eingabe werden die Berechnungen sowie die grafische Darstellung automatisch fortgesetzt.

Erkennt man in der Auswertung der einzelnen Gruppen ein recht deutliches Streuen der relativen Häufigkeiten, so ist diese Streuung bei der kumulierten Auswertung (bei gleicher Skalierung) deutlich geringer. Die Einsicht, dass sich bei der Erhöhung der Versuchsanzahl eine Stabilisierung der relativen Häufigkeit ergibt[7], lässt sich bei Zweiergruppen in einer Klasse mit normaler Klassenstärke schon recht gut entwickeln. Unterstützen kann man die Erkenntnis dieses Phänomens durch eine vorbereitete Simulation, in der der Wurf des normalen Würfels in Gruppen von 100 Würfen simuliert wird (vgl. Abb. 5.3). Jeder der Punkte in der linken Abbildung unten repräsentiert die relative Häufigkeit der Augenzahl 6 bei 100 Würfen. Diese streuen offenbar in einem Bereich zwischen etwa 0,05 und 0,3. Die kumulierten Häufigkeiten (Abb. 5.3, rechts) stabilisieren sich offenbar zunehmend, je mehr Gruppen in die Kumulation miteinbezogen werden.[8]

Unabhängig von der Simulation wird die Validierung ergeben, dass die relativen Häufigkeiten für die einzelnen Augenzahlen zwar nicht genau $\frac{1}{6}$ ergeben, dass die Abweichung von $\frac{1}{6}$

---

[5] Gleiches gilt auch für eher intuitive Modelle mit unterschiedlichen Wahrscheinlichkeiten, die auf der Überlegung basieren, dass etwa die 6 in der Wahrnehmung seltener fällt als andere Augenzahlen – man wartet einfach häufiger auf eine 6 als auf andere Augenzahlen (beispielsweise beim Mensch-ärgere-dich-nicht).

[6] Kumulierung bedeutet: Das erste Datum besteht aus den von der ersten Gruppe erzeugten Häufigkeiten, das zweite Datum aus den von der ersten *und* zweiten Gruppe erzeugten Häufigkeiten, das dritte aus den von den ersten drei Gruppen erzeugten Häufigkeiten etc. Das ist eine Vorgehensweise, die erläutert werden muss.

[7] Dieses Phänomen ist als *empirisches Gesetz der großen Zahl* bekannt.

[8] Eine Zusatzaufgabe könnte hier sein, die „Gruppen" zu verfeinern bzw. zu vergröbern: Man könnte z. B. Wurfsequenzen von je 10 Würfen bilden und deren relative und kumulierte relative Häufigkeiten bilden (verfeinern) oder je 10 reguläre Gruppen zu einer 1000-Gruppe zusammenzufassen und wie zuvor verfahren (vergröbern).

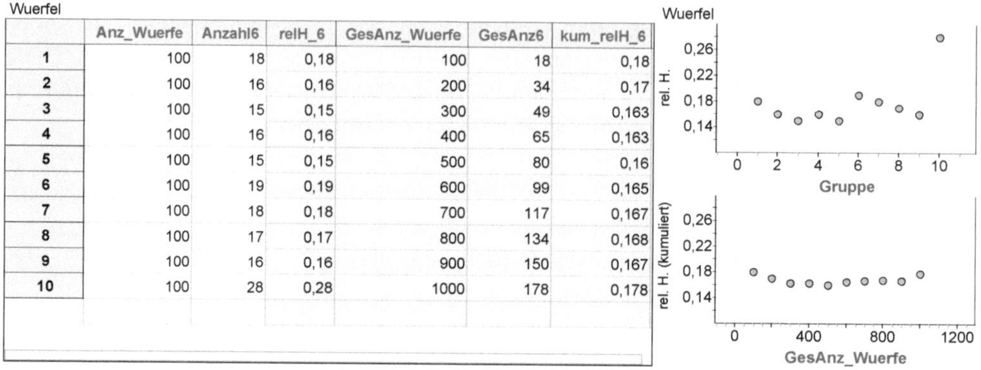

Abbildung 5.2: Auswertung für den normalen Würfel mit Anzahl der Würfe in einer Gruppe (Anzahl_Wuerfe), Anzahl der Sechsen (Anzahl6), relativen Häufigkeiten der 6 in jeder Gruppe (relH_6), der (kumulierten) Anzahl der Würfe der ausgewerteten Gruppen insgesamt (GesAnz_Wuerfe), der kumulierten Anzahl der 6 (GesAnz6) und schließlich der relativen Häufigkeit der 6 bei dieser kumulierten Auswertung (kum_relH_6)

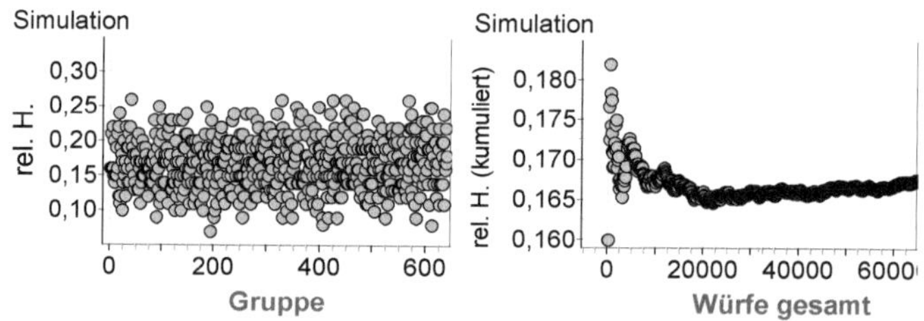

Abbildung 5.3: Simulation des normalen Würfels für einzelnen Gruppen und kumuliert

aber auch keinen Anlass gibt zu zweifeln, dass dem normalen Würfel die Gleichwahrscheinlichkeit der Augenzahlen innewohnt. Das genau ergibt das Modell des Laplace-Experiments: ein Experiment, bei dem kein Grund vorhanden ist, an der Gleichwahrscheinlichkeit der *Elementarereignisse* (der einzelnen Augenzahlen beim Wurf des normalen Würfels; vgl. Kap. 5.5) zu zweifeln.

Die pragmatische Entscheidung für das Modell der Gleichwahrscheinlichkeit nennt man *Prinzip des unzureichenden Grundes*. Wichtig sind bei diesem Unterrichtsgang folgende Ergebnisse:

- Ausgangspunkt ist das Modell der Gleichwahrscheinlichkeit für alle Augenzahlen.

- Bei einer Überprüfung ist aufgrund des empirischen Gesetzes der großen Zahlen eine möglichst große Anzahl von Würfelvorgängen sinnvoll.

- Ergibt das Experiment keinen Grund zur Annahme, dass das Modell der Gleichwahrscheinlichkeit nicht passend ist, übernimmt man dieses als empirisch validiertes Modell.

- Alle anderen Modelle, die nicht zu den Ergebnissen der empirischen Überprüfung passen (z. B. die vermeintlich seltenere 6), werden durch die Validierung verworfen.

Das Validieren geschieht in der Sekundarstufe I zumindest zu Beginn noch rein qualitativ. Am Ende der Sekundarstufe I und in der Sekundarstufe II kann die Validierung auch mit Hilfe von Simulationen oder den Algorithmen der beurteilenden Statistik quantifizierend durchgeführt werden. Eine ergänzende Vorbereitung und gleichzeitige Festigung kann durch Fragen wie in Abbildung 5.4 provoziert werden:

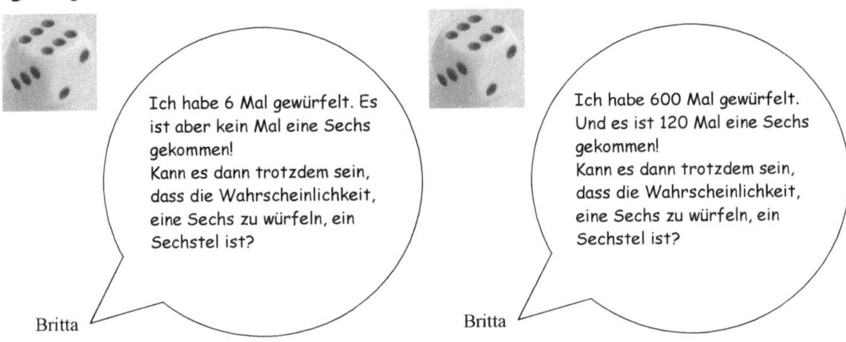

Abbildung 5.4: Provokationen

In analoger Weise kann mit dem Quaderwürfel verfahren werden. Hier führt die Validierung allerdings immer dann zu einem veränderten Modell, wenn die Anzahl der Würfelversuche höher ist als bei der Erstellung des ursprünglichen Modells. Beispielsweise könnte das oben geschaffene Modell für den Quaderwürfel in einem Klassenexperiment mit 13 Zweiergruppen validiert werden, die den Quader jeweils 100 Mal werfen. Ein fiktives Ergebnis ist:

Modell für den Quaderwürfel (1300 Versuche)

Augenzahl	1	2	3	4	5	6
Relative Häufigkeit in der Validierung	0,05	0,11	0,35	0,35	0,09	0,05
Geschätzte Wahrscheinlichkeit	0,05	0,10	0,35	0,35	0,10	0,05

Hier haben die Schülerinnen und Schüler zwar keinen rechten Grund, an dem ersten Modell zu zweifeln, dennoch ist es mit Wissen um das empirische Gesetz der großen Zahlen sinnvoll, aus den relativen Häufigkeiten der meisten Versuche die Wahrscheinlichkeiten für die Augenzahlen zu schätzen. Zusätzlich zu den oben genannten Ergebnissen ist bezogen auf die Modellerstellung für den Quaderwürfel wichtig, dass

- die zugrunde liegenden Wahrscheinlichkeiten auf der Basis der Teilsymmetrien des Quaderwürfels geschätzt werden! Etwa wird aus den unterschiedlichen Häufigkeiten $h_{1300}(2) = 0,11$ und $h_{1300}(5) = 0,09$ aufgrund der Symmetrieüberlegung die Wahrscheinlichkeit als ungefähr 0,09 bzw. 0,11 *geschätzt* und anschließend als $P(2) := 0,10$ festgelegt.

- jedes Experiment eine neue Verteilung der relativen Häufigkeiten ergeben wird.

- die Schätzung als umso besser angesehen werden kann, je höher die Wurfanzahl ist.

Systematisierender Abschluss: Als Abschluss der einführenden Aufgabe sollten die Sachverhalte festgehalten werden, die im Unterrichtsprozess nicht von den Schülerinnen und Schülern entdeckt werden können. Das betrifft die Festlegungen der folgenden Begriffe (vgl. auch Kap. 5.5):

- Prinzip des unzureichenden Grundes
- Laplace-Experiment
- Empirisches Gesetz der großen Zahlen

Als Übung, Vertiefung und vor allem Ausweitung über die einfachen Zufallsgeneratoren hinaus könnten nach der Begriffsfestlegung folgende Aufgaben dienen:

Zusatzaufgabe 1: Seht Euch die Ergebnisse der vergangenen Stunde an.

1. Bei welchem der beiden Würfel kann man sagen, dass es sich beim Werfen eines der Würfel um ein Laplace-Experiment handelt? Begründet Eure Aussage!

2. Versucht, weitere Laplace-Experimente zu nennen!

3. Bei welchem der beiden Würfel kann man sagen, dass es sich beim Werfen eines der Würfel nicht um ein Laplace-Experiment handelt? Begründet Eure Aussage!

4. Versucht, weitere Zufalls-Experimente zu nennen, die keine Laplace-Experimente sind.

Zweierlei können Schülerinnen und Schüler hier neu erfahren: So gibt es vermutlich keinen Vorschlag für ein Laplace-Experiment, das nicht aus dem Bereich Glücksspiel stammt. Dagegen können alle anderen realen zufälligen Vorgänge nur mit Hilfe der frequentistischen Wahrscheinlichkeit beschrieben werden. Thematisiert man Letzteres im Zusammenhang mit dem empirischen Gesetz der großen Zahlen, so können Schülerinnen und Schüler erkennen bzw. vermuten, dass die modellhaft bestimmten Wahrscheinlichkeiten in der Realität immer auch anhand der Größe des zugrunde liegenden Datensatzes beurteilt werden müssen.

Erst im Anschluss an diese experimentelle Einführung der beiden Wahrscheinlichkeitsansätze (klassische und frequentistische Wahrscheinlichkeit) kann es je nach der weiteren Ausrichtung der Wahrscheinlichkeitsrechnung sinnvoll sein, den formalen Apparat, bestehend aus den Begriffen *Ergebnis*, *Ereignis* und *Ergebnismenge*, sowie die Bestimmungsformeln für Wahrscheinlichkeiten nach beiden Ansätzen zu formulieren. Ausführlichere Überlegungen zur formalen Strenge sind in Kapitel 5.4 ausgeführt, die Begriffsdefinitionen sind in Kapitel 5.5 enthalten.

5.1 Zufall – Rauschen im Signal

Aufgabe 16: Kreuzt an, ob folgende Ereignisse Eurer Meinung nach Zufall sind oder nicht:

Nr.	Ereignis	Zufall	kein Zufall
1	In Eurer Schule haben über 90 Prozent einen eigenen Computer.		
2	Am 1. April des kommenden Jahres fällt in unserer Stadt Schnee.		
3	Zum Auftakt der nächsten Bundesligasaison verliert der FC Bayern München mit 0 : 5.		
4	An einem Samstag gegen 13 Uhr ist im Ikea in Eurer Nähe eine der Kassen frei.		
5	Der nächste Wurf eines Würfels zeigt eine 5.		
6	Der nächste Wurf einer Münze zeigt ein Wappen.		
7	Ein vom Tisch geschobener Stift fällt auf die Erde.		

Didaktisch-methodische Hinweise zur Aufgabe

Zu dieser Aufgabe gibt es keine inhaltlichen Präzisierungen, da das Vorgehen vollständig bestimmt ist. Die Teilaufgaben greifen auf eine Auswahl der Situationen zurück, mit denen im ersten Teil des Buches gearbeitet wurde. Die Aufgabe ist ein kleiner Exkurs zum Begriff des Zufalls, der weder definiert werden kann, noch auch nur ansatzweise einheitlich verstanden wird. Es gibt zwei Extrempositionen zur Auffassung, was der Zufall ist: Die einen sagen, alles sei Zufall und alle Vorgänge, die wir als deterministisch bezeichnen, basieren auf der Überlagerung zufälliger Vorgänge. Demnach wäre ein deterministischer Vorgang gar kein solcher, sondern nur eine günstiges Zusammenwirken von Zufällen. Die andere Seite sagt, dass es keinen Zufall gibt und alles, was wir als zufällig bezeichnen, allein ein Ausdruck des Unwissens sei. Das drückt sich etwa in dem Albert Einstein zugeschriebenen Satz aus: „Gott würfelt nicht."

Der philosophische Streit zum Begriff des Zufalls muss kein Thema des Stochastikunterrichts der Sekundarstufe I sein. Aber über die Art der Vorgänge nachzudenken, die man mit den Methoden der Stochastik untersuchen möchte, ist für Schülerinnen und Schüler sicherlich sinnvoll.

Auswertung: Die Auswertung der Aufgabe umfasst allein das Argumentieren von Schülerinnen und Schülern für oder wider den Zufall. Günstig ist es dabei, die Vertreter und die Gegner des Zufalls gegeneinander in einer Art Streitgespräch antreten zu lassen. Ist nur eine Partei vorhanden, so kann man als Lehrkraft den anderen Part als Advocatus Diaboli spielen, während man sonst die Rolle des Moderators einnehmen kann.

Exemplarisch könnten bezogen auf das erste Ereignis folgende Argumente verwendet werden:

pro 1:	„Das hängt ab von den Eltern unserer Schüler, deren Beruf bzw. Einkommen, deren Akzeptanz zum Computer etc. Deswegen ist es Zufall."
pro 2:	„Das hängt davon ab, ob Geschwister einen Computer haben. Deswegen ist das Zufall."
pro 3:	„Man kann das im Voraus nicht wissen. Deswegen ist das Zufall."
contra 1:	„Das Ergebnis ist doch festgelegt. Deswegen ist es kein Zufall."
contra 2:	„So viele Schüler haben mit Sicherheit keinen eigenen Computer. Deswegen ist das kein Zufall."
contra 3:	„Das ist festgelegt etwa durch den Beruf oder das Einkommen der Eltern unserer Schüler oder auch deren Akzeptanz zum Computer. Deswegen ist das kein Zufall."

Sowohl in den Pro- als auch den Contra-Argumenten, die in dieser Form sinngemäß von Schülern und Studenten geäußert wurden, sind zunächst die stets gleichen, auch in der allgemeinen Diskussion zum Zufall enthaltenen Positionen sichtbar. Es ist beispielsweise plausibel, davon auszugehen, dass das Ereignis der Computeranzahl als Ergebnis des Zusammenwirkens vieler kleiner Determinismen zu verstehen ist (contra 3). Ebenso plausibel ist es aber, das Ereignis in einem quasi unendlichen Regress immer wieder auf weitere zufällige Ereignisse zurückzuführen (pro 1). Ebenso ist das Nicht-Wissen (pro 3) oder das zumindest potenzielle Wissen (contra 1) Bestandteil der Argumentationen. Dieses Nicht-Ergebnis, die nicht erreichbare Gewissheit, ob ein Ereignis auf Zufall beruht oder nicht, ist eine wichtige Erkenntnis. So lässt sich eine Begründung für den Einsatz der Wahrscheinlichkeitsrechnung geben, die unabhängig vom Zufall allein auf den möglichen Erkenntnisgewinn zielt:

Alle Vorgänge, die sich aus pragmatischen Gründen sinnvoll als zufällige Vorgänge behandeln lassen, behandeln wir auch als solche. Sie haben die Eigenschaft, dass es mehrere mögliche Ergebnisse gibt, die allesamt bekannt sind.

Es reicht damit, mehrere Ergebnisse eines Vorgangs festzulegen und zu postulieren, dass das aus einem Versuch resultierende konkrete Ergebnis nicht bekannt ist. Ob die zu gewinnende Erkenntnis vom Zufall abhängig ist oder nicht, ist unerheblich. Zwei entgegengesetzte Beispiele können diese pragmatische Entscheidung verdeutlichen:

1. Die Augenzahl eines Würfelwurfs kann durchaus als Zufall, zumindest aber als nicht vorab bestimmbar bezeichnet werden. Beispielsweise kann beim Quaderwürfel eine große Anzahl von Würfen eine gute Schätzung für die Wahrscheinlichkeit ergeben, die dem Würfel innewohnt. Alle weiteren stochastischen Verfahren, die auf den Würfel angewendet werden, basieren auf der Schätzung der Wahrscheinlichkeiten für die einzelnen Augenzahlen.

2. Die Konstante π ist festgelegt und ist damit eigentlich kein Objekt einer Wahrscheinlichkeitsbetrachtung. Man kann die Kreiszahl aber nicht nur geometrisch, sondern auch stochastisch annähern. Zeichnet man etwa auf ein Papierquadrat einen Viertel-Kreis mit dem Radius der Seitenlänge des Quadrats (vgl. Abb. 5.5) und streut man aus einer geeigneten Höhe Linsen (Reiskörner etc.) aus zentraler Position auf das Papier, so kann man die Lage im Kreissektor (K) bzw. außerhalb des Kreissektors $\overline{K}$ als nicht vorhersagbar bezeichnen.

Legt man nun als *Modellannahme* fest, dass jede Lage innerhalb des Quadrats gleichwahrscheinlich ist[9] (Prinzip des unzureichenden Grundes), so kann man die mathematische Konstante π als Laplace-Wahrscheinlichkeit annähern:

Es ergibt sich, wenn man die Fläche des Viertelkreises wie auch die Quadratfläche als abhängig vom Quadrat des Radius bzw. der Seitenlänge r versteht:

$$c \cdot r^2 : r^2 \quad \text{entspricht} \quad |K| : (|K| + |\overline{K}|) \quad \text{also} \quad c = \frac{|K|}{|K| + |\overline{K}|}$$

Die Konstante c mit $4 \cdot c = \pi$ kann also als Wahrscheinlichkeit gedeutet werden, die über eine große Anzahl von Versuchen gut geschätzt werden kann.

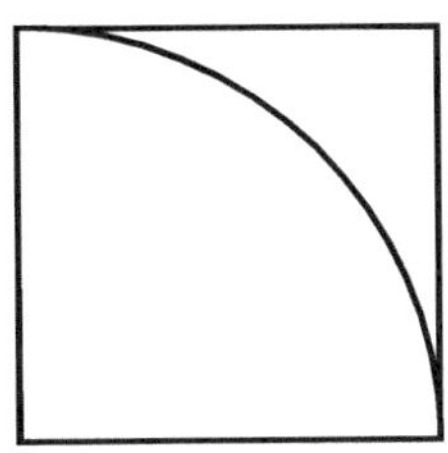
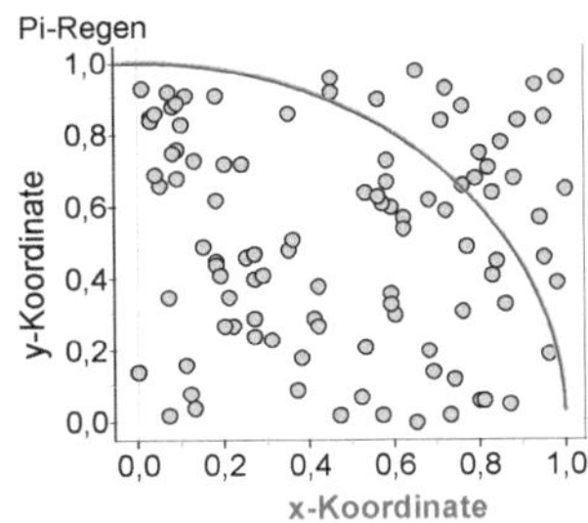

Abbildung 5.5: π-Regen

In dem in Abbildung 5.5 dargestellten Ergebnis einer Simulation mit 100 Versuchen ergibt sich etwa $c = 0,78$ und damit $\pi = 3,12$, erhöht man die Anzahl der Versuche auf 1000 (bzw. 10000), ergibt sich $\pi = 3,228$ (bzw. 3,1348).

Zufalls-Experiment oder zufälliger Vorgang: Der Begriff des Zufallsexperiments hat sich für solche Vorgänge eingebürgert, denen ein gedachter oder tatsächlicher Zufall innewohnt. Der Begriff ist aber nicht ganz unproblematisch, da der Begriff Experiment ein nach festen Vorgaben geplantes (vgl. Kap. 1.2) Vorgehen bezeichnet und unter gleichen Bedingungen beliebig wiederholbar ist. Die Planung und Wiederholbarkeit kann man etwa bei der Frage des Schneefalls am 1. April des nächsten Jahres anzweifeln, während der Würfelwurf durchaus als Experiment bezeichnet werden kann.

Soll ein Begriff geschaffen werden, der alle Phänomene umfasst, deren Ausprägung nicht sicher vorausgesagt werden kann, so ist mit dem Begriff des Experiments auch das Gedankenexperiment zu verstehen – dieses enthält eine zumindest rein fiktive Wiederholbarkeit unter festen Vorgaben. Sill (1993) plädiert dagegen, nicht dem Ergebnis (oder Phänomen) einen zufälligen Charakter zuzusprechen, sondern dem Prozess, der zu einem Ergebnis oder Phänomen führt. Dies kann durch den Begriff *zufälliger Vorgang* ausgedrückt werden. Wir werden auch diesen Begriff verwenden, da sich dadurch auch nahezu alle Beispiele im Sinne eines Zufallsbegriffs behandeln lassen, die im ersten Teil des Buches behandelt wurden. Beispielsweise können:

---

[9]Sieht man Probleme in der Argumentation aufgrund der überabzählbar unendlich vielen, zumindest theoretisch möglichen Lagen, ist es möglich, ein diskretes und abzählbares Modell zu wählen, indem man nicht alle Punkte des Quadrates nimmt (sondern z. B. nur die Schnittpunkte auf einem Millimeter-Papier).

- die Sprungweite eines Papierfrosches (vgl. Kap. 1),
- die Temperaturdifferenz an zwei aufeinanderfolgenden Apriltagen (vgl. Kap. 2),
- die Zeitmessung eines Versuchs zur Schallmessung (vgl. Kap. 3)

und ebenso – vielleicht mit Ausnahme des herunterfallenden Stifts – alle Phänomene, die in der einführenden Aufgabe genannt wurden, jeweils als Ergebnis eines zufälligen Vorgangs bezeichnet werden, die wahrscheinlichkeitstheoretisch betrachtbar sind.

Zufall als Willkür oder als seltenes Ereignis: Sollen Schülerinnen und Schüler den *Zufall* oder den Begriff *zufälliger Vorgang* im obigen Sinne verstehen, so muss dieser vom umgangssprachlichen Gebrauch und ebenso von möglicherweise vorhandenen intuitiven Vorstellungen abgegrenzt werden. Solche „Prä-Begriffe" umfassen, dass

- als Zufall ausschließlich sehr seltene oder ungewöhnliche oder eben unwahrscheinliche Phänomene bezeichnet werden („Na so ein Zufall, dich ausgerechnet hier zu treffen!"). Die in der Aufgabe formulierten Items 3 und 4 (Bayern-Spiel; leere Ikea-Kasse) gehen in diese Richtung.

- als Zufall ausschließlich solche zufälligen Vorgänge betrachtet werden, deren Elementarereignisse gleichwahrscheinlich sind und die bei der experimentellen Ausführung mehrerer Versuche eine scheinbar regellose Aneinanderreihung von Ergebnissen bewirken. Beispiele sind die in der Aufgabe formulierten Items 5 und 6 (Würfel und Münze).

- bestimmte Phänomene als nicht-zufällig betrachtet werden, obwohl sie strukturell nicht von den als zufällig betrachteten zu unterscheiden sind. Diese Vorstellung basiert auf der Tatsache, dass bei solchen Phänomenen Menschen in deren Entstehungsprozess willentlich und zielgerichtet eingreifen. Beispiele sind die Items 1, 3 und 4 (Computerbesitz; Bayern-Spiel; leere Ikea-Kasse).

Die Entwicklung eines für den Stochastikunterricht tragfähigen Zufallsbegriffs kann (wie bei der Begriffsbildung allgemein) durch die Diskussion der Unterschiede in den genannten Phänomenen, insbesondere aber in der Diskussion der Gemeinsamkeiten entstehen:[10] Es gibt stets neben dem genannten Ergebnis weitere mögliche Ergebnisse hinsichtlich des zugrunde liegenden Prozesses. Man weiß aber nicht, welches Ergebnis eintreffen wird. Daher kann man den Prozess des Eintreffens eines bestimmten Ergebnisses als zufälligen Vorgang bezeichnen. Die mathematische Beschreibung der Ergebnisse solcher zufälligen Vorgänge sind damit der Gegenstand der Wahrscheinlichkeitsrechnung.

---

[10]Hierbei kann Item 7 mit dem fallenden Stift durchaus weggelassen werden.

5.2 Klassischer und frequentistischer Wahrscheinlichkeitsbegriff

Abbildung 5.6: Schokolinsen-Packungen

Aufgabe 17: „Warum sind von den Roten eigentlich immer so wenig drin?"

Stellt anhand der Untersuchung einiger Schokolinsen-Packungen eine Prognose über die Häufigkeit der einzelnen Farben – insbesondere der roten Linsen – auf und überprüft Eure Prognose.

Mögliche Erweiterungen und Präzisierungen der Aufgabenstellung

- Überlegt Euch, wie viele Packungen für eine Prognose sinnvoll sind. Zieht dabei die Anzahl, aber auch den Preis der Packungen in Eure Überlegungen ein.

- Schätzt anhand der Datenanalyse eine Wahrscheinlichkeit für jede Farbe in einer Packung – insbesondere für die roten Linsen. Diese Schätzung soll eine Prognose für die Häufigkeit der Farben sein, die von der Produktion aus vorgesehen sind.

- Sucht eine geschlossene Packung für die Überprüfung Eurer hypothetischen Prognose aus. Beschränkt Euch zunächst auf die roten Linsen und erstellt eine Regel, bei welcher Anzahl roter Linsen Ihr Eure Hypothese beibehaltet und wann Ihr sie verwerft. Nutzt dazu auch eine Simulation.

- Überlegt, ob es sinnvoll war, nur eine Packung zur Überprüfung zu verwenden.

- Verfahrt gleich mit den anderen Farben.

- Schreibt einen Ergebnisbericht Eurer Analysen an den Hersteller der Schokolinsen-Packungen und bittet den Hersteller, Eure Analysen zu bestätigen (oder zu widerlegen).

- Ihr habt in verschiedenen Situationen Daten analysiert. Überlegt Euch, welche Prognosen für zukünftige Daten Ihr mit diesen Analysen machen könnt.

Didaktisch-methodische Hinweise zur Aufgabe

Der Übergang von der Analyse empirischer Phänomene (mit Hilfe der Datenanalyse) zu den Konzepten der Wahrscheinlichkeitsrechnung und den Verfahren der beurteilenden Statistik ist im gegenwärtigen Stochastikunterricht kaum zu sehen (vgl. zu der Idee und einem damit verbundenen Unterrichtsvorschlag Engel & Vogel, 2005). Diesen Übergang sichtbar zu machen, ist aber ein wesentliches Anliegen dieses Buches, um zu zeigen, dass die Datenanalyse nicht allein Selbstzweck ist – obwohl sie aus unserer Sicht auch als Selbstzweck erhebliches Potenzial zum Verstehen der Welt hat. Darüber hinaus soll deutlich werden, dass eine systematische Datenanalyse in genetischer Weise sowohl die Wahrscheinlichkeitsrechnung als auch die in der Sekundarstufe I noch informelle beurteilende Statistik nach sich ziehen kann. Nahezu jede Datenanalyse wie beispielsweise zu den Schokolinsen-Packungen provoziert unmittelbar die beiden entscheidenden Fragen: „Ist das eigentlich immer so?", „Womit können wir zukünftig rechnen?". Aus diesen beiden Fragen resultiert die wahrscheinlichkeitstheoretische Erweiterung der Datenanalyse. Diese beiden Fragen und die damit mittelbar verbundenen Überlegungen, die sich im Sinne einer informellen beurteilenden Statistik ergeben, werden im Folgenden anhand der oben gestellten Aufgabe diskutiert.

Die folgenden Unterrichtsschritte können durch geänderte Schokolinsen-Packungen sowohl in den Häufigkeiten, als auch in den daraus resultierenden Prognosen variieren. Sie sind aber in ihrer Abfolge wie auch der Art der Analysen für jedwede Form von Schokolinsen-Packungen durchführbar. Dies gilt in gleicher Weise für alle anderen Produkte, die in handhabbaren Mengen unterschiedliche Teilprodukte enthalten (z. B. kleine Gummibärchen-Tüten, kleine Smarties-Packungen etc.).

Datenanalyse als Vorbereitung der Prognose: Ein zentraler Aspekt des statistischen Denkens, der im Rahmen der Datenanalyse gereift sein sollte, ist: Für eine geeignete Erkenntnis benötigt man statistische Daten (*Notwendigkeit statistischer Daten*, vgl. Kap. „Zur Sache"). Dieser Aspekt ist nicht allein bei der Beschreibung empirischer Phänomene, sondern ebenso bei der Konstruktion von Prognosen oder Hypothesen bedeutend. Eine Prognose oder Hypothese zu der tatsächlichen Verteilung von Farben in Schokolinsen-Packungen können und sollen Schülerinnen und Schüler nicht aufgrund ihrer Erfahrung treffen, wie sie exemplarisch im Titel der Aufgabe enthalten ist („Warum sind von den Roten eigentlich immer so wenig drin?"), sondern datenbasiert formulieren.

Die Erfahrung mit dem empirischen Gesetz der großen Zahl schafft dabei einen in der Realität vorhandenen Konflikt. So wäre es natürlich sinnvoll, sehr viele Schokolinsen-Packungen zu untersuchen, um eine möglichst gute Schätzung der tatsächlichen Farbverteilung zu erhalten. Dagegen stehen aber der Aufwand und Preis für die Untersuchung sehr vieler Packungen. Die Schülerinnen und Schüler müssen hier also einen pragmatischen Mittelweg argumentativ konstruieren. Dabei können sie erkennen, dass bei diesem Weg mit einer möglicherweise unangenehmen Unsicherheit umgegangen werden muss.

Die Analyse selbst, die hier anhand der Auswertung von 100 Schokolinsen-Packungen[11] vorgenommen wurde, kann drei Aspekte hervorheben:

---

[11] Der entsprechende Datensatz ist auf unserer Homepage zu diesem Buch im Netz erhältlich unter:
`http://www.leitideedatenundzufall.de`

- Die relativen Häufigkeiten der Farben schwanken (*Variabilität*).

- Die kumulierten relativen Häufigkeiten der einzelnen Farben *stabilisieren* sich mit zunehmender Anzahl der untersuchten Packungen.

- Die relativen Häufigkeiten vieler untersuchter Packungen ergeben wie auch die Häufigkeiten der Farben in den einzelnen Packungen ein *Muster*, aus dem eine Prognose folgen kann.

Nimmt man etwa zwei beliebige Schokolinsen-Packungen und untersucht deren Farbverteilung, so ist man mit einer scheinbaren Regellosigkeit oder der *Variabilität* statistischer Daten konfrontiert.

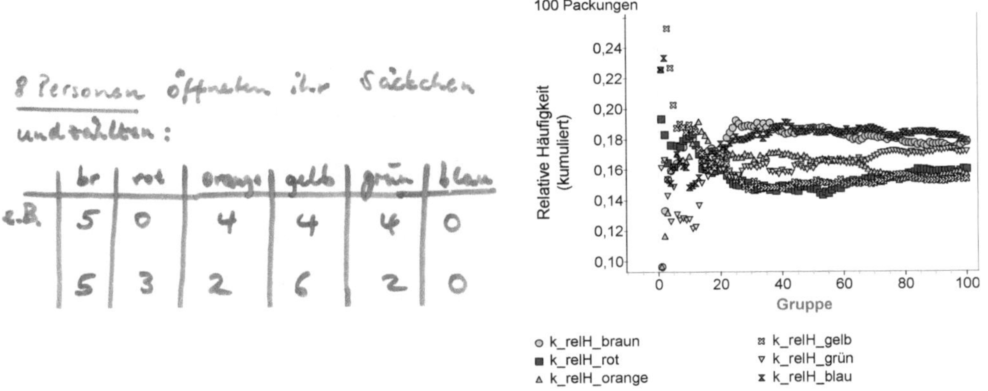

Abbildung 5.7: Farbverteilung zweier Schokolinsen-Packungen und kumulierte relative Häufigkeiten der Farben in 100 Schokolinsen-Packungen

An dieser Stelle kann man das kumulative Verfahren zur Visualisierung des empirischen Gesetzes der großen Zahlen, das im Einstiegsbeispiel des Kapitels 5 verwendet wurde, an einem von den klassischen Zufallsgeneratoren (wie dem Würfel) wiederholen: Man betrachtet schrittweise die insgesamt 100 Schokolinsen-Packungen. Das Phänomen ist in Abbildung 5.7 (rechts) dargestellt. Wieder zeigen sich bei allen Farben zu Beginn der Untersuchung starke Schwankungen, die sich allmählich stabilisieren. Aber noch auch nach 100 untersuchten Packungen ergibt sich noch kein einheitliches Bild.

Die Schwankung oder Variabilität der Farbenhäufigkeiten in einzelnen Packungen zeigt sich auch, wenn diese Häufigkeiten getrennt nach den Farben analysiert werden (vgl. Abb. 5.8). Als Muster ergibt sich eine zumindest annähernd symmetrische Verteilung der Häufigkeiten, bei denen das arithmetische Mittel und ebenso der Median etwa den Wert 3 haben. Einzelne Packungen können aber durchaus auch keine oder sechs und mehr Linsen einer Farbe enthalten. Die Anzahl der Linsen in einer Packung beträgt im Mittel etwa 18.

Betrachtet man die Schwankungen der Farb-Anzahlen sowie die Gesamtanzahl in den einzelnen Packungen, so ergibt sich für die mittleren 50 Prozent (Quartilsabstand), dass die Anzahlen für die einzelnen Farben etwa zwischen 2 und 4 schwanken, die Gesamtanzahlen zwischen 15 und 20 (vgl. die nachfolgende Tabelle).

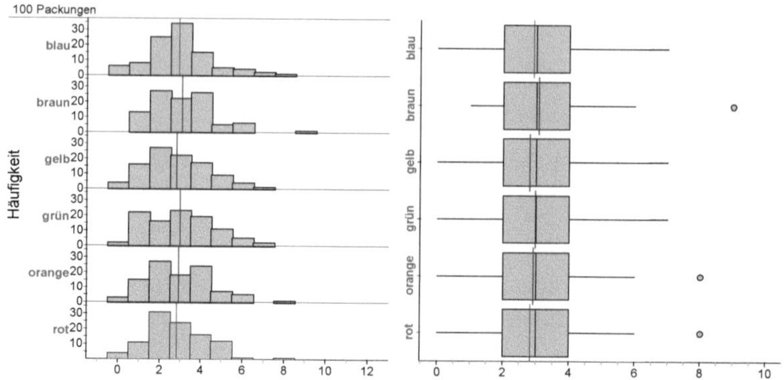

Abbildung 5.8: Häufigkeiten der Farben in 100 Schokolinsen-Packungen

Farbe	1. Quartil	Median	3. Quartil	Quartilsabstand	arithmetisches Mittel
Blau	2	3	4	2	2,87
Braun	2	3	4	2	2,94
Gelb	2	3	4	2	3,1
Grün	2	3	4	2	3,06
Orange	2	3	4	2	2,96
Rot	2	3	4	2	2,99
Packung	15	18	20	5	17,92

Prognose, Hypothese und Überprüfung:　Eine sinnvolle Hypothese ergibt sich im Sinne des *Prinzips des unzureichenden Grundes* in zweierlei Hinsicht: bezogen auf die *analytische* und bezogen auf die *kontextbezogene* Bedeutung. Aufgrund der Daten scheint zunächst eine sinnvolle Prognose-Hypothese die Gleichverteilung der Farben zu sein. Geht man in einem Modell daher davon aus, dass in einer Einzelpackung 18 Linsen enthalten sind, ergibt sich als Hypothese, dass von jeder Farbe 3 Linsen enthalten sind. Der Hersteller könnte also in diesem Modell seine Abfüllmaschine so eingerichtet haben, dass jede Farbe mit gleicher Wahrscheinlichkeit von $\frac{1}{6}$ in eine Einzelpackung eingefüllt wird und gesehen auf den Herstellungsprozess die Linsen mit gleicher Gesamthäufigkeit herstellt. Das ist eine sinnvolle Hypothese, da es offenbar nach der Datenanalyse keinen plausiblem Grund gibt, eine andere Verteilung anzunehmen, auch wenn die relativen Häufigkeiten für keine der Farben genau $\frac{1}{6}$ beträgt. Auch kontextbezogen ist das *Prinzip des unzureichenden Grundes* tragfähig. Warum sollte der Hersteller eine der Farben bevorzugen? Das könnte bei unterschiedlichen Herstellungskosten oder besonderen Verkaufsgründen der Fall sein – zu denen existieren aber vermutlich keine plausiblen Annahmen. Wichtig ist bei dieser Überlegung aber auch die Erkenntnis, dass die Abfüllung offenbar real ein zufälliger Vorgang ist, obwohl dieser vom Hersteller deterministisch festgelegt ist.[12]

Die Überprüfung der Hypothese (zunächst für eine, in Erweiterung für alle Farben) führt über die Einführung des Wahrscheinlichkeitsbegriffs hinaus. Mit dieser Erweiterung können Schüle-

---

[12]Die unterschiedlich farbigen Linsen werden z. B. in einem großen Behälter gemischt und dann bei Kontrolle des Gewichts in die Tüten abgegeben.

rinnen und Schüler aber bereits an dieser Stelle die empirischen mit den prognostischen Betrachtungen verbinden. Entscheidend bei dieser Überprüfung ist die Tatsache, dass nicht die Realität (den tatsächlichen Abfüllvorgang kennt man nicht), sondern ein Modell der Realität auf seine Passung hin überprüft (validiert) wird. Ist das Modell valide, so sollten zukünftige Beobachtungen mit dem Modell übereinstimmen. Ist diese Übereinstimmung nicht vorhanden, so muss die Suche nach besseren Modellen aufgenommen werden. Im Unterricht besteht eine Modellvalidierung wie in dieser Aufgabe stets in der Frage: „Was wäre, wenn ...?", und in diesem Fall in der Frage:

- Was wäre, wenn der Hersteller die Gleichverteilung der Linsen bei der Abfüllung der Einzelpackungen vorsieht?

- Wie viele Schokolinsen einer Farbe sollten dann mindestens und höchstens in einer Packung landen?

- Bei welcher Anzahl einer Farbe sollte man das konstruierte Modell besser verwerfen?

Die ersten beiden Fragen sind der Kerninhalt der Wahrscheinlichkeitsrechnung. So wird hier ein konstruiertes Modell – als Ergebnis einer Datenanalyse – und dessen Implikationen für eine bestimmte Anzahl für zukünftige zufällige Vorgänge untersucht. Die Beurteilung des Modells, d. h. dessen Validierung, kann mit der beurteilenden Statistik, in der Sekundarstufe I mit einer Vorstufe der beurteilenden Statistik, vorgenommen werden.

Die erste Frage lässt sich durch eine Simulation behandeln (mit dem Würfel oder dem Rechner). Statt der realen Untersuchung von 100 Packungen könnte man also 100 Mal jeweils 18 Mal (für jede Einzelpackung) würfeln und die simulierte Verteilung mit der empirischen vergleichen. Mit dem Rechner lässt sich das schneller realisieren (vgl. Abb. 5.9), allerdings ist bei der ersten Anwendung einer Simulation das händische Vorgehen sinnvoll. Schülerinnen und Schüler müssen zunächst *begreifen*, wie eine Simulation funktioniert oder auf welchen Modellannahmen eine Simulation basiert. Ist dieses Verständnis nicht vorhanden, so läuft eine Simulation ins Leere.

Bei einem Einzelversuch wird wieder die Variabilität der (hier simulierten) statistischen Daten sichtbar (vgl. Abb. 5.9). Bei 100 simulierten Packungen (deren Inhalt stets auf 18 Linsen festgelegt ist) ergibt sich wie bei der Datenanalyse der realen Packungen für alle Farben eine zumindest annähernd symmetrische Verteilung der Anzahlen einer Farbe in einer simulierten Packung, die der Farbverteilung in den 100 realen Packungen (zusammen betrachtet) sehr ähnlich ist.

Eine Entscheidungsregel für das Ablehnen des Modells der Gleichwahrscheinlichkeit ist Aushandlungssache. Um die Diskussion bzw. die Argumentation der Schülerinnen und Schüler anzuregen, könnte jeder Vorschlag mit einem zweifelnden Kommentar versehen werden:

- *Argument:* Da keine der simulierten und realen Packungen mehr als 9 Linsen einer Farbe enthalten hat, könnte man das Modell verwerfen, wenn eine der Farben mindestens 10 Mal in der Probe-Packung enthalten ist. *Gegenargument:* Ist es nicht dennoch möglich, dass zufällig beispielsweise 10 rote Linsen auftauchen? Ist das nicht zu ungenau bzw. könnte das nicht auch auf ganz andere Verteilungen der Farben passen?

- *Argument:* Da über 90 Prozent (über x Prozent) der simulierten Packungen zwischen 1 und 7 rote Linsen enthalten, könnte man das Modell verwerfen, wenn die Probepackung weniger als 1 (weniger als a) oder mehr als 7 (mehr als b) rote Linsen enthält. *Gegenargumente:*

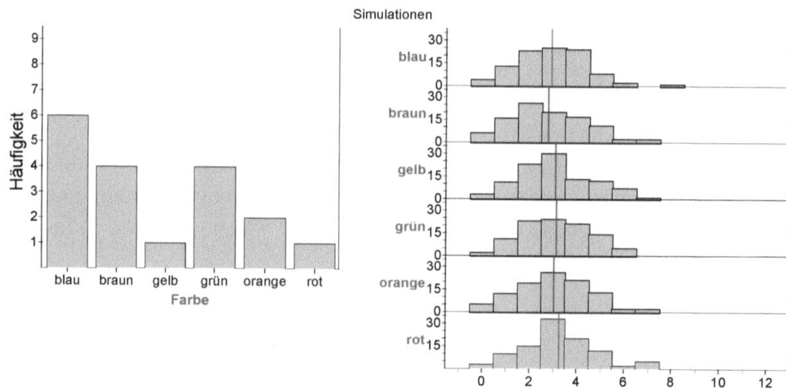

Abbildung 5.9: Anzahl der Farben in einer simulierten Schokolinsen-Packung und in 100 Schokolinsen-Packungen

Was würde dann passieren, wenn man zufällig eine der Packungen mit sehr wenigen roten Linsen erwischt, die es sowohl in der Simulation als auch bei den realen Packungen gibt? Ist das nicht zu ungenau bzw. könnte das nicht auch auf ganz andere Verteilungen der Farben passen?

Die Bedeutung der Gegenargumente besteht darin, die Fehlermöglichkeit jeder Überprüfung und die Wechselwirkung zwischen Entscheidungsregel und Fehler deutlich zu machen. Bei der ersten Entscheidungsregel wird man zwar selten die Gleichverteilung verwerfen, falls diese tatsächlich vorliegt (*Fehler 1. Art*). Man wird aber auch unter Umständen trotz ganz anderer tatsächlicher Farbverteilungen in den Packungen das dann unzureichende Modell der Gleichverteilung *nicht* verwerfen (*Fehler 2. Art*). Bei der zweiten Entscheidungsregel wird der Fehler 1. Art größer, der Fehler 2. Art dagegen kleiner. Man kann also auf nicht-formale und nicht-algorithmische Weise wesentliche Fragen der beurteilenden Statistik (Hypothesentest) behandeln. In den kommenden Aufgabenstellungen wird dies stets – zumindest am Rande – mitbetrachtet, da die zunächst gestellte Frage, ob ein empirisch betrachtetes Phänomen allgemeingültig ist („Ist das immer so?") implizit stets auch die Frage aufwirft, wie man diese Allgemeingültigkeit eines Phänomens überprüfen kann („Wie kann ich beurteilen, ob das immer so ist?").

Je nach Entscheidungsregel könnten nun eine oder mehrere noch geschlossene Schokolinsen-Packungen geöffnet und die Überprüfung abgeschlossen werden. Nimmt man die oben genannte 90-Prozent-Regel und wendet diese allein auf die Anzahl der roten Linsen an, so wäre das Modell zu verwerfen, wenn weniger als 1 oder mehr als 7 roten Linsen in den Packungen enthalten wären. Bei etwa 10 Prozent der Packungen würde aber dann der Fehler gemacht werden, dass die tatsächlich vorhandene Gleichverteilung (die ja das Modell für die Simulation darstellt) fälschlicherweise aufgrund einer seltenen, aber eben möglichen Farbverteilung in der Probe-Packung verworfen wird. In real untersuchten drei Probe-Packungen ist die Anzahl der roten Linsen 2, 5 und 3. Das Modell hätte dieser Überprüfung standgehalten.

5.3 Subjektivistischer Wahrscheinlichkeitsbegriff

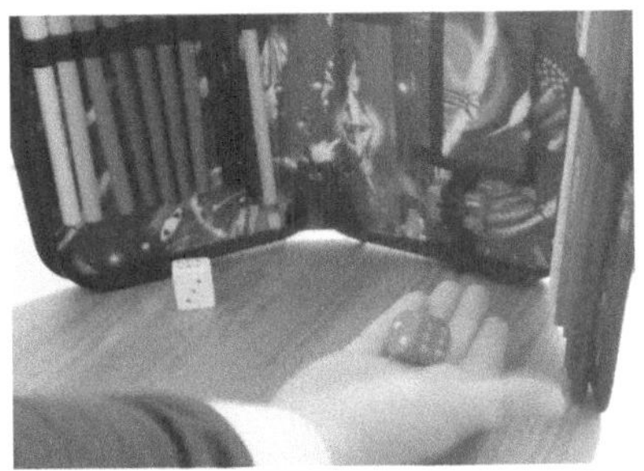

Abbildung 5.10: Einer von zwei Würfeln, verdeckt ausgewählt

Aufgabe 18: Eine (oder einer) von Euch übernimmt die Spielleitung. Die Spielleitung wählt *verdeckt* wie in der Abbildung oben einen der beiden Würfel (Quaderwürfel oder normaler Spielwürfel) aus und legt den anderen Würfel für den Rest des Spieles zur Seite.

- Schätzt, mit welcher Wahrscheinlichkeit die Spielleitung den Quaderwürfel und mit welcher Wahrscheinlichkeit den normalen Spielwürfel für das Spiel ausgewählt hat.

- Ihr dürft nun die Spielleitung dazu auffordern, den ausgewählten Würfel einmal zu werfen und Euch die Augenzahl zu nennen. Ändern sich Eure vorab geschätzten Wahrscheinlichkeiten?

- Lasst nun die Spielleitung ein zweites Mal, ein drittes Mal usw. den ausgewählten Würfel werfen. Ab wann könnt Ihr entscheiden, dass die Spielleitung den Quaderwürfel (bzw. den normalen Spielwürfel) ausgewählt hat?

Didaktisch-methodische Hinweise zur Aufgabe

Diese Aufgabe hat keine Präzisierungen, da sie bereits ein festes Vorgehen vorgibt. Sie ist als erster, einfacher und intuitiver Zugang zur *subjektivistischen Wahrscheinlichkeit* gedacht. Dass die intuitive Entscheidung von Schülerinnen und Schülern für einen der beiden Würfel auch mit Hilfe der Formel von Bayes numerisch unterstützt werden kann, wird im folgenden Kapitel 6.3 wieder aufgenommen. Wie auch das Einstiegsproblem, stammt die Idee zu diesem Spiel von Riemer (1990) und ist hier in leicht abgewandelter Form vorgestellt.

Wahrscheinlichkeiten für einen festgelegten Zustand?   Eigentlich ist die Situation fest bestimmt, die Spielleitung hat einen der beiden Würfel in der Hand. Objektiv gibt es damit keine Wahrscheinlichkeiten, oder höchstens triviale, zu verteilen. Hat die Spielleitung den Quaderwürfel in die Hand genommen, so gilt $P(Q) = 1, P(N) = 0$ (Q: es ist der Quaderwürfel, N: es ist der normale Spielwürfel). Die Schülerinnen und Schüler konnten aber nicht sehen, welchen Spielwürfel die Spielleitung gewählt hat und können ihren *subjektiven* Eindruck zu der Situation numerisch ausdrücken, wobei folgende Argumentationen möglich sind:

- „Da die Spielleitung sich für den einen oder anderen Würfel entscheiden kann, sind für mich beide Möglichkeiten gleichwahrscheinlich: $P(Q) = P(N) = 0,5$.“

- „Ich glaube, dass die Spielleitung sich eher für den ungewöhnlichen Würfel entschieden hat, also etwa $P(Q) = 0,7; P(N) = 0,3$.“

- „Vielleicht denkt die Spielleitung, dass wir uns für den Quaderwürfel entscheiden und hat deswegen den normalen Spielwürfel ausgewählt: $P(Q) = 0,2; P(N) = 0,8$.“

Wichtig bei dieser subjektiven Einschätzung sind zwei Dinge: So muss hier, wie bei allen anderen Wahrscheinlichkeitsverteilungen auch, die Summe der Wahrscheinlichkeiten der Elementarereignisse 1 sein, also $P(Q) + P(N) = 1$ gelten. Wie aber die Verteilung der Wahrscheinlichkeiten für beide Würfel festgelegt wird, ist subjektiv und kann möglicherweise durch subjektive, kaum nachprüfbare Überzeugungen vorgenommen werden. Diese Verteilung wird später auch *a-priori-Verteilung* genannt (vgl. Kap. 6.3), da sie *vor* weiteren Informationen zu einer Situation aufgestellt wird.

Verwerten der Informationen: Grundlage des Verwertens von Informationen ist die Wahrscheinlichkeitsverteilung zu den beiden möglichen Zuständen, d. h. zum Quaderwürfel und zum normalen Spielwürfel. Dazu verwenden wir hier für den Quaderwürfel die Verteilung, die im Einstieg zu diesem Kapitel aufgrund einer langen Versuchsserie geschätzt wurde:

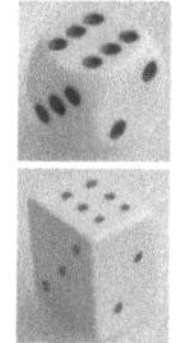

Modell für die Würfel

Augenzahl	1	2	3	4	5	6
Wahrscheinlichkeit	$\frac{1}{6}$	$\frac{1}{6}$	$\frac{1}{6}$	$\frac{1}{6}$	$\frac{1}{6}$	$\frac{1}{6}$
Wahrscheinlichkeit	$0,05$	$0,1$	$0,35$	$0,35$	$0,1$	$0,05$

Wie wäre nun die Information zum ersten (verdeckten) Wurf zu werten?

- „Es ist eine 1 (6) gefallen“: Da die 1 (6) unter der Bedingung, dass der Quaderwürfel geworfen wurde, recht unwahrscheinlich ist (0,05), könnte man sich bei diesem Ergebnis eher für den normalen Spielwürfel entscheiden, d. h., nach der Information ändert sich die a-priori-Verteilung zugunsten von N.

- „Es ist eine 3 (4) gefallen“: Da die 3 (4) unter der Bedingung, dass der Quaderwürfel geworfen wurde, recht wahrscheinlich ist (0,35), könnte man sich bei diesem Ergebnis eher für den Quaderwürfel entscheiden, d. h., nach der Information ändert sich die a-priori-Verteilung zugunsten von Q.

- „Es ist eine 2 (5) gefallen“: Da die 2 (5) unter der Bedingung, dass der Quaderwürfel geworfen wurde, eine etwas geringere Wahrscheinlichkeit hat als unter der Bedingung, dass der normale Spielwürfel geworfen wurde, könnte man sich bei diesem Ergebnis sehr vorsichtig für den normalen Spielwürfel entscheiden, d. h., nach der Information ändert sich die a-priori-Verteilung zugunsten von N.

Es liegt also nach der ersten Information eine Revision der a-priori-Verteilung vor. Die veränderte a-priori-Verteilung *nach* der ersten Information kann später *a-posteriori-Verteilung* genannt werden. Diese geht als neue a-priori-Verteilung *vor* dem zweiten Wurf in die Überlegung ein. Nach dem zweiten Wurf kann diese (neue) a-priori-Verteilung erneut revidiert werden. Die entstehende zweite a-posteriori-Verteilung wird zur dritten a-priori-Verteilung vor dem dritten Wurf usw. Ein mögliches Ablaufschema, in dem eine bestimmte Wurffolge konstruiert wurde, ist in Abbildung 5.3 dargestellt.

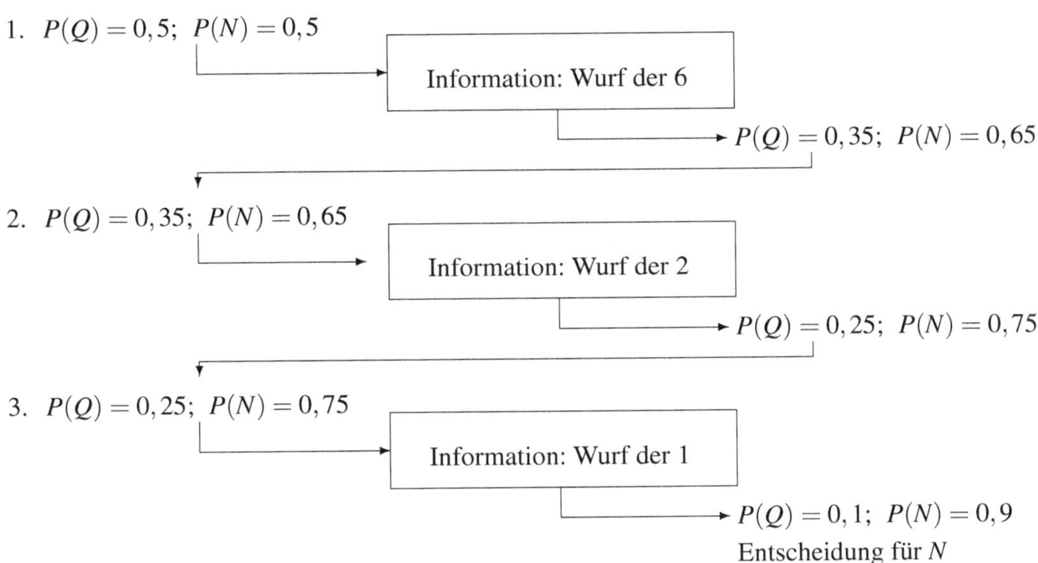

Abbildung 5.11: Ablaufschema zur sukzessiven Informationsverarbeitung in dem Würfelspiel

In dieser konstruierten Wurffolge könnten sich Schülerinnen und Schüler nach dem dritten Wurf für den normalen Spielwürfel entscheiden.[13] Kommt zwischendurch aber ein Ergebnis, das der Entscheidungslinie zuwider spricht (z. B. eine 3), so könnte sich in der sukzessiven Verarbeitung der Informationen das Blatt zumindest ein wenig in Richtung des Quaderwürfels wenden. Ergeben sich in einer Wurffolge aber verstärkt die Augenzahlen 1 und 6, mit Abschwächung auch 2 und 5, so werden sich Schülerinnen und Schüler irgendwann für den normalen Spielwürfel entscheiden, selbst wenn auch einmal eine 3 gefallen ist. Ergeben sich in einer Wurffolge dagegen verstärkt die Augenzahlen 3 und 4, so werden sich Schülerinnen und Schüler irgendwann für den Quaderwürfel entscheiden, selbst wenn auch einmal eine 1 gefallen ist.

Damit kann bereits deutlich werden, dass die erste a-priori-Verteilung kaum Einfluss auf die spätere Entscheidung hat: Ist diese a-priori-Verteilung (aus nicht genannten Gründen) $P(Q) = 0,9$; $P(N) = 0,1$, so wird man sich nach einer größeren Anzahl der Augenzahlen 1, 2, 5 und 6 genauso für den normalen Spielwürfel entscheiden wie bei jeder anderen a-priori-Verteilung. Dieses Spiel kann eine nähere numerische Beschäftigung mit dem Prinzip, mit Hilfe von Infor-

---

[13]Zur Berechnung vgl. Kapitel 6.3.

mationen, eine begründete Entscheidung in einer subjektiv unsicheren Information zu treffen, motivieren, die im folgenden Kapitel 6.2 diskutiert wird.

5.4 Allgemeine didaktisch-methodische Überlegungen

Der Einstieg in den Wahrscheinlichkeitsbegriff ist gleichzeitig der Übergang von der Datenanalyse zur Wahrscheinlichkeitsrechnung. Wir haben versucht aufzuzeigen, dass die beiden in der Formulierung der Leitidee *Daten und Zufall* zuletzt genannten Aspekte,

- das Beschreiben von Zufallserscheinungen in alltäglichen Situationen und
- das Bestimmen von Wahrscheinlichkeiten bei Zufallsexperimenten,

keine kaum überschreitbare Grenze zwischen zwei fremden Disziplinen darstellt, sondern dass durch die auf statistische Daten bezogene Frage „Gilt das immer?" die Datenanalyse und Wahrscheinlichkeitsrechnung miteinander verwoben sind. Diesen integrativen Gedanken verfolgen wir auch bei dem folgenden allgemein-didaktischen Blick auf die Beispiele dieses Kapitels.

Muster im Zufall – theoretische oder empirische Modelle: Legt man das bisher Diskutierte zugrunde, so sind also statistische Daten das Ergebnis eines zufälligen Vorgangs. Solche zufälligen Vorgänge produzieren – das war der Tenor des ersten Abschnittes dieses Buches – Muster und Abweichungen von diesem Muster:

$$Daten = Muster + Residuen$$

Dieses grundsätzliche Verständnis besteht auch in den wahrscheinlichkeitstheoretischen Betrachtungen weiter, allerdings mit einem wesentlichen Unterschied: So geht man nun nicht mehr von Daten aus, die das Ergebnis eines zufälligen Vorgangs abbilden – also nicht von etwas, das sich aus einem zufälligen Vorgang „ergeben" hat. Ausgangspunkt der Betrachtungen ist nun eine unbekannte objektive Wahrscheinlichkeit, von der man annimmt, dass sie einem zufälligen Vorgang „innewohnt" und diesem ein Maß gibt.

All die vorgestellten verschiedenen Wahrscheinlichkeitsansätze (vgl. Kap. 5.2 und 5.3) haben eines gemeinsam: Mit ihnen versucht man, sich dieser unbekannten objektiven Wahrscheinlichkeit zu nähern, und man ist sich stets im Klaren darüber, dass diese Näherung nur ein Modell für das Muster der objektiven Wahrscheinlichkeit ist. Jede Näherung lässt einen Rest zu dem bestehen, was angenähert werden soll. Im Falle der objektiven Wahrscheinlichkeit für ein Ereignis eines zufälligen Vorgangs bleibt also etwas „übrig", was durch das gewählte Wahrscheinlichkeitsmodell (klassisch, frequentistisch oder subjektivistisch ermittelt) nicht erfasst wird. Man könnte dies sehr umständlich, aber treffend als „Wahrscheinlichkeitsmodellierungsrest" oder – wenn klar ist, wovon gesprochen wird – einfacher als „Rest" bezeichnen. Im Sinne der obigen Modellierungsgleichung von Muster und Abweichungen ergibt sich analog:

$$(Objektive)\ Wahrscheinlichkeit = Muster + Rest$$

Auf den ersten Blick scheint diese Strukturgleichung etwas Paradoxes zum Ausdruck zu bringen: Der zugrunde liegende Zufall ist gar nicht so „zufällig", auch er weist Muster auf. Zur

Klärung dieses scheinbaren Widerspruchs kann die modellierungstechnische Grundsituation beitragen: Vermeintlich erkannte Muster werden von der modellierenden Person an die Situation herangetragen. Es ist eben ein Modell eines zufälligen Vorgangs und nicht der zufällige Vorgang selbst, welcher durch die Strukturgleichung abgebildet wird. Aufgrund von Erfahrung und Wissen „liest" die modellierende Person in die Ergebnisse von zufälligen Vorgängen Muster hinein – bevor sich die zufälligen Vorgänge ereignet haben oder danach. Das heißt aber nicht, dass der Vorgang, der zu diesen Ergebnissen führt bzw. geführt hat, seine Zufälligkeit verlieren würde. Diese Sichtweise stimmt – wie bereits in Kapitel 5.1 erwähnt – mit der Auffassung von Sill (1993) überein.

Während die modellierungstechnische Grundstruktur von Muster und Abweichung bleibt, egal ob klassisch, frequentistisch oder subjektivistisch modelliert wird, sind die Ansätze doch unterschiedlich:

- Der klassische Wahrscheinlichkeitsansatz – auch Laplace-Wahrscheinlichkeit genannt – ist ein Ansatz, der auf theoretischen Überlegungen beruht, die *vor* dem zufälligen Vorgang angestellt werden. Der normale Würfel macht aufgrund seiner symmetrischen Architektur Überlegungen möglich, die zu einem theoretischen Modell führen, das die Gleichwahrscheinlichkeit der Augenzahlen gemäß dem Prinzip des unzureichenden Grundes postuliert (vgl. Einstiegsbeispiel dieses Kap. 5). Dazu muss der Würfel noch nicht gefallen sein.

- Beim frequentistischen Ansatz gibt es keine Anhaltspunkte, anhand derer sich die Wahrscheinlichkeiten vorher mit theoretisch überzeugenden Argumenten angeben lassen würden (z. B. die Wahrscheinlichkeit für das Ereignis „6" beim Quaderwürfel oder das Ereignis „Spitze nach oben" beim Werfen einer Reißzwecke). So wird eine Schätzung für die objektive Wahrscheinlichkeit ermittelt, *nachdem* der zufällige Vorgang stattgefunden hat und beobachtet bzw. gezählt wurde. Es ist ein empirischer Ansatz, für den über das empirische Gesetz der großen Zahl ein einfaches Gütekriterium („je öfter, desto besser") zur Verfügung steht.

- Der subjektivistische Ansatz ist theoretischer Natur: Aufgrund von eigenen Erfahrungen und persönlichen (Wunsch-)Vorstellungen ergibt sich eine Wahrscheinlichkeitseinschätzung *vor* dem zufälligen Vorgang. Dazu gehört auch das Lernen aus Erfahrung: Das bedeutet, dass eine solche Einschätzung *nach* dem zufälligen Vorgang revidiert werden kann und zu einer neuen Einschätzung *vor* einem weiteren Durchgang führt (vgl. Kap. 5.3). Hierauf wird auch im Zusammenhang mit dem Satz von Bayes in Kapitel 6.2 noch näher eingegangen.

Egal, wie die objektive Wahrscheinlichkeit angenähert wird, es geht bei der wahrscheinlichkeitstheoretischen Modellierung darum, Muster in den Ergebnissen zufälliger Vorgänge mit Wahrscheinlichkeiten zu quantifizieren und alles, was sich der Mustererkennung entzieht, als Abweichungen oder Rest zu deklarieren. Am deutlichsten wird die Parallelität zur Datenanalyse beim frequentistischen Wahrscheinlichkeitsansatz: Letztendlich werden hier Wahrscheinlichkeiten aufgrund von Daten geschätzt, nämlich relativen Häufigkeiten, die als empirische Realisierung von Zufallsvariablen (vgl. hierzu Kap. 7) betrachtet werden können. Die Schätzung selbst in ihrer Güte noch zu bemessen, also das wahrscheinlichkeitstheoretische Modell noch zu validieren, führt weit über die Sekundarstufe I hinaus zum Thema Konfidenzintervalle.

Modellierungserfahrung von Schülern: Nach Shaughnessy (2007) lässt sich der Umgang mit Wahrscheinlichkeiten von Schülerinnen und Schülern wiederum mit den Denktypen „unistruktural", „multistruktural" und „relational" diskutieren. Überträgt man diese bereits mehrfach verwendeten Denkaspekte auf den Wahrscheinlichkeitsbegriff, der die stochastischen Methoden zu einem wesentlichen Teil fundiert, dann ergibt sich parallel zu einer Untersuchung von Watson & Kelly (2004):

- das unistrukturale Denken: Schülerinnen und Schüler beziehen sich hier allein auf einen Aspekt oder Wert einer Wahrscheinlichkeit. Die Vorstellung zu einem stochastischen Begriff wie Wahrscheinlichkeit ist noch an konkrete Handlungssituationen gebunden und dadurch bildlich-anschaulich geprägt. Tatsächlich beobachtete Gesetzmäßigkeiten werden von eigenen Überzeugungen und Einschätzungen überlagert.

  Beim einfachen Würfeln wird beispielsweise die 6 als seltener auftretend beschrieben, weil es mehrere andere Würfelergebnisse gibt oder, noch präformaler denkend formuliert, „Weil man beim Spielen am häufigsten auf die 6 warten muss."

- das multistrukturale Denken: Schülerinnen und Schüler beziehen hier mehrere Aspekte oder Werte der Wahrscheinlichkeit in ihre Überlegungen mit ein. Die Vorstellung ist algorithmisch geprägt und noch isoliert.

  Der einfache Würfel wird als Zufallsgenerator betrachtet, der sechs gleiche Seiten hat (die Augenzahl spielt keine Rolle), die alle die gleiche Wahrscheinlichkeit haben. Die Augenzahl 6 ist eine von sechs Möglichkeiten, daher ergibt sich für die Wahrscheinlichkeit $\frac{1}{6}$.

- das relationale Denken: Schülerinnen und Schüler haben ein beziehungshaltiges Verständnis von einer Wahrscheinlichkeitsverteilung und ihren charakteristischen Werten. Die Vorstellung zu einer Wahrscheinlichkeit umfasst nicht allein die konkrete Wahrscheinlichkeit in der zu analysierenden Situation. Sie ist Bestandteil eines umfassenderen Verständnisses von Wahrscheinlichkeiten bzw. Wahrscheinlichkeitsverteilungen in anderen Situationen und darüber hinaus in einem abstrakten Verständnis.

  Der einfache Würfel wird erst mit der Attribuierung „fair" als Zufallsgenerator für die Gleichverteilung einer Wahrscheinlichkeit betrachtet. Die Kenntnis von der Gleichverteilung ist Bestandteil eines umfassenderen Wissens zu alternativen Wahrscheinlichkeitsverteilungen (z. B. Abgrenzung der Gleichverteilung von der Binomialverteilung in Kap. 7). Wahrscheinlichkeiten und Wahrscheinlichkeitsverteilungen lassen sich algebraisch fassen und durch die Bestimmung von Parametern bestimmen.

Begriffe wie *Zufall* und *Wahrscheinlichkeit* sind schon per se als didaktisch schwierig einzustufen. Es ist insbesondere das Abstrakte und Unanschauliche, was diesen Begriffen innewohnt, die es angeraten erscheinen lassen, die Zugangswege möglichst konkret und anschaulich zu gestalten. Auf diese Weise soll das zunehmend abstraktere stochastische Denkvermögen der Schülerinnen und Schüler angebahnt werden.

Formale Strenge: Die Stochastik tritt unter den übrigen mathematischen Teildisziplinen dadurch hervor, dass sie ihre Gesetzmäßigkeiten mit einem vergleichsweise ausgeprägten Formalismus beschreibt: So lässt sich beispielsweise die vollständige Beschreibung dafür, dass die 6 bei einem so einfachen Zufalls-Experiment wie dem einfachen Wurf des Würfels fällt, angeben durch

- eine Ergebnismenge oder einen Stichprobenraum $\Omega = \{1, 2, 3, 4, 5, 6\}$,

- eine Zufallsvariable X, mit Hilfe derer die zufälligen Ereignisse in dem Bereich der reellen Zahlen abgebildet werden können. Weil hier der Wahrscheinlichkeitsraum Ω als eine Teilmenge der reellen Zahlen beschrieben werden kann, der genau aus den interessierenden Informationen besteht, lässt sich für die Zufallsvariable die identische Abbildung wählen: $X : \Omega \to \Omega \subset R, X(\omega) = \omega$. So gilt also für das Werfen einer 6: $X(6) = 6$.

- Schließlich braucht es noch eine Funktion $P(X(\omega) = \omega)$, die so genannte (diskrete) Wahrscheinlichkeitsverteilung der Zufallsvariablen X, mit der die Wahrscheinlichkeit dem interessierenden Ereignis $P(X(\omega) = 6) = \frac{1}{6}$ zugeordnet werden kann.

Die Aufstellung macht deutlich, dass ein übertriebener Formalismus bei der Einführung des Wahrscheinlichkeitsbegriffs die Sicht auf das zunächst Wesentliche geradezu verstellt.[14] Wenn Schülerinnen und Schüler von Beginn an mehr auf die formal korrekte Darstellung und Sprechweise zu stochastischen Phänomenen achten müssen, ist die Gefahr groß, dass sie die Phänomene selbst aus den Augen verlieren. So wird der Inhalt der Form nachgeordnet und ein zentrales mathematikdidaktisches Problem tritt ein: Die Schülerinnen und Schüler konzentrieren sich mehr auf die vermeintlich korrekte Darstellung einer Sache, die sie nicht verstehen bzw. zu der sie persönlich keinen Bezug aufbauen können. Stochastik wird dann zu einer Art Geheimwissenschaft, deren Gesetzmäßigkeiten sich hinter kryptisch anmutenden Zeichen, Formeln und eigentümlichen Begriffen verbergen. Die Formelsprache ist aber Expertensprache. Dazu kommt das Problem, dass stochastische Fachbegriffe mit alltäglich anders verwendeten Begriffen kollidieren: Wenn in der Stochastik von einem „Ereignis", einem „Ergebnis" oder einer „Ergebnismenge" gesprochen wird, dann ist die Bedeutung des Wortes eine andere als im Alltagssprachgebrauch. Sich von alltagssprachlichen Gewohnheiten zu lösen, ist jedoch nicht einfach durch eine anfängliche Definition getan. Der stochastische Begriff muss auf einer Grundvorstellung aufgebaut werden, damit er für die Schülerinnen und Schüler in ihrem mathematischen Denken und Handeln tragfähig werden kann. Eine solche Grundvorstellung kann sich jedoch erst im Laufe einer aktiven Auseinandersetzung mit dem Begriff bzw. mit den zugrunde liegenden Phänomenen entwickeln (vgl. vom Hofe 1995), sie kann nicht per Definition verordnet werden.

Wir gehen nicht so weit, mit den vorangehenden Überlegungen einer formelfreien Stochastik das Wort reden zu wollen.[15] Die formale Strenge kommt jedoch erst an zweiter Stelle, wenn im Sinne eines phänomenologischen und genetischen Prinzips Zugänge zu den stochastischen Inhalten bzw. den Grundideen dahinter eröffnet worden sind. Die Schülerinnen und Schüler sollten Gelegenheit bekommen, sich unmittelbar und frei mit stochastischen Phänomenen auseinandersetzen zu können. Auf diese Weise erfahren sie, dass sich stochastisches Denken mehr dem Denken, Modellieren und Argumentieren beim Umgang mit der allgegenwärtigen Variabilität

---

[14]Tatsächlich ist diese häufig gebräuchliche Darstellung der Zufallsgröße formal noch verkürzt, da die Wahrscheinlichkeit Mengen als Argumente hat und somit zumindest $P(\{X = 6\})$, ebenfalls als noch verkürzte Schreibweise, formal korrekter wäre (vgl. Eichler & Vogel, 2011).

[15]Allerdings sei in diesem Zusammenhang auf die Arbeit von Sedlmeier & Köhlers (2001) verwiesen.

verpflichtet sieht. Die Notwendigkeit der formalen Exaktheit motiviert sich dann vor dem Hintergrund, die interessierenden Fragestellungen verlässlich mathematisch bearbeiten zu können.

Die von uns propagierte Freiheit hat allerdings Grenzen, da wir davon ausgehen, dass die Schülerinnen und Schüler über anfängliches Wissen zu Brüchen bzw. zur Bruchrechnung verfügen. Ohne dieses Wissen ist der hier vorgestellte Ansatz nur qualitativ durchführbar. Zwar ist es selbstverständlich möglich, Erfahrungen mit dem Wahrscheinlichkeitsbegriff in einfachen Spielen oder experimentellen Situationen vor dem Erlernen der Bruchrechnung zu machen. Das Gestalten von Situationen, in denen Schülerinnen und Schüler solche *Vorerfahrungen* machen können, wäre aber das Thema eines eigenen Buches, das wir in diesem Band bewusst ausgelassen haben.

Visualisieren: Wie im Bereich der Datenanalyse sind Visualisierungen im Bereich der Wahrscheinlichkeitsrechnung von großer Bedeutung, um wahrscheinlichkeitstheoretischen Überlegungen eine breitere „Denk- und Argumentationsbasis" zu geben (vgl. z. B. Kap. 2.1). Dabei eignen sich einige grafische Darstellungen der Datenanalyse auch für den Bereich der Wahrscheinlichkeitsrechnung:

- das Einheitsquadrat, das als grafische Erweiterung der Vierfelder-Tafel eingeführt wurde (vgl. Kap. 3.1). Die Darstellungsform lässt sich ohne weitere Einschränkung weiterverwenden, wenn bei der Zusammenschau zweier Merkmale anstelle von bedingten Häufigkeiten mit bedingten Wahrscheinlichkeiten argumentiert wird. Hierzu mehr in Kapitel 6.2.

- das Histogramm wurde bereits verwendet, um die Verteilung empirischer Häufigkeiten darzustellen. Diese Darstellungsform eignet sich in gleicher Weise, um die Verteilungen von Zufallsvariablen abzubilden. Im Bereich der Sekundarstufe I ist hier die Binomialverteilung als wesentlich zu nennen (vgl. Kap. 7).

- das Baumdiagramm ist speziell in der Wahrscheinlichkeitsrechnung eine Darstellung, die sehr weit trägt: Insbesondere bei n-stufigen Zufallsexperimenten und bedingten Wahrscheinlichkeiten findet sie Verwendung (vgl. Kap. 6.1 und 6.2).

Wie bereits an anderer Stelle vermerkt, gelten alle Aspekte, die für das Lesen und Interpretieren von grafischen Darstellungen statistischer Daten gelten (vgl. Kap. 2.4 und Kap. 3.6), auch für die Visualisierungen im Bereich der Wahrscheinlichkeitsrechnung.

Simulieren: Im Eingangsbeispiel wurde mit einem normalen Würfel und einem Quaderwürfel gewürfelt, um in die Wahrscheinlichkeitsrechnung einzusteigen. Implizit gingen dabei wichtige Aspekte der Bedeutung ein, die die (computergestützten) Simulationen für die Wahrscheinlichkeitsrechnung haben. Es lassen sich zwei didaktische Bedeutungsebenen unterscheiden:

Mit Blick auf die Sache eine inhaltliche Ebene: Beim normalen Würfel mögen viele Schülerinnen und Schüler bereits vor dem Würfeln gewiss sein, wie das Ganze ausgehen wird: Entweder werden sie aufgrund von naiven Vorerfahrungen zu der Überzeugung gelangen, dass die 6 seltener kommt („Beim Spielen muss am häufigsten auf die 6 warten.") oder etwas fortgeschrittener aufgrund der Würfelsymmetrie für die Gleichwahrscheinlichkeit („Alle Seiten sind gleich, daher sind sie auch gleichwahrscheinlich.") plädieren. Beim Quaderwürfel ist die Gewissheit der

Schülerinnen und Schüler vorab erfahrungsgemäß nicht so groß wie beim normalen Würfel. Ein schlüssiges Argument dafür ist, dass in der Regel schlicht weniger bis keine Erfahrungen zum Quaderwürfel vorliegen. Noch unsicherer werden Vorabüberlegungen bei Gegenständen selbst mit einer kleineren Ergebnismenge, wie z. B. einer Reißzwecke. Deren geometrische Form liefert keine Anhaltspunkte für eine Einschätzung der Wahrscheinlichkeiten.

Für die modellierungstechnische Bedeutung von Simulationen lässt sich dazu festhalten: Wenn genügend Erfahrung oder Wissen vorhanden ist, kann vorab ein theoretisches Modell zur Verteilung der Wahrscheinlichkeiten aufgestellt werden (Bsp. normaler Würfel: „Alle sechs Seiten sind gleichwahrscheinlich." oder „Die 6 kommt am seltensten."). Dieses theoretische Modell kann dann durch Simulationen validiert werden. Wagt man sich jedoch vorab nicht an ein Modell (aufgrund von Unkenntnis oder Unsicherheit oder weil es schlicht keine stichhaltigen Anhaltspunkte gibt), dann können Simulationen und die darin ermittelten relativen Häufigkeiten zum Ideengeber für ein theoretisches Modell werden. So könnte etwa die empirische Häufigkeitsverteilung beim Quaderwürfel erst die Idee zu einer Theorie führen, dass sich die Wahrscheinlichkeitsverteilung aus dem Verhältnis der Seitenflächen des Quaderwürfels zumindest partiell ableiten lässt.

Mit Blick auf die Schülerinnen und Schüler eine personale Ebene: Simulationen können helfen, ein intuitives Verständnis von zufälligen Vorgängen auf- und auszubauen. So ist das empirische Gesetz der großen Zahl zwar weithin als Vorstellung und Erfahrung bereits vorhanden, jedoch meist vage und undeutlich. So wird beispielsweise erfahrungsgemäß die Größe der „großen Zahl" gerne unterschätzt (vgl. auch die referierten Forschungsergebnisse Kahnemann & Tversky, 1972 sowie von Watson & Moritz, 2000, in Kap. 5.6).

Durch Simulationen erhält der frequentistische Zugang zur Wahrscheinlichkeit seine empirische Grundlage. Zufall und Wahrscheinlichkeit werden durch Simulationen ein Stück weit „greifbarer", wenn die Schülerinnen und Schüler den zufälligen Grundvorgang verstanden haben und Simulationen als sehr häufige Wiederholungen dieses Grundvorgangs begreifen. Durch die externe Darstellung des Simulationsvorgangs kann so die mentale Modellbildung angeregt werden, die die prinzipielle interne Simulationsfähigkeit im Sinne eines „Was wäre, wenn sehr oft – worauf läuft der Prozess hinaus?" erlaubt. So wird auch deutlich, dass auch beim Zufall Gesetzmäßigkeiten regieren (vgl. Abschnitt *Muster im Zufall* dieses Kap. 5.4). Bei computergestützten Simulationen zeichnen sie sich mit wachsender Zahl der Simulationen vor dem Auge des Betrachters zunehmend deutlicher ab.

Gerade die computergestützten Möglichkeiten haben die Bedeutung der Simulationen im Stochastikunterricht noch weiter hervorgehoben. Dies hat etwa Biehler in verschiedenen Arbeiten (z. B. Biehler, 1991, Biehler & Maxara, 2007) grundlegend beleuchtet. Das wesentliche stochastikdidaktische Potenzial der Simulationen ist darin zu sehen, dass damit das Verständnis des Wahrscheinlichkeitsbegriffs vertieft und schließlich das Tor zur schließenden Statistik aufgestoßen werden kann.

Abschließend zu diesem Kapitel 5 ist uns wichtig festzuhalten: Die Art und Weise, wie der Wahrscheinlichkeitsbegriff eingeführt wird, ist entscheidend: Ein Unterricht, der von Anfang an ausschließlich auf den klassischen Wahrscheinlichkeitsbegriff setzt, läuft Gefahr, das Wahrnehmen von und Denken in Wahrscheinlichkeiten schnell von der erlebten Umwelt abzukoppeln und in der Glücksspielwelt zu isolieren, in der gut gerechnet werden kann. Wir plädieren für eine phänomenologische und genetische Zugangsweise: Die Schülerinnen und Schüler sollen Gelegenheit erhalten, den Wahrscheinlichkeitsbegriff in seinen verschiedenen Facetten kennenzulernen. So werden sie auch lernen können, in der Arbeit mit Daten verständig mit Wahrscheinlichkeiten zu arbeiten – auch außerhalb der Glücksspielwelt.

5.5 Begriffe und Methoden

Zufalls-Experiment, zufälliger Vorgang: Zum Teil wird *Zufalls-Experiment*, zum Teil *zufälliger Vorgang* verwendet, um den Begriff eines zumindest theoretisch beliebig wiederholbaren Vorgangs zu beschreiben, der mehrere sämtlich bekannte Ergebnisse erzeugen kann. Es ist ungewiss, welches Ergebnis in einem speziellen Vorgang eintreten wird.

Ergebnis: Der einzelne Ausgang eines Zufallsexperimente bzw. zufälligen Vorgangs heißt *Ergebnis* (ω). Die Menge aller Ergebnisse (Ω) heißt *Ergebnismenge*.

Ereignis: Eine Menge verschiedener Ergebnisse A, also eine Teilmenge der Ergebnismenge Ω ($A \subseteq \Omega$), heißt *Ereignis*. Das schließt die leere Menge wie auch die Menge Ω selbst ein. Die Menge aller Ereignisse bezeichnet man als *Potenzmenge von Ω ($\mathscr{P}(\Omega)$)*.

Spezielle Ereignisse: Eine einelementige Teilmenge von Ω ($A = \{\omega\} \subseteq \Omega$) heißt *Elementarereignis*. Zwei Ereignisse A und B heißen *unvereinbar* oder *disjunkt*, wenn $A \cap B = \emptyset$ gilt. $A \cap B$ wird als *Schnittereignis* bezeichnet. Das Ereignis $\overline{A} := \Omega \setminus A$ heißt *Gegenereignis*.

Wahrscheinlichkeit: Die Funktion $P : \mathscr{P}(\Omega) \to \mathbb{R}$ heißt genau dann *Wahrscheinlichkeit*(sfunktion), wenn für alle Ereignisse $A \in \mathscr{P}(\Omega)$ gilt, dass $P(A)$ nicht negativ ist, $P(\Omega) = 1$ gilt und dass für zwei beliebig sich gegenseitig ausschließende Ereignisse A und B gilt: $P(A \cup B) = P(A) + P(B)$. (Das ist die axiomatische Definition für *endliche* Ergebnismengen, die in diesem Buch ausschließlich betrachtet werden).

Prinzip des unzureichenden Grundes: Gibt es keine sinnvoll zu begründende Alternative zur Gleichwahrscheinlichkeit der Elementarereignisse eines zufälligen Vorgangs, so wird mit dem Modell der Gleichwahrscheinlichkeit gearbeitet.

Laplace-Experiment: Ein Experiment, bei dem man aufgrund des Prinzip des unzureichenden Grundes davon ausgeht, dass alle Elementarereignisse eines Zufallsexperiments mit endlicher Ergebnismenge gleichwahrscheinlich sind, d. h. $P(\{\omega\}) = \frac{1}{|\Omega|}$, heißt Laplace-Experiment. Liegt ein Laplace-Experiment vor, so gilt für die Wahrscheinlichkeit eines beliebigen Ereignisses: $A \in \mathscr{P}(\Omega): P(A) = \frac{|A|}{|\Omega|}$.

Elementare Rechenregeln: Für beliebige Ereignisse $A, B \subseteq \Omega$ gilt: $P(A \cup B) = P(A) + P(B) - P(A \cap B)$ und $P(\overline{A}) = 1 - P(A)$.

Empirisches Gesetz der großen Zahl: Als dieses Gesetz bezeichnet man das Phänomen, dass sich bei der Durchführung eines zufälligen Vorgangs die relative Häufigkeit eines Ereignisses A bei steigender Versuchsanzahl stabilisiert (und scheinbar einem Wert zustrebt). Aufgrund dieses Phänomens lässt sich die relative Häufigkeit eines Ereignisses bei großen Stichproben bzw. Anzahlen von Versuchswiederholungen als Schätzung der Wahrscheinlichkeit eines Ereignisses motivieren ($h_{n,(groß)}(A) \approx P(A)$).

5.6 Lesehinweise – Rundschau

Rundschau: Material

Es gibt eine kaum zu überblickende Fülle von Einzelbeispielen zur Einführung des Wahrscheinlichkeitsbegriffes. Wir beschränken uns daher in der folgenden sehr kurz gefassten Übersicht
auf die Arbeiten, die aus unserer Sicht vorbildlich die gleichzeitige Behandlung des frequentistischen und des klassischen Wahrscheinlichkeitsbegriffs (Laplace-Wahrscheinlichkeit) enthalten.
Insbesondere das Einstiegsproblem in diesem Kapitel 5 hat sich an diesen Arbeiten orientiert.

- *Einführung des Wahrscheinlichkeitsbegriffs:* Aus unserer Sicht konkurrenzlos ist die bereits in der vorangegangenen Diskussion genannte Idee von Riemer (1991), vollsymmetri-
  sche und teilsymmetrische Würfel zu untersuchen. Ebenfalls ist die gleichzeitige Behandlung des frequentistischen und klassischen Wahrscheinlichkeitsbegriffs in dem Vorschlag
  von Prömmel & Biehler (2008) zur Analyse des Spiels „Differenz trifft" angelegt, in dem
  die Differenz zweier Augenzahlen eines vollsymmetrischen Würfels betrachtet wird.

- *Zufall:* Zur Einführung des Zufallsbegriffs gibt es nach unserem Wissen keine ausgearbei-
  teten Unterrichtsvorschläge.

- *subjektivistischer Wahrscheinlichkeitsbegriff:* Im zugehörigen Abschnitt zu diesem Wahrscheinlichkeitsbegriff (Kap. 5.3) ist bereits auf die dem verdeckten Würfelspiel zugrunde
  liegende Idee von Riemer (1991) hingewiesen worden. Dort wird aus drei verschiedenen
  Würfeln verdeckt ausgewählt.

Über diese Beispiele hinaus bietet der so genannte *Geschmackstest* von Riemer & Petzolt
(1997) ein spannendes Experiment (Blindverkostung von vier Cola- oder Schokoladensorten),
mit dem Grundbegriffe des klassischen und frequentistischen Wahrscheinlichkeitsbegriffs bis
hin zu einem ersten Einblick in die informelle beurteilende Statistik behandelt werden können.

Rundschau: Forschungsergebnisse

Der Umgang von Schülerinnen und Schülern mit dem Wahrscheinlichkeitsbegriff ist bereits in
den Arbeiten von Piaget & Inhelder (1975) untersucht worden. Eine zentrale These von Piaget & Inhelder, die altersabhängige Fähigkeit von Schülerinnen und Schülern, Zufallsprozesse
verstehen zu können, ist häufiger angezweifelt worden (vgl. Shaughnessy, 2007). Trotz solcher
Differenzen beziehen sich viele Forschungsarbeiten zum Wahrscheinlichkeitsbegriff von Schülerinnen und Schülern auf die genannte Arbeit von Piaget & Inhelder. Ergebnisse, die sich auch
auf die Sekundarstufe I beziehen, sind im Schwerpunkt folgende:

- Zufällige Vorgänge werden insbesondere dann nicht als zufällig angesehen, wenn ein Ereignis mit geringer Wahrscheinlichkeit damit verbunden ist. Solche Ereignisse werden als
  unmöglich bezeichnet (Fischbein, Nello & Marino, 1991). Aus unserer Sicht kann dabei
  die qualitative Diskussion, ob bestimmte Phänomene als zufällig betrachtet werden oder
  nicht (vgl. die entsprechende Aufgabe in Kap. 5.1), helfen, das Vorverständnis von Schülerinnen und Schülern zu klären und Ansatzpunkte für die Entwicklung eines allgemeineren
  Zufallskonzepts zu identifizieren.

- Zufällige Vorgänge werden mit Kausalität in Verbindung gebracht (z. B. Kahnemann & Tversky, 1982; Green, 1983). Etwa könnte im Sinne eines prästrukturalen Denkens (vgl. Kap. 5.4) die 6 als seltenes Ereignis angesehen werden, da sie subjektiv selten in einem Spiel erscheint. Solch ein Verständnis rührt daher, dass die 6 beim Würfeln aufgrund ihrer Wichtigkeit in manchen Spielen mehr Aufmerksamkeit genießt als andere Augenzahlen. Ein experimenteller Zugang, bei dem gewürfelt wird, kann solch ein Missverständnis auflösen.

- Verschiedene Ereignisse, insbesondere, wenn nur zwei Ereignisse betrachtet werden, werden als gleichwahrscheinlich angesehen, selbst wenn diese es nicht sind. Dieses als *equiprobability bias* bezeichnete Phänomen ist verschiedentlich untersucht worden (z. B. Moritz & Watson, 2000). Verstärkt wird diese Fehlvorstellung, wenn in der Schule lediglich Laplace-Experimente behandelt werden.

- Daten aus zufälligen Vorgängen werden als regulär prognostiziert. Das bedeutet, dass Schülerinnen und Schüler etwa bei einer zufälligen Ziffernfolge der Ziffern 0 bis 9 das Auftreten aller Ziffern in quasi-zufälliger Abfolge vermuten, dagegen kaum so genannte Runs (mehrfaches Auftreten der gleichen Ziffer) erwarten (z. B. Falk, 1981). Ein aus unserer Sicht gelungenes Experiment, bei dem zufällige und ausgedacht-zufällige Lottozahlen miteinander verglichen werden, findet sich bei Leuders (2005).

- Die fehlende Unterscheidung der Nichtvorhersagbarkeit eines einzelnen zufälligen Vorgangs (short-term unpredictability) und der quantifizierbaren Vorhersage einer langen Serie (oder großen Stichprobe) von zufälligen Vorgängen (long-term stability, vgl. Gal, 2005). Schülerinnen und Schüler interpretieren Wahrscheinlichkeiten häufig proportional auf einzelne zufällige Vorgänge oder im Sinne des (nicht vorhandenen) Gesetzes der kleinen Zahl auf wenige Versuche (Kütting, 1994).

In den genannten Forschungsergebnissen sind Argumente enthalten, die für die gleichzeitige Behandlung des frequentistischen und des klassischen Wahrscheinlichkeitsbegriffs, gegen eine einseitige Ausrichtung auf den klassischen Wahrscheinlichkeitsbegriff und wiederum für einen Experimente enthaltenen Einstieg in die Wahrscheinlichkeitsrechnung sprechen (vgl. zum experimentellen Unterricht zur Wahrscheinlichkeitsrechnung auch Shaughnessy, 1977). Der *experimentelle* Zugang zur Stochastik ist ein Grundanliegen dieses Buches, dessen Schwerpunkt auf der Verbindung von realen Phänomenen, der Analyse realer Daten *und* den Konzepten der Wahrscheinlichkeitsrechnung liegt.

6 Abhängigkeit und Unabhängigkeit

Einstiegsproblem

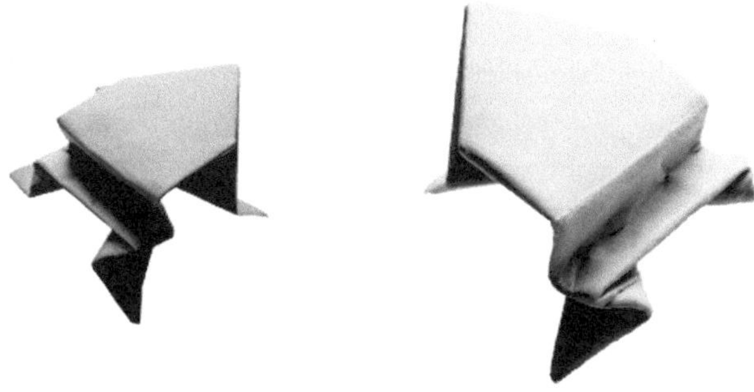

Abbildung 6.1: Kleine gegen große Papierfrösche

Aufgabe 19: Die Klasse 9a hat einen Papierfroschtest durchgeführt. Sie hat in 60 Durchgängen jeweils einen großen und einen kleinen Papierfrosch springen lassen. Für den Test ist sie folgendermaßen vorgegangen: Das Sprungfeld bestand aus zwei hintereinander gelegten Schubladen (Breite 60 cm), die die Sprungzonen „schlecht" und „gut" markierten. Die Papierfrösche landeten bei ihrem Sprung in einer dieser Schubladen. Dabei entstand die nachfolgend gezeigte Einteilung, die auf den ersten Blick für die kleinen Papierfrösche spricht. Aber vielleicht war es ja auch „purer Zufall" bei diesem Test und vielleicht hat die Größe doch nichts zu sagen?
Um das zu überprüfen, hat sich die Klasse 9a vorher überlegt, das Ergebnis mit einem anderen zu vergleichen, bei dem kein Unterschied zwischen zwei Papierfroschsorten zu erwarten ist, nämlich bei Fröschen aus gleichem Papier, aber mit unterschiedlicher Farbe. Also wurden bei dem Test in jedem zweiten Durchgang sowohl der große als auch der kleine Frosch vor dem Sprung rot markiert. Die übrigen Frösche wurden blau markiert. Das Ergebnis der erreichten Schubladen für die rot und blau markierten Frösche (die jeweils zur Hälfte aus großen und kleinen Fröschen bestehen), ist ebenfalls nachfolgend zu sehen.
Stellt ein Modell für zukünftige Experimente mit diesen Fröschen auf und ermittelt durch Simulation mögliche Ergebnisse zukünftiger Froschwettbewerbe. Führt dies für beide Unterteilungen der Frösche durch und vergleicht die Ergebnisse der Simulation.

	klein (K)	groß (G)	Summe
schlecht (−)	11	45	56
gut (+)	49	15	64
Summe	60	60	120

	rot (R)	blau (B)	Summe
schlecht (−)	27	29	56
gut (+)	33	31	64
Summe	60	60	120

Mögliche Erweiterungen und Präzisierungen der Aufgabenstellung

- Analysiert zunächst die Ergebnisse des Froschwettbewerbs.

- Schätzt alle Wahrscheinlichkeiten, die für das (erste) Modell der beiden gegebenen Froschsorten wichtig sind: Wann springt welcher Frosch in welche Schublade?

- Veranschaulicht Euer jeweiliges Modell mit einem Einheitsquadrat.

- Wie könnten zukünftige Experimente aussehen? Simuliert solche Experimente.

- Führt die gleichen Schritte für die beiden Froschgruppen durch, die sich nur in der Farbe unterscheiden.

- Vergleicht die beiden Datensätze zu Euren Simulationen.

- Simuliert sehr häufig die Froschgruppen mit den unterschiedlichen Farben. Wie oft wird ein Ergebnis erreicht, das solche Unterschiede wie bei den großen und kleinen Fröschen zeigt? Interpretiert dieses Ergebnis.

Didaktisch-methodische Hinweise zur Aufgabe

Diese Aufgabe schließt an zwei vorausgehende Überlegungen an: In Kapitel 5 wurde die Schätzung von Wahrscheinlichkeiten im Sinne des frequentistischen Wahrscheinlichkeitsbegriffes diskutiert. Außerdem haben wir in Kapitel 3.1 ein Beispiel zum Zusammenhang zweier nominal skalierter Merkmale behandelt, das in der Struktur sehr ähnlich ist.

Das Experiment aus Sicht der Datenanalyse und der Wahrscheinlichkeitsrechnung: Zunächst wird die linke der beiden Vierfelder-Tafeln analysiert: Aus der datenanalytischen Sicht stehen in der oberen Zeile der Vierfelder-Tafel zwei nominal skalierte Merkmalsausprägungen (klein, groß), in der linken Spalte zwei nominal (bzw. ordinal) skalierte Merkmalsausprägungen (schlecht, gut). Aus wahrscheinlichkeitstheoretischer Perspektive schließen sich diese Zufallsereignisse (wir kürzen sie mit K, G und $-, +$ ab) spalten- bzw. zeilenweise gegenseitig aus – sie sind *disjunkt*. Statt „Häufigkeit einer Merkmalsausprägung" ist es also auch möglich „Häufigkeit eines Ereignisses" zu sagen.[1]

Unabhängig von der Perspektive stehen in der Mitte der Vierfelder-Tafel absolute Häufigkeiten für diejenigen Resultate des Experiments (Realisierung eines zufälligen Vorgangs), in denen zwei Merkmalsausprägungen (zufällige Ereignisse) eingetroffen sind, beispielsweise: „K und $+$" (formal: $K \cap +$).

Grafische Darstellung: Zwei Arten der grafischen Darstellung, das *Piktogramm* und das *Säulendiagramm*, eignen sich bei dem Froschhüpfen besonders, um als Pendant zur Vierfelder-Tafel das Resultat des Experiments zu visualisieren. Während das Piktogramm sinnfällig die Schubladen enthält, sind im Säulendiagramm die Häufigkeiten deutlicher zueinander ins Verhältnis gesetzt (vgl. Abb. 6.2).

---

[1]Oder: „Häufigkeit, mit der ein zufälliges Ereignis in den n Realisierungen eines Zufalls-Experiment aufgetreten ist." Wir favorisieren die kürzere Variante.

klein
groß
schlecht
gut
50
40
30
20
10
0
gut
schlecht
klein
groß

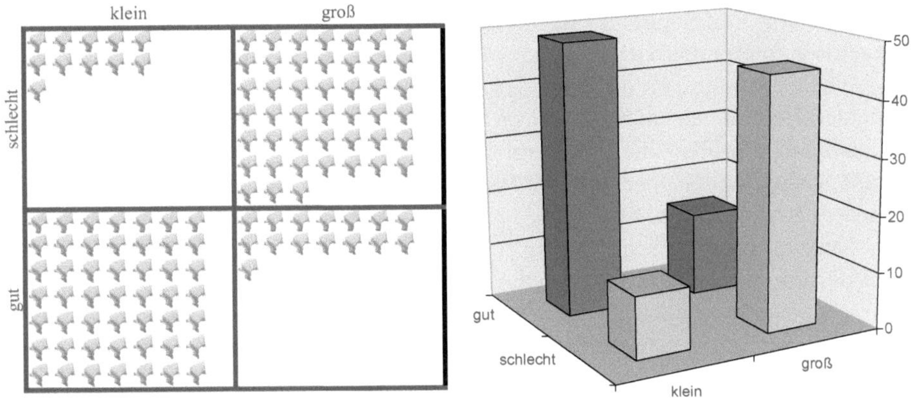

Abbildung 6.2: Froschkiste als Piktogramm-Kreuztabelle und Säulendiagramm

Wir greifen an dieser Stelle auch das Einheitsquadrat wieder auf, das wir aus der Vierfelder-Tafel entwickelt haben (vgl. Kap. 3.1). Sowohl in der grafischen Vierfelder-Tafel als auch im Einheitsquadrat wurden die absoluten in relative Häufigkeiten überführt (vgl. Abb. 6.3).

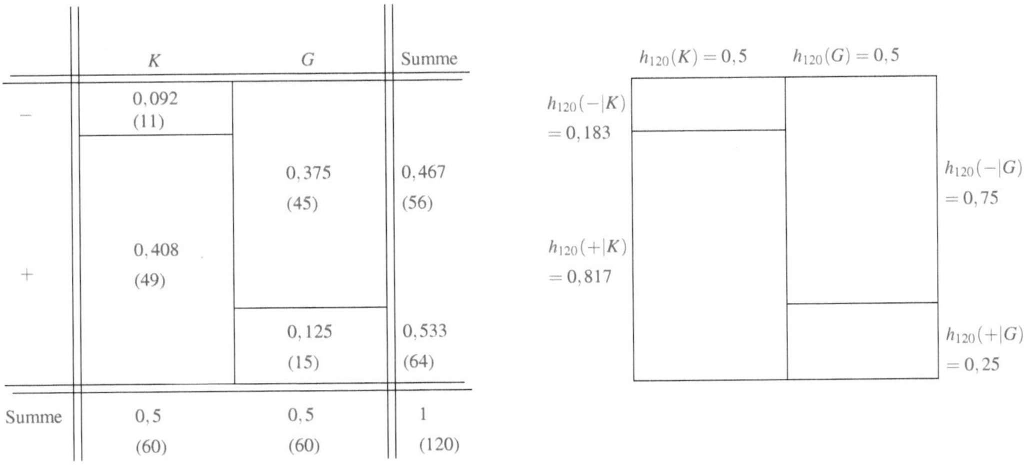

K
G
Summe
–
0,092
(11)
0,375
(45)
0,467
(56)
+
0,408
(49)
0,125
(15)
0,533
(64)
Summe
0,5
(60)
0,5
(60)
1
(120)
$h_{120}(K) = 0,5$
$h_{120}(G) = 0,5$
$h_{120}(-|K) = 0,183$
$h_{120}(+|K) = 0,817$
$h_{120}(-|G) = 0,75$
$h_{120}(+|G) = 0,25$

Abbildung 6.3: Grafische Vierfelder-Tafel und Einheitsquadrat mit den Bezeichnungen K: klein, G: groß, $-$: schlecht, $+$: gut

Der Blick auf die grafischen Darstellungen unterstreicht den Eindruck, der sich bereits aus der Vierfelder-Tafel ergibt: Offenbar unterscheiden sich die Frösche in ihrem Sprungvermögen, die kleinen springen häufiger gut als die großen Frösche.

Kurze Rückschau: In Kapitel 3.1 haben wir ein einfaches *Assoziationsmaß* diskutiert.[2] Dieses war geometrisch interpretierbar: als Längendifferenz der vertikalen Seiten der Rechtecke innerhalb des Einheitsquadrates. Es hatte sich gezeigt, dass die konjugierten Häufigkeiten im Inneren der Vierfelder-Tafel für einen Vergleich im Allgemeinen nicht geeignet sind – nämlich genau dann, wenn die Stichproben, die zum Vergleich anstehen, nicht gleich groß sind (vgl. Kap. 3.1).

Das kann analog auf das hier gestellte Problem übertragen werden. Ein einfaches Assoziationsmaß wäre also durch die Differenz $d = h_{120}(-|K) - h_{120}(-|G) = 0,183 - 0,75 \approx -0,567$ festgelegt (statt der Merkmalsausprägung „$-$" könnte ebenso „$+$" verwendet werden). Die Probleme bei der Interpretation des Assoziationsmaßes d bleiben allerdings weiter bestehen: Was bedeutet eigentlich ein bestimmter Wert des Assoziationsmaßes? Interpretierbar und begrifflich festlegbar war der Fall, dass der Wert des Assoziationsmaßes $d = 0$ ist. Für Fälle dieser Art hatten wir den Begriff der (empirischen) *Unabhängigkeit* eingeführt. Geometrisch betrachtet bedeutete dies: Das Einheitsquadrat wird (auf gleicher Höhe) über die gesamte Breite durch eine durchgehende Linie waagerecht unterteilt.

Diese Wiederholungen sind als Vorbereitung gedacht, um ein Modell zu erstellen, für das aus der kurzen Analyse des vergangenen Experiments Prognosen oder Wahrscheinlichkeiten zukünftiger Ereignisse entwickelt werden.

Der Übergang zu den Wahrscheinlichkeiten: Das Modell, das aus den Wahrscheinlichkeiten für zukünftige Ergebnisse des Froschexperiments bestehen soll, kann auf verschiedene Arten entwickelt werden. Beispielsweise kann dies

- durch eine frequentistisch basierte Modellierung oder

- durch eine Laplace-basierte Modellierung

erfolgen. Im Sinne des *frequentistischen Wahrscheinlichkeitsbegriffs* fasst man die relativen Häufigkeiten bestimmter Ereignisse, die in einem Experiment erzielt wurden, als Schätzung für die Wahrscheinlichkeiten auf, die den Zufallsgeneratoren (Papierfrösche) innewohnen. Wichtig ist die Diskussion des Modells, das durch den frequentistischen Wahrscheinlichkeitsansatz und damit durch das empirische Gesetz der großen Zahl motiviert wird.

Es ergibt sich beispielsweise:

Ergebnis des Experiments		Prognose zukünftiger Experimente
$h_{120}(K) = \frac{1}{2}$	$\approx$	$P(K)$
$h_{120}(+) = \frac{64}{120}$	$\approx$	$P(G)$
$h_{120}(-|K) = \frac{11}{60}$	$\approx$	$P(-|K)$
$h_{120}(+|G) = \frac{15}{60}$	$\approx$	$P(+|G)$
$h_{120}(-\text{ und } K) = \frac{11}{120}$	$\approx$	$P(-\cap K)$
$h_{120}(+\text{ und } K) = \frac{49}{120}$	$\approx$	$P(+\cap K)$

Die konjugierten Häufigkeiten wurden bisher mit einem „und" formal ausgedrückt. Zufällige Ereignisse sind algebraisch betrachtet Mengen. Daher kann die Mengenalgebra zur formalen Beschreibung von Gesetzmäßigkeiten herangezogen werden: Beispielsweise kann das *Schnittereignis*, das durch das gleichzeitige Eintreffen der Ereignisse etwa von „$-$ und K" repräsentiert

---

[2]Dieses wird im Folgenden der Einfachheit halber mit d für Differenz abgekürzt.

ist, durch „$- \cap K$" formalisiert werden. Wenn nun die (objektive) Wahrscheinlichkeit durch die frequentistisch angesetzte Wahrscheinlichkeit modelliert wird, dann ergibt sich aus einer relativen Häufigkeit, wie etwa $h_{120}(-|K) = \frac{11}{60}$, die Schätzung der entsprechenden bedingten Wahrscheinlichkeit $P(-|K)$. Das ist (im Modell) die Wahrscheinlichkeit dafür, dass ein schlechter Sprung stattfinden wird unter der *Bedingung*, dass ein kleiner Frosch springt. Analog lässt sich damit auch die *bedingte Wahrscheinlichkeit* definieren:

$$h_{120}(-|K) := \frac{h_{120}(- \text{ und } K)}{h_{120}(K)} \qquad P(-|K) := \frac{P(- \cap K)}{P(K)}$$

Verallgemeinert man die Festlegung für beliebige Ereignisse K und $+$ (bzw. A und B), so lässt sich die bedingte Wahrscheinlichkeit von A unter der Bedingung B definieren (vgl. Kap. 6.5).

Die alternative Möglichkeit, ein Modell für die Simulation zukünftiger Froschwettbewerbe zu bilden, geht von dem Begriff der *Laplace-Wahrscheinlichkeit* aus. Bei diesem Zugang wird das Ergebnis der 120 Froschsprünge als materielles Modell der Simulation verwendet, indem die 120 Frösche in einem Gefäß (das üblicherweise als Urne bezeichnet wird) gut gemischt werden. Tragen die Frösche oder sie repräsentierende Zettel (oder Kugeln etc.) die zugehörigen Aufschriften K oder G und $-$ oder $+$, so kann der Froschwettbewerb durch *zufälliges Ziehen* aus dem Gefäß simuliert werden. Mit dem Ansatz der Laplace-Wahrscheinlichkeit lässt sich nun ebenfalls ein Modell für die (objektive) Wahrscheinlichkeit konstruieren: Es gilt beispielsweise, wenn man mit F die Menge aller Frösche bezeichnet:

$$P(K) = \frac{|K|}{|F|} = \frac{60}{120} \qquad P(-|K) = \frac{|-\cap K|}{|K|} = \frac{11}{60} \qquad P(- \cap K) = \frac{|-\cap K|}{|F|} = \frac{11}{120}$$

Im ersten Fall wird also die Anzahl der kleinen Frösche (in der Urne) durch die Anzahl aller Frösche geteilt, um die Wahrscheinlichkeit für das Ziehen eines kleinen Frosches zu bestimmen. Dabei wird vorausgesetzt, dass jeder Frosch die gleiche Wahrscheinlichkeit hat, gezogen zu werden. In gleicher Weise wird auch bei den anderen Wahrscheinlichkeiten die Anzahl der für das Ereignis „günstigen" Ergebnisse eines Zufallsexperiments durch die Anzahl aller möglichen Ergebnisse geteilt.

Für beide Modellierungsvarianten gilt: Da nur eine geringe Anzahl von Experimentdurchläufen ($n = 120$) vorliegt, sind die Modelle noch vorsichtig zu bewerten. Das kann thematisiert werden, ebenso kann auch qualitativ diskutiert werden, dass statt einer Punktschätzung eine Intervallschätzung vielleicht geeigneter wäre. Eine quantitative Lösung dieses Problems ist dagegen in der Sekundarstufe I kaum möglich.

Eine Baumdarstellung eignet sich, um die Auswahl eines Frosches chronologisch zu charakterisieren. Zuerst wird das Merkmal Größe, anschließend das Merkmal Sprungweite betrachtet. Wenn der Baum in Bezug auf das erste Modell gelesen wird, dann sind die einfachen Wahrscheinlichkeiten (am ersten Ast), die bedingten Wahrscheinlichkeiten (am zweiten Ast) sowie die konjugierten Wahrscheinlichkeiten (an den Pfaden) aufgeführt. Liest man den Baum im Sinne der Laplace-Modellierung, dann sind unter jedem Ast die absoluten Häufigkeiten bzw. die günstigen Fälle der entsprechenden Ereignisse aufgeführt. Wird ein einzelner Frosch *zufällig* gewählt, so ist mit dem frequentistischen wie auch mit dem klassischen Ansatz (Laplace-Wahrscheinlichkeit) die Situation eines Simulationsdurchgangs geklärt: Die im Experiment vorgefundenen Verhältnisse bilden die Basis des wahrscheinlichkeitstheoretischen Simulationsmodells.

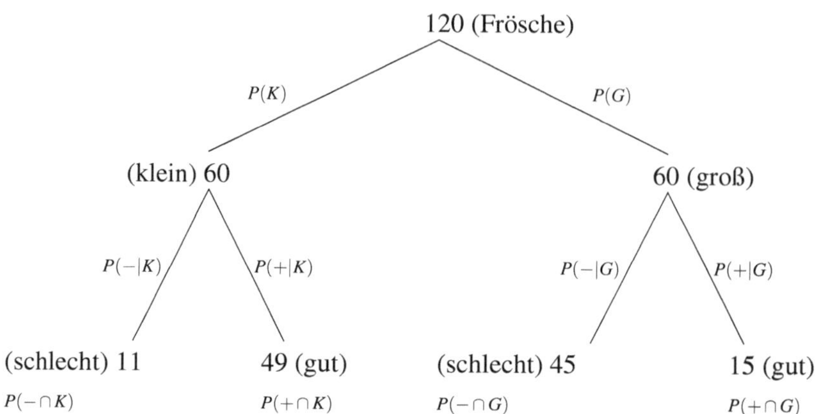

Abbildung 6.4: Baum mit absoluten Häufigkeiten

Simulation: Es können wiederum zwei Alternativen betrachtet werden, um Simulationen durchzuführen: Entweder man arbeitet mit Computerunterstützung oder man nutzt die materiell greifbare Variante, bei der mit Papierfröschen oder Zetteln (mit den Froscheigenschaften beschriftet) in einem Gefäß gearbeitet wird. Damit die Schülerinnen und Schüler die Simulation selbst begreifen können, erscheint es sinnvoll, zunächst die Simulation tatsächlich materiell durchzuführen. Auf diesem Erfahrungshintergrund können die Schülerinnen und Schüler den Vorteil des Computers darin begreifen, dass er sehr viele Simulationen sehr schnell zu realisieren vermag.

Auf der Basis der Ergebnisse des eingangs durchführten Papierfroschtests wurden 1000 computergestützte Simulationen durchgeführt.[3] Nachfolgend sind die beiden Vierfelder-Tafeln und die entsprechenden Einheitsquadrate derjenigen Simulationen dargestellt, bei denen das Assoziationsmaß $d = h_{120}(-|K) - h_{120}(-|G)$ einmal den (absolut) geringsten Wert und einmal den (absolut) größten Wert angenommen hat.

	klein (K)	groß (G)	Summe
schlecht (−)	18	35	53
gut (+)	42	25	67
Summe	60	60	120

	klein (K)	groß (G)	Summe
schlecht (−)	5	53	58
gut (+)	55	7	62
Summe	60	60	120

Das Assoziationsmaß im ersten Fall (links) ist $d = h_{120}(-|K) - h_{120}(-|G) \approx -0,28$, im zweiten Fall (rechts) $d = h_{120}(-|K) - h_{120}(-|G) = -0,80$. Die in Kapitel 3.1 eingeführte empirische Unabhängigkeit wäre dann vorhanden, wenn das Assoziationsmaß den Wert 0 hätte. Damit würde das Einheitsquadrat in beiden senkrechten Unterteilungen auf der gleichen Höhe waagerecht unterteilt, also durch eine durchgezogene Linie. Bezogen auf das Froschbeispiel würde dann gelten:

$$d = h_{120}(-|K) - h_{120}(-|G) = 0 \quad \Leftrightarrow \quad h_{120}(-|K) = h_{120}(-|G) \quad (= h_{120}(-))$$

---

[3] Unter `http://www.leitideedatenundzufall.de` steht die Simulationsdatei auf unserer Homepage zu diesem Buch zum Download bereit.

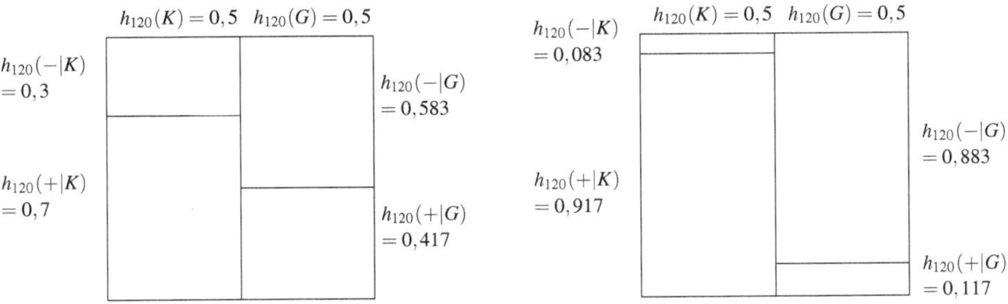

Abbildung 6.5: Einheitsquadrate mit dem absolut kleinsten und größten Assoziationsmaß. Links: $d = h_{120}(-|K) - h_{120}(-|G) = -0,28$, rechts: $d = h_{120}(-|K) - h_{120}(-|G) = -0,80$

Von dem Wert $d = 0$ des Assoziationsmaßes ist auch der oben angeführte Wert von $d = -0,28$ noch erheblich entfernt. Da dieser der (absolut gesehen) kleinste Wert nach 1000 Simulationen des Froschhüpfens ist, könnte dies zu zweierlei Schlussfolgerungen führen: Entweder ist es ein Hinweis darauf, dass die Merkmale Froschgröße und Sprungweite eben nicht unabhängig sind, oder das Modell ist unzureichend, da es aufgrund von nur 120 Sprüngen aufgestellt worden ist. Ein besserer Beleg für die Abhängigkeit der beiden Merkmale Froschgröße und Sprungweite erhält man durch die Überlegungen, die sich zu dem zweiten Teil der Eingangsaufgabe ergeben.

Analyse der Sprungweiten der verschiedenfarbigen Frösche: Der Vergleich der roten und blauen Frösche hat das Ergebnis erbracht, das in Abbildung 6.6 dargestellt ist:

	R	B	Summe
$-$	0,225 (27)	0,242 (29)	0,467 (56)
$+$	0,275 (33)	0,258 (31)	0,533 (64)
Summe	0,5 (60)	0,5 (60)	1 (120)

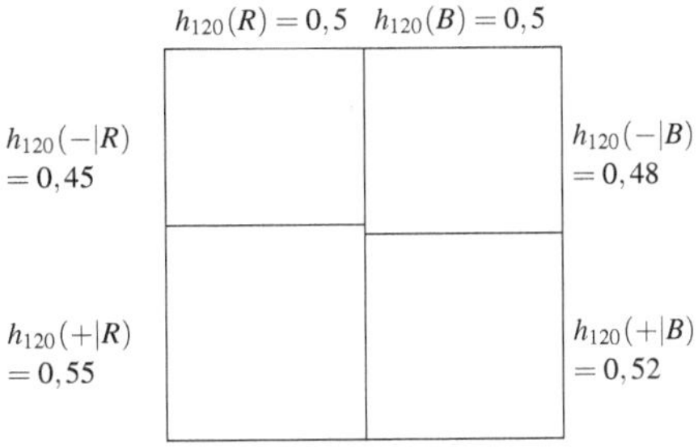

Abbildung 6.6: Grafische Vierfelder-Tafel und Einheitsquadrat mit den Bezeichnungen R: rot, B: blau, $-$: schlecht, $+$: gut

Der Wert des Assoziationsmaßes, $d = h_{120}(-|R) - h_{120}(-|B) = -0,03$, ist klein. Es gilt:

$$h_{120}(-|R) - h_{120}(-|B) \approx 0 \quad \Leftrightarrow \quad h_{120}(-|R) = h_{120}(-|B) \quad (= h_{120}(-))$$

Die empirische Unabhängigkeit ist also nahezu erfüllt. Dass dies nicht sonderlich überrascht, kam bereits in der Aufgabenstellung zum Ausdruck. Welchen Einfluss auf die Sprungweite kann die Farbe schon nehmen, wenn für die Papierfrösche ansonsten das gleiche Papier verwendet wird und auch sonst die experimentellen Bedingungen die gleichen sind? Hieraus kann als Modell die theoretische *stochastische Unabhängigkeit* motiviert und definiert werden: Zwei Ereignisse A und B (etwa $-$ und R) heißen genau dann stochastisch unabhängig, wenn folgende Beziehung gilt:

$$P(A|B) = P(A) \qquad P(-|R) = P(-)$$

Mit Blick auf das Einheitsquadrat kann dazu äquivalent formuliert werden:

$$\frac{P(A \cap B)}{P(B)} = P(A|B) = P(A) \Leftrightarrow P(A \cap B) = P(A) \cdot P(B) \qquad P(- \cap R) = P(-) \cdot P(R)$$

Das *Modell* der stochastischen Unabhängigkeit kann aufgrund von Plausibilitätsüberlegungen im Sachkontext als Basis für die Simulation der verschiedenfarbigen Frösche dienen.[4] Legt man dieses Modell der entsprechenden Simulation zugrunde, so lässt sich analog zum ersten Aufgabenteil modellieren:

$$h_{120}(-|R) \approx h_{120}(-) = \frac{56}{120} \approx 0,47 = P(-) = P(-|R) = P(-|B)$$

Die Simulation bei 1000 Durchgängen hat 1000 verschiedene Assoziationsmaße $d = h_{120}(-|R) - h_{120}(-|B)$ ergeben. Diese kann man mit den ebenfalls 1000 verschiedenen Assoziationsmaßen zur Auswertung im ersten Aufgabenteil ($d = h_{120}(-|K) - h_{120}(-|G)$) vergleichen (Abb. 6.7).

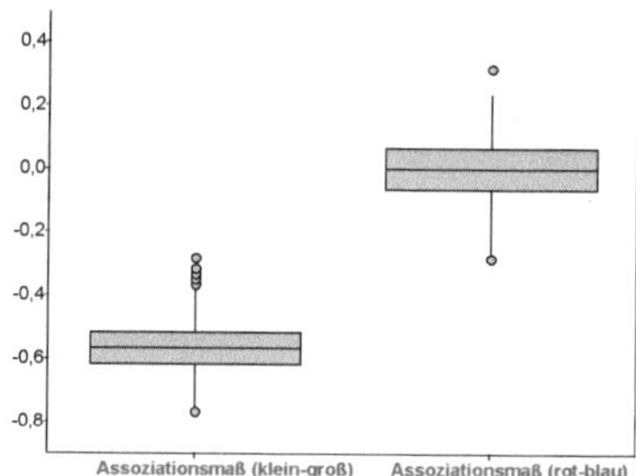

Abbildung 6.7: Werte des Assoziationsmaßes beim Sprungwettbewerb kleiner und großer Frösche (links) bzw. roter und blauer Frösche (rechts; Modell der stochastischen Unabhängigkeit)

Man erkennt, dass es (zumindest gerade noch) Überlappungen beider Boxplots gibt. Das heißt, dass es Simulationsergebnisse gibt, bei denen das Assoziationsmaß übereinstimmt, obwohl die Simulationsgrundlagen unterschiedlich sind: Die erste Simulation basierte auf dem Vergleich zwischen kleinen und großen Papierfröschen, die zweite Simulation auf der Modellannahme stochastischer Unabhängigkeit. Andererseits hat keine der Simulationen auf der Basis der stochastischen Unabhängigkeit (also auf Basis des farblich orientierten Froschvergleichs) ein Ergebnis gezeigt, bei dem einen Wert des Assoziationsmaßes von $d = -0,567$ erreicht wurde. Dieser

---

[4]Insgesamt ist die stochastische Unabhängigkeit ein Modell für die Realität, das zwar im Sachkontext plausibel und in Experimenten annähernd erreicht werden kann, das aber kaum zu einer empirischen Unabhängigkeit führen wird.

Wert hatte sich im ersten realen Experiment der großen und kleinen Frösche ergeben. Dazu gibt es zwei plausible Erklärungen:

- Eigentlich hat auch die Größe der Frösche keinen Einfluss auf die Sprungweite. Wir haben „zufällig" nur ein sehr seltenes Ergebnis erhalten, das selbst in 1000 Simulationen auf der Basis der stochastischen Unabhängigkeit nicht erzielt wurde.

- Die Annahme, dass die Größe der Frösche keinen Einfluss auf deren Sprungweite hat, ist falsch: In 1000 Simulationen auf der Basis der stochastischen Unabhängigkeit wurde kein Ergebnis erreicht, das einen nur annähernd so kleinen d-Wert des Assoziationsmaßes ergeben hat wie im Experiment mit den großen und kleinen Fröschen.

Letzteres stellt die Verwerfung der Hypothese der stochastischen Unabhängigkeit dar. Das Verwerfen einer Hypothese ist das übliche Vorgehen in der Statistik und ein häufig verwendeter „Beweis" in den empirischen Wissenschaften. So wird eine Hypothese nicht positiv belegt, beispielsweise die Hypothese, dass es einen Zusammenhang zwischen den Merkmalen Größe und Sprungweite gibt. Es wird vielmehr das Gegenteil falsifiziert: Man *nimmt an*, dass die Merkmale Größe und Sprungweite stochastisch unabhängig wären (wie es die Merkmale Farbe und Sprungweite im Modell sind) und betrachtet das erzielte Ergebnis des Experiments unter diesem Blickwinkel. Da es so unwahrscheinlich ist, lehnt man lieber die Eingangshypothese ab.[5]

Die Simulation beider Varianten des Experiments kann also einen starken Hinweis darauf geben, dass die Merkmale Froschgröße und Sprungweite abhängig voneinander sind. Generell kann der Zusammenhang zweier Ereignisse folgendermaßen analysiert werden:

- Man nimmt die stochastische Unabhängigkeit der beiden Ereignisse an, die aus den Merkmalsausprägungen zweier Merkmale resultieren.

- Man simuliert möglichst häufig das Zufalls-Experiment auf der Basis des Modells der stochastischen Unabhängigkeit.

- Wird in keinem oder nur in sehr wenigen simulierten Fällen ein Ergebnis erzielt, das dem empirischen Ergebnis gleicht, so wird die Hypothese der stochastischen Unabhängigkeit der untersuchten Ereignisse abgelehnt. In Anlehnung an gängige Konventionen könnte man die Hypothese der Unabhängigkeit ablehnen, wenn höchstens in 5 % der Simulationen ein Ergebnis erreicht wird, das dem empirischen gleicht.

Mit Hilfe von Simulationen kann so in der Sekundarstufe I propädeutisch beurteilende Statistik betrieben werden, wenn der Zusammenhang zweier Merkmale beurteilt werden soll. Didaktisch betrachtet hat dies zwei Vorteile: Innermathematisch betrachtet lässt sich der Weg zur schließenden Statistik in der gymnasialen Oberstufe anbahnen. Hinsichtlich des Kontextes und der Ausgangsfrage lassen sich schon befriedigende Antworten auf die Kernfrage finden, die sich bei der Ergebnisanalyse eines Experiments ergibt und schülergemäß lauten könnte: „Ist das jetzt immer so?"

---

[5]Das ist auch die Logik des kritischen Rationalismus nach Popper, nach dem allein die Falsifizierung von Hypothesen einen Erkenntnisfortschritt ermöglicht.

6.1 Einfache, unabhängige, mehrstufige Experimente

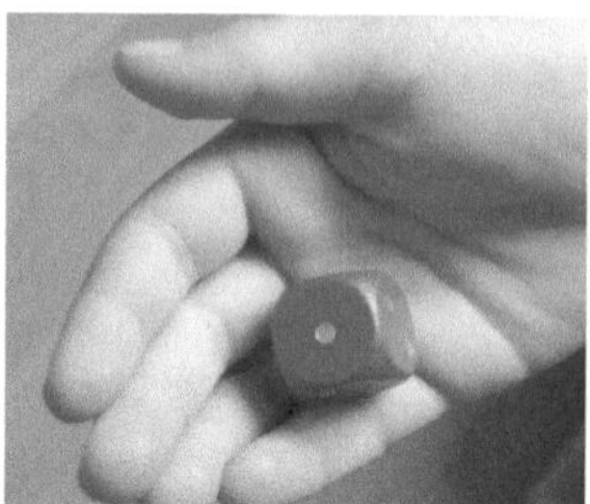 

> **Aufgabe 20**: Es wird dreimal der normale Spielwürfel geworfen. Analysiert die Wahrscheinlichkeiten für die Anzahlen der „6"-en in den drei Würfen und übertragt Eure Ergebnisse auf Beispiele aus der Datenanalyse.

Mögliche Erweiterungen und Präzisierungen der Aufgabenstellung

- Überlegt Euch, ob sich an der Situation etwas ändert, wenn man drei Mal einen oder ein Mal drei Würfel wirft.

- Stellt das Problem grafisch mit dem Baum dar. Überlegt Euch dabei, wie Ihr das Gegenteil von „6" geeignet als Ereignis ausdrücken könnt.

- Begründet, warum man bei diesem Beispiel die stochastische Unabhängigkeit als Modell verwenden kann.

- Welche Probleme entstehen, wenn man statt der 3 Würfe 6, 10 oder 100 Würfe betrachtet?

- Erfindet aus den Aufgaben zur Datenanalyse ähnliche Situationen wie die des dreifachen Würfelwurfs.

Didaktisch-methodische Hinweise zur Aufgabe

Diese Aufgabe enthält ein für die elementare Wahrscheinlichkeitsrechnung typisches Problem: Die *mehrstufigen Zufallsexperimente* bzw. mehrstufigen zufälligen Vorgänge. Sie haben didaktisch betrachtet primär eine Funktion: Sie stellen das *notwendige* Bindeglied dar zwischen dem Wahrscheinlichkeitsbegriff (bezogen auf einen singulären zufälligen Vorgang, vgl. Kap. 5) und dem Begriff der Wahrscheinlichkeitsverteilung (vgl. Kap. 7). Einen weiteren, tieferen didaktischen Gehalt sehen wir in diesem Beispiel einer stochastischen *Hieb-und-Stich*-Aufgabe nicht. Aus diesem Grund ist die Aufgabe anhand eines konstruierten Problems gegeben. Auch die Übertragung auf Beispiele der Datenanalyse wird konstruierte Fragestellungen ergeben. Sie werden für die spätere Analyse komplexerer stochastischer Situationen wichtig werden, die auf dem Modell der stochastischen Unabhängigkeit basieren.

Formaler Exkurs: Wir gehen an dieser Stelle auf die für Schülerinnen und Schüler schwierige, mathematisch aber notwendige Unterscheidung zwischen den Begriffen *Ergebnis* und *Ereignis* ein.

- Das *Ergebnis* eines zufälligen Vorgangs ist ein *Element* der Ergebnismenge ($\omega \in \Omega$), dem *keine* Wahrscheinlichkeit zugeordnet werden kann.

- Das *Ereignis* eines zufälligen Vorgangs besteht aus der Zusammenfassung mehrerer Ergebnisse in einer *Teilmenge* der Ergebnismenge ($A \subseteq \Omega$), der eine Wahrscheinlichkeit zugeordnet werden kann.[6]

Obwohl diese Unterscheidung mathematisch und formal deutlich ist, hat sie in der Modellierung einer Sachsituation (ohne formale Strenge) keine Bedeutung. Auch sprachlich kann bei Schülerinnen und Schülern die Unterscheidung zwischen dem alltagssprachlichen *Ergebnis* und dem in der Wahrscheinlichkeitsrechnung zentralen *Ereignis* verschwimmen. Das gilt verstärkt für die Unterscheidung zwischen einem *Ergebnis*, etwa $6 \in \Omega$, und dem *Elementarereignis* $\{6\} \subseteq \Omega$.

Die insgesamt für Schülerinnen und Schüler schwer zu motivierende Unterscheidung von *Ergebnis* und *Ereignis* ist aber für Lehrkräfte wichtig, um – unabhängig von der formalen Strenge – eine konsistente fachliche Darstellung zu ermöglichen. Wir verwenden im Folgenden in der Regel den Begriff des *Ereignisses*, der für die Wahrscheinlichkeitsrechnung zentral ist. Insbesondere bei der Betrachtung des Baumes (mit Wahrscheinlichkeiten) ist nur die Verwendung von Ereignissen als Einträge unter den Ästen (Pfaden) sinnvoll, da den Ästen oder Pfaden Wahrscheinlichkeiten zugeordnet werden.[7] Den Begriff des *Ergebnisses*, der etwa im Zusammenhang mit der Laplace-Wahrscheinlichkeit und der Mächtigkeit von Ereignissen oder Ergebnismengen benötigt ist, werden wir im Folgenden nur dann verwenden, wenn dieses notwendig ist.

Ein Würfel drei Mal – drei Würfel ein Mal, Darstellung der Situation: Die Erkenntnis, dass beide im Eingangsbild repräsentierten zufälligen Vorgänge äquivalent sind, ist nicht für alle Schülerinnen und Schüler unmittelbar einsichtig. Anhand eines Baumes kann verdeutlicht werden, dass sowohl chronologisch unterscheidbare Vorgänge (dreimaliger Wurf mit einem Würfel) als auch gleichzeitig ablaufende Vorgänge (einmaliger Wurf mit drei Würfeln) dasselbe Schaubild ergeben (Abb. 6.8). Für die Bezeichnung in diesem Baum kann man das sehr nützliche Konzept des *Gegenereignisses* einführen, indem man das Ereignis 6: „Es fällt eine Sechs" und $\overline{6}$: „Es fällt keine Sechs" festlegt mit $P(6) = \frac{1}{6}$ und $P(\overline{6}) = \frac{5}{6}$.[8] Da im Folgenden auch die Stellung des Wurfes innerhalb der drei Würfe wichtig ist, führen wir zusätzlich einen Index ein, der im Sinne des Verständlichkeit für Schülerinnen ausführlich geschrieben ist und später abstrahierend verkürzt werden kann. $P(6_{Wurf\,i}) = \frac{1}{6}$ und $P(\overline{6}_{Wurf\,i}) = \frac{5}{6}$ bedeutet also, dass im i-ten Wurf (dem

---

[6] Die Entsprechung des Ergebnisses in der Datenanalyse ist die Merkmalsausprägung (der eine relative Häufigkeit zugeordnet werden kann). Das Ereignis entspricht der Zusammenfassung mehrerer Ergebnisse oder Merkmalsausprägungen, wobei hier „mehrere" im Falle des *Elementarereignisses* auch eines meinen kann.

[7] Hier gibt es in der didaktischen Literatur aus unserer Sicht leider auch inkonsistente Darstellungen, bei denen Ergebnisse und Ereignisse vermischt werden.

[8] Die Bezeichnung eines Ereignisses mit einer Zahl ist formal etwas fragwürdig, dagegen aber für Schülerinnen und Schüler sinnfällig. Mengentheoretisch gilt für das Gegenereignis: $\overline{6} = \Omega \setminus 6$. In dieser Gleichung ist die formale Mehrdeutigkeit enthalten, denn mit der „6" in der Gleichung ist das Ereignis 6 bezeichnet, das eine Menge von Ergebnissen ist ($6 = \{6\}$).

ersten, zweiten oder dritten bei $i = 1, 2$ oder 3) die Wahrscheinlichkeiten jeweils $\frac{1}{6}$ oder $\frac{5}{6}$ sind.[9]

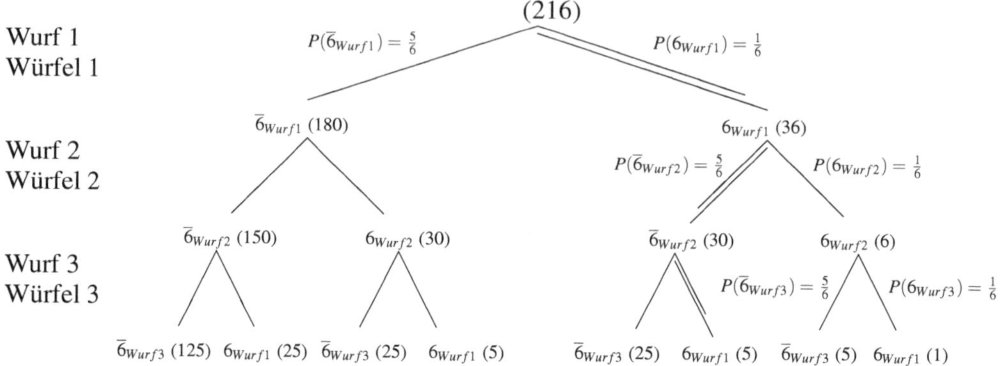

Abbildung 6.8: Baum zum dreifachen Werfen des normalen Spielwürfels. In Klammern stehen die absoluten Häufigkeiten zur Bezugsgröße 216.

Wenn dieser Baum mit den Wahrscheinlichkeiten dargestellt wird, dann ist entscheidend, dass in diesen die stochastische Unabhängigkeit der drei zufälligen Teilvorgänge (der drei Würfe) eingegangen ist. Damit lässt sich auch im Sachkontext argumentieren. So gibt es im Sachkontext keinen plausiblen Grund anzunehmen, dass der eine Wurf den anderen in irgendeiner Weise beeinflusst. Wirft man zeitlich nacheinander, so könnte man dies sinnfällig und für Schülerinnen und Schüler eindrücklich formulieren mit: „Der Würfel hat kein Gedächtnis.“

Das Ergebnis nach dem zweiten Wurf könnte beispielsweise $6_{Wurf1} \cap \overline{6}_{Wurf2}$ (markierter Pfad) sein, das hier verkürzt nur mit dem Ergebnis des zweiten Wurfs als $\overline{6}$ bezeichnet ist, um den formalen Aufwand gering zu halten. Mit der Definition der bedingten Wahrscheinlichkeit gilt etwa:

$$P(\overline{6}_{Wurf2}|6_{Wurf1}) = \frac{P(\overline{6}_{Wurf2} \cap 6_{Wurf1})}{P(6_{Wurf1})} \quad \Leftrightarrow \quad P(\overline{6}_{Wurf2} \cap 6_{Wurf1}) = P(\overline{6}_{Wurf2}|6_{Wurf1}) \cdot P(6_{Wurf1})$$

Wird das Modell der stochastischen Unabhängigkeit akzeptiert, gilt weiter etwa:

$$P(\overline{6}_{Wurf2}|6_{Wurf1}) = P(\overline{6}_{Wurf2}) \quad \text{also} \quad P(\overline{6}_{Wurf2} \cap 6_{Wurf1}) = P(\overline{6}_{Wurf2}) \cdot P(6_{Wurf1})$$

Das lässt sich für den dritten Wurf in gleicher Form darstellen. So ergibt sich für die Wahrscheinlichkeit des Ereignisses $6_{Wurf1} \cap \overline{6}_{Wurf2} \cap 6_{Wurf3}$, dessen Pfad im Baumdiagramm markiert ist, das Produkt:

$$P(6_{Wurf1} \cap \overline{6}_{Wurf2} \cap 6_{Wurf3}) = P(6_{Wurf1}) \cdot P(\overline{6}_{Wurf2}) \cdot P(6_{Wurf3})$$

Mit dieser Überlegung hat man anhand eines Beispiels die *Pfadmultiplikationsregel* gewonnen. Sie gilt im Baumdiagramm für unabhängige, aufeinander folgende Teilvorgänge.

---

[9]Ob der Index tatsächlich verwendet wird, muss abgewogen werden. So ist ohne Indizes die Darstellung formal einfacher, diese kann aber bei der dann nicht möglichen Unterscheidung von Ergebnissen eines zufälligen Teilvorgangs von verschiedenen Teilvorgängen mathematisch inkonsistent werden.

Als alternative Möglichkeit sind in dem Baum absolute Häufigkeiten (in Klammern) eingetragen, die von der Bezugsgröße 216 ausgehen. Verwendet man diese Variante, so schwingt die Diskussion um die stochastische Unabhängigkeit nur implizit mit. Im zweiten Wurf würde etwa in dem markierten Ast die Frage gestellt werden: „Wie oft erscheint bei 36 Würfen keine 6?" Problematisch sind dabei zwei Dinge: So geht man davon aus, dass *genau* 30 Mal keine 6 fällt. Man ignoriert also die Variabilität statistischer Daten und verwendet implizit den Erwartungswert einer Zufallsgröße, der explizit noch nicht vorhanden ist. Ein weiteres Problem sehen wir in der notwendigen Konstruktion der Bezugsgröße (hier $6^3 = 216$), damit die absoluten Zahlen natürliche Zahlen bleiben. Der Baum mit absoluten Häufigkeiten kann zweifellos hilfreich sein, um stochastische Situationen zu strukturieren (vgl. das Einstiegsbeispiel zu diesem Kap. 6 und Kap. 6.2). Allerdings hat auch diese Baumvariante Nachteile wie jede andere Darstellung. Es bleibt sorgsam abzuwägen, ob in bestimmten stochastischen Situationen (dieses Beispiel zählen wir dazu) die Nachteile nicht die Vorteile übertreffen.

Erstellen einer einfachen Wahrscheinlichkeitsverteilung: Ist die Situation des dreimaligen Wurfs mit Hilfe des Baumes geklärt, so lassen sich die Wahrscheinlichkeiten für die verschiedenen Anzahlen von Sechsen berechnen. Zunächst können Schülerinnen und Schüler die *möglichen* Anzahlen anhand des Baumes bestimmen, nämlich 0, 1, 2 und 3. Mit Hilfe der vorher hergeleiteten Pfadmultiplikationsregel lassen sich so die Pfade und deren Wahrscheinlichkeiten bestimmen, bei denen die Anzahl der Sechsen 0, 1, 2 und 3 beträgt. Die Pfade sind von links nach recht aufgelistet. Weiterhin wird ab hier im Index statt *Wurf i* abstrakter nur noch *i* geschrieben.[10]

Anzahl der Sechsen	Pfade (in Ereignisschreibweise)
0	$\overline{6}_1 \cap \overline{6}_2 \cap \overline{6}_3$
1	$\overline{6}_1 \cap \overline{6}_2 \cap 6_3$ und $\overline{6}_1 \cap 6_2 \cap \overline{6}_3$ und $6_1 \cap \overline{6}_2 \cap \overline{6}_3$
2	$\overline{6}_1 \cap 6_2 \cap 6_3$ und $6_1 \cap \overline{6}_2 \cap 6_3$ und $6_1 \cap 6_2 \cap \overline{6}_3$
3	$6_1 \cap 6_2 \cap 6_3$

Für die Anzahlen, die durch mehr als einen Pfad repräsentiert sind (also für eine und zwei Sechsen), muss die Summe der Pfadwahrscheinlichkeiten bestimmt werden. Für die Summe der Wahrscheinlichkeiten zweier Ereignisse A und B gilt (vgl. Kap. 5.5):

$$P(A \cup B) = P(A) + P(B) \text{ wenn } A \cap B = \emptyset \text{ und sonst } P(A \cup B) = P(A) + P(B) - P(A \cap B)$$

Die Begründung, dass die erste Variante für den Baum gilt und man damit die *Pfadadditionsregel* formulieren kann, enthält nachfolgend aufgeführte Argumente. Diese Argumente wurden bei der Konstruktion des Baumes implizit beachtet:

- Die von jedem Ereignis ausgehenden Äste in einem Baum repräsentieren unvereinbare oder disjunkte Ereignisse. Beispielsweise gilt hier $6_i \cap \overline{6}_i = \emptyset$ (für $i = 1, 2$ oder 3), das heißt, man kann nicht gleichzeitig eine Sechs und keine Sechs im i-ten Wurf würfeln.

- Sind die Äste so konstruiert, dann repräsentieren die Pfade unvereinbare (oder disjunkte) konjugierte Ereignisse. Beispielsweise gilt hier

$$(6_1 \cap \overline{6}_2 \cap \overline{6}_3) \cap (\overline{6}_1 \cap \overline{6}_2 \cap 6_3) = \emptyset.$$

---

[10]Im Unterricht muss abgewogen werden, ab wann dieser anschaulichere, aber schreibaufwändigere Index verkürzt werden kann.

- Das bedeutet, dass bei einem Baum die Wahrscheinlichkeiten verschiedener Pfade einfach aufsummiert werden können. Etwa gilt hier

$$P\big((6_1 \cap \overline{6}_2 \cap \overline{6}_3) \cap (\overline{6}_1 \cap \overline{6}_2 \cap 6_3)\big) = P(6_1 \cap \overline{6}_2 \cap \overline{6}_3) + P(\overline{6}_1 \cap \overline{6}_2 \cap 6_3).$$

Das ist, bezogen auf das spezielle Beispiel, die Pfadadditionsregel.

Damit erhält man die Verteilung der Wahrscheinlichkeiten für die verschiedenen Anzahlen der Sechsen, wenn dreifach geworfen wird:[11]

Anzahl der Sechsen	Wahrscheinlichkeit
0	$P(\overline{6}_1 \cap \overline{6}_2 \cap \overline{6}_3) = \frac{5}{6} \cdot \frac{5}{6} \cdot \frac{5}{6} = \frac{125}{216}$
1	$P(\overline{6}_1 \cap \overline{6}_2 \cap 6_3) + P(\overline{6}_1 \cap 6_2 \cap \overline{6}_3) + P(6_1 \cap \overline{6}_2 \cap \overline{6}_3) = \frac{25}{216} + \frac{25}{216} + \frac{25}{216} = \frac{75}{216}$
2	$P(\overline{6}_1 \cap 6_2 \cap 6_3) + P(6_1 \cap \overline{6}_2 \cap 6_3) + P(6_1 \cap 6_2 \cap \overline{6}_3) = \frac{5}{216} + \frac{5}{216} + \frac{5}{216} = \frac{15}{216}$
3	$P(6_1 \cap 6_2 \cap 6_3) = \frac{1}{216}$

Grafisch lässt sich diese *Wahrscheinlichkeitsverteilung*, die analog zur Häufigkeitsverteilung definiert werden kann, in einem Histogramm oder Säulendiagramm darstellen (Abb. 6.9).

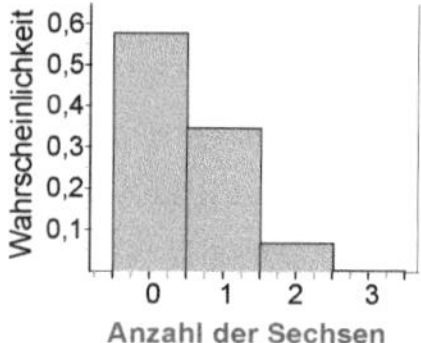

Abbildung 6.9: Wahrscheinlichkeitsverteilung für die Anzahl der Sechsen beim dreifachen Wurf

In gleicher Weise könnten einfache Probleme behandelt werden, bei denen die Teilvorgänge eines zufälligen Vorgangs bzw. die zugehörigen Ereignisse stochastisch *abhängig* sind. Ein klassisches Beispiel wäre hier das Ziehen von Kugeln aus einer Urne, bei dem die gezogenen Kugeln *nicht* zurückgelegt wird. Damit ist die Situation vor jedem Ziehen eine andere. Solche zufälligen Vorgänge haben wir in den folgenden Teilkapiteln an konkrete Situationen geknüpft. Den Unterschied zwischen zufälligen Vorgängen mit stochastisch abhängigen bzw. unabhängigen Teilvorgängen diskutieren wir im Zuge der allgemeinen Überlegungen in Kapitel 6.4.

Übertragung auf Beispiele der Datenanalyse: Wir greifen an dieser Stelle nur eine Betrachtung zum bereits in Kapitel 5 enthaltenen Schokolinsen-Beispiel wieder auf. Dabei skizzieren wir allein die Bearbeitung, die zum vorangegangenen Abschnitt vollständig analog verläuft.

> **Zusatzaufgabe 1:** „Warum sind von den Roten immer so wenig drin?"
>
> Bei der Analyse der Schokolinsen-Packungen habt Ihr herausgefunden, dass in jeder Packung durchschnittlich etwa 18 Schokolinsen enthalten sind und dass davon durchschnittlich etwa 3 Schokolinsen rot sind. Stellt ein Modell für folgende Situation auf: Ihr öffnet eine beliebige Packung, betrachtet drei zufällig herausgenommene Schokolinsen und zählt die Anzahl der roten Linsen.

---

[11] Aus Gründen der Übersichtlichkeit haben wir nur bei der Anzahl von 0 Sechsen die Pfadmultiplikation als eigenen Rechenschritt explizit aufgeführt.

Abbildung 6.10: Schokolinsen-Packungen

Mit R: „rote Schokolinse", $\overline{R}$: „keine rote Schokolinse" und den Modellüberlegungen in Kapitel 5.2 gilt: $P(R) = \frac{1}{6}$ und $P(\overline{R}) = \frac{5}{6}$. Damit ist diese (konstruierte) stochastische Situation strukturgleich zum vorangehend diskutierten Würfelproblem. Alle weiteren Überlegungen, der Baum, die Wahrscheinlichkeiten an den Ästen und Pfaden des Baumes können bei Angleichung der Ereignisbezeichnungen (R statt 6 und $\overline{R}$ statt $\overline{6}$) übernommen werden.

Deutlich wird bei diesem Beispiel, dass man sich auf einer Zwischenstufe zwischen dem Wahrscheinlichkeitsbegriff und denjenigen Wahrscheinlichkeitsverteilungen befindet, die einen Einblick in die reale Situation ermöglichen. Natürlich ist hier bezogen auf das reale Beispiel kaum von Belang, welche Farben drei zufällig gezogenen Schokolinsen einer Packung haben. Solch ein Problem sollte auch nicht künstlich als (pseudo-)reale Anwendung der Wahrscheinlichkeitsrechnung motiviert werden. Interessant wäre es erst dann, wenn man die Verteilung der Anzahlen roter Linsen in der gesamten Packung mit (im Modell) 18 Schokolinsen prognostiziert (vgl. Abb. 6.11). Dann könnte man nämlich die theoretisch bzw. modellhaft erzeugte Wahrscheinlichkeitsverteilung mit dem Ergebnis einer realen Packung vergleichen.

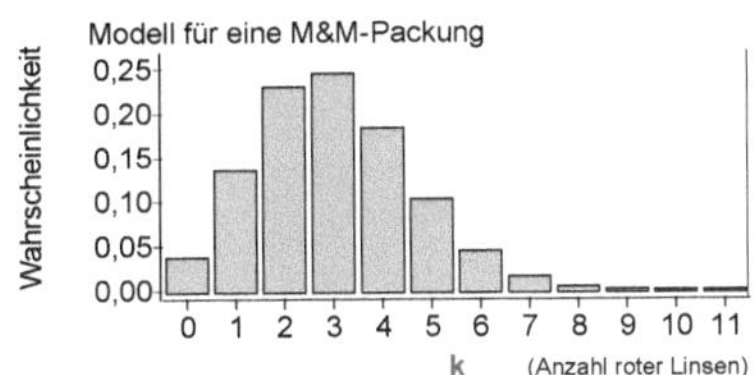

Abbildung 6.11: Wahrscheinlichkeitsverteilung für die Anzahl roter Linsen in einer Packung mit 18 Schokolinsen

Das passende Modell lässt sich nicht mehr mit dem Baum beschreiben, dieser hätte in der untersten Ebene 2^{18} Äste. Um dieses Modell bewältigen zu können, brauchen Schülerinnen und Schüler den Begriff der Binomialverteilung oder kombinatorische Kenntnisse. Hierauf gehen wir im folgenden Kapitel 7 ein, mit dem wir die inhaltlichen Ausführungen zur Leitidee *Daten und Zufall* abschließen.

6.2 „Wahrscheinlichkeiten vorher und nachher" oder der Satz von Bayes

Zeichnung: Verena Mai

> **Aufgabe 21:** Der Regenmacher macht Regen. Er schafft das in 80 % seiner „duppi-hullu-
> lullu-mimmi ..."-Versuche, kann damit aber seinen Freund Kurt nur wenig beeindrucken.
> Noch weniger erfreut ist Kurt, als ihm bei seinem ersten Date mit der von ihm verehrten
> Klassenprinzessin im Wonnemonat Mai ein heftiger Regenschauer (im Mai regnet es an rund
> 10 % der Tage nennenswert) all seine Träume zunichte macht. Er sinnt nach Rache, weiß aber
> nicht, ob er diese am Regenmacher auslassen kann. Was meint Ihr, mit welcher Wahrschein-
> lichkeit der Regenmacher an dem geplatzten Date verantwortlich war?

Zeichnung: Verena Mai

Mögliche Erweiterungen und Präzisierungen der Aufgabenstellung

- Stellt das Problem grafisch mit dem Einheitsquadrat, in der Vierfelder-Tafel und dem Baum dar.

- Euch fehlt eine entscheidende Angabe, nämlich wie oft der Regenmacher seinen Regenzauber ausführt. Diskutiert die Situation für drei verschiedene Regenmacher: Der eine ist in der Lage, seinen Regenzauber an 90 % der Tage jeweils einmal auszuführen, der andere entsprechend an jedem zweiten Tag, der letzte schafft es nur an 10 % der Tage. Was hat das für Auswirkungen?

Didaktisch-methodische Hinweise zur Aufgabe

Die einfache Comic-Situation begründet sich weniger in einer vermeintlich hohen Schülermotivation, sondern in der Einfachheit des Kontextes. In der Comic-Welt sind Vereinfachungen und Übertreibungen bereits in der Aufgabenstellung möglich, die die mathematische Grundstruktur deutlicher einrahmen, ohne jedoch einer Sachlogik entbehren zu müssen. Solche Vereinfachungen sind etwa die Beschränkung auf jeweils zwei Alternativen „Lied – kein Lied" und „Regen – kein Regen", die Betrachtung in absoluten Häufigkeiten statt in relativen Häufigkeiten bzw. Wahrscheinlichkeiten oder die Erstellung von verschiedenen grafischen Darstellungen der Situation und das Beschreiben mit eigenen Worten.

Wir werden zunächst dieses Beispiel diskutieren und anschließend auch die klassischen Beispiele der Diagnosen von seltenen Krankheiten skizzieren. Solche realen Sachsituationen – im Zusammenhang mit der Bayes-Regel wird in der didaktischen Literatur häufig die Verlässlichkeit eines HIV-Tests diskutiert – sind für die Schülerinnen und Schüler der Sekundarstufe I oftmals noch recht schwer zu durchschauen. Dies ist auch auf die im Zusammenhang verwendeten Fachbegriffe zurückzuführen, wie z. B. „Sensitivität" oder „Spezifität" eines Tests.

Vorbemerkungen zum Modell: Im Unterschied zu den meisten bisher behandelten Problemen, stehen in dieser Aufgabe Realmodell und mathematisches Modell schon von vornherein fest. Das mathematische Modell wird nicht erst aus der Analyse der Sachsituation heraus konstruiert. Das Modell, also die Setzungen durch die Angaben, dass an 10 % der Tage im Mai (der vergangenen Jahre) nennenswert Niederschlag gefallen ist wie auch die relative Häufigkeit des Regenzaubers könnten diskutiert werden. Als Bezeichnungen können analog zum Vorgehen im vorangegangenen Abschnitt folgende Ereignisse und deren Wahrscheinlichkeiten festgelegt werden:

- Z: „Zaubergesang", $\overline{Z}$: „kein Zaubergesang" mit $P(Z) = 0,1$ (bzw. 0,5 oder 0,9) und $P(\overline{Z} = 0,9$ (bzw. 0,5 oder 0,1).

- R: „Regen", $\overline{R}$: „kein Regen" mit $P(R|Z) = 0,8$ und $P(\overline{R}|Z) = 0,2$ bzw. $P(R|\overline{Z}) = 0,1$ und $P(\overline{R}|\overline{Z}) = 0,9$

Wir wollen die Fragen der Modellierung bei diesem Beispiel allerdings weitgehend ausblenden, da wir solche in vorangegangenen Beispielen ausführlich behandelt haben. Wir wollen vielmehr anhand des Cartoons mit dem bereits gegebenen mathematischen Modell mit dem Ziel arbeiten, die Rachegedanken von Kurt auf eine quantitative Basis zu stellen.

Die grafische Darstellung der Situation: Wir beziehen uns zunächst allein auf das letzte Regenmacher-Modell (der Regenmacher ist nur im Durchschnitt an jedem 10. Tag in der Lage, seinen Zauber auszuführen, also in 10 % der Tage). Im Einheitsquadrat der Abbildung 6.12 sind diese Modellvorgaben enthalten und alle Wahrscheinlichkeiten als Schätzungen aus den Häufigkeitsangaben in der Aufgabe eingetragen.

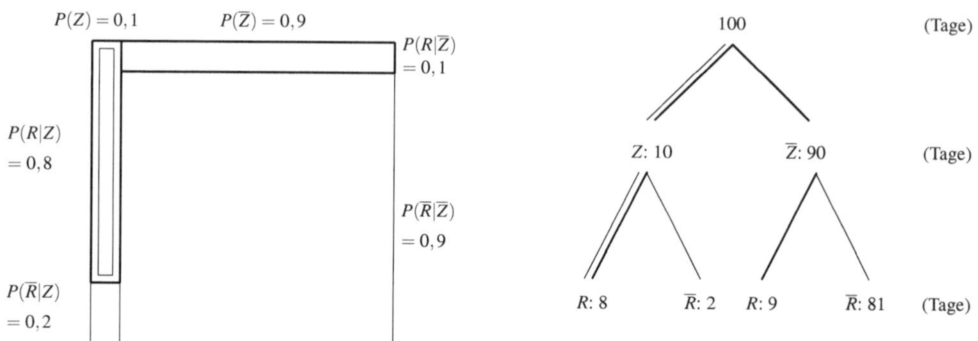

Abbildung 6.12: Einheitsquadrat und Baum mit absoluten Häufigkeiten (Bezugsgröße: 100) mit den Bezeichnungen Z: Zaubergesang, $\overline{Z}$: kein Zaubergesang, R: Regen, $\overline{R}$: kein Regen

Im Baum mit den absoluten Häufigkeiten haben wir für die Analyse der Situation 100 willkürlich gewählte Tage zugrunde gelegt. Die Bezugsgröße 100 Tage, in der die Angabe 10 % („10 pro centum") umgesetzt ist, erlaubt den Schülerinnen und Schülern, die Aufgabe mit anteiligen absoluten Häufigkeiten zu bearbeiten. Auf diese Weise werden Schwierigkeiten mit dem Prozentbegriff umgangen, der für die folgende Analyse mit Hilfe der Bayesschen Regel nicht zwingend erforderlich ist.

Die Arbeit mit dem Modell und die Formel von Bayes: Mit grafischen Darstellungen kann die eigentliche Aufgabenstellung bearbeitet werden: „Mit welcher Wahrscheinlichkeit kann Kurt den Regen und damit sein geplatztes Date auf die Zauberkünste des Regenmachers zurückführen ($P(Z|R)$)?" Der Baum mit den absoluten Häufigkeiten bietet hier einen schnellen Zugang zur Problemstellung (vgl. auch Wassner, 2004). Haben Schülerinnen und Schüler vorher bereits mit Vierfelder-Tafeln und dem Einheitsquadrat gearbeitet und die verschiedenen einfachen, bedingten und konjugierten Wahrscheinlichkeiten (oder Häufigkeiten) untersucht, so bietet auch hier das Einheitsquadrat einen guten, geometrischen orientierten Zugang zur Lösung der Aufgabe.

In beiden Darstellungen ist $P(Z|R)$ nicht direkt ablesbar. Formal müssen also die Elemente identifiziert werden, die in die Definition der bedingten Wahrscheinlichkeit $P(Z|R) = \frac{P(Z \cap R)}{P(R)}$ eingehen. Im Kontext gedacht heißt dies, dass der Anteil der Regentage (von allen Regentagen) zu ermitteln ist, der durch den Regenmacher verursacht wurde.

Im Einheitsquadrat sind alle Regentage durch die oberen beiden Rechteckflächen repräsentiert. Im Baum sind dies die beiden Pfade, deren unterer Ast nach links führt. Formal berechnet sich die Wahrscheinlichkeit für Regen durch:

$$P(R) = P(R \cap Z) + P(R \cap \overline{Z}) = P(R|Z) \cdot P(Z) + P(R|\overline{Z}) \cdot P(\overline{Z})$$

Im rechten Teil des Terms wird die Definition der bedingten Wahrscheinlichkeiten umgesetzt. Geometrisch im Einheitsquadrat betrachtet entspricht dies der Berechnung des Flächeninhalts durch die Multiplikation der Seitenlängen. Im Baum greift die allgemeine *Multiplikationsregel* der Äste entlang eines Pfades. Die voranstehende Berechnung entspricht als Formel der *totalen Wahrscheinlichkeit*.

Die Wahrscheinlichkeit oder Häufigkeit der Regentage, die durch den Regenmacher verursacht sind, ist im Einheitsquadrat durch die linke obere Fläche dargestellt. Im Baum mit den absoluten Häufigkeiten (vgl. Abb. 6.12, rechts) repräsentiert dies der linke Pfad. Formal ergibt sich:

$$P(R \cap Z) = P(R|Z) \cdot P(Z)$$

Die gesuchte Wahrscheinlichkeit $P(Z|R)$ ergibt sich schließlich folgendermaßen:

- Im Einheitsquadrat durch den Flächenvergleich:

$$P(Z|R) = \frac{\text{„Inhalt des linken oberen Rechtecks"}}{\text{„Inhalte der beiden oberen Rechtecke"}}$$

- Im Baum durch den Vergleich von Pfaden:

$$P(Z|R) = \frac{\text{„Häufigkeit des linken Pfades"}}{\text{„Häufigkeit der Pfade, deren unterer Ast nach links führt"}}$$

Insgesamt ergibt sich formal und numerisch:

$$P(Z|R) = \frac{P(R \cap Z)}{P(R)} = \frac{P(R|Z) \cdot P(Z)}{P(R|Z) \cdot P(Z) + P(R|\overline{Z}) \cdot P(\overline{Z})} = \frac{0,8 \cdot 0,1}{0,8 \cdot 0,1 + 0,1 \cdot 0,9} \approx 0,471$$

Was bedeutet die Wahrscheinlichkeit $P(Z|R) \approx 0,471$ im Kontext des Comics? Die Wahrscheinlichkeit, dass der plötzliche Regen auf den Regenmacher zurückgeht, ist *nur* rund 50 %. Die eingehende Wahrscheinlichkeit, dass der Regengesang erfolgt ($P(Z) = 0,1$), wurde durch die Information, dass es regnet, zwar *begünstigt*, die Wahrscheinlichkeit von rund 50 % reicht aber für Kurt kaum aus, sich begründet für sein geplatztes Date am Regenmacher zu rächen.

Mit den beiden grafischen Darstellungen können Schülerinnen und Schüler die Lösung des Problems erzeugen. Außerdem können sie eine Version der Formel von Bayes[12] *erfinden*, die hier nicht theoretisch eingeführt wurde, sondern sich als Lösung eines Problems ergibt. Die Formel muss unserer Meinung nach nicht das Ergebnis der Problemlösung sein, sondern kann – je nach Leistungsvermögen einer Klasse – ohne Weiteres auch implizit und unbenannt bleiben.

Erweiterungen innerhalb der Regenmacher-Aufgabe: Eine Verbindung von Einheitsquadrat und absoluten Häufigkeiten kann den ersten Zugang zur Problemlösung vereinfachen – insbesondere dann, wenn Schülerinnen und Schüler noch keine Erfahrung im Umgang mit dem Einheitsquadrat haben. In dieser Variante des Einheitsquadrates werden in einem 10×10-Feld die 100 Tage als Einheit abgebildet. In der Abbildung 6.13 ist ein Quadrat abgebildet, welches

---

[12]Dies ist eine spezielle Version der Formel von Bayes, da sie hier allein für zwei Bedingungen Z und $\overline{Z}$ ausgeführt wurde. Allgemein kann die Formel für beliebig viele (disjunkte) Bedingungen formuliert werden.

die beschriebene Situation unter Verwendung von Piktogrammen abbildet: Wenn der Regenmacher durchschnittlich jeden zehnten Tag eine Regenlied singt, dann sind dies erwartungsgemäß[13] 10 von 100 Tagen. Bei einer Erfolgsquote von 80 % verursacht er dadurch an 8 Tagen Regen. Dazu kommen noch 10 % der übrigen 90 Tage, also 9 Tage, die er nicht singt, aber an denen es ohne sein Zutun ebenfalls regnet. So regnet es an insgesamt 17 (von 100) Tagen. Das Ergebnis bleibt wie im vorangegangenen Abschnitt

$$P(Z|R) = \frac{\text{Anzahl der Regenwolken im linken oberen Rechteck}}{\text{Anzahl der Regenwolken in beiden oberen Rechtecken}} = \frac{8}{17} \approx 0,471$$

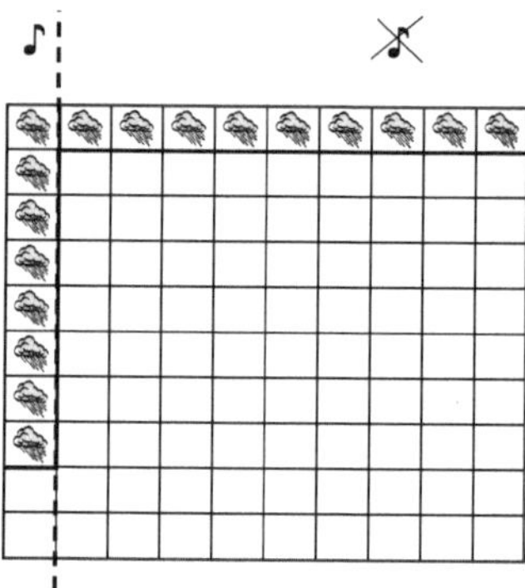

Abbildung 6.13: Regentage anteilig durch Gesang und ohne Gesang

Eine andere Erweiterung der Aufgabenanalyse bzw. des Arbeitens mit dem bestehenden Modell entsteht dadurch, dass die Parameter verändert werden, die in dem Modell enthalten sind. In der Aufgabenpräzisierung ist das die Häufigkeit, mit der der Regenmacher seinen Zaubergesang ausführt: Statt 10 % sind auch 50 % oder 90 % vorgeschlagen. Alle drei Varianten sind in den unten abgebildeten Einheitsquadraten aufgenommen (Abb. 6.14). Es ergibt sich durch den Flächenvergleich:

$$P(Z_{10\,\%}|R) = 0,471 \qquad P(Z_{50\,\%}|R) = 0,\overline{8} \qquad P(Z_{90\,\%}|R) \approx 0,986$$

Die Häufigkeit, mit der der Regenmacher singt, hat also erhebliche Auswirkung auf Kurts Analyseergebnis für seine Rache: War er im ersten Falle ($P(Z) = 0,1$) zu recht unschlüssig, ist dies bei $P(Z) = 0,5$ und $P(Z) = 0,9$ deutlich anders (Abb. 6.14). Das ist geometrisch auch im Einheitsquadrat visualisiert. Die Fläche links oben und damit der Anteil am Inhalt der beiden oberen Flächen nimmt in der Darstellung der drei Einheitsquadrate von links nach rechts zu.

In gleicher Weise können auch die anderen Parameter, etwa die Erfolgswahrscheinlichkeit des Regenmachers oder die Regenhäufigkeit, variiert werden. Das lässt sich geeignet mit einem interaktiv veränderbaren Einheitsquadrat erforschen.[14]

---

[13]Hier wird also die für einen Tag geltende Wahrscheinlichkeit proportional auf 100 Tage übertragen. Formal kann dies auch als Erwartungswert einer binomialverteilten Zufallsgröße mit $n = 100$ und $p = 0,1$ verstanden werden.

[14]Auf unserer Homepage zu diesem Buch (http://www.leitideedatenundzufall.de) haben wir ein Beispiel für ein solches Quadrat zusammen mit einem interaktiv veränderbaren Baum bereit gestellt.

Zeichnung: Verena Mai

Abbildung 6.14: Einheitsquadrate bei unterschiedlichen Gesangshäufigkeiten von 10 %, 50 % und 90 % im Vergleich mit den Bezeichnungen Z: Zaubergesang, $\overline{Z}$: kein Zaubergesang, R: Regen, $\overline{R}$: kein Regen. Entsprechend dazu verspürt Kurt unterschiedlich intensive Rachegelüste.

Erweiterungen im Sachkontext: Das zuletzt betrachtete Phänomen, die Abhängigkeit der Lösungswahrscheinlichkeit $P(Z|R)$ von der so genannten *Basisrate* $P(Z)$, ist die Grundlage der interessanten, didaktisch aber zum Teil problematischen Analysen von Krankheitsdiagnosen. Die bekanntesten Beispiel sind die Mammografie (z. B. Krauss, 2003) und der HIV-Test (z. B. Martignon & Wassner, 2001). Beide Analysen ergeben überraschende Ergebnisse, die unter dem Stichwort *Phänomen der Diagnose seltener Ereignisse* gefasst werden können. Seltene Ereignisse sind hier die Krankheiten an sich. Es gilt:

- Im Falle des Brustkrebs wird die Basisrate (einer bestimmten Altersgruppe), d.h. die Wahrscheinlichkeit, ohne es zu wissen, an Brustkrebs erkrankt zu sein ($P(K)$), mit 1 % angegeben, also $P(K) = 0,01$ (Hoffrage, 2003).

  (HIV-Infektion: $P(K) = 0,001$.[15])

- Im Falle der Diagnose von Brustkrebs per Mammografie wird der Krebs in 90 % der Fälle erkannt (D) unter der Bedingung, dass die untersuchte Patientin tatsächlich krank ist: $P(D|K) = 0,8$; $P(\overline{D}|K) = 0,2$. Bei dieser Diagnose gibt es also seltene Fehler, bei denen die Krankheit durch den Test nicht erkannt wird. Diese Testeigenschaft wird als *Sensitivität* des Tests bezeichnet.

  (HIV-Diagnose, erster Test: $P(D|K) = 0,99$; $P(\overline{D}|K) = 0,01$.)

---

[15]Die Basisrate ist aber im Gegensatz zum Brustkrebs variabel. So gibt es Risiko-Gruppen, bei denen sicherlich von einer anderen, höheren Basisrate ausgegangen werden kann, während andere Gruppen sicherlich eine bedeutend niedrigeres Risiko der Ansteckung haben.

- Im Falle der Brustkrebsdiagnose per Mammografie wird zudem in etwa 10 % der Fälle fälschlicherweise Krebs bei Patientinnen diagnostiziert, die tatsächlich nicht an Krebs erkrankt sind: $P(D|\overline{K}) = 0,1, P(\overline{D}|\overline{K}) = 0,9$. Diese Testeigenschaft wird als *Spezifität* des Tests bezeichnet.

(HIV-Diagnose: $P(D|\overline{K}) = 0,02$; $P(\overline{D}|\overline{K}) = 0,98$.)

Bei der Brustkrebsdiagnose lautet für eine symptomfreie Patientin die Frage, wie ein positives Testergebnis beurteilt werden soll, formal also: $P(K|D)$. Die Testsituation bei einer Bezugsgröße von 1000 (virtuellen) symptomfreien Patientinnen ist in Abbildung 6.15 durch einen Baum mit absoluten Häufigkeiten dargestellt.

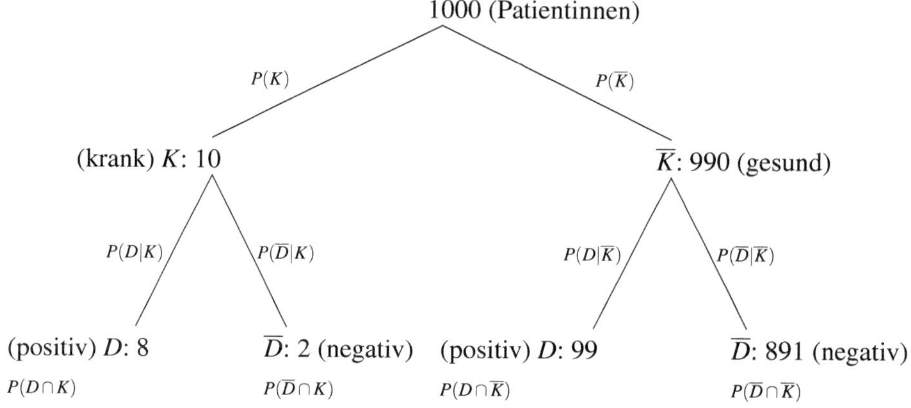

Abbildung 6.15: Baum mit absoluten Häufigkeiten, Diagnose von Brustkrebs durch Mammografie

Formal ergibt sich

$$P_{Krebs}(K|D) = \frac{P(D|K) \cdot P(K)}{P(D|K) \cdot P(K) + P(D|\overline{K}) \cdot P(\overline{K})} = \frac{8}{8+99} \approx 0,075$$

(HIV-Diagnose, erster Test: $P(K|D) \approx 0,047$.)

Die Wahrscheinlichkeit, dass eine Patientin tatsächlich Krebs hat, wenn der Krebs per Mammografie diagnostiziert wurde, ist mit 7,5 % also denkbar gering. Das Phänomen der überraschend geringen Genauigkeit kann anhand des Einheitsquadrates erklärt werden: Bei geringer werdender Basisrate wird die Fläche des linken oberen Rechtecks ebenfalls immer kleiner und damit im Verhältnis zum Flächeninhalt beider oberen Rechtecke immer geringer. Das gleiche Phänomen kann im Zusammenhang mit dem HIV-Test ebenfalls beobachtet werden. Beide Problemstellungen sind für den Unterricht in der Sekundarstufe I nicht unproblematisch: Die HIV-Problematik ist durchaus als relevant zu betrachten, bringt allerdings erhebliche Modellierungsprobleme mit sich. Der Komplex Brustkrebs-Mammografie ist für die Sekundarstufe I weniger relevant oder im schlimmsten Fall zu relevant, wenn ein Familienmitglied an Krebs leidet.

6.3 Lernen aus Erfahrung

Abbildung 6.16: Einer von zwei Würfeln, verdeckt ausgewählt

Aufgabe 22: Eine (oder einer) von Euch übernimmt die Spielleitung. Die Spielleitung wählt *verdeckt* wie in der Abbildung oben einen der beiden Würfel (Quaderwürfel oder normaler Spielwürfel) aus und legt den anderen Würfel für den Rest des Spieles zur Seite.

- Schätzt, mit welcher Wahrscheinlichkeit die Spielleitung den Quaderwürfel und mit welcher Wahrscheinlichkeit die Spielleitung den normalen Spielwürfel für das Spiel ausgewählt hat.

- Ihr dürft nun die Spielleitung dazu auffordern, den ausgewählten Würfel einmal zu werfen und Euch die Augenzahl zu nennen. Ändern sich dazu die von Euch vorab geschätzten Wahrscheinlichkeiten?

- Lasst nun die Spielleitung ein zweites Mal, ein drittes Mal usw. den ausgewählten Würfel werfen. Ab wann könnt Ihr entscheiden, dass die Spielleitung den Quaderwürfel (bzw. den normalen Spielwürfel) ausgewählt hat?

Didaktisch-methodische Hinweise zur Aufgabe

Die identische Aufgabe ist bereits in Kapitel 5.3 qualitativ bearbeitet worden. Mit der Formel von Bayes können Schülerinnen und Schüler diese Aufgabe aber auch quantitativ analysieren.

Der Ausgangspunkt in dem Würfelspiel sind wie häufig bei Problemen, die sich mit Hilfe der Formel von Bayes bearbeiten lassen, Hypothesen, die entweder zutreffen oder nicht zutreffen. Damit sind sie eigentlich einer Wahrscheinlichkeitsbetrachtung gar nicht zugänglich:

- Fällt an einem bestimmten Tag Regen, so hat der Regenmacher gesungen oder eben nicht. Er hat aber nicht wahrscheinlich gesungen. Als Vorwissen dient allein die Information, dass der Regenmacher etwa durchschnittlich an jedem zehnten Tag singt. Das sagt aber über einen bestimmten Tag nichts weiter aus. Dennoch kann als Vorinformation das Modell verwendet werden, dass der Hypothese, „der Regenmacher singt", die Wahrscheinlichkeit $P(Z) = 0,1$ (bzw. $P(\overline{Z}) = 0,9$ zugeordnet wird. Diese Zuordnung bezeichnet man wie bereits in Kapitel 5.3 als *a-priori-Verteilung*. Die Information, „es regnet" (R), kann mit dem Wissen der Wahrscheinlichkeit $P(R|Z)$ und der Formel von Bayes so verarbeitet werden, dass eine *a-posteriori-Verteilung* $P(Z|R)$ bzw. $P(\overline{Z}|R)$ berechnet werden kann.

- Die a-priori-Verteilung bezogen auf das Mammografie-Beispiel ist $P(K) = 0,01, P(\overline{K}) = 0,99$. Für eine einzelne Patientin ist das eine Vorinformation, dennoch ist diese entweder krank oder nicht (aber nicht wahrscheinlich krank). Die Information, „der Test ist positiv", führt zu einer Neubewertung der eigenen Gesundheit. Obwohl die Wahrscheinlichkeit, an Krebs erkrankt zu sein unter der Bedingung, dass die Mammografie eine Krankheitsdiagnose erbracht hat, nur 7,5 % beträgt, ist die Einschätzung der Wahrscheinlichkeit, erkrankt zu sein, durch die Information des Tests von 1 % (a-priori) auf 7,5 % (a-posteriori) gestiegen oder *begünstigt* (Borovcnik, 1992) worden.

Kann man aus einer Information, also einer einzelnen Erfahrung *lernen*, so ist es natürlich ebenso möglich, mehrere Informationen sukzessive oder in einem Schritt zu verarbeiten. Das wird hinsichtlich des einfachen Würfelbeispiels im Folgenden diskutiert.

Das Modell: Für den normalen Spielwürfel und den Quaderwürfel gelten folgende Verteilungen der Wahrscheinlichkeiten:[16]

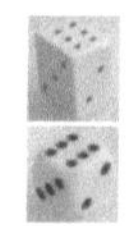

	Modell für die Würfel					
Augenzahl	1	2	3	4	5	6
Wahrscheinlichkeit	$\frac{1}{6}$	$\frac{1}{6}$	$\frac{1}{6}$	$\frac{1}{6}$	$\frac{1}{6}$	$\frac{1}{6}$
Wahrscheinlichkeit	$0,05$	$0,1$	$0,35$	$0,35$	$0,1$	$0,05$

Das bedeutet beispielsweise: Unter der Bedingung, dass der Quaderwürfel von der Spielleitung ausgewählt wurde (Q), ist die Wahrscheinlichkeit, eine 1 zu würfeln $P(1|Q) = 0,05$. Entsprechend gilt unter der Bedingung, dass der normale Spielwürfel gewählt wurde (N), die Gleichverteilung für alle Augenzahlen.

In Kapitel 5.3 waren bei drei hintereinander und verdeckt ausgeführten Würfen des zuvor ausgewählten Würfels die Augenzahlen 1, 2 und 6 erschienen. Das hatte als Motivation für die noch intuitive Neueinschätzung der Wahrscheinlichkeiten, dass eine der Hypothesen „Quaderwürfel" (Q) oder „normaler Spielwürfel" (N) zutrifft, geführt. Mit der Formel von Bayes ist es nun möglich, die Neueinschätzung zu berechnen und so ein besseres Maß für die Entscheidung zugunsten einer der beiden Hypothesen zu erlangen. In Abbildung 6.17 ist jeweils die Verarbeitung eines Wurfergebnisses im Einheitsquadrat und in der Formel von Bayes zu sehen. Das Einheitsquadrat ist, da hinsichtlich jeder Hypothese sechs Ereignisse betrachtet werden, entsprechend erweitert. Die für den Flächenvergleich entscheidenden Flächen sind jeweils markiert.

---

[16]Die Wahrscheinlichkeitsverteilung für den Quaderwürfel basiert auf dem frequentistischen Wahrscheinlichkeitsansatz, die des normalen Spielwürfels auf dem klassischen.

a-priori-Verteilung:

$$P(N) = 0,5; \quad P(Q) = 0,5$$

Information: Es ist eine 1 gewürfelt worden.

$$P(N|1) = \frac{P(1|N) \cdot P(N)}{P(1|N) \cdot P(N) + P(1|Q) \cdot P(Q)}$$

$$= \frac{0,1\overline{6} \cdot 0,5}{0,1\overline{6} \cdot 0,5 + 0,05 \cdot 0,5}$$

$$\approx 0,769$$

a-posteriori-Verteilung:

$$P(N) = 0,769; P(Q) = 0,231$$

a-priori-Verteilung:

$$P(N) = 0,769; \quad P(Q) = 0,231$$

Information: Es ist eine 2 gewürfelt worden.

$$P(N|2) = \frac{P(2|N) \cdot P(N)}{P(2|N) \cdot P(N) + P(2|Q) \cdot P(Q)}$$

$$= \frac{0,1\overline{6} \cdot 0,769}{0,1\overline{6} \cdot 0,769 + 0,10 \cdot 0,231}$$

$$\approx 0,847$$

a-posteriori-Verteilung:

$$P(N) = 0,847; P(Q) = 0,153$$

a-priori-Verteilung:

$$P(N) = 0,847; \quad P(Q) = 0,153$$

Information: Es ist eine 6 gewürfelt worden.

$$P(N|6) = \frac{P(6|N) \cdot P(N)}{P(6|N) \cdot P(N) + P(6|Q) \cdot P(Q)}$$

$$= \frac{0,1\overline{6} \cdot 0,847}{0,1\overline{6} \cdot 0,847 + 0,10 \cdot 0,153}$$

$$\approx 0,948$$

a-posteriori-Verteilung:

$$P(N) = 0,948; P(Q) = 0,052$$

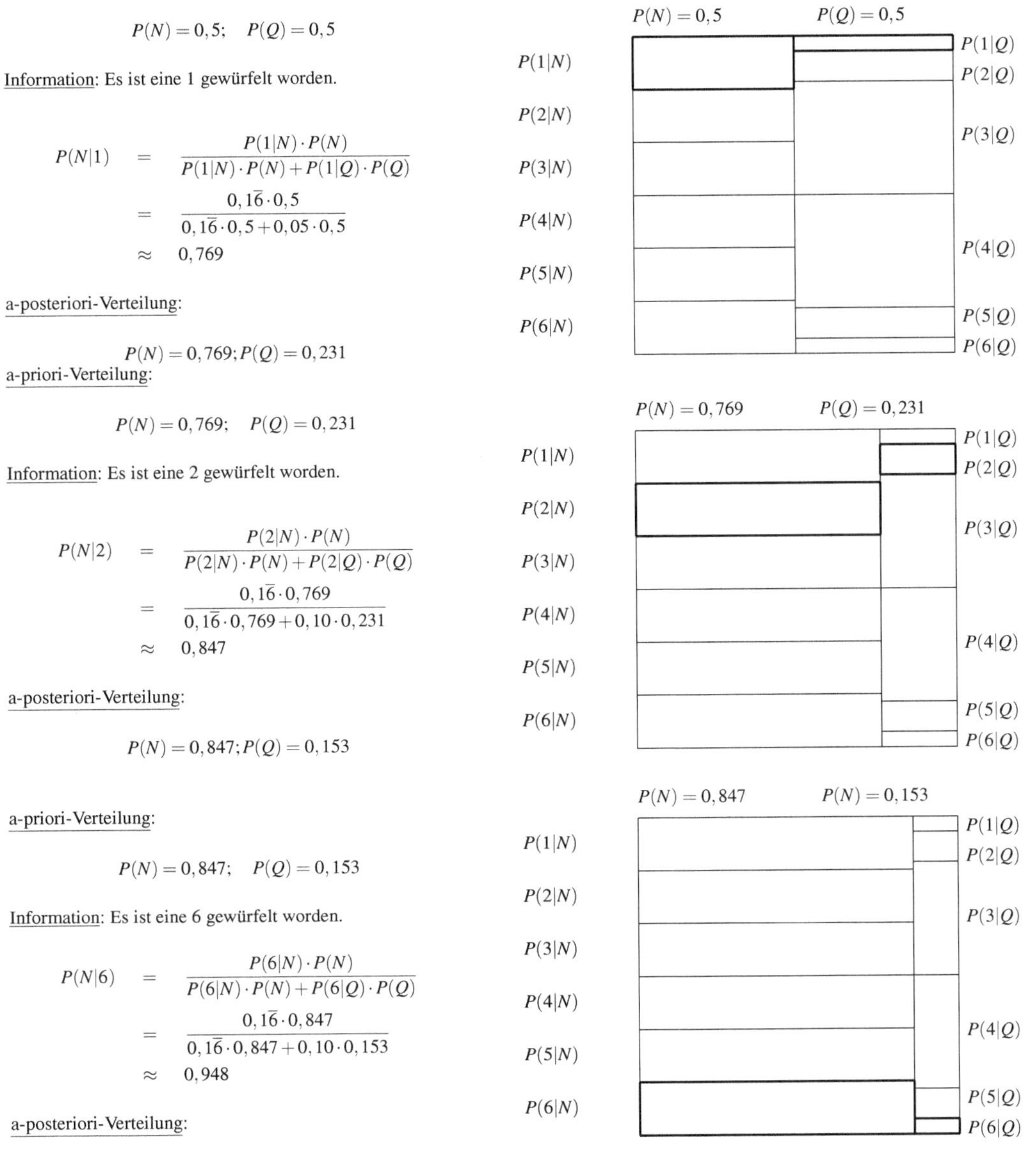

Abbildung 6.17: Entwicklung der Informationsverarbeitung

Nach den drei Würfen kann bereits eine gut begründete Entscheidung für die Annahme, dass die Spielleitung den normalen Spielwürfel gewählt hat, gefällt werden. Die schnelle Entwicklung der Entscheidungsmöglichkeit ist allgemein vorhanden – selbst dann, wenn man andere a-priori-Verteilungen wählen würde. In Abbildung 6.18 ist – jeweils mit der gleichen Wurffolge – die Entwicklung der a-posteriori-Verteilung für drei Fälle, $P(N) = 0,1$; $P(Q) = 0,9$, $P(N) = 0,5$; $P(Q) = 0,5$ und $P(N) = 0,9$; $P(Q) = 0,1$ jeweils allein für die a-posteriori-Wahrscheinlichkeiten für den normalen Spielwürfel dargestellt.

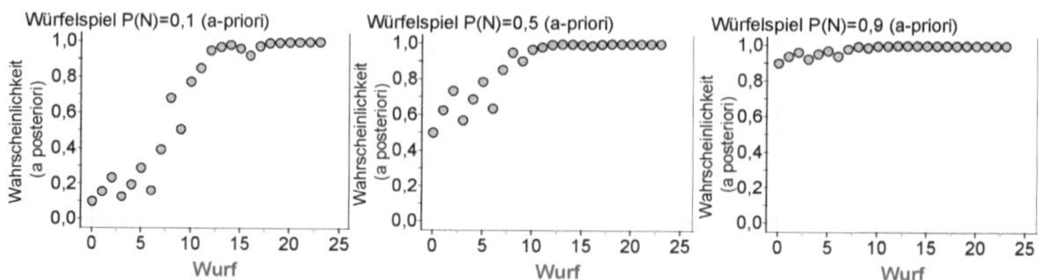

Abbildung 6.18: Entwicklung der a-posteriori-Wahrscheinlichkeiten für den normalen Spielwürfel bei der Wurffolge 5-5-3-5-5-3-6-6-4-1-2-6-2-2-4-4-6-1-5-5-2-5-5

Es ist hier recht gut zu erkennen, dass bereits bei etwa 20 Informationen die (erste) a-priori-Verteilung der Wahrscheinlichkeiten auf die Hypothesen oder Würfel kaum noch einen Einfluss hat. Am Ende ist die Entscheidung in allen drei Fällen für den normalen Spielwürfel sinnvoll (der auch tatsächlich die zufällige Wurfserie erzeugt hat).

Interessant ist bei dem Lernen aus Erfahrung schließlich noch ein weiterer Aspekt, der bei dem Würfelspiel in einem ersten Zugang eher verborgen bleibt: Das *Lernen aus Erfahrung* ergibt eine Entscheidung zugunsten einer von mehreren (und hier zwei) Alternativen. Diese Entscheidung fällt allerdings allein zugunsten der „besseren", nicht notwendigerweise aber auch „richtigen" Alternative. Wir nehmen an, die Spielleitung hätte den Würfel mit der unten angegebenen Verteilung der Wahrscheinlichkeiten verwendet, ohne dass jemand anderes dies gewusst hätte.

	Augenzahl	1	2	3	4	5	6
	Modell für die Würfel						
	Wahrscheinlichkeit	$0,24$	$0,24$	$0,02$	$0,02$	$0,24$	$0,24$

Die völlig analog verlaufende Verarbeitung der Informationen hätte aufgrund der beiden vorliegenden Hypothesen N und Q (mit der apriori-Verteilung $P(B) = P(Q) = 0,5$) nach der Wurffolge $1, 2, 6$ ergeben: $P(N) \approx 0,948$. Das bedeutet, man konstruiert in diesem Fall zwei alternative Hypothesen, N und Q und entscheidet sich nach der Verarbeitung der Informationen für die Hypothese (N), die offenbar besser zu den Informationen passt. Dennoch kann der tatsächliche Zufallsmechanismus hinter den erzeugten Informationen (Daten) ein völlig anderer sein wie in diesem konstruierten Beispiel.

Zusammengesetzte Informationen: Ist die Anzahl der Informationen, mit denen man aus einer a-priori-Verteilung zu einer a-posteriori-Verteilung gelangt, groß, so ist der Rechenaufwand beim schrittweisen Vorgehen, sofern man dieses nicht dem Rechner überlässt, aufwändig.

Mit folgender Überlegung lassen sich aber die Informationen zusammenfassen:

- Unter der Bedingung, dass der normale Spielwürfel vorliegt (N), sind die einzelnen Informationen der Augenzahlen des Würfelwurfs (paarweise) stochastisch unabhängig. Es gilt also bezogen auf die oben untersuchte Wurffolge 1, 2 und 6 (der Index bezeichnet wiederum den Wurf):

$$
\begin{aligned}
P(1_{Wurf1} \cap 2_{Wurf2} \cap 6_{Wurf3})|N) &= P(1_{Wurf1}|N \cap 2_{Wurf2}|N \cap 6_{Wurf3}|N) \\
&= P(1_{Wurf1}|N \cap 2_{Wurf2}|N) \cdot P(6_{Wurf3}|N) \\
&= P(1_{Wurf1}|N) \cdot P(2_{Wurf2}|N) \cdot P(6_{Wurf3}|N)
\end{aligned}
$$

- Analog lässt sich das für die drei Würfe unter der Bedingung Q betrachten und ebenso für mehr als die drei gegebenen Informationen.

- Damit gilt:

$$
P(N|1_{Wurf1} \cap 2_{Wurf2} \cap 6_{Wurf3}) = \frac{P(1_{Wurf1} \cap 2_{Wurf2} \cap 6_{Wurf3}|N) \cdot P(N)}{P(1_{Wurf1} \cap 2_{Wurf2} \cap 6_{Wurf3})}
$$

$$
= \frac{P(1_{Wurf1}|N) \cdot P(2_{Wurf2}|N) \cdot P(6_{Wurf3}|N) \cdot P(N)}{P(1_{Wurf1}|N) \cdot P(2_{Wurf2}|N) \cdot P(6_{Wurf3}|N) \cdot P(N) + P(1_{Wurf1}|Q) \cdot P(2_{Wurf2}|Q) \cdot P(6_{Wurf3}|Q) \cdot P(Q)}
$$

$$
= \frac{\left(\frac{1}{6}\right)^3 \cdot \frac{1}{2}}{\left(\frac{1}{6}\right)^3 \cdot \frac{1}{2} + 0,05^2 \cdot 0,1 \cdot \frac{1}{2}}
$$

$$
\approx 0,949
$$

Die Zusammenfassung von Informationen ist insbesondere dann von Vorteil, wenn das Vorgehen schrittweise durchgeführt wurde und ebenso die Stabilisierung zugunsten einer Entscheidung zwischen alternativen Hypothesen sichtbar gemacht wurde. Bei Krankheitsdiagnosen, etwa dem HIV-Test, sind die hintereinander ausgeführten Tests (3 Tests) solche mehrfachen Informationen. Dass diese allerdings unabhängig voneinander sind, ist eine restriktive Modellvorstellung.

6.4 Allgemeine didaktisch-methodische Überlegungen

Die vorangegangenen drei Unterkapitel hatten allein einen Aspekt der Leitidee *Daten und Zufall* (vgl. KMK, 2003) zum Gegenstand: das Bestimmen von Wahrscheinlichkeiten bei Zufallsexperimenten.

Im Gegensatz zu Kapitel 5 ging es in diesem Kapitel 6 um zufällige Vorgänge, die sich aus mehreren Teilvorgängen zusammensetzen (Experimente mit mehreren Wiederholungen). Bei solchen Vorgängen ist stets die entscheidende Frage, ob die zufälligen Teilvorgänge einen Einfluss aufeinander haben oder nicht. Mit anderen Worten: Sind sie stochastisch unabhängig oder nicht? Der Schwerpunkt der Problemstellungen, die in diesem Kapitel ausgewählt wurden, lag dabei – abgesehen von Kapitel 6.1 – auf stochastisch abhängigen zufälligen Teilvorgängen. In der folgenden allgemeinen didaktischen Diskussion soll allerdings der Eindruck revidiert werden, dass das Konzept der stochastischen Abhängigkeit einen Vorrang vor dem Konzept der stochastischen Unabhängigkeit hat.

Abhängigkeit – Unabhängigkeit: Der Begriff der stochastischen Unabhängigkeit ist in der Stochastik zentral (vgl. z. B. Steinbring, 1980 und 1991). Erst auf dieser Basis kann das *stochastische Denken* (Wolpers, 2003) und das Beschreiben von Datenmustern mit theoretischen Modellen (4. Aspekt des statistischen Denkens, Wild & Pfannkuch, 1999) ausgebaut werden.

Selbst die Entwicklung des Wahrscheinlichkeitsbegriffs basiert implizit auf der stochastischen Unabhängigkeit. Besonders deutlich wird dies beim frequentistischen Wahrscheinlichkeitsbegriff: Bei der Schätzung einer Wahrscheinlichkeit aus der relativen Häufigkeit einer langen Serie zufälliger Vorgänge wird davon ausgegangen, dass die einzelnen Vorgänge sich *nicht* beeinflussen. Das heißt, man nimmt an, dass die Situation, in der ein zufälliges Ergebnis erzeugt wird, stets gleich bleibt. Erst diese Modellannahme ermöglicht es, davon auszugehen, dass die einem zufälligen Vorgang innewohnende Wahrscheinlichkeit eines Ereignisses bei jeder Wiederholung gleich bleibt. Konkret bedeutet dies, dass beispielsweise die Wahrscheinlichkeit, eine 6 zu würfeln, bei jedem Wurf identisch ist.[17]

Neben dem Wahrscheinlichkeitsbegriff baut ebenso nahezu die gesamte schulrelevante Stochastik auf dem Begriff der stochastischen Unabhängigkeit auf:

- Die Binomialverteilung, die wir als möglichen Abschluss der Sekundarstufe I betrachten und in Kapitel 7 diskutieren werden, basiert auf der stochastischen Unabhängigkeit. Das gilt ebenso für andere Wahrscheinlichkeitsverteilungen, die als Modell für die Verteilung statistischer Daten theoretisch beschrieben werden.

- Ein Gütekriterium der Erhebung statistischer Daten ist, dass die Art und Weise der Erhebung von Zeit, Person und Ort unabhängig ist. Auch hinter dieser Anforderung verbirgt sich die stochastische Unabhängigkeit einzelner zufälliger Vorgänge, deren Ergebnis statistische Daten sind (vgl. auch Kap. 6.1).

- Simulationen basieren – zumindest bezogen auf den Rechner – auf der Erzeugung von Zufallszahlen. Ein Gütekriterium für diese Zufallszahlen ist, dass eine Zufallszahl nicht systematisch die andere beeinflusst.[18]

- Die quantitative Einschätzung der Abhängigkeit zweier Merkmale basiert in der quantitativen Logik ebenfalls auf dem Modell der stochastischen Unabhängigkeit. Da man eine Hypothese (der Abhängigkeit) nicht *verifizieren* kann, muss man die Gegenhypothese (der Unabhängigkeit) *falsifizieren* (vgl. das einleitende Beispiel zu diesem Kap. 6).

Zwei Aspekte sind bei der Entwicklung des Begriffes der stochastischen Unabhängigkeit wichtig: Ein Begriff ist durch Abgrenzung schärfbar. Das bedeutet, die Analyse stochastisch abhängiger zufälliger Teilvorgänge ermöglicht die Durchdringung und Wertschätzung des Unabhängigkeitsbegriffs. Die schlichte Definition der stochastischen Unabhängigkeit zweier Ereignisse A und B durch

$$P(A \cap B) = P(A) \cdot P(B)$$

kann den gewünschten Aufbau des Begriffes nicht leisten. Wichtig ist auch, dass Schülerinnen und Schülern bewusst wird, dass die stochastische Unabhängigkeit ein Modell ist – ein theoretisches Modell, welches die empirische Unabhängigkeit, die wir in Kapitel 3.1 definiert haben, in der Regel *nicht* nach sich ziehen wird:

---

[17]Diese Modellannahme ist die Voraussetzung im Gesetz der großen Zahlen, das wiederum das Bindeglied zwischen Empirie (den Daten der Realisierung zufälliger Vorgänge) und der stochastischen Theorie darstellt.

[18]Die Erzeugung von Zufallszahlen ist wie alle Rechner-Algorithmen deterministisch. Daher besteht die Güte des Algorithmus in der deterministischen Erzeugung von Zahlen, auf die aus stochastischer Perspektive das Modell der stochastischen Unabhängigkeit passt.

- Für den zweifachen Wurf einer Münze scheint das Modell der stochastischen Unabhängigkeit plausibel zu sein – das wäre beispielsweise die Annahme, dass das Ereignis „Wappen beim ersten Wurf" keinen Einfluss auf das Ereignis „Wappen beim zweiten Wurf" hat.

- Markiert man jeweils Paare von großen und kleinen Papierfröschen nach ihrem Sprung abwechselnd mit roten und blauen Punkten, so scheint die Annahme plausibel zu sein, dass die Farbmarkierung keinen Einfluss auf die Sprungweite hat (vgl. Einstiegsproblem dieses Kap. 6). Dennoch gibt es einen, wenn auch geringen Unterschied zwischen der Sprungweite der blauen und roten Frösche (vgl. Abb. 6.6, S. 183).

Im Gegensatz zum Begriff der stochastischen Unabhängigkeit ist der Themenkomplex der bedingten Wahrscheinlichkeit und des Satzes von Bayes ein Exkurs im Sinne der Begriffsbildung (der stochastischen Unabhängigkeit). Außerdem bietet dieser Themenkomplex Möglichkeiten, individuelle Entscheidungsprozesse (krank/nicht krank, normaler Würfel/Quaderwürfel) mit Hilfe stochastischer Methoden zu unterstützen (Wickmann, 1990). Diese Entscheidungsprozesse, die durch das rechnerische Verarbeiten von Informationen geprägt sind, werden zusammenfassend mit den Begriffen der subjektivistischen Wahrscheinlichkeit oder auch der Bayes-Statistik belegt. Wir haben beide Funktionen der Behandlung der stochastischen Abhängigkeit behandelt. Allerdings halten wir eine Überbetonung des Themenkomplexes der bedingten Wahrscheinlichkeit[19] für wenig sinnvoll. Nach unserer Auffassung steht der Aufbau des Begriffs der stochastischen Unabhängigkeit eher im Zentrum, wenn man den Ausführungen der *Leitidee Daten und Zufall* in der Sekundarstufe I umfassend folgen möchte.

Modellierung: Wie bereits in Kapitel 5.4 diskutiert, gibt es hinsichtlich der wahrscheinlichkeitstheoretischen Modellierung (Prognose-Modelle) von zufälligen Vorgängen drei Varianten:

- den klassischen Ansatz auf der Basis gleichwahrscheinlicher Elementarereignisse: Bezogen auf den Modellbildungskreislauf wird ein Prognose-Modell mit Hilfe der klassischen Wahrscheinlichkeit theoretisch aufgestellt und anhand von Daten validiert;

- den frequentistischen Ansatz auf der Basis der Schätzung von Wahrscheinlichkeiten aus relativen Häufigkeiten möglichst vieler Versuche: Das Prognose-Modell mit Hilfe der frequentistischen Wahrscheinlichkeit entsteht aus Daten und kann anhand neuer Daten validiert werden.

- den subjektivistischen Ansatz, bei dem wie auch immer zustande gekommene Vorerfahrungen mit Hilfe der Formel von Bayes durch zusätzliche Informationen verändert werden können: Dieses subjektivistische Modell einer Verteilung von Wahrscheinlichkeiten ändert sich mit jeder neuen Information. Es kann daher nur interpretiert, aber nicht wie die objektiven Wahrscheinlichkeitsmodelle validiert werden, da jede Validierung eine Änderung des Modells nach sich zieht.

Diese Modellierungsansätze ändern sich nicht, wenn man den Themenkomplex der stochastischen Abhängigkeit bzw. der stochastischen Unabhängigkeit bearbeitet. Wie beispielsweise im Einstiegsbeispiel dargestellt, gibt es die Möglichkeit, die Ergebnisse des Froschhüpfens für zukünftige Experimente frequentistisch oder klassisch zu modellieren. Ist dagegen eine Entscheidung zwischen zwei (oder mehr) Hypothesen zu treffen – und damit eine Entscheidung zwischen

---

[19]Diese wurde in der Stochastikdidaktik teilweise propagiert (vgl. Wickmann, 1990).

zwei zu den Hypothesen gehörenden Wahrscheinlichkeitsverteilungen – so kann die subjektivistische Modellierung sinnvoll sein (vgl. Kap. 5.3).

Die Einteilung der Modellierungsgedanken von Schülerinnen und Schülern kann analog zu den Ausführungen in Kapitel 5.4 übernommen werden (unistrukturales, multistrukturales, relationales Denken). An dieser Stelle soll daher ein kurzer Exkurs erfolgen: zu der Verwendung eines Modells auf der Basis eines objektiven Wahrscheinlichkeitsansatzes (klassischer und frequentistischer Ansatz) einerseits und zu der Verwendung eines Modells auf der Basis eines subjektivistischen Wahrscheinlichkeitsansatzes andererseits. Es ist dabei sicher nicht möglich, hier die gesamte Problematik darzustellen, über die die so genannten *Bayesianer* (*Subjektivisten*) und *Objektivisten* diskutieren. Es soll jedoch das Grundproblem kurz angesprochen werden. Dazu werden die jeweiligen Grundpositionen anhand des Comic-Beispiels (Kap. 6.2) umrissen:

- Beim so genannten *klassischen* Ansatz geht es im Wesentlichen darum, dass ein Stichprobenergebnis R (Regen) unter der Annahme einer Hypothese Z (Zaubergesang) beurteilt werden soll. In bedingten Wahrscheinlichkeiten ausgedrückt geht es um die Berechnung von $P(R|Z)$, um die unwahrscheinlichsten Ereignisse unter der Annahme Z hinsichtlich einer Entscheidungsgrenze einzuordnen. Das bedeutet konkret bei der Hypothesenprüfung: Ist das Ereignis R unter der Bedingung Z sehr unwahrscheinlich (z. B. unter 5 %), dann wird die Hypothese Z verworfen, im anderen Fall wird die Hypothese aufrechterhalten. Hätte der Regenmacher etwa $P(R|Z) = 0,5$ für seine Zauberkünste angegeben, so würde man an dieser Hypothese Zweifel haben, wenn der Regenmacher bei 100 Versuchen nur zwei Regenschauer zustande brächte.

- Die *Bayesianer* gehen gewissermaßen den umgekehrten Weg: Sie berechnen mit der Formel von Bayes die bedingte Wahrscheinlichkeit $P(Z|R)$ als sogenannte *a-posteriori-Wahrscheinlichkeit*. Das ist die Wahrscheinlichkeit, dass die Hypothese Z zutrifft unter Voraussetzung der Information, die unter Berücksichtigung einer *a-priori-Wahrscheinlichkeit* für die Hypothese Z durch das Stichprobenergebnis zustande gekommen ist (Anzahl der Regentage mit und ohne Gesang). Die Wahrscheinlichkeit für die Hypothese Z wird hier zweimal bewertet: zunächst ohne weitere Information *a priori* $P(Z)$ und anschließend unter Hinzunahme weiterer Informationen *a posteriori* $P(Z|R)$.

Beide Verfahrensweisen sind in algebraisch-technischer Hinsicht nicht zu beanstanden. Der Unterschied der beiden Ansätze liegt in den unterschiedlichen Antworten $P(R|Z)$ und $P(Z|R)$ auf die Ausgangsfrage und damit auch der unterschiedlichen Modellierung der Ausgangssituation. Ein zentraler Kritikpunkt der Objektivisten am bayesianischen Ansatz ist, dass bei der Berechnung der a-posteriori-Wahrscheinlichkeit mit der Verwendung der zuvor abgeschätzten a-priori-Wahrscheinlichkeit subjektive Willkür ins Spiel kommt.

Die bayesianische Sichtweise hält dem Argument gegen die subjektiven Einschätzung der a-priori-Wahrscheinlichkeit entgegen, dass auch die vermeintlich objektiven Methoden nicht so objektiv sind, wie es auf den ersten Blick erscheinen mag: Wie wird beispielsweise ein Experiment angelegt, welches zu einer objektiven Datenbasis führen soll? Was wird als *signifikant* und damit statistisch bedeutsam festgelegt? Welchen statistischen Verfahren werden die Daten unterworfen? Mit solchen Fragen versucht die bayesianische Sichtweise aufzudecken, dass auch die frequentistische Auffassung von vorausgehend subjektiv getroffenen Entscheidungen abhängt (vgl. auch Wickmann, 1990). Zudem verweisen die Bayesianer auch auf die praktische Relevanz im Alltag: Sehr häufig liegt für die Einschätzung einer Situation schlicht nicht genug statistisch belastbares Datenmaterial vor. Es gibt jedoch eine subjektive Einschätzung, die zwar nicht objektiv sein mag, sich aber aus der Erfahrung heraus ergibt, die auf einer Vielzahl von nicht mehr rekonstruierbaren, vorausgehenden Erfahrungswerten basiert. Ein weiteres Argument ist, dass Hypothesen (die richtig oder falsch sind) einer wahrscheinlichkeitstheoretischen Betrachtung zugänglich werden. Selbst bei einem normalen Spielwürfel (so die Subjektivisten) sei die Annahme der Gleichverteilung eine subjektive Einschätzung (basierend auf dem Prinzip des unzureichenden Grundes).

Die didaktische Diskussion hat mittlerweile an verschiedenen Stellen aufgezeigt (z. B. Götz, 2001), dass sich beide Auffassungen nicht unversöhnlich gegenüberstehen müssen, sondern sich gegenseitig im Stochastikunterricht fruchtbar ergänzen lassen. Für die Schülerinnen und Schüler der Sekundarstufe I mögen diese Überlegungen im Allgemeinen noch zu weit gehen. Hier ist das fruchtbare Moment des Bayesschen Ansatzes einfacher darin zu sehen, das Konzept der bedingten Wahrscheinlichkeiten, Vorher und Nachher in einer singulären Situation miteinander verbinden zu können.

Visualisierung: Ebenso wie im Bereich der Datenanalyse (vgl. Kap. 2.1) spielen grafische Darstellungen eine wichtige Rolle im Bereich der Wahrscheinlichkeitsrechnung. Im Zusammenhang mit der elementaren Wahrscheinlichkeitsrechnung sind Baumdiagramme sehr wichtig. Da wir die Baumdiagramme – zumeist mit absoluten Häufigkeiten – bisher nur implizit bei der Lösung von Problemen behandelt haben, werden wir im Folgenden eine kurze systematische Zusammenfassung dieser grafischen Methode nachholen.

Baumdiagramme haben didaktisch betrachtet den Vorteil, dass sie sich dynamisch oder statisch betrachten lassen, was unterschiedlichen Denkstilen zugute kommt (vgl. Schwank, 1996). Im dynamischen Fall arbeitet man sich prozesshaft von Knoten zu Knoten durch den Baum, im Fall von Abbildung 6.19 von oben nach unten. Das wird insbesondere bei Bäumen mit absoluten Häufigkeiten befördert. Bei dem Baum in Abbildung 6.19 wird eine Menge von 100 virtuellen

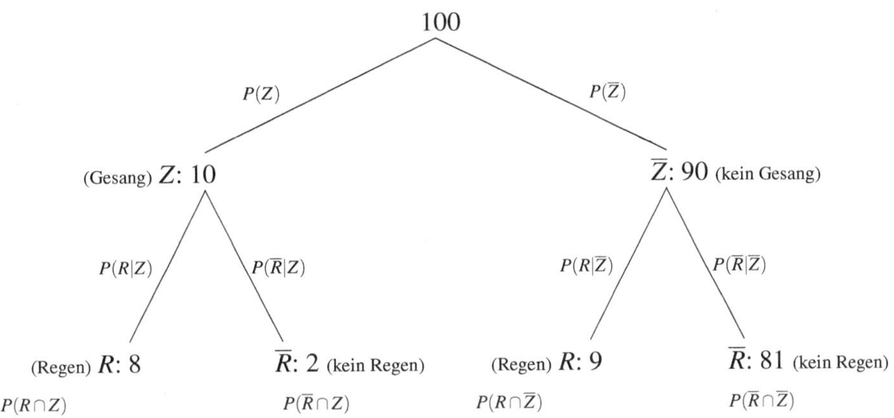

Abbildung 6.19: Baum mit absoluten Häufigkeiten, der Regenmacher

Tagen als Bezugsgröße betrachtet. Die Gesangsrate sowie die Auswirkungen hinsichtlich des Regens bei Gesang bzw. nicht Gesang werden sukzessive auf die 100 Tage angewendet. Solch ein Baum ist sehr einfach und repräsentiert auf natürliche Weise die Problemsituation. Die entscheidende Konstruktionsbeschränkung liegt darin, dass die Häufigkeiten am Ende aller Pfade ganze Zahlen darstellen müssen, um die Vorteile dieses Baumes – nämlich das Arbeiten mit absoluten Häufigkeiten – nicht zu konterkarieren. Damit ist aber aus unserer Sicht auch der wesentliche Nachteil dieser Version eines Baumes genannt. So gibt es Situationen, in denen die Konstruktion der eingehenden Zahl am Beginn des Baumes unnatürlich wirkt. Beim Problem der HIV-Infektion müssten beispielsweise 100.000 virtuelle Patienten (bei einem genaueren Modell noch mehr) als Bezugsgröße verwendet werden, wenn mit dem in Kapitel 6.2 verwendeten Modell gearbeitet wird. Beim vierfachen Wurf des normalen Spielwürfels wären es $6^4 = 1296$ Würfe etc. Aufgrund dieser Einschränkung scheint es uns sinnvoll zu sein, nach oder während des Verwendens des Baumes mit den absoluten Häufigkeiten auch den „konventionellen" Baum mit Wahrscheinlichkeiten zu verwenden, der sich stets auf die Bezugsgröße 1 bezieht.

Der Baum mit Wahrscheinlichkeiten basiert auf der Kenntnis der Definition der bedingten Wahrscheinlichkeit.[20] So ist die allgemeine *Pfadmultiplikationsregel* die Umsetzung der Definition der bedingten Wahrscheinlichkeit. In dem Baum in Abbildung 6.19 gilt etwa für den linken Pfad:

$$P(R \cap Z) = P(R|Z) \cdot P(Z)$$

Erst wenn die hier beliebig wählbaren Ereignisse R und Z stochastisch unabhängig voneinander wären (der Regenmacher also einen völlig wirkungslosen Gesang hätte), ergäbe sich wegen $P(R|Z) = P(R)$ die Pfadmultiplikationsregel für beliebige, stochastisch unabhängige Ereignisse R und Z als

$$P(R \cap Z) = P(R) \cdot P(Z)$$

Ohne dieses Hintergrundwissen, das über Bäume mit Pfaden einer Länge größer 2 hergeleitet und dann verallgemeinert werden kann, kann die Pfadmultiplikationsregel allgemein nur als wahr postuliert, nicht aber argumentativ belegt werden.

Wird ein Baum auf diese Weise verwendet, so knüpfen sich daran notwendige Voraussetzungen: zum einen die Verwendung von disjunkten Ereignissen, die von jedem Ast-Ende ausgehen. Zum anderen die (zumindest anfängliche) vollständige Ausschöpfung der Ergebnismenge Ω durch eine Astgruppe, also beispielsweise hier $R \cap \overline{R} = \emptyset$ und $R \cup \overline{R} = \Omega_R$.[21] Sind die Ereignisse am Ende der Äste disjunkt, so sind es auch die konjugierten Ereignisse am Ende der Pfade, also sind etwa $R \cap Z$ und $R \cap \overline{Z}$ disjunkt. Damit ist es möglich, die durch Multiplikation berechneten Wahrscheinlichkeiten der Pfade (einfach) zu addieren. Also gilt beispielsweise:

$$P((R \cap Z) \cup (R \cap \overline{Z})) = P(R \cap Z) + P(R \cap \overline{Z})$$

In bisher traditionell schulüblichen Darstellungen sind in der Regel Urnenmodelle verwendet worden, um den Unterschied von Bäumen herauszuarbeiten, die einerseits auf stochastischer Abhängigkeit und andererseits auf stochastischer Unabhängigkeit basieren.

---

[20]Dies wird nicht immer explizit genannt.

[21]Bei dem hier betrachteten Ereignis R und dem *Gegenereignis* $\overline{R}$ ist diese Forderung noch fast selbstverständlich erfüllt. In komplexeren Fällen ist diese Forderung dagegen ein näher zu beachtendes Kriterium.

- Eine Urne, aus der Kugeln mit bestimmten Eigenschaften *mit Zurücklegen* gezogen werden, ist das Standardbeispiel für stochastische Unabhängigkeit.

- Eine Urne, aus der Kugeln mit bestimmten Eigenschaften *ohne Zurücklegen* gezogen werden, ist das Standardbeispiel für stochastische Abhängigkeit.

Mit Bezug auf den Würfel wählen wir für die abschließende Betrachtung der beiden Baum-Arten (abhängig, unabhängig) eine Urne mit jeweils 3 roten (R) und 3 blauen Kugeln (B), aus der *ohne Zurücklegen* (Abb. 6.20, links) und *mit Zurücklegen* (Abb. 6.20, rechts) zwei Mal gezogen wird. Der Index an den Ereignissen verweist jeweils auf den Zug (1 oder 2).

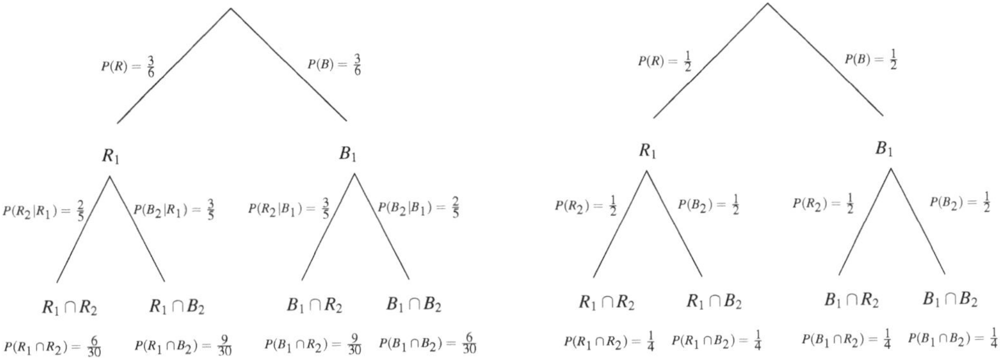

Abbildung 6.20: Baum auf der Basis stochastischer Abhängigkeit (links) und stochastischer Unabhängigkeit (rechts)

Das Baumdiagramm ist eine Hilfestellung zur gedanklichen Strukturierung eines zufälligen Vorgangs. Es ist nicht selbst Lösung eines Problems, sondern eine Heuristik, um eine Lösung zu finden. Die gleiche Funktion hat auch das Einheitsquadrat (vgl. auch Kap. 3.6). Gegenüber dem Baum hat es den Nachteil, dass es weniger universal ist. So ist es sinnvoll nur in Situationen einsetzbar, in denen die stochastische Abhängigkeit von Ereignissen untersucht werden soll. In der Einführungsphase kann es allerdings aus unserer Sicht die Abgrenzung von stochastischer Abhängigkeit und Unabhängigkeit geometrisch veranschaulichen (Abb. 6.21):

- Liegen die waagerechten Unterteilungen nicht auf einer Höhe (einer Geraden), so sind die Ereignisse stochastisch abhängig. Werden empirische Daten (Realisierungen zufälliger Vorgänge) untersucht, so weisen starke Höhenunterschiede der Unterteilungen auf eine stochastische Abhängigkeit hin.

- Liegen die waagerechten Unterteilungen auf einer Höhe (einer Geraden), so sind die Ereignisse stochastisch unabhängig. Werden empirische Daten (Realisierungen zufälliger Vorgänge) untersucht, so weisen auch geringe Höhenunterschiede der Unterteilungen auf eine stochastische Unabhängigkeit hin.

Bei der Untersuchung von stochastischen Abhängigkeiten hat das Einheitsquadrat gegenüber dem Baum den Vorteil, gleichzeitig eine numerische (bzw. formale) und eine geometrische Repräsentation des Problems zu bieten. Neben den Termen oder Wahrscheinlichkeiten können die

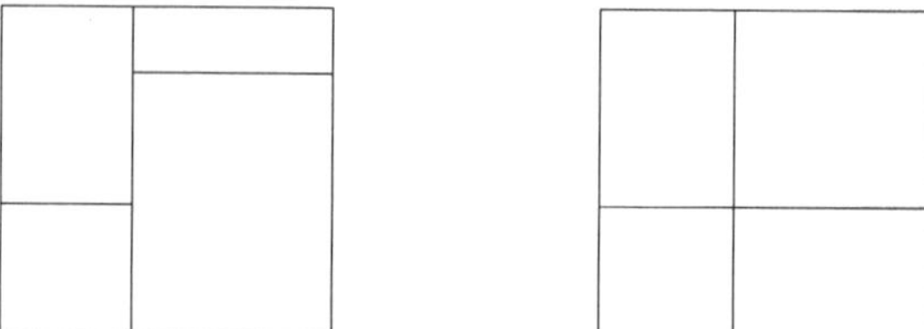

Abbildung 6.21: Einheitsquadrat mit stochastisch abhängigen Ereignissen (links) und stochastisch unabhängigen Ereignissen

Flächeninhalte und deren Verhältnis untereinander in die Analyse einbezogen werden. Schließlich bietet – im Hinblick auf die Flächenverhältnisse – das Einheitsquadrat insbesondere dann einen Vorteil, wenn es interaktive Parameteränderungen erlaubt.[22] Dann nämlich kann auch das Phänomen der Diagnose seltener Ereignisse unmittelbar einsichtig werden, wie etwa beim Mammografie-Beispiel oder einer beliebigen anderen Diagnose einer *seltenen* Krankheit (z. B. BSE, vgl. Biehler & Hartung, 2006).

Verbinden und Üben: Wie bereits in Kapitel 3 wurde in diesem Kapitel 6 mit dem Einheitsquadrat gearbeitet. Entsprechend ergeben sich Übungsaufgaben aus Umkehrüberlegungen, der zielgerichteten Veränderung und der Zuordnung.

Zusatzaufgabe 2: Ihr seht in Abbildung 6.22 links das Ergebnis des Wettspringens zwischen kleinen und großen Papierfröschen im Einheitsquadrat abgebildet.

- Wie würde sich das Einheitsquadrat verändern, wenn man die Anteile von kleinen und großen Fröschen verändert?

- Wie würde sich das Einheitsquadrat verändern, wenn man von den großen schlechten Fröschen einige herausnimmt?

- Welche Konsequenz haben die beiden vorausgehenden Veränderungen jeweils, wenn man daraus die Wahrscheinlichkeiten für den Ausgang eines wiederholten Springens schätzen möchte?

- Wie könnte das Einheitsquadrat beim Wettkampf von gleichgroßen Papierfröschen aussehen, die sich nur in der Papierfarbe unterscheiden?

Bei dieser Aufgabe ergibt sich noch eine starke Analogie zu den entsprechenden Übungen im Zusammenhang mit dem kategorialen Datenvergleich (vgl. Kap. 3.6). Hinsichtlich des Einsatzes beim Satz von Bayes eignet sich gerade das Einheitsquadrat, um die Auswirkungen zu studieren, wenn einzelne Parameter geändert werden (vgl. Abb. 6.14).

---

[22]Unter `http://www.leitideedatenundzufall.de` haben wir ein solches Einheitsquadrat auf unserer Homepage zu diesem Buch abgelegt.

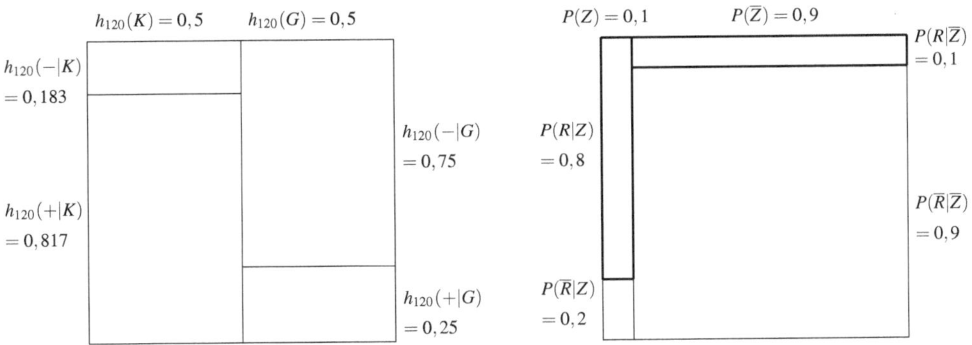

Abbildung 6.22: Einheitsquadrat zum Papierfroschspringen mit den Bezeichnungen K: klein, G: groß, $-$: schlecht, $+$: gut (links) und Einheitsquadrat mit den Bezeichnungen Z: Zaubergesang, $\overline{Z}$: kein Zaubergesang, R: Regen, $\overline{R}$: kein Regen (rechts)

Zusatzaufgabe 3: In Abbildung 6.22 rechts ist das Einheitsquadrat zur Regenmacher-Aufgabe dargestellt. Wie verändert sich das Einheitsquadrat,

- wenn die Wahrscheinlichkeit für den Zaubergesang $P(Z)$ nicht nur an 10 %, sondern 20 %, 40 % oder sogar 80 % (bei ansonsten gleichen Bedingungen) beträgt?

- wenn die Erfolgswahrscheinlichkeit nicht 80 %, sondern lediglich 40 % oder 20 % beträgt?

- wenn der Monat November mit einer Niederschlagswahrscheinlichkeit von 60 % betrachtet wird?

Eine Aufgabe, die das Verstehen der Bayes-Formel durch anschauliche Zugangswege unterstützt, wäre etwa folgende:

Zusatzaufgabe 4: In Abbildung 6.23 sind alle Angaben zu einer vergleichbaren Regenmacher-Aufgabe in einen Häufigkeitsbaum eingearbeitet worden, der 100 Tage umfasst.

- Bestimmt daraus die Wahrscheinlichkeit für den Zaubergesang, für den „üblichen" Niederschlag und die Erfolgswahrscheinlichkeit des Zaubergesangs.

- Zeichnet dazu ein passendes 10×10-Einheitsquadrat und tragt dort entsprechend die Piktogramme ein.

- Wie errechnet sich die Wahrscheinlichkeit $P(Z|R)$ in dieser Aufgabe?

Aufgaben, die schließlich noch weiterführen können, sind:

Zusatzaufgabe 5: Erfindet eine eigene Comic-Geschichte, bei der mit der Bayesschen Regel gearbeitet werden kann. Gebt alle notwendigen Angaben an, die zu einer notwendigen Berechnung notwendig sind.

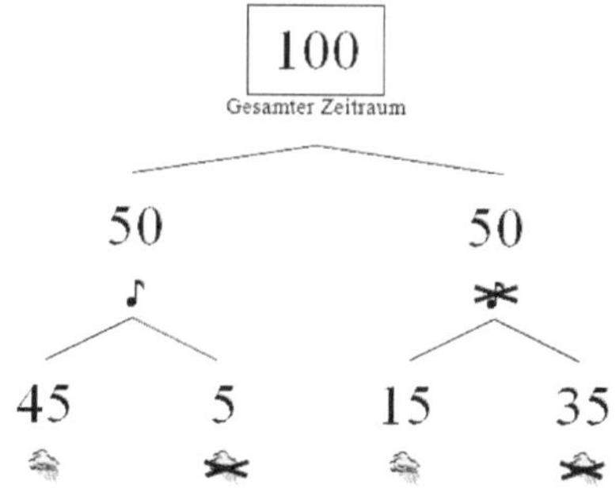

Abbildung 6.23: Übung zum Satz von Bayes

oder

> **Zusatzaufgabe 6**: Recherchiert im Internet nach Anwendungsbeispielen aus der Medizin, bei denen mit der Bayesschen Regel gearbeitet wird. Greift Euch ein Beispiel heraus, informiert Euch über den medizinischen Hintergrund und bereitet es mathematisch für einen Vortrag in der Klasse auf.[a]
>
> ----
>
> [a]Bei dieser Aufgabenstellung sei allerdings auf die didaktischen Überlegungen verwiesen, mit denen das Kapitel 6.2 abschließt.

6.5 Begriffe und Methoden

Stochastisch unabhängig: Zwei Ereignisse $A, B \subseteq \Omega$ heißen *stochastisch unabhängig*, wenn für die Wahrscheinlichkeit des *Schnittereignisses* $P(A \cap B) = P(A) \cdot P(B)$ gilt. Mit der Definition der *bedingten Wahrscheinlichkeit* lässt sich ableiten, dass *stochastische Unabhängigkeit* dann vorliegt, wenn $P(B|A) = P(B)$ gilt. Das Ereignis A nimmt keinen Einfluss auf die Wahrscheinlichkeit, mit der Ereignis B eintritt.

Stochastisch abhängig: Sind zwei Ereignisse $A, B \subseteq \Omega$ nicht stochastisch unabhängig, dann heißen sie *stochastisch abhängig*.

Bedingte Wahrscheinlichkeit: sind A und B zwei Ereignisse, dann heißt:

$$P(B|A) := \frac{P(B \cap A)}{P(A)} = \frac{P(A \cap B)}{P(A)}$$

die *bedingte Wahrscheinlichkeit* für das Eintreten des Ereignisses B unter der Bedingung, dass das Ereignis A zutrifft.

Pfadmultiplikationsregel: Besteht ein zufälliger Vorgang aus mehreren Stufen, dann lässt sich die Wahrscheinlichkeit eines konjugierten Ereignisses dadurch berechnen, dass die Wahrscheinlichkeiten entlang des Pfades miteinander multipliziert werden.

Pfadadditionsregel: Umfasst ein Ereignis A eines mehrstufigen zufälligen Vorgangs mehrere Pfade, so lässt sich die Wahrscheinlichkeit von A durch die Summe der Pfadwahrscheinlichkeiten berechnen.

Totale Wahrscheinlichkeit eines Ereignisses: Seien A_i, $(i = 1, ..., n)$ n paarweise disjunkte Teilmengen von Ω $(A_i \subseteq \Omega)$ mit $A_i \cap A_j = \emptyset$ für $i \neq j$ und gelte $\bigcup_{i=1}^{n} A_i = A_1 \cup A_2 \cup ... \cup A_n = \Omega$, dann gilt für jeder Ereignis $B \subseteq \Omega$:

$$P(B) = \sum_{i=1}^{n} P(B|A_i) \cdot P(A_i)$$

(Satz von der totalen Wahrscheinlichkeit)

Bayessche Regel: Seien $A_i, i = 1, ..., n$ und B Ereignisse, die den Voraussetzungen des Satzes von der totalen Wahrscheinlichkeit genügen, dann gilt:

$$P(A_i|B) = \frac{P(B|A_i) \cdot P(A_i)}{P(B)} = \frac{P(B|A_i) \cdot P(A_i)}{\sum_{i=1}^{n} P(B|A_i) \cdot P(A_i)}$$

(Satz von Bayes)

In diesem Buch wurde nur der Fall für $i = 2$ betrachtet. Hier kann die Ergebnismenge Ω in das Ereignis A und das Gegenereignis $\overline{A}$ zerlegt werden. Damit ergibt sich die Bayessche Regel durch:

$$P(A|B) = \frac{P(B|A) \cdot P(A)}{P(B)} = \frac{P(B|A) \cdot P(A)}{P(B|A) \cdot P(A) + P(B|\overline{A}) \cdot P(\overline{A})}$$

6.6 Lesehinweise – Rundschau

Rundschau: Material

Der Unabhängigkeitsbegriff ist zentral für den Stochastikunterricht. Ein Großteil der schulrelevanten stochastischen Konzepte baut auf diesem Begriff auf. Daher sind nahezu alle der unüberschaubar vielen Unterrichtsvorschläge für den Stochastikunterricht implizit mit dem Unabhängigkeitsbegriff verbunden.[23] Aus diesem Grund beschränken wir uns in der folgenden Übersicht allein auf Unterrichtsbeispiele, in denen stochastisch abhängige Ereignisse betrachtet werden.

- *Einführung der bedingten Wahrscheinlichkeit und Satz von Bayes:* In Wassner (2004) ist eine gesamte Unterrichtsreihe zu diesem Themenkomplex für die Sekundarstufe I enthalten. Selbst wenn man diese Beispiele nicht alle im Unterricht behandeln möchte, bieten die darin enthaltenen Ideen eine gute Orientierungshilfe. Ebenfalls ein ganzes Bündel von Aufgaben ist in Meyer (2008) enthalten.

- *Grafische Veranschaulichung:* Eine Gruppe von Autoren im Umfeld des Max-Planck-Instituts für Bildungsforschung in Berlin hat den Baum mit den natürlichen Häufigkeiten propagiert. Stellvertretend für die gesamte Gruppe verweisen wir auf Gigerenzer (2002),

---

[23]Explizit geht etwa die Arbeit von Dahl (1998) speziell auf den Unabhängigkeitsbegriff ein.

Krauss (2003) und Wassner (2004). Ausgehend von diesen drei Autoren, die einige Beispiele präsentieren, können weitere Arbeiten zum Baum mit absoluten Häufigkeiten recherchiert werden. Das Einheitsquadrat ist in Bea (1995) beschrieben und in einer besonderen Variante auch in Sedlmeier & Köhlers (2001) enthalten.

- *Lernen aus Erfahrung:* Die Beispiele zum Lernen aus Erfahrung in diesem Buch orientieren sich am Vorschlag von Riemer (1991).

- *Krankheitsdiagnosen:* Die reale Problematik zu der Diagnose seltener Krankheiten wird für die Beispiele HIV, Mammografie oder BSE etwa in Wassner (2004), Gigerenzer (2002) oder Hoffrage (2003) diskutiert.

Rundschau: Forschungsergebnisse

Der Themenkomplex *bedingte Wahrscheinlichkeit, Satz von Bayes* stellt nur einen kleinen Teil des Stochastikcurriculums dar. In Bezug auf die Sekundarstufe I ist diese Thematik für die Einführung des Unabhängigkeitsbegriffs von Belang. Darüber hinaus bietet das Thema zwar viele interessante Betrachtungsmöglichkeiten, diese sind inhaltlich jedoch quasi als Exkurs zu sehen. Nichtsdestotrotz gibt es in diesem Bereich (zumindest national) die größte Fülle an Forschungsarbeiten. Das mag daran liegen, dass Untersuchungen zu Schülerschwierigkeiten in diesem Bereich stets „fündig" werden: Bei bedingten Wahrscheinlichkeiten gibt es einige Fallstricke, die durchaus auch mathematisch erfahrene Menschen ins Schleudern bringen können (vgl. auch Freudenthal, 1973).[24] So gibt es in dem Themenkomplex *bedingte Wahrscheinlichkeit, Satz von Bayes* einige *Paradoxien*, also Probleme, deren Lösung scheinbar dem gesunden Menschenverstand zuwiderlaufen. Wir sind allerdings skeptisch, ob man mit solchen Paradoxien Schülerinnen und Schüler für die Stochastik gewinnen kann. Wir fassen Paradoxien als spannende Probleme für Experten auf, die für Novizen eher abschreckenden Charakter haben könnten. Daher haben wir Paradoxien nur in zwei Fußnoten in diesem Abschnitt aufgeführt.

Die vielfachen Schwierigkeiten im Themenkomplex *bedingte Wahrscheinlichkeit, Satz von Bayes*, die relativ gut erforscht sind, lassen sich folgendermaßen zusammenfassen:[25]

- Einfache, bedingte und konjugierte Wahrscheinlichkeiten können von Schülerinnen und Schülern nur schwer gedanklich getrennt werden (Scholz, 1981; Wolpers, 2003).

- Das bedingende wird mit dem bedingten Ereignis verwechselt (Jones, Langrall & Mooney, 2007). „Die Wahrscheinlichkeit einen tödlichen Unfall zu erleiden unter der Bedingung, dass Alkohol im Spiel war, ist x %" oder „Die Wahrscheinlichkeit, dass Alkohol im Spiel war unter der Bedingung, dass ein tödlicher Unfall zu betrauern ist, beträgt x %".

- Sind A und B die beiden betrachteten Ereignisse, wird $P(A|B)$ mit $P(B|A)$ identifiziert (Shaughnessy, 2007). Diese Fehlvorstellung tritt nicht nur bei Schülerinnen und Schülern

---

[24]Ein Paradebeispiel für ein Problem, an dem sich die Geister scheiden, ist das so genannte Drei-Türen-Problem: Am Ende einer Spiel-Show stellt sich der Kandidat vor eine von drei Türen: Hinter zweien verbirgt sich eine Niete, hinter einer der Hauptgewinn. Der Moderator öffnet eine Nieten-Tür (er weiß, wo sich der Hauptgewinn befindet) und gibt dem Kandidaten die Chance zu wechseln. Soll er das machen oder nicht? Ja, soll er, da er seine Gewinnchance erhöht. Im Falle des Wechsels ist die Gewinnchance $\frac{2}{3}$, im Falle des Behaltens $\frac{1}{3}$. Warum das so ist, kann man beispielsweise bei von Randow (2004) oder Bea (1995) nachlesen.

[25]Eine gute und ausführlichere Zusammenfassung ist in Wassner (2004) enthalten.

auf. So berichtet beispielsweise Gigerenzer (2002) von erfahrenen Ärzten, welche die Sensitivität $P(D|K)$ mit der Wahrscheinlichkeit, bei einer positiven Diagnose (D) krank (K) zu sein, also $P(K|D)$ identifizieren.

- Der erhebliche Einfluss der a-priori-Verteilung ($P(B)$ und $P(\overline{B})$) auf die a-posteriori-Verteilung nach dem Verarbeiten *einer* Information (I), $P(B|I)$ und $P(\overline{B}|I)$, wird unterschätzt (Kahnemann & Tversky, 1982; Bea, 1995).

- Die Verwechslung von Chronologie und Kausalität (Falk, 1983). So können chronologisch nachfolgende Ereignisse vorher eingetroffene (aber unbekannte) Ereignisse *bedingen* oder *begünstigen*.[26]

Eine Möglichkeit, einige der oben genannten Schwierigkeiten abzumildern, sehen wir in der Verwendung des Baumes mit absoluten Häufigkeiten, insbesondere aber auch in der Verwendung des Einheitsquadrates. Dort werden einfache, bedingte und konjugierte Wahrscheinlichkeiten durch waagerechte und senkrechte Strecken sowie Flächen *unterscheidbar* und geometrisch repräsentiert. Die Schwierigkeit der eingehenden Modellierung, also beispielsweise die Entscheidung, was die Basisrate in einem Problem ist, bleibt dabei allerdings bestehen.

---

[26] Das klassische Beispiel dazu ist das nach dem Autor benannte *Falk-Paradoxon*. In einer Urne liegen zwei weiße und zwei schwarze Kugeln. Es werden nacheinander zwei Kugeln gezogen. Bezeichne der Index den Zug, W: „weiße Kugel" und S: „schwarze Kugel", sind dann $P(W_2|W_1)$ und $P(W_1|W_2)$ unterschiedlich? Für eine Analyse siehe Falk (1979) oder Bea (1995).

7 Mustersuche – das Konzept der Verteilung

Einstiegsproblem

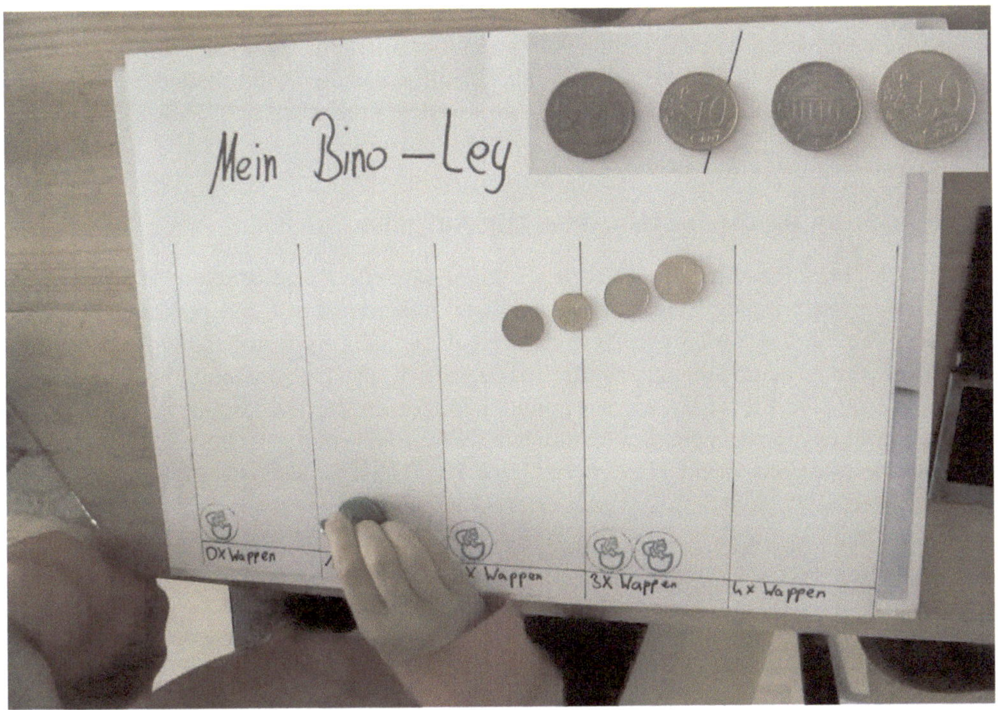

Abbildung 7.1: Henrikes „Bino-ley"

Aufgabe 23: Henrike gestaltet für den Kunstunterricht ein Bild zum Thema „So wahrscheinlich sieht der Zufall aus". Sie hat dem Bild den Titel „Bino-ley" gegeben. Ein Zwischenergebnis seht Ihr in der Abbildung oben. Um das Bild zu erstellen, wirft Henrike immer wieder vier Münzen und zählt, wie häufig jeweils Wappen zu sehen sind. Auf einem DIN-A3-Bogen Papier hat sie die lange Seite in fünf gleich große Abschnitte für die möglichen Anzahlen von 0 Wappen bis 4 Wappen eingeteilt. Sie setzt je nach Anzahl der Wappen eines Durchgangs einen Küken-Stempel in diese Skala. Wie wird das Bild aussehen, wenn der erste der fünf Abschnitte voll ist?

Mögliche Erweiterungen und Präzisierungen der Aufgabenstellung

- Fertigt ein verkleinertes „Bino-ley" auf einem DIN-A4-Papier an, das Eurer Meinung nach ein mögliches Resultat (von z. B. 100 Münzwürfen) sein könnte. Experimentiert dann selbst und erstellt ein „Bino-ley" zu Euren tatsächlichen Münzwürfen. Vergleicht beide Bilder.

- Versucht zu erklären, warum die Bildränder weniger schnell gefüllt werden als die Bildmitte. Nehmt dazu vier unterschiedlich aussehende Münzen. Legt für jedes einzelne Wappenanzahl-Fach (von 0 Wappen bis 4 Wappen) alle möglichen unterschiedlichen Münzkombinationen, für die jeweils ein Wappen vergeben wird.

- Könnt Ihr aus diesem Vorgehen Wahrscheinlichkeiten für die einzelnen Wappenanzahl-Fächer ermitteln? Überlegt Euch dabei schrittweise die Wahrscheinlichkeiten für die Anzahl der Wappen beim einfachen, zweifachen, dreifachen ... Münzwurf.

Didaktisch-methodische Hinweise zur Aufgabe

Wahrscheinlichkeitsverteilungen sind ein wichtiges Modellelement der Stochastik. Sie vermitteln zwischen empirischen Häufigkeitsverteilungen und zentralen Konzepten der schließenden Statistik, wie z. B. das Testen von Hypothesen und das Schätzen von Parametern. Um das Abstrakte, die Wahrscheinlichkeitsverteilungen, begrifflich und phänomenologisch zu verankern, enthält die Aufgabe Elemente, die wir bereits häufiger für die Einführung von Begriffen verwendet haben: das Experiment, bei dem hier „Geldwerte" *verteilt* werden, die Darstellung von statistischen Daten mit einem Piktogramm, eine Hypothese zum *Muster* in der *Verteilung* der Geldwerte und schließlich den Vergleich einer Simulation mit den theoretischen Überlegungen.

Die Aufgabe ist auch als Systematisierung der Ergebnisse der Aufgabenbearbeitungen in Kapitel 5 und Kapitel 6.1 zu sehen.

Hypothesenbildung: Wahrscheinlichkeitsüberlegungen zu einem unbekannten Problem oder Phänomen anzustellen, ist für Schülerinnen und Schüler der Sekundarstufe I erfahrungsgemäß nicht trivial. In dieser Aufgabe gibt es zwei weiterführende Möglichkeiten, eine Hypothese zu formulieren:

- Das konkrete vereinzelte Experimentieren mit den Münzen und das darauf aufbauende Erstellen eines „Bino-leys".
- Die Antizipation des Ergebnisses des zufälligen Vorgangs, vielfach Münzen zu werfen, auf der Basis theoretischer Überlegungen.

Erfahrungsgemäß favorisiert der Großteil der Schülerinnen und Schüler den experimentellen Zugang. Dies gilt insbesondere dann, wenn die stochastische Situation als schwer überschaubar angesehen wird. Wenn die Schülerinnen und Schüler nach der Hypothesenformulierung ein wenig mit Münzen experimentieren, werden sie empirisch die Einsicht gewinnen, dass für weitere Voraussagen bzw. für die Angabe von Wahrscheinlichkeiten zumindest weiter nachgedacht werden muss. Denn das Phänomen, dass einige Wurfergebnisse offensichtlich häufiger auftreten als andere, bedarf einer Erklärung.

Neben der Hypothese, dass sich die Wappenanzahlen annähernd symmetrisch um den in der Mitte liegenden Modalwert verteilen, ist auch die Hypothese der Gleichverteilung möglich – insbesondere dann, wenn nur wenige Münzwürfe durchgeführt wurden.

Auswertung: Ein mögliches Ergebnis für ein „Bino-ley"-Bild der Schülerinnen und Schüler könnte so aussehen wie das Bild, welches Henrike (noch ohne künstlerische Verzierungen) fertiggestellt hat (Abb. 7.2). Der erste Schritt der Auswertung besteht im Vergleich auf zwei Ebenen:

Abbildung 7.2: Henrikes fertiggestelltes „Bino-ley"

Der Vergleich des hypothetisch erstellten mit dem experimentell erstellten „Bino-ley": Aus diesem Vergleich ergibt sich die individuelle Reflexion, welche Argumente *vor* dem zufälligen Vorgang zur Hypothese über den möglichen Ausgang geführt haben. Diese Argumente stehen nun mit den Versuchsergebnissen auf dem Prüfstand. Lassen sie sich aufrechterhalten und wenn offensichtlich wird, dass dies nicht der Fall ist, stellt sich die Frage nach den Schwachstellen der Argumentation. War etwa eine Schülergruppe vor dem Werfen der Münzen zur Überzeugung gekommen, dass sich die Stempel in dem „Bino-ley"-Bild in etwa gleich verteilen werden, dann steht nun die Klärung an, warum dieses offenbar nicht so ist.

Der Vergleich der in der Klasse experimentell erzeugten „Bino-leys": Die Herausforderung besteht bei diesem Schritt darin, dass die Schülerinnen und Schüler gleiche Strukturen, das *Muster* im Zufall, sehen, obwohl kein Bild mit einem anderen exakt übereinstimmt. Sie müssen gewissermaßen „hinter" die konkrete Stempel-Verteilung schauen, ihre Verteilung als Ganzes betrachten und die Strukturmerkmale der Stempel-Verteilung in anders aussehenden konkreten Verteilungsmustern wiederfinden. Dieser Prozess ist auf den Stufen des *read in the data* und des *read beyond the data* anzusiedeln (vgl. Kap. 2.4). Die empirisch gestützte Strukturvermutung motiviert schließlich die Theoriebildung. Diese begründet sich in der Frage, warum die Bilder augenscheinlich eine gemeinsame (symmetrische) Struktur haben, obwohl doch überall der Zufall beim Bildentstehen regiert hat (vgl. auch Kap. 5.4).

Theoretische Betrachtung: Legt man das Experiment so an (vgl. Abb. 7.1), dass vier verschiedene Münzen verwendet werden, so ist beim Einstieg das Problem umgangen, identisch aussehende Münzen als unterscheidbar ansehen zu müssen. Dies steht gegen die konkrete Anschauung der Situation („Die sehen doch gleich aus, warum soll das einen Unterschied machen?"). Mit dieser methodischen Entscheidung kann für Schülerinnen und Schüler auch deutlich werden, dass für die Ermittlung der Wappenzahl eines Wurfs völlig unerheblich ist, welche der konkreten, unterschiedlichen Münzen das Wappen zeigen. Für die systematische Ermittlung, wie viele Möglichkeiten für eine bestimmte Wappenzahl bestehen, ist die Unterscheidung der Münzen wiederum notwendig.

Wenn die Problemstellung systematisch angegangen werden soll, erscheint es sinnvoll, das Ausgangsproblem sukzessive zu entwickeln: Zunächst wird der Wurf mit einer Münze, dann mit zwei, mit drei und schließlich mit vier Münzen betrachtet. Danach kann die Analyse auch verallgemeinert werden. Bei dieser Analyse kann die Wurfsituation mit dem Baum visualisiert werden, der sich durch die Hinzunahme von Münzen schrittweise erweitert. Die Ereignisse können zu den Anzahlen im Pascalschen Dreieck in Beziehung gesetzt werden (Abb. 7.3).[1]

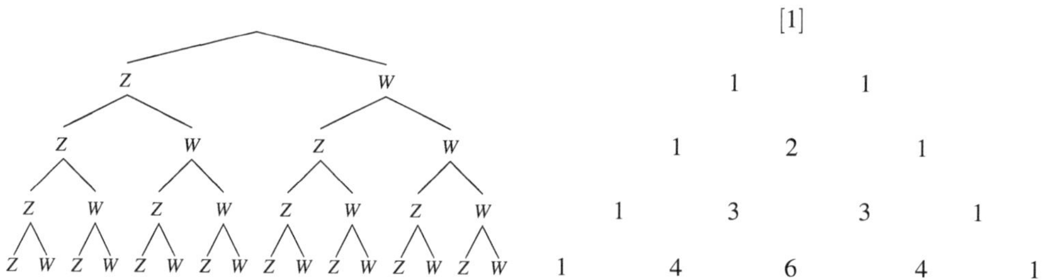

Abbildung 7.3: Baum für den vierfachen Münzwurf und die Entwicklung des Pascalschen Dreiecks

- Bei einer Münze ist die Situation überschaubar: Es werden zwei (Elementar-)Ereignisse betrachtet, W: „Wappen" und Z: „Zahl", die jeweils die Wahrscheinlichkeit $\frac{1}{2}$ haben. Nach der Betrachtung weiterer Beispiele kann der Name *Bernoulli-Experiment* eingeführt werden, um Experimente dieser Art zu kennzeichnen (vgl. Kap. 7.1).

- Da es sich um ein *Modell* handelt, ist bei zwei Münzen zu klären, dass der zweite Wurf einer Münze nicht vom Wurf der ersten abhängt (vgl. Kap. 6; stochastische Unabhängigkeit). Ereignisse und Wahrscheinlichkeiten bleiben im zweiten Wurf gleich.

- Nimmt man drei, vier, ... Münzen, so ändert sich an der Grundstruktur des Experiments nichts, allein der Baum wird komplexer. Die Pfade des Baumes, die zu einer bestimmten Anzahl von Wappen führen, sind in der folgenden Tabelle aufgeführt und finden sich in dem angedeuteten Pascalschen Dreieck in Abbildung 7.3 wieder.

Anz. der Münzen	Anzahl der Wappen						
	0	1	2	3	4	5	...
1	1	1	–	–	–	–	–
2	1	2	1	–	–	–	–
3	1	3	3	1	–	–	–
4	1	4	6	4	1	–	–
5	1	5	10	10	5	1	–
6	...	...	...	...	...	...	...

---

[1]Wir verzichten an dieser Stelle, die Ereignisse W und Z hinsichtlich Ihrer Abfolge durch einen Index *Wurf i* oder i mit $i = 1,..4$ zu unterscheiden.

- Die Anzahl der Pfade zu einer Wappenanzahl in der vorangehenden Tabelle entsprechen den Einträgen im Pascalschen Dreieck. Hier ist es möglich, die Struktur des Dreiecks zu entdecken. Diese besteht darin, dass ein Eintrag als Summe der links und rechts darüberstehenden Einträge erzeugt wird.

- Die Möglichkeiten, bei dem Wurf der vier Münzen 0, 1, 2, 3 oder 4 Wappen zu erhalten, können Schülerinnen und Schüler anhand des Baumes bestimmen.

In allen Experiment-Erweiterungen ist die Wahrscheinlichkeit eines Pfades $\left(\frac{1}{2}\right)^n$, wobei n die Anzahl der Münzen ist (Pfadmultiplikationsregel für stochastisch unabhängige Teilexperimente). Mit der Auszählung der Pfade mit einer bestimmten Wappenanzahl, die im Pascalschen Dreieck gegeben sind,[2] lassen sich per Pfadadditionsregel die Wahrscheinlichkeiten für die verschiedenen Anzahlen von Wappen berechnen:

Ereignis	0 Wappen	1 Wappen	2 Wappen	3 Wappen	4 Wappen	Summe
Möglichkeiten	1	4	6	4	1	16
Wahrscheinlichkeit	$\frac{1}{16}$	$\frac{4}{16}$	$\frac{6}{16}$	$\frac{4}{16}$	$\frac{1}{16}$	1

In der Zuordnung konkreter konjugierter (Elementar-)Ereignisse mit zwei Wappen (einzelne Pfade) zu dem Ereignis „zwei Wappen" ist bereits eine Zufallsvariable (die die Anzahl der Wappen misst) angelegt. Aufgrund des für Schülerinnen und Schüler nicht leicht durchschaubaren Formalismus muss sie in der Reflexion zu gegebener Zeit eingeführt werden.[3] Da mit diesem Beispiel das Ende der Sekundarstufe I sicher erreicht ist, kann ebenfalls überlegt werden, in welcher Form die Einträge im Pascalschen Dreieck behandelt werden. Wir sehen drei Möglichkeiten:

1. Allein die propädeutische Nutzung der Einträge des Pascalschen Dreiecks: Die Konstruktion des Pascalschen Dreiecks wird untersucht, ohne die Einträge als Binomialkoeffizient zu benennen.

2. Die propädeutische Verwendung des Binomialkoeffizienten $\binom{n}{k}$: Den Einträgen des Pascalschen Dreiecks werden die entsprechenden Binomialkoeffizienten $\binom{n}{k}$ zugeordnet. Dabei ist n die Anzahl der Münzen und k die Anzahl der Wappen. Im Pascalschen Dreieck ist n die Zeile (beginnend mit 0) und k die Spalte (beginnend mit 0).

3. Die systematische kombinatorische Herleitung des Binomialkoeffizienten $\binom{n}{k} = \frac{n!}{k!\,(n-k)!}$: Diese haben wir in Kapitel 7.2 skizziert.

Visualisieren: Wir haben hier wieder den Weg gewählt, über ein anschauliches Diagramm, das Piktogramm, direkt das Ergebnis des Münzwurfes zu visualisieren. Dabei werden ablenkende Detailinformationen verborgen, etwa die konkrete Information, welche Münze was gezeigt

---

[2]Die Spitze des Pascalschen Dreiecks entsteht durch die folgende Überlegung: „Welche Möglichkeiten für Anzahlen des Wappens gibt es, wenn man die Münze keinmal wirft?" Hier gibt es nur die eine Möglichkeit, dass nämlich kein Wappen erscheint.

[3]Zur formalen Strenge vgl. Kapitel 5.4. Auch an dieser Stelle bleiben wir bei der Betrachtung von *Ereignissen*. Beim vierfachen Münzwurf wäre ein Pfad zu einer Anzahl von zwei Wappen etwa durch das konjugierte Ereignis von Elementarereignissen der vier zufälligen Teilvorgänge $W_1 \cap W_2 \cap Z_3 \cap Z_4$ mit der Nummer des Teilvorgangs im Index darstellbar. Auch die Zufallsgröße X kann als Funktion auf der Menge der Elementarereignisse definiert werden.

hat. Eine alternative Darstellung wäre, in Viererreihen innerhalb der fünf Abschnitte des „Bino-leys" diese konkrete Information mit aufzunehmen: So wären dann beispielsweise „*WWZW*" oder „*ZWWW*" in den Abschnitt für drei Wappen einzutragen. Dabei muss darauf geachtet werden, dass stets die Abfolge der Münzen gleich bleibt.[4] Das Ergebnis beider Varianten ist immer – wenn man von der konkreten Darstellung abstrahiert, indem man die Einträge in den fünf Abschnitten einrahmt – das Histogramm (Abb. 7.4)

Abbildung 7.4: Übergang vom Piktogramm zum Histogramm

Simulationen: Das verkleinerte „Bino-ley"-Bild, das die Schülerinnen und Schüler entsprechend der Aufgabenpräzisierung anfertigen sollen, stellt das Ergebnis einer händischen Simulation dar: Die Münzen werden sehr häufig geworfen und die Elementarereignisse aller zufälligen Teilvorgänge werden als Ganzes betrachtet. Auf dieser Zusammenschau basiert der Mustererkennungsprozess zur Wahrscheinlichkeitsverteilung. Dies stellt eine frequentistische Zugangsweise dar (vgl. Kap. 5.2).

Mit computergestützten Simulationen[5] lässt sich das aufwändige händische Tun leichter reproduzieren und erneut das empirische Gesetz der großen Zahlen anschaulich zeigen: Es ist durchaus adäquat, aus einer Vielzahl von Versuchen die relative Häufigkeit der Wappenanzahlen als Schätzung der Wahrscheinlichkeit zu verwenden. Hinsichtlich der theoretischen Überlegungen erfolgt die Validierung des erstellten Modells über die Simulation (Abb. 7.5).

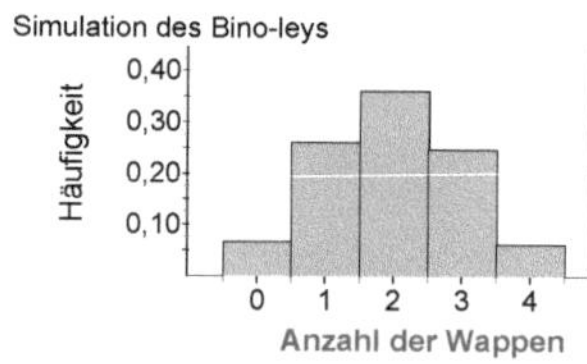

Abbildung 7.5: Simulation von 25 Durchführungen eines „Bino-leys" mit jeweils 100 Würfen der vier Münzen. Eingetragen sind arithmetische Mittelwerte der jeweiligen Wappenanzahl.

---

[4]Diese Wurffolgen sind als Elementarereignisse zu betrachten, die formal etwa folgendermaßen ausgedrückt werden können: $W_{5er-Münze} \cap W_{10er-Münze} \cap Z_{10er-Münze} \cap W_{50er-Münze}$.

[5]Siehe Homepage: `http://www.leitideedatenundzufall.de`

7.1 Galton-Brett und Binomialverteilung

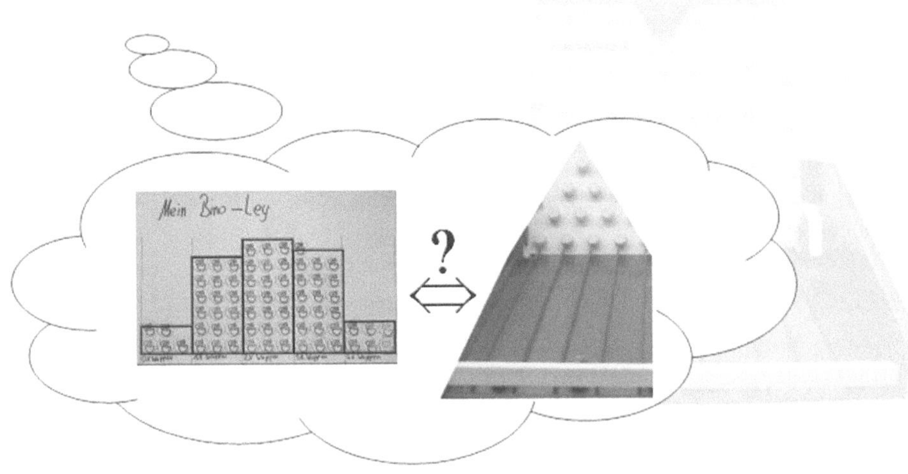

Abbildung 7.6: Galton-Brett ausschnittsweise betrachtet

Aufgabe 24: Schätzt, mit welchen Häufigkeiten sich die Fächer im Galton-Brett füllen werden, wenn man eine bestimmte Anzahl von Kugeln durch den Einlass am oberen Ende des Bretts hineinwirft.

Mögliche Erweiterungen und Präzisierungen der Aufgabenstellung

- Beschreibt, wo genau der Zufall beim Galton-Brett entscheidet. Welche Wahrscheinlichkeiten kann man für die zufälligen Entscheidungen angeben und warum?

- Welche Gemeinsamkeiten und Unterschiede ergeben sich zu den Münzwürfen, über die Henrike ihr „Bino-ley"-Bild gestaltet hat?

- Experimentiert mit einem Computer-Galton-Brett aus dem Internet.[6] Verändert die unterschiedlichen Parameter der Simulation systematisch und beobachtet die Veränderungen, die sich ergeben. Versucht mit zunehmender Erfahrung vorauszusagen, wie die jeweilige Verteilung ungefähr aussehen könnte, wenn bestimmte Parameter verändert werden.

- Überlegt, welche der Beispiele aus dem Bereich der Datenanalyse sich mit dem Modell der Binomialverteilung beschreiben lassen. Gesucht sind also die Beispiele, bei denen bei allen zufälligen Teilvorgängen, die untereinander stochastisch unabhängig sind, nur zwei Ereignisse betrachtet werden.

---

[6] Beispielsweise: http://www.learn-line.nrw.de/angebote/eda/medio/galton/galton.htm

Didaktisch-methodische Hinweise zur Aufgabe

Diese Aufgabe ist weitgehend strukturgleich zu der Einstiegsaufgabe in diesem Kapitel 7. Das Galton-Brett ist aber *der* Zufallsgenerator zur Erzeugung einer Binomialverteilung und zudem ein materiell *begreifbarer*. Das Galton-Brett (bzw. das mit diesem Brett erzeugte Ergebnis eines Experiments) kann somit als anschaulicher Repräsentant einer ganzen Klasse von Zufallsexperimenten dienen. Daher werden die Elemente der Binomialverteilung im Folgenden anhand des Galton-Bretts noch einmal aus übergreifender Perspektive skizziert.

Der Vergleich mit dem „Bino-ley":   Wie der vierfache Münzwurf, kann das Galton-Brett von Schülerinnen und Schülern experimentell untersucht werden. Setzt man sowohl das „Bino-ley" als auch das Galton-Brett im Unterricht ein, so kann man die Gemeinsamkeiten und Unterschiede der beiden Zufallsexperimente diskutieren:

- Umfasst das Galton-Brett wie in der einleitenden Abbildung vier Nagelreihen, so sind die stochastischen Situationen Galton-Brett und vierfacher Münzwurf vollkommen strukturgleich. Die Verteilungen der Kugeln/Wappen werden sich also stark gleichen und ein identisches *Muster* aufweisen. Dass sie dennoch stets ein wenig unterschiedlich sind, wissen Schülerinnen und Schüler, wenn sie die Variabilität statistischer Daten erkannt haben.

- Im Baum zum vierfachen Münzwurf sind verschiedene Pfade enthalten, die allesamt auf eine Anzahl von k (z. B. 3) Wappen hinführen. Die Pfade im Galton-Brett erkennt man, wenn man diesen Zufallsgenerator „öffnet", um die Zufallsentscheidungen zu lokalisieren. Im Fall des Münzwurfs hatte sich eine Folge der Ereignisse W und Z ergeben, aus der letztendlich die gesuchte Anzahl der gefallenen Wappen ermittelt werden konnte. Jedes Elementarereignis als Folge von vier Würfen von Wappen und Zahlen ist durch einen (eigenen) Baumpfad repräsentiert.
  Im Falle des Galton-Bretts ergibt sich (sichtbarer sequenziell als im Münzwurf) eine Folge von Ereignissen L: „die Kugel wird vom Nagel nach links abgelenkt" und R: „Die Kugel wird vom Nagel nach rechts abgelenkt." Dabei sind die realen, durch das Brett vorgegebenen Pfade, die zu einer gemeinsamen Wappenzahl führen, miteinander verwoben – sie laufen nach einer Trennung wieder zusammen. Das Galton-Brett ähnelt daher in seiner Struktur dem Pascalschen Dreieck.

- Entscheidend sind zwei Gemeinsamkeiten der Experimente mit dem Galton-Brett und dem „Bino-ley": In jedem Teilvorgang werden allein zwei Ereignisse betrachtet.[7] Zudem sind alle aufeinanderfolgenden zufälligen Teilvorgänge stochastisch unabhängig (vgl. Kap. 6). Das bedeutet, der bisherige Verlauf des Experiments hat keinerlei Einfluss auf den folgenden Teilvorgang.

- In beiden Experimenten ist die Wahrscheinlichkeit für eines der jeweils betrachteten Ereignisse $\frac{1}{2}$. Dass dies ein Modell ist und man hier eine ganze Anzahl von Einflussfaktoren vernachlässigt (z.B. beim Galton-Brett: Drall, Impuls etc.), kann mit den Schülerinnen und Schülern diskutiert werden.

---

[7] Das Stehenbleiben einer Münze „auf dem Rand" wie auch das Steckenbleiben einer Kugel werden schlicht nicht unter die möglichen Ereignisse gefasst. Falls ein solches Ereignis tatsächlich einträfe, würde es als nicht beachteter Fehlversuch gewertet.

Visualisieren: Der didaktische Vorteil des Galton-Bretts ist die Anschaulichkeit, die sich aus dem Anblick der Apparatur ergibt: In die Abbildung des Galton-Bretts lässt sich das Pascalsche Dreieck unmittelbar hineindenken (s.o. *Der Vergleich mit dem „Bino-ley"*). Ein Vorteil ist weiterhin, dass sich die empirische Häufigkeitsverteilung vor dem Auge des Betrachters unmittelbar ergibt. Es ist nicht wie beim „Bino-ley"-Bild ein grafischer Übertrag der Elementarereignisse notwendig, der aufgrund seiner Langwierigkeit Gefahr läuft, dass die Schülerinnen und Schüler bei der Erstellung die eigentliche Fragestellung aus dem Blick verlieren. Die größere zeitliche Kontiguität (vgl. Mayer 1997) zwischen dem Zufallsvorgang und seiner Abbildung in der empirischen Häufigkeitsverteilung lässt kognitionspsychologisch betrachtet eine größere Kohärenz im Wahrnehmen und Denken der Schülerinnen und Schüler erwarten.

Die mögliche formale Systematisierung: Es sollte in leistungsstarken Klassen möglich sein, von dem konkreten Versuch aus zu abstrahieren. Dabei bietet es sich an, die üblichen Bezeichnungen einzuführen:

- „Erfolg" (E) und „Misserfolg " ($\overline{E}$) für das Eintreten eines der beiden betrachteten Ereignisse. Ein Zufalls-Experiment, bei dem nur diese beiden Möglichkeiten betrachtet werden, kann als *Bernoulli-Experiment* bezeichnet werden. Mit dem Erfolg könnte man beispielsweise die Ereignisse W beim „Bino-ley" und R beim Galton-Brett identifizieren.

- Die Erfolgswahrscheinlichkeit wird mit $P(E) = p$ bezeichnet, die des Misserfolgs mit $P(\overline{E}) = q = 1 - p$.

- Die Wahrscheinlichkeit für k Erfolge[8] bei n (stochastisch unabhängigen) zufälligen Teilvorgängen ist dann bestimmt durch:

$$P(k) = \binom{n}{k} \cdot p^k \cdot (1 - p)^k$$

Wichtiger als der Formalismus ist in der Sekundarstufe I die mit der Formel verbundene Anschauung: „Wie ändert sich die Binomialverteilung, wenn man die in der Formel enthaltenen Parameter n und p verändert?" Diese Verbindung von Parameteränderung und Anschauung lässt sich sehr gut mit Hilfe des Rechners realisieren.

Simulationen: Der computertechnische Nachbau des Galton-Bretts macht es möglich, dass die Schülerinnen und Schüler den Vorgang individuell betrachten und weitergehend erforschen können.[9] Bei der Simulation lassen sich folgende Phänomene entdecken:

- Bei 100 durchlaufenden Kugeln im Galton-Brett können sich die Häufigkeitsverteilungen zum Teil noch erheblich von den theoretisch ermittelten Häufigkeiten unterscheiden (Variabilität statistischer Daten).

---

[8]Zusätzlich ließe sich statt des Ereignisses k (Erfolge), das jeweils mit einer bestimmten Anzahl von *Erfolgen* identifiziert werden muss, die Zufallsvariable X einführen, die jedem Elementarereignis des zufälligen Vorgangs eine reelle Zahl k zuordnet, nämlich die Anzahl der Erfolge.

[9]Auf eine mögliche Internetquelle wurde in Fußnote 6, S. 223, hingewiesen.

- Wird die Kugelzahl erhöht, dann zeigt sich deutlich das empirische Gesetz der großen Zahl: Die zu sehende empirische Häufigkeitsverteilung stabilisiert sich zunehmend und wird der theoretischen Wahrscheinlichkeitsverteilung, der Binomialverteilung, stark ähneln.

Bei einem virtuellen Galton-Brett lässt sich auch das „schiefe" Aufstellen darstellen. Durch das Schiefstellen ändert sich die Wahrscheinlichkeit, dass eine Kugel beim Auftreffen auf einen Nagel nach links bzw. nach rechts fällt. Der Computer unterstützt hier einen wichtigen Schritt in der Abstraktion von der physikalischen Realität hin zu theoretischen Überlegungen, die das Durcharbeiten der Binomialverteilung ermöglichen. Variiert man etwa den Parameter p und zusätzlich auch n, so lassen sich weitere Eigenschaften der Binomialverteilung entdecken (insbesondere mit Unterstützung des Rechners):

- Bei gleicher Kugelzahl und erhöhter Anzahl von Nagelreihen wird die Verteilung insgesamt breiter und die Wölbung (sog. *Kurtosis*) geringer.

- Für die Form der Binomialverteilung in Abhängigkeit der Parameter n und p gilt weiterhin (vgl. auch Abb. 7.7):

p	n	Form
klein	klein	linkssteil
groß	klein	rechtssteil
nahe $\frac{1}{2}$	beliebig	symmetrisch
beliebig	sehr groß	symmetrisch

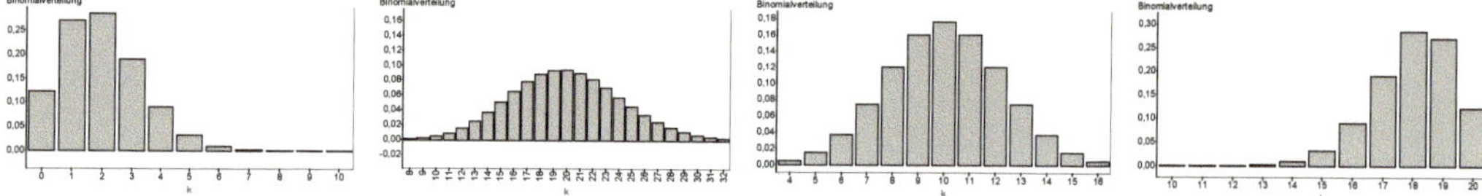

Abbildung 7.7: Formen der Binomialverteilung, links: $p = 0,1$; $n = 20$, mitte-links: $p = 0,1$; $n = 200$, mitte-rechts: $p = 0,5$; $n = 20$, rechts: $p = 0,9$; $n = 20$

Verbindung zur Datenanalyse: In Kapitel 5.2 hatten wir bereits eine Aufgabe zur Verbindung von Datenanalyse und Wahrscheinlichkeitsrechnung formuliert, die hier leicht modifiziert auf ein bestimmtes Ereignis hin betrachtet wird.

Stellt anhand der Untersuchung einiger Schokolinsen-Packungen eine Prognose über die Häufigkeit der roten Linsen in diesen Packungen auf und überprüft Eure Prognose.

Mit dem speziellen Fokus auf eine bestimmte Farbe in den Schokolinsen-Packungen kann diese stochastische Situation mit Hilfe der Binomialverteilung modelliert werden:

- Bei jedem Öffnen einer Packung (zufälliger Teilvorgang) werden nur zwei Ereignisse betrachtet, nämlich R: „Linse ist rot" und $\overline{R}$: „Linse ist nicht rot" (Erfolg/Misserfolg).

- Die Wahrscheinlichkeit kann aus den bereits geöffneten und ausgezählten Packungen geschätzt werden: $P(R) = p = \frac{1}{6}$ und damit auch $P(\overline{R}) = 1 - p = \frac{5}{6}$.

- Der Inhalt jeder Packung kann als stochastisch unabhängig vom Inhalt einer anderen Packung angenommen werden. Das ist eine Modellvorstellung und sollte als solche diskutiert werden.

Damit kann die Wahrscheinlichkeit für Anzahlen roter Linsen in einer beliebigen Menge von Packungen (n) mit Hilfe der Binomialverteilung angegeben werden. Ist $n = 4$, so ist dieses Problem strukturgleich zum „Bino-ley", bis auf die unterschiedlichen Wahrscheinlichkeiten für Erfolg/Misserfolg.

Versuchen Schülerinnen und Schüler, weitere zufällige Vorgänge aus der Perspektive des Modells der Binomialverteilung zu betrachten, so könnten sie zunächst diejenigen Beispiele aussortieren, in denen mehr als zwei Ereignisse betrachtet werden. Die Reflexion des Schokolinsen-Beispiels kann aber ergeben, dass es nicht darum geht, dass *nur zwei* Ereignisse *möglich* sind, sondern dass man nur zwei Ereignisse betrachtet. So betrachtet man statt der sechs möglichen Elementarereignisse in den Schokolinsen-Packungen nur noch die Farb-Ereignisse „rot" und „nicht-rot". Untersuchen Schülerinnen und Schüler mit diesen Vorüberlegungen die weiteren ihnen bekannten Beispiele, so werden sie feststellen, dass jeder beliebige zufällige Vorgang sich mit dem Modell der Binomialverteilung beschreiben lässt.

Vorgang	betrachtete Ereignisse
Froschhüpfen	E: kleiner Frosch gewinnt; $\overline{E}$: großer Frosch gewinnt
Verkehrsbeobachtung	E: Mercedes; $\overline{E}$: kein Mercedes
Wetterbeobachtung	E: Regentag; $\overline{E}$: kein Regentag
...	...
beliebig	$E \subset \Omega$ und $\overline{E} = \Omega \setminus E$

Wiederholt man diese zufälligen Vorgänge – entweder in einem realen, einem gedanklichen oder einem simulierten Experiment –, so lassen sich die damit entstehenden Teilvorgänge oder Wiederholungen des Zufallsexperiments als stochastisch unabhängig *modellieren*. Hier ist es wichtig, dass Schülerinnen und Schüler diesen Schritt tatsächlich als Modellierung und nicht als Realität verstehen. Bei manchen Beispielen scheint dieses Modell besser zu passen (z.B. Froschhüpfen, Würfel, Münze etc.), bei manchen Beispielen weniger gut (Wetter, Leistung eines Sportlers etc.). Das bedeutet: Trotz der *Universalität* des Modells der Binomialverteilung sollten stets die Vereinfachungen deutlich gemacht werden, die mit der Verwendung dieses Modells einhergehen. Andernfalls besteht die Gefahr, dass besagte Universalität überstrapaziert wird und die Gefahr einer Übergeneralisierung auftritt: die Gefahr, dass die Binomialverteilung in der Vorstellung von Schülerinnen und Schülern zur einzigen Verteilung wird. Alternativen bestehen etwa in der Gleichverteilung oder den im ersten Teil des Buches diskutierten empirischen Häufigkeitsverteilungen, die offenbar nicht mit Hilfe der Binomialverteilung modellierbar sind.

7.2 Kombinatorischer Exkurs

Abbildung 7.8: Eine Serie von vier Münzwürfen

Aufgabe 25:

- Bestimmt die Anzahl der Pfade in einem Baum, wenn man die Münzwürfe so betrachtet wie im „Bino-ley"-Beispiel.
- Die vier Münzen werden zufällig nacheinander gezogen, die ersten drei mit der Wappenseite nach oben gelegt, die vierte mit der Zahlseite. Wie viele unterschiedliche Möglichkeiten gibt es, die ersten drei Münzen zu ziehen?
- Wie viele verschiedene Möglichkeiten (Kombinationen) gibt es in dem Beispiel oben, drei der vier Münzen für eine der Wappenpositionen auszuwählen?
- Sucht andere Beispiele, insbesondere im Bereich der Glücksspiels, die einem der drei oben gegebenen Probleme ähnlich sind, und verallgemeinert das Zählen von Möglichkeiten über die einzelnen Problemstellungen hinaus.

Didaktisch-methodische Hinweise zur Aufgabe

Wir verstehen diese Aufgabe als reinen Exkurs, da wir die These vertreten, dass die Kombinatorik kein integraler Bestandteil der Leitidee *Daten und Zufall* ist. Die Kombinatorik kann aus unserer Sicht ein Hilfsmittel sein, um die in Kapitel 6.1 als *Hieb- und Stichaufgaben* der Wahrscheinlichkeitsrechnung bezeichneten Probleme in komplexerer Form zu lösen. Außerhalb dieser Klasse von Aufgaben gibt es aus unserer Sicht – mit *Ausnahme* der möglichen Herleitung des Binomialkoeffizienten – keine tragfähige Begründung für die systematische Behandlung der Kombinatorik im Rahmen des Stochastikunterrichts der Sekundarstufe I.

Drei Zählmodelle: Im Folgenden sind eine Lösungsskizze für die drei ersten Aufgaben, der Verallgemeinerung der Lösung zu einem Zählmodell sowie ein Repräsentant aus dem Bereich der Glücksspiels gegeben. Falls man die Kombinatorik ausführlich behandeln möchte, erachten wir einen solchen, möglichst prägenden Repräsentanten als wichtige Gedankenstütze.

1. „Bino-ley"-Baum: Von der Spitze des Baumes gehen zwei Äste aus (vgl. Abb. 7.3, S. 220). Vom Ende dieser Äste gehen wiederum *jeweils* 2 Äste ab. Vom Ende der dadurch gegebenen 4 Äste wiederum jeweils 2 Äste usw. Für den *vier*fachen Münzwurf gibt es daher

$2 \cdot 2 \cdot 2 \cdot 2 = 2^4 = 16$ Äste. Würden von der Spitze des Baumes und jedem Astende *jeweils n* Äste ausgehen, so würden es bei k Ebenen des Baumes (ein Pfad besteht dann aus k Ästen) n^k verschiedene Pfade geben.

Allgemeines Modell: Werden aus einer Menge mit n Elementen k Elemente *mit Beachtung der Reihenfolge* und *mit Wiederholung*(smöglichkeit) der n Elemente gezogen, so gibt es n^k verschiedene Reihenfolgen der k gezogenen Elemente.

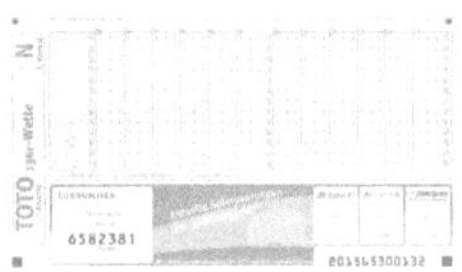

Prägendes Beispiel: Toto: Es wird $k = 11$ Mal ein Tipp zum Ausgang von Fußballspielen in Form des Ankreuzens einer von $n = 3$ Möglichkeiten angegeben (1: Heimsieg, 0: Unentschieden, 2: Auswärtssieg), wobei die Reihenfolge von Belang ist, da jeder Zeile des Tipps für ein gegebenes Spiel steht. Es gibt also $3^{11} = 177147$ Möglichkeiten, den Tipp-Schein auszufüllen.

2. Münzzug: Für den ersten Zug und damit ersten Wappenplatz (s. u.) gibt es vier mögliche Münzen zur Auswahl. Da der erste Wappenplatz belegt ist, gibt es für den zweiten Zug (den zweiten Wappenplatz) *jeweils* 3 Möglichkeiten (insgesamt als $4 \cdot 3 = 12$ Möglichkeiten, was man am Baum zeigen kann). Für den dritten Zug (dritten Wappenplatz) gibt noch 2 Möglichkeiten, also insgesamt $4 \cdot 3 \cdot 2 = 24$ Möglichkeiten. Bei n Münzen und k Zügen (Wappenplätzen) gäbe es $n \cdot (n-1) \cdot \ldots \cdot (n-k+1) = \frac{n \cdot (n-1) \cdot \ldots \cdot +1}{(n-k) \cdot (n-k-1) \cdot \ldots \cdot 1} = \frac{n!}{(n-k)!}$ verschiedene Möglichkeiten.

Wappenplätze   Zahlplatz

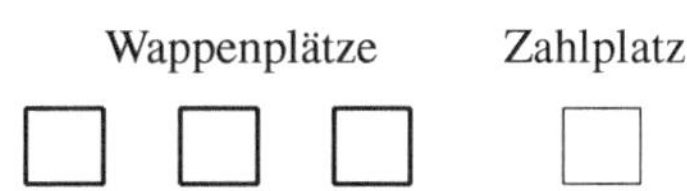

Allgemeines Modell: Werden aus einer Menge mit n Elementen k Elemente *mit Beachtung der Reihenfolge* und *ohne Wiederholung*(smöglichkeit) der n Elemente gezogen, so gibt es $\frac{n!}{(n-k)!}$ verschiedene Reihenfolgen der k gezogenen Elemente.

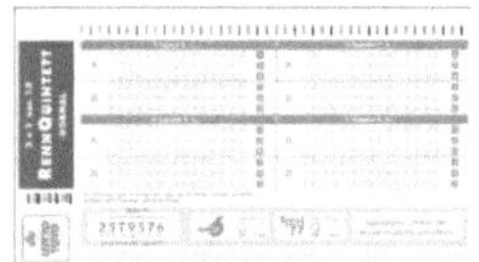

Prägendes Beispiel: Rennquintett. Aus einer Menge mit 15 Pferden werden drei Pferde in Reihenfolge auf die Plätze 1, 2 und 3 getippt. Es gibt, da die Reihenfolge von Belang ist und kein Pferd doppelt gesetzt werden kann, $15 \cdot 14 \cdot 13 = \frac{15!}{(15-3)!} = \frac{15!}{12!} = 2730$ verschiedene Tipp-Möglichkeiten.

3. Anzahl der Serien von vier Münzwürfen mit drei Wappen: Geht man von der abschließenden Bemerkung zur letzten Aufgabe aus, so gibt es $4 \cdot 3 \cdot 2 = 24$ verschiedene Reihenfolgen von Münzen, von denen genau 3 Münzen ein Wappen zeigen (auf dem „Wappenplatz" landen). Diese Möglichkeiten sind in der Tabelle unten aufgelistet, wobei die Münzen dort durch ihren Geldwert, 5, 10, 20 und 50, repräsentiert sind und die ersten drei Plätze in der Liste die Wappenplätze sind. Soll nun allein bestimmt werden, welche unterschiedlichen Kombinationen von Münzen drei Wappen tragen können (auf den Wappenplätzen landen), so sind etwa die Reihenfolgen der Wappen zeigenden Münzen 5, 10, 20 und 20, 10, 5 identisch. Da es (Modell des Rennquintetts mit $n = k = 3$) $\frac{3!}{0!} = \frac{3!}{1} = 3! = 6$ Möglichkeiten gibt, die Münzen 5, 10 und 20 in verschiedenen

Reihenfolgen zu legen und das auch für die anderen Münzkombinationen gilt, gibt es $\frac{4\cdot3\cdot2}{3!}=4$ verschiedene Münzkombinationen mit genau drei Wappen.

Nr.	Reihenfolge der Münzen	Münzkombination mit 3 Wappen	Nr.	Reihenfolge der Münzen	Münzkombination mit 3 Wappen
1	(5, 10, 20, 50)	$\{5,10,20\}$	1	(5, 20, 50, 10)	$\{5,20,50\}$
1	(5, 20, 10, 50)		1	(5, 50, 20, 10)	
1	(10, 5, 20, 50)		1	(20, 5, 50, 10)	
1	(10, 20, 5, 50)		1	(20, 50, 5, 10)	
1	(20, 5, 10, 50)		1	(50, 5, 20, 10)	
1	(20, 10, 5, 50)		1	(50, 20, 5, 10)	
1	(5, 10, 50, 20)	$\{5,10,50\}$	1	(10, 20, 50, 5)	$\{10,20,50\}$
1	(5, 50, 10, 20)		1	(10, 50, 20, 5)	
1	(10, 5, 50, 20)		1	(20, 10, 50, 5)	
1	(10, 50, 5, 20)		1	(20, 50, 10, 5)	
1	(50, 5, 10, 20)		1	(50, 10, 20, 5)	
1	(50, 10, 5, 20)		1	(50, 20, 10, 5)	

Allgemein gibt es bei der Auswahl von k Münzen, die ein Wappen zeigen, von n Münzen insgesamt $\frac{n!}{(n-k)!\cdot k!}$ Möglichkeiten.

Allgemeines Modell: Werden aus einer Menge mit n Elementen k Elemente *ohne Beachtung der Reihenfolge* und *ohne Wiederholung*(smöglichkeit) der n Elemente gezogen, so gibt es $\frac{n!}{(n-k)!\cdot k!} = \binom{n}{k}$ verschiedene Kombinationen von k Elementen.

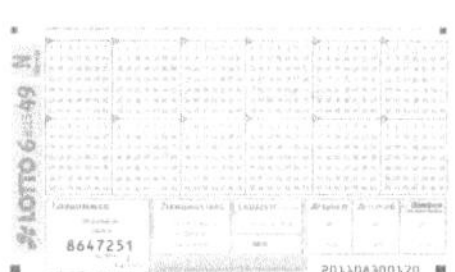

Prägendes Beispiel: Lotto. Aus einer Menge mit 49 Kugeln werden 6 Kugeln in einer zufälligen Reihenfolge gezogen (hier gibt es $\frac{n!}{(n-k)!}$ verschiedene Reihenfolgen) und anschließend der Größe nach geordnet. Da jeweils 6! verschiedene Reihenfolgen für die 6 gezogenen Kugeln existieren, gibt es $\frac{49!}{(49-6)!\cdot 6!} = \binom{49}{6} = 13983816$ verschiedene Kombinationen von 6 aus 49 Kugeln.

7.3 Allgemeine didaktisch-methodische Überlegungen

Wie die Überlegungen zur Abhängigkeit-Unabhängigkeit im vergangenen Kapitel 6 lassen sich die Überlegungen zur Wahrscheinlichkeitsverteilung und speziell der Binomialverteilung unter dem letzten Aspekt der Leitidee *Daten und Zufall*

- das Bestimmen von Wahrscheinlichkeiten bei Zufallsexperimenten

einordnen. Das Beschreiben von Wahrscheinlichkeitsverteilungen stellt eine Systematisierung vorangegangener Überlegungen zu zufälligen Vorgängen dar und ist im Sinne des statistischen Denkens als Beschreiben eines *Musters* im Zufall zu betrachten (vgl. Wild & Pfannkuch, 1999). Da sich viele der folgenden Überlegungen unmittelbar an Ideen anschließen, die wir bereits in vergangenen Kapiteln formuliert haben, ist in der folgenden Diskussion nur das neu berücksichtigt, was speziell die Wahrscheinlichkeitsverteilungen betrifft.

Modellierung: Wenn die Schülerinnen und Schüler die allgemeine Binomialverteilung mit den Parametern n (Anzahl der Reihen beim Galton-Brett oder Anzahl der Münzen beim Münzwurf), p für die Wahrscheinlichkeit der beiden interessierenden Ereignisse „Erfolg" und „Misserfolg" (links/rechts im Galtonbrett und Wappen/Zahl beim Münzwurf) und schließlich k als Anzahl der Erfolge kennenlernen, dann ist wichtig, dass sie auch lernen, diese Verteilung in anderen Sachsituationen als Modell zu sehen. Die *Universalität* der Binomialverteilung, die als Modell für alle zufälligen Vorgänge – zumindest im Gedankenexperiment – anwendbar ist, haben wir bereits in Kapitel 7.1 diskutiert. Wichtig, im Sinne der stochastischen Modellbildung, ist dabei, dass Schülerinnen und Schüler

- das Modell der Binomialverteilung auch auf zufällige Vorgänge anwenden können, in denen die bei jedem Teilvorgang betrachteten Ereignisse nicht natürlicherweise zwei sind (Münze, Reißzwecke, Ja-Nein-Frage etc.). Dies lässt sich durch eine Modellierung erreichen, bei der die Ergebnismenge dichotomisiert wird (n-facher Wurf des Würfels – Anzahl der Sechsen, Temperaturmaxima an Augusttagen – Temperaturmaxima die größer x Grad Celsius sind etc.).

- stets diskutieren, warum und mit welchen Vereinfachungen gearbeitet wird. Dies gilt insbesondere bei der Betrachtung von zufälligen Teilvorgängen, deren stochastische Unabhängigkeit modellhaft angenommen wird. Modelliert man etwa die Freiwurfquote eines Basketballspielers mit Hilfe der Binomialverteilung und schätzt dabei p aus den Treffern der vergangenen Saison, so ist nicht nur diese Schätzung – insbesondere als Punktschätzung – als Modell zu verstehen. Problematisch ist, dass mit der Annahme einer Binomialverteilung stillschweigend die stochastische Unabhängigkeit angenommen wird. Im Kontext betrachtet lässt sich aber diese Annahme nicht aufrechterhalten: Beispielsweise werden die Formschwankungen – insbesondere bei der Betrachtung einzelner Spiele – missachtet.

Sind die Parameter der Binomialverteilung (sinnvoll) *modelliert*, so ist es wichtig, diese Parameter auch zu interpretieren. Für den Fall $n = 1$ können die Schülerinnen und Schüler etwa die Simulationsergebnisse für ein binomialverteiltes Zufalls-Experiment leicht vorab abschätzen: Bei einer Wahrscheinlichkeit von $p = 0,95$ für das Eintreten eines „Erfolgs" wird bei einer 100-fachen Wiederholung des Experiments (das entspricht beim virtuellen Galton-Brett dem Fallen von 100 Kugeln auf einen Stift hintereinander weg) mit *ungefähr* 95 Fällen zu rechnen sein, bei denen der „Erfolg" eingetreten ist. Die Trivialität dieser Überlegung rechtfertigt sich darin, dass Schülerinnen und Schüler hier erfahrungsgemäß oftmals angeben, genau 95 solche Fälle zu *erwarten*, indem die Wahrscheinlichkeit proportional auf die hier 100 Fälle übertragen wird. Die Simulationsergebnisse können an dieser Stelle helfen, dass der berechnete Erwartungswert nicht als deterministischer Vorhersagewert fehlgedeutet wird, sondern als eine Trendangabe, die durch ein Streumaß zu ergänzen ist. Weitergehende quantitative Schritte, wie die Einführung der Formel zur Berechnung der Wahrscheinlichkeiten bei einer Binomialverteilung und das Rechnen damit, sollten erst getan werden, wenn viele Beispiele und Simulationen Gelegenheit gegeben haben, eine tragfähige Grundvorstellung zur wahrscheinlichkeitstheoretischen Struktur der Binomialverteilung aufzubauen. So soll einem möglichen, nachfolgenden zwar richtigen, aber verständnislosen Errechnen von Wahrscheinlichkeiten, Erwartungswerten und Varianzen vorgebeugt werden. Wichtig für die Modellierung eines zufälligen Vorgangs ist auch die Bestimmung der Ergebnismenge. Zur rechten Zeit können hier kombinatorische Überlegungen hilfreich sein (vgl. 7.2). Im Falle der Binomialverteilung geht es dabei um die Identifizierung der Parameter im Binomialkoeffizienten $\binom{n}{k}$.

Entsprechend zur Betrachtung bei empirischen Häufigkeitsverteilungen (vgl. Kap. 2.4) lassen sich mit Shaughnessy (2007) drei Denkaspekte von Schülerinnen und Schülern im Umgang mit einer Wahrscheinlichkeitsverteilung wie der Binomialverteilung unterscheiden. Wir führen diese an dieser Stelle mit dem Hinweis nicht aus, dass alle Begriffe und Überlegungen hinsichtlich eines punktuell-bildlichen (unistrukturalen), algorithmisch geprägten (multistrukturalen) sowie eines ganzheitlich-vernetzten (relationalen) Denkens von Schülerinnen und Schülern, die in der entsprechenden Auflistung in Kapitel 2.4 aufgeführt sind, entsprechend der Begriffsanalogie übertragen werden können, die in Kapitel 8 dargestellt ist.

Simulieren: Wie bereits in Kapitel 5.4 diskutiert, bilden Simulationen eine didaktische Brücke von der beschreibenden Statistik in die Wahrscheinlichkeitsrechnung und weiter in die schließende Statistik hinein. Werden sie beim Münzwurf oder dem Galton-Brett real ausgeführt, so können Schülerinnen und Schüler den Mechanismus der Simulation *be-greifen*. Sie können ebenso beim händischen Simulieren erkennen, dass bei wenigen Versuchen eben nicht das vielleicht vermutete *Muster* erscheint, sondern sich dieses erst sehr allmählich durchsetzt. Im Zusammenhang mit der Binomialverteilung lassen sich hinsichtlich der stochastischen Modellierung zwei Funktionen von Simulationen noch einmal aufzeigen (vgl. auch Kap. 5.4):

- Liegen bei einer wahrscheinlichkeitstheoretischen Zugangsweise noch keine Vorstellungen darüber vor, wie sich die Wahrscheinlichkeiten verteilen, dann können Simulationen, aus denen empirische Häufigkeiten hervorgehen, ein Ideengeber sein, um ein wahrscheinlichkeitstheoretisches Modell aufzustellen. Dieses besteht dann in den Simulationergebnissen. Man nutzt also etwas, was schon da ist (die Daten), um begründet theoretische Prognosen aufzustellen.

  Wenn Schülerinnen und Schüler vorab keine begründete Vorstellung haben, wie sich die Wahrscheinlichkeiten auf die Auffangbehälter des Galton-Bretts verteilen und warum, dann können Simulationsergebnisse helfen, begründete Vermutungen aufzustellen.

- Bei einem theoretischen Zugang, der zu einem Modell über die Wahrscheinlichkeitsverteilung führt, können Simulationen zur Modellvalidierung dienen. Hier stehen Theorie sowie daraus resultierende Annahmen also am Anfang und man schaut damit gewissermaßen in die Zukunft, indem man über den eintretenden zufälligen Vorgang mutmaßt. Diese Mutmaßungen werden quantifiziert und mit den Daten (aus der Simulation) verglichen.

  Manche Schülerinnen und Schüler mögen beim ersten Anblick eines Galton-Bretts vielleicht das Modell aufstellen, dass die Kugeln sich gleichmäßig auf die Auffangbehälter verteilen werden. Beim Anblick der empirischen Häufigkeiten, die sich ergeben, werden sie diese Modellierung wieder verwerfen und durch diese *Validierung* über eine Modellalternative nachdenken müssen.

Visualisieren: Alle Überlegungen zur Visualisierung, die bereits im Zusammenhang mit der Einführung des Wahrscheinlichkeitsbegriffs diskutiert wurden (vgl. Kap. 5.4), lassen sich auf die Einführung der Wahrscheinlichkeitsverteilung übertragen. „Neu" ist für das Modell der Binomialverteilung allein die Visualisierung der Wahrscheinlichkeitsverteilung, deren Parameter (im Falle der Binomialverteilung n und p) mit Hilfe des Computers dynamisch verändert werden können. Dadurch ist es möglich, die Eigenschaften der Binomialverteilung in Abhängigkeit der Parameterwerte zu entdecken (vgl. Kap. 7.1).

Verbinden und Üben: Das zum Aspekt der Visualisierung genannte Prinzip der Verbindung *Parameteränderung – Änderung der Form der Verteilung* kann auch Bestandteil der Übung zum Verteilungsbegriff oder Modell der Binomialverteilung sein (Variation von Parametern). Diese Variation der Parameter kann, wenn der Algorithmus der Berechnung von Wahrscheinlichkeiten geübt werden soll, händisch durchgeführt werden. Ist dagegen eher die Verbindung von Verteilungsform und Parameter das Ziel, so kann die Parameteränderung mit dem Computer vorgenommen werden.

Ein Aspekt zum Aufbau vernetzten Wissens kann ebenso die Verbindung von Verteilungsform und Parameter umfassen:

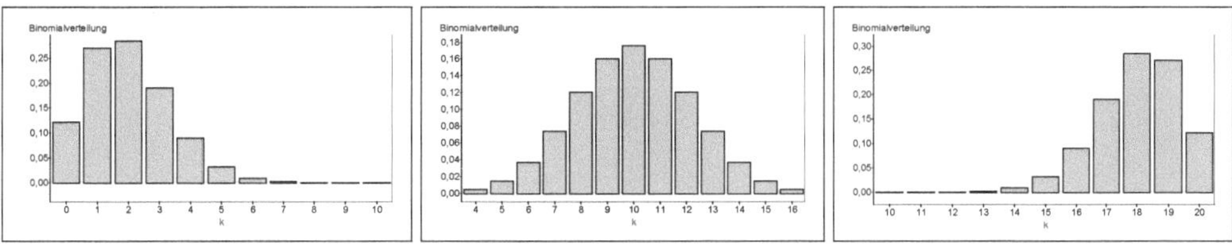

Abbildung 7.9: Drei Binomialverteilungen

> **Zusatzaufgabe 1:** Schätzt zu den drei Binomialverteilungen in Abbildung 7.9 die Parameter n und p. Begründet Eure Schätzung.

Alternativ könnte man auch folgende Aufgabe vorgeben:

> **Zusatzaufgabe 2:** Ordnet die drei Gleichungen zur Berechnung der Binomialverteilung den oben gezeigten grafischen Darstellungen zu und begründet Eure Zuordnung:
>
> $$P(k) = \binom{20}{k} \cdot \left(\frac{1}{2}\right)^k \cdot \left(\frac{1}{2}\right)^{20-k} \quad P(k) = \binom{20}{k} \cdot \left(\frac{1}{10}\right)^k \cdot \left(\frac{9}{10}\right)^{20-k} \quad P(k) = \binom{20}{k} \cdot \left(\frac{9}{10}\right)^k \cdot \left(\frac{1}{10}\right)^{20-k}$$

Wichtig für das Entwickeln des vernetzten Denkens bei Schülerinnen und Schülern ist, dass sie stets begründen, warum in einer stochastischen Situation das Modell der Binomialverteilung verwendet werden kann. Durch die ständige Begründung einer Modellwahl sollen die Schülerinnen und Schüler lernen, den Begriff der Binomialverteilung explizit mit dem Unabhängigkeitsbegriff zu verbinden und die Binomialverteilung (später) gegen andere mögliche Verteilungen abzugrenzen. Letzteres ist von Bedeutung, damit Schülerinnen und Schüler das Modell der Binomialverteilung zwar als *universales*, nicht aber als ausschließliches Modell erfahren.

7.4 Statistische Methoden und Begriffe

Bernoulli-Experiment: Ein Zufalls-Experiment, bei dem nur zwei Ereignisse, E: „Erfolg" und $\overline{E} = \Omega \setminus E$: „Misserfolg" mit $P(E) = p$ und $P(\overline{E}) = 1 - p$ betrachtet werden, heißt *Bernoulli-Experiment*.

Zufallsgröße: Als *Zufallsgröße* (oder *Zufallsvariable*) wird die Funktion X bezeichnet, die jedem Elementarereignis eindeutig eine reelle Zahl zuordnet. Im Fall wiederholter Bernoulli-Experimente misst die Zufallsgröße X in der Regel die Anzahl der Erfolge.

Binomialverteilung: Gilt für die Zufallsgröße X

$$k \to P(X = k) \text{ mit } P(X = k) = \binom{n}{k} \cdot p^k \cdot (1 - p)^{n-k}$$

so heißt diese Wahrscheinlichkeitsverteilung *Binomialverteilung* mit den Parametern n und p.

Misst X die Anzahl der Erfolge (E) in n stochastisch unabhängigen identischen Bernoulli-Experimenten mit $P(E) = p$, so ist X binomialverteilt.

7.5 Lesehinweise – Rundschau

Rundschau: Material

Stellvertretend für die vielen Beispiele im Zusammenhang mit der Binomialverteilung und der Kombinatorik nennen wir zu beiden inhaltlichen Aspekten nur je eine Arbeit.

- *Binomialverteilung:* In Engel (1973) sind einige Beispiele zur Behandlung der Binomialverteilung auf Schulniveau enthalten. Wir nennen diese schon ältere Arbeit nicht allein aufgrund dieser Beispiele, sondern wegen der vielen kreativen Problemstellungen im gesamten Bereich der schulrelevanten Stochastik.

- *Kombinatorik:* Eine deutlich ausführlichere, didaktisch orientierte Behandlung der Kombinatorik findet man in Kütting (1994).

Rundschau: Forschungsergebnisse

Es gibt unseres Wissens keine Forschungsarbeit, die sich speziell mit Schülerschwierigkeiten bei der Behandlung von Binomialverteilungen oder auch allgemein Wahrscheinlichkeitsverteilungen befasst. Ein Teilergebnis einer Forschungsarbeit (Eichler, 2008b) haben wir in der vorangegangenen Diskussion angesprochen: die Beobachtung, dass durch die durchgängige Modellierung stochastischer Situationen mit dem Modell der Binomialverteilung diese in der Vorstellung von Schülerinnen und Schülern nicht nur als universale, sondern als einzige Wahrscheinlichkeitsverteilung entstehen kann. Nicht zuletzt aus diesem Grund halten wir die ständige Reflexion des Modells bei der Anwendung der Binomialverteilung für sehr wichtig, um möglichen Übergeneralisierungstendenzen vorzubeugen.

8 Vernetzungen zur Leitidee Daten und Zufall

Wie in der übergreifenden Betrachtung zur Datenanalyse in Kapitel 4 wollen wir zum Abschluss der Wahrscheinlichkeitsrechnung die allgemeinen didaktischen Überlegungen der Teilkapitel in diesem Abschnitt zusammenführen. Wichtig ist uns dabei insbesondere, ein Kernanliegen dieses Buches noch einmal deutlich zu machen: die unmittelbare Verbindung von *Daten* und *Zufall*. Aus diesem Grund wird die folgende Diskussion nicht allein auf die Wahrscheinlichkeitsrechnung beschränkt sein, sondern wie in den vorangegangenen drei Kapiteln stets das Verbindende von Datenanalyse und Wahrscheinlichkeitsrechnung suchen.

Wie in Kapitel 4 gehen wir wieder von dem üblichen Vorgehen ab und bauen unsere Überlegungen nicht an neuen Beispielen auf, sondern illustrieren diese an bereits behandelten.

Folgende Fragestellungen oder Aspekte zum Verhältnis von Empirie (Daten) und Theorie (zum Zufall) sind uns wichtig:

1. Wie fügt sich die Wahrscheinlichkeitsrechnung in die stochastische Modellbildung ein, als dessen nahezu perfekter Repräsentant sich die (beschreibende) Datenanalyse erwiesen hat (vgl. Kap. 4.1)?

2. Bringt die möglicherweise stärker theorieverhaftete Wahrscheinlichkeitsrechnung mit sich, dass der Realitätsbezug in der Wahrscheinlichkeitsrechnung weit weniger wichtig ist als noch in der Datenanalyse (vgl. Kap. 4.2)? Gilt hier also der fünfte Aspekt des statistischen Denkens weniger, der die unmittelbare Verknüpfung von Kontext und Statistik umfasst (vgl. das einleitende Kapitel des Buchs, „Zur Sache")?

3. Wie lassen sich Datenanalyse und Wahrscheinlichkeitsrechnung ineinander verweben? Diese Frage tauchte bereits oben auf. Sie ist eine der entscheidenden Fragen dieses Buches, das Brücken schlagen will zwischen alltäglichen stochastischen Phänomenen und den weiterführenden Konzepten der Stochastik.

4. Wie im Bereich der Datenanalyse haben wir auch innerhalb der Kapitel zur Wahrscheinlichkeitsrechnung vielfach implizit und explizit den Rechner verwendet (vgl. Kap. 4.4). Auch hier gehen wir der Frage nach, in welcher Form die Rechnerunterstützung den Unterricht zur Wahrscheinlichkeitsrechnung in der Sekundarstufe I bereichern kann.

Diese Aspekte und Fragen werden wir in den folgenden vier Abschnitten auf die Aufgabenstellungen in diesem Buch beziehen.

8.1 Wahrscheinlichkeitsrechnung und Modellierung

Wie bereits in Kapitel 4.1 dargestellt, geht es beim mathematischen Modellieren grundsätzlich darum, auf situative Problemstellungen mit mathematischen Mitteln Antworten zu finden. Wie in der Datenanalyse lassen sich Wahrscheinlichkeitsbetrachtungen, die sich aus der Analyse eines zufälligen realen Vorgangs ergeben, ebenfalls im mathematischen Modellierungskreislauf beschreiben. Daher lässt sich dieser Prozess parallel zur *Datenanalyse* als *Wahrscheinlichkeitsanalyse* beschreiben.

Wahrscheinlichkeitsanalyse als Modellierungsprozess: Die Wahrscheinlichkeitsanalyse kann anhand der Funktionsweise eines Zufallsgenerators, wie beispielsweise dem Galton-Brett, exemplarisch als (stochastischer) Modellierungsprozess dargestellt werden.

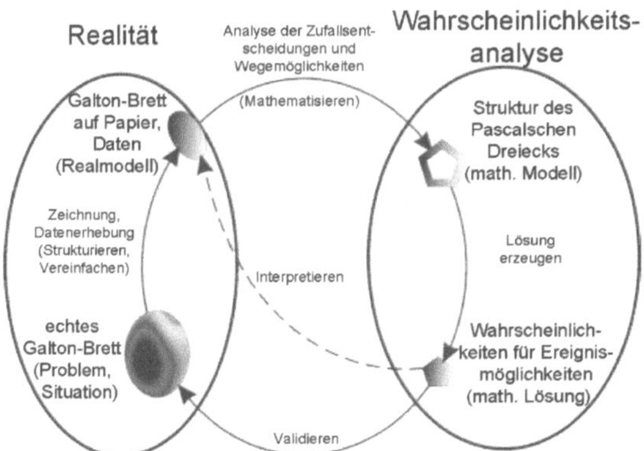

Abbildung 8.1: Modellierungskreislauf zur Wahrscheinlichkeitsanalyse eines Galton-Bretts

In der Darstellung gehen wir fiktiv und idealisierend von der in Kapitel 7.1 genannten Unterrichtssituation aus, in der die Verteilung von Kugeln auf die fünf Auffangbehälter eines Galtonbretts mit vier Nagelreihen geschätzt werden sollte:

- *Problemsituation:* Die Schülerinnen und Schüler sollen die Funktionsweise des vierstufigen Galton-Bretts analysieren, das die Lehrkraft mitgebracht und für alle sichtbar aufgestellt hat. Nach drei oder vier Testdurchläufen[1] sollen sie darüber beraten, wie sich das Ergebnis beim Durchlauf von 100 Kugeln darstellt.

- *Realmodell:* Die Schülerinnen und Schüler zeichnen sich die Struktur des Galton-Bretts auf ein Blatt Papier (*Strukturieren/Vereinfachen*). Sie schließen ein Liegenbleiben einer Kugel aus und beschränken sich auf die Annahme, dass die Nägel allein die stets identische Ablenkung einer Kugel nach links oder rechts bewirkt. Alle weiteren, denkbaren Wirkungen eines Nagels auf eine Kugel, etwa das Erzeugen eines Dralls, werden vernachlässigt.

- *Mathematisches Modell:* Die Schülerinnen und Schüler zeichnen die Wegemöglichkeiten zu den einzelnen Stufen des Galton-Bretts auf und erhalten die Struktur des Pascalschen Dreiecks (*Mathematisches Modell*, vgl. Abb. 7.3 rechts, ohne Zahleinträge). Sie verwenden das Modell der Binomialverteilung mitsamt ihrer Voraussetzung der stochastischen

---

[1] Es sollten gerade so viele sein, dass die Schülerinnen und Schüler die physikalische Funktionsweise durchschauen können, und gerade so wenige, dass die Verteilungsstruktur noch nicht sichtbar wird.

Unabhängigkeit der einzelnen zufälligen Teilvorgänge. Sie legen schließlich aufgrund von Symmetrieüberlegungen[2] die Wahrscheinlichkeit für die Ablenkungen nach links bzw. rechts (Erfolg/Misserfolg bzw. Ereignis und Gegenereignis) mit $\frac{1}{2}$ fest (*Mathematisieren*).

- *Mathematische Lösung:* Die Schülerinnen und Schüler *erarbeiten die mathematische Lösung*: Durch stufenweises Aufaddieren der Wegemöglichkeiten erhalten sie die vierte Stufe des Pascalschen Dreiecks $1-4-6-4-1$. Unter Verwendung der Pfadmultiplikationsregel und der Pfadadditionsregel werden die Wahrscheinlichkeiten für die fünf unterschiedlichen Ereignismöglichkeiten berechnet:

Anzahl der Ablenkungen nach links:	0	1	2	3	4
Wahrscheinlichkeit:	$\frac{1}{16}$	$\frac{4}{16}$	$\frac{6}{16}$	$\frac{4}{16}$	$\frac{1}{16}$

Daraus berechnen die Schülerinnen und Schüler (ohne explizite Nennung des Begriffs) Erwartungswerte für die absoluten Häufigkeiten, in denen sich die verschiedenen Ereignisse bei $m = 100$ realisieren. Sollte eine Errechnung der Streuung noch nicht möglich sein, dann werden mögliche Abweichungen von den Erwartungswerten geschätzt.

- *Realmodell:* Die Schülerinnen und Schüler *interpretieren* ihre mathematische Lösung im Realmodell dadurch, dass sie die Wegemöglichkeiten in ihre Skizze des Galton-Bretts entsprechend eintragen und ihre Erwartung (samt Streuungstoleranz) auf die realen 100 Kugeln übertragen.

- *Problemsituation:* Die *Validierung* erfolgt durch die Simulation: 100 Kugeln rollen durch das Galton-Brett und ergeben eine empirische Häufigkeitsverteilung, die mit der theoretisch erwarteten Verteilung in Beziehung gesetzt wird.

Realer Unterricht wird nicht in dieser streng sequenziellen Weise ablaufen. Mit der idealisierenden Darstellung wollen wir darauf hinweisen, dass sich eine Wahrscheinlichkeitsanalyse wie die Datenanalyse idealtypisch als Modellierungsaktivität beschreiben lässt. Im vorliegenden Fall wurde im *klassischen* Sinn der Wahrscheinlichkeitsrechnung modelliert: Aus theoretischen Annahmen wurden die Erwartungen für empirische Ergebnisse abgeleitet. Diese Vorgehensweise haben wir auch schon im Einstiegsbeispiel des Kapitels 5 angesprochen und auf mögliche Grenzen hin ausgelotet. Solche Grenzen ergeben sich, wenn es keine (oder keine stichhaltigen) Anhaltspunkte für theoretische Vorannahmen gibt oder die modellierende Person aufgrund von Unsicherheit oder anderen persönlichen Gründen sich nicht an solche theoretischen Vorannahmen heranwagt. Die andere Möglichkeit besteht dann in der *frequentistischen* Zugangsweise. Hier rollen zunächst die Kugeln, etwa bei einem schief aufgestellten Galtonbrett, und anschließend werden die Daten (als empirische Realisation einer Zufallsvariablen) analysiert. Dass und wie sich die Datenanalyse als Modellierung beschreiben lässt, haben wir in Kapitel 4.1 dargelegt.

Wahrscheinlichkeitsanalyse und Datenanalyse, gemeinsame Mustersuche: Dass die Wahrscheinlichkeitsanalyse und die Datenanalyse wie auch der *klassische* und der *frequentistische* Ansatz ineinandergreifen, haben wir bereits angedeutet (z. B. Kap. 5.4) und wir werden diesen Gedanken in Kapitel 8.3 noch vertieft betrachten. Im Zusammenhang mit der Modellierung soll an dieser Stelle nochmals betont werden, dass sich die Zugangsweisen nicht etwa gegenseitig

---

[2]Es wird von einem realen und korrekt aufgestellten Galton-Brett ausgegangen.

ausschließen. Im Gegenteil – im Modellierungskreislauf lässt sich zeigen, dass die Ansätze mit ihren unterschiedlichen Bezugsquellen von Theorie und Empirie aufeinander verweisen:

- Beim klassischen Ansatz steht das theoretische Modell und damit die *Wahrscheinlichkeitsanalyse* am Anfang. Anschließend erfolgt die Validierung des theoretischen Modells anhand der Analyse empirischer Ergebnisse (etwa einer Simulation), also anhand der *Datenanalyse*.

- Beim frequentistischen Ansatz steht die Untersuchung einer empirischen Häufigkeitsverteilung, also die *Datenanalyse*, am Anfang. Anschließend kann das Ergebnis der Mustersuche in den Daten in ein empirisch begründetes, dennoch aber theoretisches Modell einfließen. Innerhalb dieses Modells erfolgt die *Wahrscheinlichkeitsanalyse*, dessen Validierung wiederum im Sinne einer *Datenanalyse* (wie beim klassischen Ansatz) erfolgt.

Wie man letztlich zu den gesuchten Wahrscheinlichkeiten oder insgesamt einer Wahrscheinlichkeitsverteilung kommt, hängt von der zugrunde liegenden Problemstellung und der Entscheidung als modellbildende Person ab: Geht man von empirisch ermittelten Häufigkeiten aus oder trägt man (idealerweise begründet) ein theoretisches Modell an die Problemsituation heran – diese Entscheidung ist keine Frage der Wahrscheinlichkeitsrechnung oder Datenanalyse, es ist eine subjektive Entscheidung der Modellbildung.

8.2 Wahrscheinlichkeitsrechnung und Realität

Im Bereich der Datenanalyse hatten wir in Kapitel 4.2 die drei Aufgabenklassen der *rekonstruktiven Datenanalyse*, der *konstruktiven Datenanalyse* sowie der *Analyse konstruierter Daten* definiert. Versteht man die Datenanalyse allgemeiner, auch als in die Zukunft gerichtete, *wahrscheinlichkeitstheoretische* oder *prognostische Datenanalyse* (oder als *Wahrscheinlichkeitsanalyse*), so lassen sich diese drei Aufgabenklassen auch auf die Wahrscheinlichkeitsrechnung beziehen.

In der (eher beschreibenden) Datenanalyse können mit Hilfe der elementaren Methoden der Sekundarstufe I reale und teilweise gesellschaftlich relevante Fragestellungen beantwortet werden. Der Schwerpunkt liegt damit auf der rekonstruktiven und konstruktiven Datenanalyse. Im Bereich der Wahrscheinlichkeitsanalyse (der prognostischen Datenanalyse) ist dies sehr viel eingeschränkter der Fall. Woran liegt das? Verdeutlichen lässt sich das am Galton-Brett, das in Kapitel 7.1 analysiert wurde:

- Die (beschreibende) Datenanalyse sammelt Daten eines zufälligen Vorgangs und analysiert die in der *Variabilität* der Daten sichtbar werdenden *Muster*. Sie kümmert sich aber primär nicht um den zufälligen Vorgang selbst. Bezogen auf das Galton-Brett bedeutet dies, dass aus der Perspektive der (beschreibenden) Datenanalyse die Nagelreihen des Galton-Bretts quasi zugedeckt bleiben: Die Analyse beschränkt sich allein auf das Produkt des zufälligen Vorgangs, die empirische Verteilung der Kugeln in den Auffangbehältern, die ein symmetrisches Muster aufweist.

- Die Wahrscheinlichkeitsrechnung (oder prognostische Datenanalyse) richtet aber den Blick explizit auf das „geöffnete" Galton-Brett, also auf den zufälligen Vorgang selbst, indem die Teilvorgänge und deren Verhältnis zueinander analysiert bzw. modelliert werden. Diese

Analyse kann dann zu der potenziellen, theoretisch beschreibbaren Verteilung der Kugeln in zukünftigen Experimenten führen.

Es ist also zwar im Allgemeinen möglich, die Produkte eines zufälligen Vorgangs oder Prozesses zu beschreiben (Ärzteprotest, Wetter, Saisonabschluss von Fußballvereinen), den Prozess selbst zu beschreiben, kann dagegen sehr schwer sein. An die prognostische Datenanalyse werden deutlich höhere Anforderungen gestellt als an die beschreibende. Sie ist damit – nicht nur in der Sekundarstufe I – in der Anwendung auf reale Vorgänge wesentlich eingeschränkter. Dennoch ist die Anwendung der Wahrscheinlichkeitsrechnung nicht negiert, sondern nur auf weniger komplexe zufällige Vorgänge verlagert. Bei solchen einfacheren zufälligen Vorgängen bieten aber auch die elementaren wahrscheinlichkeitstheoretischen Methoden der Sekundarstufe I Ansätze, theoretisch Prognose-Modelle zu solchen Vorgängen aufzustellen *und* zu validieren. Wir machen dies exemplarisch am Beispiel der Verkehrszählung deutlich (vgl. Kap. 1.3).

	Datenanalyse: Die Analyse der Verkehrszählung (verschiedene Tage, Orte und Zeiten) in Braunschweig hat ergeben, dass rund 33 Prozent der PKW Volkswagen (VW) sind ($n = 1166$). Eine Recherche hat dagegen ergeben, dass in den vergangenen Jahren rund 19 Prozent der Neuzulassungen in Deutschland VW waren.
?	*Verallgemeinernde Fragestellung:* „Ist das immer so?" Welche Prognose kann man für den Markenanteil von VW in Braunschweig treffen? Welche Prognose kann man für Verkehrszählungen treffen, wenn man vom bundesdeutschen Markenanteil von VW ausgeht?
$P(VW) = 0{,}33$ $P(\overline{VW}) = 0{,}67$	*Übergang zur Wahrscheinlichkeitsrechnung:* Auf der Basis der empirischen Ergebnisse ($n = 1166$) werden aus den relativen Häufigkeiten für VW (VW) und andere Marken ($\overline{VW}$) die Wahrscheinlichkeiten $P(VW)$ und $P(\overline{VW})$ für Braunschweig geschätzt. Dabei können die Unsicherheiten der Schätzung durchaus diskutiert werden. In gleicher Weise können aus den Neuzulassungen der vergangenen Jahre der Markenanteil von VW in Deutschland geschätzt werden.
	Der Weg zum Modell: Da das zu erstellende Modell die Beobachtung von 1166 PKW enthält, die Wahrscheinlichkeit aber zunächst nur auf einen einzelnen PKW bezogen ist, muss das prognostische Modell schrittweise aufgebaut werden. Hierbei hilft die Systematik der Hieb- und Stichaufgaben (vgl. Kap. 6.1): Erst wird eine PKW-Beobachtung wahrscheinlichkeitstheoretisch analysiert, dann zwei, dann drei, usw.
	Aufstellen des Modells: Mit Hilfe kombinatorischer Überlegungen bzw. mit dem Modell der Binomialverteilung lässt sich ein theoretisches Modell zu möglichen Ergebnissen der n-fachen PKW-Beobachtung aufstellen, das die Wahrscheinlichkeiten für die Anzahl der VW in einer Stichprobe von n PKW umfasst.
	Simulation: Auch ohne die beiden letzten Schritte kann eine Verkehrszählung (von n PKW) simuliert werden. Eine große Anzahl solcher Simulationen der Verkehrszählung mit jeweils n PKW kann einen Eindruck dazu geben, welche Anzahlen von VW unter der Voraussetzung der geschätzten Wahrscheinlichkeiten $P(VW)$ und $P(\overline{VW})$ gewöhnlich scheinen und welche Anzahlen selten sind.

Der anschließende letzte Schritt, die Validierung eines einfachen Prognosemodells, fällt eigentlich in den Bereich der beurteilenden oder schließenden Statistik. Diese haben wir zwar

Validierung des Modells: Lässt man erneut in einer Stichprobe von n beobachteten PKW die VW zählen, so kann man das erneute empirische Ergebnis mit der Prognose vergleichen, die auf o. g. Weise durch theoretische Überlegungen oder Simulation konstruiert wurde. Ist in der erneuten Beobachtung eine VW-Anzahl zu verzeichnen, die hinsichtlich des Prognosemodells unwahrscheinlich ist, verwirft man dieses Modell (und sucht ein besseres). Im anderen Fall erklärt man das Modell als positiv validiert. In gleicher Weise könnte man die Frage stellen, ob die Verkehrszählung in Braunschweig darauf hinweist, dass dort der bundesdeutsche Markenanteil von VW nicht gilt.

informell in der Analyse einiger Aufgaben durch Simulationen angebahnt, sie gehört jedoch formell in den Bereich der Sekundarstufe II. Um den skizzierten Anwendungsnutzen der Wahrscheinlichkeitsrechnung im Sinne der Modellvalidierung in der Sekundarstufe I dennoch nicht vollständig ausblenden zu müssen, empfehlen wir, die informelle beurteilende Statistik zumindest punktuell in Betracht zu ziehen.

Ein letzter Aspekt, der die im vierten und fünften Teilschritt (der Verkehrsbeobachtung) schwierige Bindung von Empirie und Theorie umfasst, ist folgender: Je mehr empirische Daten zu einem Phänomen (Anzahl der VW) gesammelt werden können, desto besser wird das Prognose-Modell sein (empirisches Gesetz der großen Zahlen). Allerdings wird aber auch das Aufstellen des Prognose-Modells komplexer. Da sich dieses Dilemma nicht auflösen lässt, favorisieren wir einen Mittelweg: das Erzeugen von noch handhabbaren Datenmengen, die erlauben, ein vielleicht nicht allen Ansprüchen genügendes, aber noch zu bewältigendes Prognose-Modell erstellen zu können.

Ausgehend von diesen Überlegungen soll abschließend die Zuordnung von Problemen in der Wahrscheinlichkeitsrechnung zu den drei Aufgabenklassen kurz kommentiert werden.

- Die rekonstruktive (wahrscheinlichkeitstheoretische) Datenanalyse: Diese ist aus den genannten Gründen im Bereich der Wahrscheinlichkeitsrechnung kaum zu leisten. Eine Ausnahme besteht in der individuellen Entscheidungsfindung mit dem Satz von Bayes (vgl. Kap. 6.2). In diesem Bereich können tatsächlich reale und gesellschaftlich relevante Situationen analysiert werden, wenn man fragt, welche Interpretation eine positive Krankheitsdiagnose hat, die stets mit Unsicherheit behaftet ist.

- Die konstruktive Datenanalyse: In dieser Aufgabenklasse kann ein Schwerpunkt der Wahrscheinlichkeitsrechnung in der Sekundarstufe I liegen. Der Ablauf kann der Struktur folgen, die oben am Beispiel der Verkehrsbeobachtung exemplarisch skizziert wurde.

- Die Analyse konstruierter Daten: Auf dieser Aufgabenklasse liegt ein weiterer Schwerpunkt in der Wahrscheinlichkeitsrechnung der Sekundarstufe I. Zu dieser Aufgabenklasse zählen wir insbesondere

  - die Analyse von Zufallsexperimenten anhand einfacher Beispiele, wie beispielsweise der Würfel. Solche Beispiele haben den Vorteil, in ihren Bedingungen einfach durchschaubar zu sein.

  - die in Kapitel 6.1 beschriebenen einfachen Hieb- und Stichaufgaben. Ihre Funktion ist, den Wahrscheinlichkeitsbegriff mit dem Begriff der Wahrscheinlichkeitsverteilung verbinden zu helfen.

Im Sinne eines datenorientierten, auf reale Fragestellungen zielenden Stochastikunterrichts sind aber auch hier die konstruierten Problemstellungen nur ein Mittel zum Zweck. Betrachtet man innerhalb der Wahrscheinlichkeitsrechnung ausschließlich Zufallsgeneratoren wie Münze, Würfel, Karten, Urne etc., so wird man das Ziel verfehlen, eine Brücke zwischen realen Fragestellungen und weitergehenden Konzepten der Stochastik zu bauen. Diese Brücke wird erst dann sichtbar, wenn ausgehend von den Experimenten mit einfachen Zufallsgeneratoren der Transfer zu anderen Beispielen aus der konstruktiven Datenanalyse geschaffen und – wie mehrfach erwähnt – punktuell die Validierung des Prognosemodells in diesen Beispielen angestrebt wird.

8.3 Vernetzungen innerhalb der Stochastik

Während wir in Kapitel 4.3 die Verbindungen innerhalb der Datenanalyse aufgezeigt haben, soll in diesem Abschnitt das Verbindende zwischen Datenanalyse und Wahrscheinlichkeitsrechnung betrachtet werden. Die Schülerinnen und Schüler sollen im Unterricht erfahren, dass die stochastische Modellbildung stets alle drei Aspekte umfasst: die Analyse empirischer Daten (Datenanalyse), die Verallgemeinerung oder Prognose mit wahrscheinlichkeitstheoretischen Methoden (Wahrscheinlichkeitsrechnung) und schließlich die Überprüfung von stochastischen Modellen (beurteilende Statistik). Während der beurteilende Aspekt in der Sekundarstufe I nur qualitativ oder mit Hilfe von Simulationen vermittelt werden kann (vgl. Kap. 8.2), sind die ersten beiden Aspekte zentraler Bestandteil des Stochastikunterrichts in der Sekundarstufe I.

Querverbindungen von Datenanalyse und Wahrscheinlichkeitsrechnung:

Datenanalyse	Wahrscheinlichkeitsanalyse
Merkmal: Zuweisung von Nummern zu den Auffangbehältern des Galton-Bretts, welche sich aus den Anzahlen des Auftretens von „L" (also „links") beim Durchlauf durch das Galton-Brett ergeben haben.	Der durch die **Ergebnismenge** Ω festgelegte zufällige Vorgang bzw. die **Zufallsvariable:** Zuweisung von Nummern zu den Auffangbehältern des Galton-Bretts, welche sich aus den Anzahlen des Auftretens von „L" (also „links") beim Durchlauf durch das Galton-Brett ergeben können.
Merkmalsausprägungen: Anzahlen des Auftretens von „L" (also „links") beim Durchlauf durch das Galton-Brett.	**Ereignis:** Festgelegt durch die Anzahlen des Auftretens von „L" bzw. der **Werte der Zufallsvariablen:** Mögliche Anzahlen des Auftretens von „L" (also „links") beim Durchlauf durch das Galton-Brett.
Empirische Häufigkeitsverteilung: Verteilung aller Kugeln auf die einzelnen Auffangbehälter.	**Wahrscheinlichkeitsverteilung (der Zufallsvariablen):** Zuweisung von Wahrscheinlichkeiten zu den einzelnen Auffangbehältern.
relative Häufigkeit für einen Auffangbehälter: Quotient aus Kugelanzahl in einem Behälter und Gesamtzahl der Kugeln.	**Wahrscheinlichkeit für einen Auffangbehälter:** Laplace-Wahrscheinlichkeit als Quotient aus möglichen Wegen zu einem bestimmten Auffangbehälter und Gesamtzahl aller möglichen Wege bzw. als Schätzung der relativen Häufigkeiten für die Anzahl der Kugeln in den Auffangbehältern.
arithmetisches Mittel: „durchschnittliche" Fachnummer.	**Erwartungswert:** Fachnummer, die im Mittel erwartet wird
Standardabweichung: Streuungsmaß in Bezug auf die Häufigkeitsverteilung auf die Fächer (bzgl. der Skalierung gelten die gleichen Anmerkungen wie beim arithmetischen Mittel).	**Standardabweichung:** Maß für die theoretisch erwartete Streuung der Zufallsvariablen.

Die gegenseitige Verschränkung der Analyse von Daten und Wahrscheinlichkeiten kann deutlich gemacht werden, wenn die verwendeten Begrifflichkeiten zueinander in Beziehung gesetzt werden. Die Analogien sind in der vorangegangenen Tabelle am Galton-Brett verdeutlicht (vgl. Kap. 7.1).

Statistische Daten unter dem Prognosegesichtspunkt: Um Daten *und* Zufall, also die Datenanalyse und die Wahrscheinlichkeitsrechnung auch über die Begrifflichkeit hinaus als Einheit betrachten zu können, wäre es aus unserer Sicht sinnvoll, wenn Schülerinnen und Schüler anhand vielfältiger Beispiele die Verbindung von Daten und Zufall in folgender Weise erfahren können:

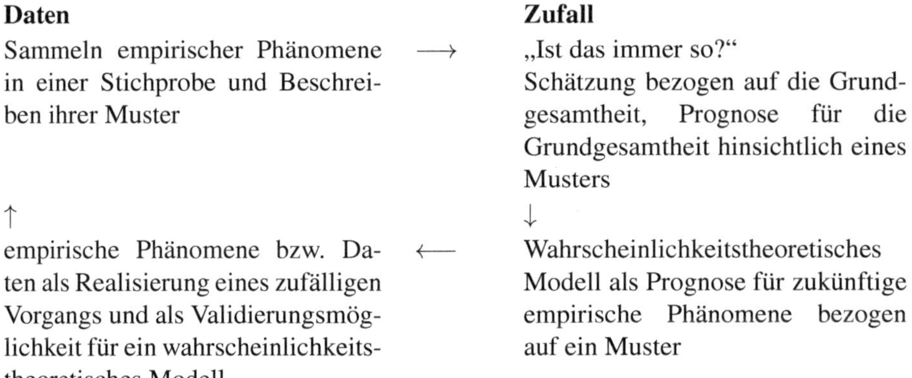

In der Systematik eines Stochastikcurriculums, wie es in diesem Buch vorgeschlagen wird, ergibt sich beginnend mit der Datenanalyse folgender möglicher Ablauf:

1. Datenanalyse: Sammeln empirischer Daten von Phänomenen der erlebten Umwelt; Aufstellen eines deskriptiven Modells; Analyse einzelner deskriptiver Modelle.

2. Wahrscheinlichkeitsrechnung: Verallgemeinern des deskriptiven Modells zu einem wahrscheinlichkeitstheoretischen Modell; Analyse einzelner wahrscheinlichkeitstheoretischer Modelle.

3. Informelle beurteilende Statistik: Überprüfen der wahrscheinlichkeitstheoretischen Modelle anhand der Analyse empirischer Daten; Simulieren zufälliger Vorgänge.

Statistisches Denken und Wahrscheinlichkeitsrechnung: Die Aspekte des statistischen Denkens nach Wild & Pfannkuch (1999) haben wir als Phasen des stochastischen Modellierens identifiziert (vgl. Kap. 4.1). Da sich (natürlich) auch die Wahrscheinlichkeitsrechnung als stochastisches Modellieren beschreiben lässt (vgl. Kap. 8.1), soll auch die Verbindung des statistischen Denkens zur Wahrscheinlichkeitsrechnung in der Sekundarstufe I zusammenfassend deutlich gemacht werden.

1. *Erkennen der Datennotwendigkeit:* Jedes Prognose-Modell, abgesehen von denjenigen zufälligen Vorgängen, in denen theoretisch von einer Symmetrie ausgegangen werden kann

(Laplace-Experimente), basiert auf einer vorangegangenen Analyse von Daten. Mit anderen Worten: In aller Regel muss man die Vergangenheit (Daten) analysieren, um in die Zukunft schauen zu können.

2. *Transnumeration:* Unter diesem Aspekt ist im Bereich der (beschreibenden) Datenanalyse die flexible Verwendung von Modellen gefasst worden. Anders als in der Datenanalyse, zu der wir teilweise einige verschiedene Modelle oder Methoden für ein und dieselbe Fragestellung präsentiert haben, gibt es im Bereich der elementaren Wahrscheinlichkeitsrechnung nur zwei prinzipielle Möglichkeiten der Modellierung: Der *theoretische Weg*, der möglicherweise unterstützt durch grafische Methoden zu einem Modell führt, das später anhand empirischer Daten validiert werden kann (z. B. eine Laplace-Wahrscheinlichkeit oder die Binomialverteilung), und der *empirische Weg*, bei dem statistische Daten eines zufälligen Vorgang erhoben und analysiert werden, was schließlich in einem datengestützten, verallgemeinernden prognostischen Modell münden kann (vgl. auch Kap. 8.1).

3. *Erkennen der Variabilität und Erkennen von Mustern:* Diese beiden Aspekte sind in der Datenanalyse und der Wahrscheinlichkeitsrechnung analog zu sehen mit dem Unterschied, dass in der Datenanalyse *Muster* beschreibend, in der Wahrscheinlichkeitsrechnung prognostisch verwendet werden.

4. *Verbindung von Sachkontext und Statistik*: Auch dieser letzte Aspekt ist in Datenanalyse und Wahrscheinlichkeitsrechnung analog zu verstehen. Jede stochastische Modellierung, ob nun beschreibend oder prognostisch, muss sich in den Modellannahmen, der Interpretation und Validierung auf den Sachkontext beziehen. Symmetrie-Überlegungen oder Annahmen zur stochastischen Unabhängigkeit sind allein aus dem Sachkontext zu beziehen.

Wahrscheinlichkeitstheoretische Revision der datenanalytisch behandelten Beispiele: Um die Brücke zwischen Datenanalyse und Wahrscheinlichkeitsrechnung anschaulich zu untermauern, werden nachfolgend konkrete Beispiele diskutiert. Wir beziehen uns auf die verschiedenen Beispiele, die wir in diesem Buch behandelt haben. Sie stehen in diesem Abschnitt – entgegen unserem allgemeinen Vorgehen – am Ende einer zusammenfassenden Betrachtung.

Frösche **Empirisches Phänomen:** Die kleinen Papierfrösche haben in der Stichprobe
Kapitel 6 von 30 Sprüngen beider Papierfrösche 26 Mal eine größere Weite erzielt als die großen Papierfrösche.

Modell: K: der kleine Papierfrosch erzielt die größere Weite (gewinnt); $\overline{K}$: der kleine Frosch erzielt die kleinere Weite (verliert); $P(K) = 0,87$ und $P(\overline{K}) = 0,13$; (die einzelnen Versuche sind unabhängig voneinander)

Fragestellungen:

- Wie groß ist die Wahrscheinlichkeit dafür, dass bei m Wettkämpfen genau (mindestens, höchstens, mehr als, weniger als) k kleine Papierfrösche gewinnen? (mehrstufige Zufallsexperimente, Baumdiagramm, Kombinatorik)

- Wie ist die Anzahl der vom kleineren Frosch gewonnenen Wettkämpfe bei 30 Wettkämpfen verteilt? Mit $P(K) = p = 0,87$ und $P(\overline{K}) = 1 - p = 0,13$ und der Modellannahme der stochastischen Unabhängigkeit einzelner Wettbewerbe ist diese Anzahl binomialverteilt.

- Geht man von der Annahme aus, dass die kleinen Papierfrösche in rund 87 % der Wettkämpfe gewinnen, bei welchem Ergebnis eines Wettkampfes mit 30 Papierfröschen sollte man an der Annahme zweifeln? (Simulation, informelle beurteilende Statistik)

Möglichkeiten, Probleme:

- Die erste Fragestellung enthält die so genannten Hieb- und Stichaufgaben der Wahrscheinlichkeitsrechnung als Brücke zwischen Wahrscheinlichkeitsschätzung und Wahrscheinlichkeitsverteilung.

- Gerade in Verbindung mit den realen Daten ist es ein Problem, dass nur wenige von diesen Daten ($n = 30$) vorhanden sind. Damit ist die Annahme $P(K) = 0,87$ ein noch mit großer Vorsicht zu betrachtendes Modell. Andererseits ist diese Tatsache eine Möglichkeit zu reflektieren, ab welcher Stichprobengröße das Erstellen eines Modells besser wäre (auch wenn diese Frage in der Sekundarstufe I nicht abschließend beantwortet werden kann). Hier kann auch die Möglichkeit, statt einer einzelnen Wahrscheinlichkeit ein Intervall von Wahrscheinlichkeiten als Schätzung zu verwenden (Intervall- statt Punktschätzung), qualitativ diskutiert werden. Solche Fragen werden durch die konkrete Betrachtung eines erlebten und ausgewerteten Experiments erst aufgeworfen. Bestünde ein festgelegter Sachkontext mit paradigmatisch vorgegebenen Wahrscheinlichkeiten („Es gelte für das Ereignis $A : P(A) = 0,87$"), wären alle Modellierungsschritte bereits erledigt. Die Schülerinnen und Schüler könnten dann nicht erfahren, dass ausnahmslos alle Wahrscheinlichkeiten, anhand derer in der Realität Entscheidungen getroffen werden, stets nur Modellannahmen darstellen.

Wetter
Kapitel 2

Empirisches Phänomen: In verschiedenen Monaten (Zeitabschnitten) gibt es verschiedene Anzahlen von Tagen mit Frost. In den vergangenen 10 Jahren gab es etwa im April rund 34 % Tage mit einer Tiefsttemperatur unter dem Gefrierpunkt. Diese Frage kann relevant für die Garten- oder Landwirtschaft sein. Bezogen auf Open-Air-Veranstaltungen könnte die Frage der Regentage in einem bestimmten Zeitabschnitt relevant sein.

Modell: F: Tiefsttemperatur eines Tages ist unter dem Gefrierpunkt; $\overline{F}$: Tiefsttemperatur ist über dem Gefrierpunkt; Bezogen auf die Temperatur in Hannover (Flughafen) wird geschätzt: $P(F_{April}) = 0,34$ und $P(\overline{F}_{April}) = 0,66$; (Annahme der Unabhängigkeit einzelner Tage).

Fragestellungen:

- Wie groß ist die Wahrscheinlichkeit dafür, dass an m Apriltagen genau (mindestens, höchstens, mehr als, weniger als) k Tage mit Tiefsttemperaturen unter dem Gefrierpunkt vorkommen? (mehrstufige Zufallsexperimente, Baumdiagramm, Kombinatorik)

- Wie ist die Anzahl der Tage mit Frost im April verteilt? Mit $P(F) = p = 0,34$ und $P(\overline{F}) = 1 - p = 0,66$ und der Modellannahme der stochastischen Unabhängigkeit einzelner Tage ist diese Anzahl binomialverteilt.

- Geht man allein von der Tiefsttemperatur aus, ab welcher Anzahl von Frosttagen würde man von ungewöhnlich kalten/warmen Monaten April sprechen können? (Simulation, informelle beurteilende Statistik)

Möglichkeiten, Probleme:

- Die Möglichkeiten und Probleme der „Froschaufgabe" können analog auf dieses Problem übertragen werden.

- Hinzu kann die Diskussion um die Eignung der Modellannahme der Unabhängigkeit einzelner Tage kommen. In einem ersten Zugang könnte man im Modell von der Unabhängigkeit der Tiefsttemperaturen an Apriltagen ausgehen, was sich letztendlich als nicht passendes Modell erweisen könnte.

  Während die Relevanz der Aufgabe merklich konstruiert ist, wird die Frage, ob ein Monat ungewöhnlich warm/kalt ist, öffentlich im Rahmen der Sorge um den Klimawandel diskutiert (auch hier könnte man überlegen, ob die Anzahl der Frosttage ein geeignetes Modell für solch eine Frage darstellt).

Skisprung
Kapitel 3

Empirisches Phänomen: Zwei Ergebnisse der Analyse des Skispringens in Innsbruck waren, dass einerseits ein Zusammenhang zwischen erster und zweiter Sprungweite besteht, andererseits das Phänomen der Regression zu beobachten ist. Letzteres bedeutet, dass Skispringer mit einer (auch für ihr Leistungsvermögen) überdurchschnittlichen Leistung im ersten Sprung im zweiten Sprung nicht unbedingt noch einmal eine überdurchschnittliche Leistung erzielen.

Modell: In Kapitel 3 wurden unter der Überschrift „Plausibilitätsüberlegungen" zu einem möglichen Modell Anmerkungen gemacht. Erklärt man den zweiten Sprung als bestehend aus der Weite des ersten Sprungs sowie einem Additivum, das aus der Mittelwertdifferenz beider Sprünge besteht ($Weite2 = Weite1 + (\bar{x}_{Weite2} - \bar{x}_{Weite1})$), so kann man die einzelnen Springer für sich hinsichtlich beider Sprungweiten als über- bzw- unterdurchschnittlich einordnen.

Betrachtet wird hier nur das beste und schlechteste Drittel des ersten Sprunges. Ist W das Ereignis des Wechsels von überdurchschnittlich zu unterdurchschnittlich bzw. von unterdurchschnittlich zu überdurchschnittlich, so gilt $P(W) \approx 0,91$, da von 22 Springern des ersten und dritten Drittels im ersten Sprung in Innsbruck sich bei 20 Springern das Phänomen der Regression gezeigt hat.

Fragestellungen:

- Wie groß ist die Wahrscheinlichkeit dafür, dass von m Springern, die im ersten Sprung auch für ihre Verhältnisse überdurchschnittlich weit gesprungen sind, genau (mindestens, höchstens, mehr als, weniger als) k Springer im zweiten Sprung für Ihre Verhältnisse unterdurchschnittlich weit springen? (mehrstufige Zufallsexperimente, Baumdiagramm, Kombinatorik)

- Wie ist die Anzahl der Springer mit Regressionseffekt in einer Stichprobe von 22 Springern theoretisch verteilt? Mit $P(W) = p = 0,91$ und $P(\overline{W}) = 1 - p = 0,09$ und der Modellannahme der stochastischen Unabhängigkeit einzelner Springer ist diese Anzahl binomialverteilt.

- Ab welcher Anzahl solcher Springer geht man von einem ungewöhnlichen (vielleicht auch irregulären) Springen aus? (Simulation, informelle beurteilende Statistik)

- Gibt es bei der Betrachtung anderer bivariater Datensätze in diesem Buch einen ähnlichen Regressionseffekt?

Möglichkeiten, Probleme: sind analog zu den vorher diskutierten Aufgaben.

Diese Liste, die sich auf je einem Beispiel aus den Kapiteln zur Datenanalyse beschränkt hat, ließe sich weiter verlängern. Andere Beispiele haben wir in den Kapiteln 5, 6 und ebenso in Kapitel 8.2 diskutiert.

8.4 Rechner im Stochastikunterricht

In Kapitel 4.4 haben wir drei Funktionen der Verwendung des Rechners im Bereich der Datenanalyse genannt. Diese gelten in teilweise anderer Gewichtung auch für den Bereich der Wahrscheinlichkeitsrechnung.[3]

Der Rechner als *Rechenhilfe* hat für die elementare Wahrscheinlichkeitsrechnung sicher nicht die Bedeutung wie für die Datenanalyse. So können die meisten der Berechnungen, die wir in den Beispielen der vergangenen drei Kapitel ausgeführt haben, auch händisch gut bewältigt werden. Eine wichtige Ausnahme bildet dabei die Simulation. Auch diese kann (und sollte anfänglich sogar) händisch ausgeführt werden. Soll dagegen sinnvollerweise die Anzahl der Simulationen erhöht werden, so leistet der Rechner eine wesentliche Hilfe. Biehler & Maxara (2007, S. 45) bezeichnen diesen Aspekt als „Simulation zur Repräsentation".

Bei komplexeren Problemen stellt die Simulation mit dem Rechner ein wichtiges Modell dar, mit dem überhaupt Lösungen stochastischer Probleme erzeugt werden können. Es ist auch der Fall möglich, dass eine Problemlösung im Wechsel von Simulationen und analytischen Modellen entsteht (vgl. Kap. 8.3 oder auch Eichler & Förster, 2008). Biehler & Maxara (2007) bezeichnen diese beiden Funktionen der Simulation als „als Werkzeug im Wechselspiel mit analytischen Methoden" und als „Methode sui generis".

Der Aspekt des Rechners als *Darstellungs- und Erforschungsinstrument* gewinnt in der Wahrscheinlichkeitsrechnung erst mit der Analyse von Wahrscheinlichkeitsverteilungen an Bedeutung. Dann kann der Rechner aber ein wichtiges Erforschungsinstrument darstellen: Beispielsweise lassen sich die Auswirkungen von Parameteränderungen bei einer Wahrscheinlichkeitsverteilung (wie der Binomialverteilung) unmittelbar anhand der grafischen Darstellungsänderung visualisieren. In Parallelität zur Erforschung empirischer Verteilungen, in denen Muster gesucht werden, können auch in theoretischen Verteilungen auf diese Weise Muster, die von Parametern abhängen, erforscht werden.

Wichtig ist auch die Möglichkeit, mit dem Rechner die *Begriffsbildung* zu unterstützen. Dieser Aspekt ist mit dem vorher genannten dann verbunden, wenn grafische Darstellungen von Wahrscheinlichkeitsverteilungen interaktiv mit Parameteränderungen verknüpft sind, wie es etwa in Abbildung 8.2 zur Binomialverteilung angedeutet ist. Eine Änderung der Parameter n und p wird simultan in der grafischen Darstellung der Binomialverteilung visualisiert. Wesentlich für die Be-

---

[3]Auf einen Vergleich unterschiedlicher Software wie *Fathom* , *NSpire CAS* oder *Excel* verzichten wir in diesem Abschnitt, da diese Programme Simulationen vergleichbar ermöglichen.

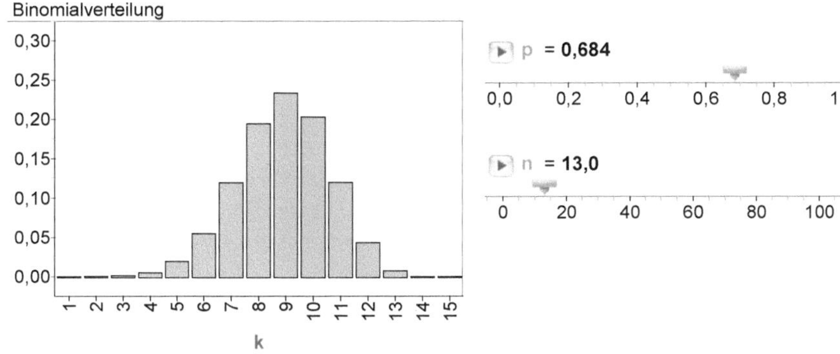

Abbildung 8.2: Interaktive Änderung von Parametern der Binomialverteilung

griffsbildung ist auch die Simulation. Beispielsweise lässt sich mit dem Rechner gut zeigen, wie sich die relative Häufigkeit eines Ereignisses bei hohen Versuchsanzahlen zunehmend stabilisiert. Außerdem können die Möglichkeiten (Vertrauen in eine Wahrscheinlichkeitsschätzung), aber auch Grenzen (die Stabilisierung ist keine Grenzwertbildung) deutlich gemacht werden. Das bedeutet, der in der Realität und Schulstochastik zentrale frequentistische Wahrscheinlichkeitsbegriff kann mit Hilfe des Rechners sehr viel klarer gemacht werden, als es mit händischen Simulationen möglich ist.

Um das Modell der Simulation anwenden zu können, muss die Simulation geeignet geplant und ausgeführt werden. Biehler & Maxara (2007, S. 48) schlagen dazu (auch für die händische Simulation) den folgenden Fahrplan vor:

Stochastische Komponenten	Realisierung mit einem Zufallsgerät
Modellierung der realen Situation mit zufälligem Ausgang durch ein Zufalls-Experiment	
Festlegen des Modell-Zufallsexperiments	Wahl geeigneter Zufallsgeräte zur Simulation; Definition eines Zufallsversuchs, das dem Zufalls-Experiment entspricht
Identifikation interessierender Ereignisse	Übertragung der Ereignisse in die „Welt" der gewählten Zufallsgeräte
Wiederholung des Modell-Zufallsexperiments und Sammeln von Daten bezüglich der Ereignisse	Wiederholung der Simulation; Sammeln von Werten der definierten Ereignisse
Datenanalyse; relative Häufigkeiten (Ereignisse); empirische Verteilungen	Auswertung der simulierten Daten
Interpretation und Validierung	

Ein Beispiel zu diesem Fahrplan könnte folgendermaßen aussehen:

Farbverteilung der roten Linsen in einer Schokolinsen-Packung mit sechs Farben als zufälliger Vorgang	Das lässt sich bei einer Packung mit einem Würfel (6 und $\bar{6}$) oder etwa *Fathom* (Erzeugen einer ganzen Zufallszahl zwischen 1 und 6) simulieren. Unter der Voraussetzung, dass 18 Linsen in einer Packung sind, muss die Simulation 18 Mal wiederholt und die Anzahl der Sechsen gezählt werden.
Aus 100 geöffneten Schokolinsen-Packungen hat sich die Schätzung $P(R) = \frac{1}{6}$ (rote Linse) und $P(\bar{R}) = \frac{5}{6}$ (keine rote Linse) ergeben.	Das lässt sich händisch mit 100 Durchgängen von je 18 Würfen eines Würfels (6 und $\bar{6}$) oder rechnergestützt in *Fathom* oder *NSpire CAS* durch 100-maliges Erzeugen einer Kollektion von 18 ganzen Zufallszahlen zwischen 1 und 6 simulieren.
Von Interesse ist die theoretische Wahrscheinlichkeitsverteilung für die Anzahl roter Linsen in einer Schokolinsen-Packung.	Zu der Simulation von 18 ganzen Zufallszahlen zwischen 1 und 6 wird eine Messgröße definiert, welche die Anzahl der Sechsen zählt (das entspricht der Anzahl roter Linsen in einer Packung).
Unter der Modellvoraussetzung der stochastischen Unabhängigkeit ist die Anzahl der roten Linsen binomialverteilt mit $n = 18$ und $p = \frac{1}{6}$.	Die Messgrößen werden sehr häufig (hier 10.000-mal) gesammelt. Die relative Häufigkeiten der Anzahlen roter Linsen in den 10.000 simulierten Packungen sollte annähernd der theoretischen Verteilung der roten Linsen gleichen.

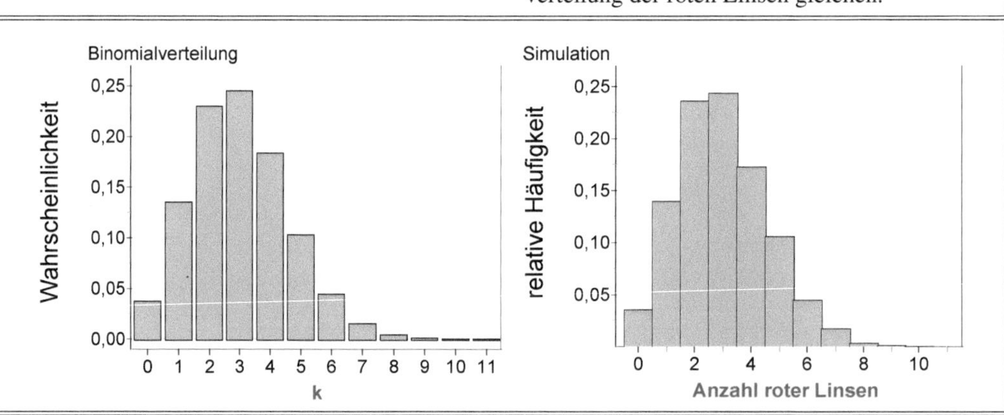

Eine Packung mit weniger als 1 oder mehr als 7 roten Linsen ist ein ungewöhnliches Ereignis, da mehr als 95% der Anzahlen roter Linsen (theoretisch) zwischen 1 und 7 liegen sollten. Öffnet man eine Packung und erhält solch ein seltenes Ergebnis, so würde man im Sinne der konventionalisierten schließenden Statistik das Modell ($P(R) = \frac{1}{6}$) falsifizieren.

Nachwort

Mit dem letzten Beispiel zur systematischen Planung schließt sich für uns der Kreis der Inhalte dieses Buches. Haben wir in Kapitel 1 die systematische Erhebung statistischer Daten zu realen Phänomenen diskutiert und dort für Experimente einen „Fahrplan" aufgestellt, so enden wir in Kapitel 8 mit einem Erhebungsfahrplan für virtuelle, simulierte Daten. Anfang und Ende repräsentieren damit das Zentrum all unserer Überlegungen: die Daten.

Die Schwerpunktsetzung ist für uns bei der lebendigen Umsetzung der Leitidee *Daten und Zufall* in der Sekundarstufe I entscheidend. Auch wenn diese Leitidee sicherlich Ziele berührt, die innermathematisch sind oder die ganz allgemein das Lösen von mathematikhaltigen Problemen umfassen, so ist doch das primäre Ziel dieser Leitidee, dass Schülerinnen und Schüler die Mächtigkeit der stochastischen Modelle erfahren, um alltägliche Phänomene beschreiben, verstehen oder gar erklären zu können. Der Brückenschlag zwischen diesen alltäglichen Phänomenen – vom Münzwurf bis zum Ärzteprotest – und den stochastischen Modellen – sowohl den beschreibenden der Datenanalyse als auch den prognostischen der Wahrscheinlichkeitsanalyse – ist für uns ein Kernanliegen dieses Buches gewesen.

Wir hoffen, durch die Struktur der Kapitel dieses Buches ein Arbeits- und Reflektionsmittel für angehende und in der Profession stehende Lehrkräfte und ihren Stochastikunterricht in der Sekundarstufe I geschaffen zu haben. Als Arbeitsmittel sollen die einfachen, alltäglichen Phänomene und deren möglichst elementare Modellierung zu Beginn aller Kapitel dienen. Diese können direkt im Unterricht eingesetzt und bei Bedarf durch ähnliche Problemstellungen ersetzt werden. Dabei haben wir nicht das sequentielle Abarbeiten aller Problemstellungen dieses Buches im Sinn, sondern die Erkenntnis, wie man Fragestellungen zu realen Phänomene exemplarisch im Sinne der Leitidee *Daten und Zufall* sinnstiftend beantworten kann. Als Reflektionsmittel soll dieses Buch dadurch dienen, dass die Methoden oder Modelle in den allgemeinen Überlegungen der einzelnen Kapitel sowie in den Vernetzungskapiteln in den Gesamtzusammenhang von Ideen der Stochastikdidaktik gestellt wurden.

Dadurch hoffen wir, einen möglichen Weg aufgezeigt zu haben, der einerseits die systematische Planung eines anregenden, an realen Phänomenen und Daten orientierten Stochastikunterrichts in der Sekundarstufe ermöglicht. Andererseits erhoffen wir uns – das ist ein prinzipielles Ziel jeder Didaktik –, dass die Schülerinnen und Schüler durch einen solchen Unterricht einen Schritt in Richtung der kritischen Teilnahme an gesellschaftlichen Entscheidungsprozessen machen und die Anwendungsmächtigkeit der Stochastik erkennen. Kommt dann ein Meister des Sarkasmus daher wie der ehemalige Late-Night-Talker Harald Schmidt, der einmal gesagt hat „Ahnungslosigkeit ist die Objektivität der schlichteren Gemüter", dann hoffen wir eines: Dass nämlich Schülerinnen und Schüler zumindest bezogen auf die Anwendung und Anwendungsbedeutung von Daten und Zufall in der Realität im Brustton der Überzeugung sagen werden: „Diese Ahnungslosigkeit haben wir verlassen."

Literaturverzeichnis

Aebli, H. (1998). *Zwölf Grundformen des Lehrens: eine allgemeine Didaktik auf psychologischer Grundlage*. Stuttgart: Klett Cotta.

Batanero, C., Estepa, A., Godino, J.D. & Green, D.R. (1996). Intuitive strategies and preconceptions about association in contingency tables. *Journal for Reserach in Mathematics Education*, 27, S. 151-169.

Batanero, C., Artega, P. & Ruiz, B. (2009). Statistical graphs produced by prospective teachers in comparing two distributions. *Proceedings of the sixth Conference of the European Society of Research in Mathematics Education*. http://www.erme.de.

Bea, W. (1995). *Stochastisches Denken*. Frankfurt a.M.: Peter Lang

Ben-Zvi, D. (2000). Towards understanding the role of technological tools in statistical learning. *Mathematical Thinking and Learning*, 2(1 & 2), S. 127-155.

Biehler, R. 1991. Computers in Probability Education. In: R. Kapadia & M. Borovcnik (Hrsg.), *Chance Encounters – Probability in Education* (S. 169-212). Dordrecht: Kluwer.

Biehler, R. (1997). Software for learning and for doing statistics. *International Statistical Review*, 65, S. 167-189.

Biehler, R. & Weber, W. (1995). Entdeckungsreisen im Daten-Land. *Computer + Unterricht* 17(5), S.4-9.

Biehler, R. (1999). Auf Entdeckungsreise in Daten. *mathematiklehren* 97, S. 4-5.

Biehler, R. (2006). Leitidee „Daten und Zufall" in der didaktischen Konzeption und im Unterrichtsexperiment. In J. Meyer (Hrsg.), *Anregungen zum Stochastikunterricht*, Bd. 3 (S. 111-142). Hildesheim: Franzbecker.

Biehler, R. (2007). Denken in Verteilungen – Vergleichen von Verteilungen. *Der Mathematikunterricht* 53(3), S. 3-11.

Biehler, R. Kombrink, K. & Schweynoch, S. (2003): MUFFINS: Statistik mit komplexen Datensätzen – Freizeitgestaltung und Mediennutzung von Jugendlichen. *Stochastik in der Schule* 23(1), S. 11-25.

Biehler, R. & Hartung, R. (2006). Die Leitidee Daten und Zufall. In W. Blum, C. Drüke-Noe, R. Hartung & O. Köller (Hrsg.), *Bildungsstandards Mathematik: konkret* (S. 51-80). Berlin: Cornelsen-Scriptor.

Biehler, R. & Maxara (2007). Integration von stochastischer Simulation in den Stochastikunterricht mit Hilfe von Werkzeugsoftware. *Der Mathematikunterricht* 53(3), S. 45-61.

Biehler, R., Prömmel, A. & Hoffmann, T. (2007). Optimales Papierfalten – Ein Beispiel zum Thema „Funktionen und Daten". *Der Mathematikunterricht* 53(3), S. 23-32.

Biehler, R. & Schweynoch, S. (1999). Trends und Abweichungen von Trends. *mathematik lehren*, 97, S. 17-22.

Biggs, J.B. & Collis, K.F. (1982). *Evaluating the quality of learning: The SOLO taxonomy*. New York: Academic Press.

Blum, W. (1985). Anwendungsorientierter Mathematikunterricht in der didaktischen Diskussion. *Mathematische Semesterberichte* 32(2) S. 195-232.

Blum, W., Neubrand, M., Ehmke, T., Senkbeil, M., Jordan, A., Ulfig, F. & Carstensen, C. H. (2003). In Deutsches PISA-Konsortium (Hrsg.), *PISA 2003. Der Bildungsstand der Jugendlichen in Deutschland - Ergebnisse des zweiten internationalen Vergleichs* (S. 47-92). Münster: Waxmann.

Böer, H. (2005). Medikamententests. Eine Sammlung von 21 historischen und aktuellen Testdaten zur Gesundheit von Menschen samt Bewertung durch verschiedene Testverfahren und Vergleich. *PROST - Problemorientierte Stochastik für realistische und relevante Handlungssituationen.* Appelhülsen: MUED e.V.

Borovcnik, M. (1987). Zur Rolle der beschreibende Statistik. *mathematica didactica* 10(2), S. 101-120.

Borovcnik, M. (1992). *Stochastik im Wechselspiel von Intuitionen und Mathematik.* Mannheim: BI-Wissenschaftsverlag.

Borovcnik, M. (2005). *Probabilistic and statistical thinking.* Abrufbar unter (12.06.2009): http://cerme4.crm.es/Papers%20definitius/5/Borovcnik.pdf (Beitrag zur CERME 4, 17. - 21.02.2005 Sant Feliu de Guixols, Spanien).

Borovcnik, M. & Ossimitz, G. (1987). *Materialien zur Beschreibenden Statistik und Explorativen Datenanalyse.* Wien: Hölder-Pichler-Tempsky.

Borovcnik, M., Engel, J. & Wickmann, D. (2000). *Anregungen zum Stochastik*, Bd. 1. Hildesheim: Franzbecker.

Borromeo-Ferri, R. & Kaiser, G. (2008). Aktuelle Ansätze und Perspektiven zum Modellieren in der nationalen und internationalen Diskussion. In A. Eichler & Förster, F. (Hrsg.), *Materialien für einen realitätsbezogenen Mathematikunterricht* , Bd. 12 (S. 1-10). Hildesheim: Franzbecker.

Bortz, J. & Döring, N. (2006). *Forschungsmethoden und Evaluation für Human- und Sozialwissenschaftler.* Heidelberg: Springer Medizin Verlag.

Bruner, J.S. (1980). *Der Prozeß der Erziehung.* Berlin: Berlin-Verlag.

Büchter, A. (2009). Kompetenter Umgang mit Daten... auch in zentralen Prüfungen? *Praxis der Mathematik*, 51(2), S. 31-35.

Curcio, F. R. (1989). *Developing graph comprehension.* Reston, VA: N.C.T.M.

Dahl, H. (1998). Unabhängigkeit Unterrichten. *Stochastik in der Schule* 18(3), S. 43-49.

Eichler, A. (2006a). Individuelle Stochastikcurricula von Lehrerinnen und Lehrern. *Journal für Mathematikdidaktik* (2), S. 140-162.

Eichler, A. (2006b). Spielerlust und Spielerfrust in 50 Jahren Lotto – ein Beispiel für visuell gesteuerte Datenanalyse. *Stochastik in der Schule* (2), 20-26.

Eichler, A. (2007). Geld weg - Arzt weg. Was ist dran am Ärzteprotest? *Praxis der Mathematik* (2), 20-26.

Eichler, A. (2008a). Teachers' classroom practice in statistics courses and students' learning. In C. Batanero, G. Burrill,C. Reading & A. Rossman (Hrsg.), *Proceedings of the Joint ICMI /IASE Study teaching Statistics in School Mathematics. Challenges for Teaching and Teacher Education.* Monterrey, Mexico: ICMI and IASE.

Eichler, A. (2008b). Statistics teaching in german secondary high schools. In C. Batanero, G. Burrill,C. Reading & A. Rossman (Hrsg.), *Proceedings of the Joint ICMI /IASE Study teaching Statistics in School Mathematics. Challenges for Teaching and Teacher Education.* Monterrey, Mexico: ICMI and IASE.

Eichler, A. (2009a). Zahlen aufräumen - Daten verstehen. *Praxis der Mathematik* 51(2), S.1-7.

Eichler, A. (2009b). „April, April, der macht, was er will"? Wetterkapriolen als Beispiel der Variabilität statistischer Daten. *Praxis der Mathematik* 51(2), S. 10-13.

Eichler, A. & Förster, F. (2008). Ein Märchenspiel – Stochastische Modellbildung bei einem merkwürdigen Brettspiel. In A. Eichler & F. Förster (Hrsg.), *Materialien für einen realitätsbezogenen Mathematikunterricht* , Bd. 12 (S. 107-140). Hildesheim: Franzbecker.

Eichler, A. & Riemer, W. (2008). Daten, die auf der Erde liegen – auf Spurensuche im Supermarkt. *Stochastik in der Schule* 28(2), 2-12.

Eichler, A. & Vogel, M. (2011). *Leitfaden Stochastik*. Wiesbaden: Vieweg + Teubner.

Engel, A. (1973). *Wahrscheinlichkeitsrechnung und Statistik*, Bd. 1 und 2. Stuttgart: Klett.

Engel, J. (1998). Zur stochastischen Modellierung funktionaler Abhängigkeiten: Konzepte, Postulate, Fundamentale Ideen. *Mathematische Semesterberichte*, 45, S. 95-112.

Engel, J. (1999). Von der Datenwolke zur Funktion. *Mathematik lehren*, 97, S. 60-64.

Engel, J. (2002). Empfehlungen zu Zielen und zur Gestaltung des Stochastikunterrichts. *Mitteilungen der Gesellschaft für Didaktik der Mathematik* 75, S. 75-83.

Engel, J. (2007). Daten im Mathematikunterricht: Wozu? Welche? Woher?. *Der Mathematikunterricht* 53(3), S.12-22.

Engel, J. (2008). Daten erheben – Ein Thema für den Mathematikunterricht. In A. Eichler & Meyer, J. (Hrsg.), *Anregungen zum Stochastikunterricht*, Bd. 4 (S. 89-110). Hildesheim: Franzbecker.

Engel, J. (2009). *Anwendungsorientierte Mathematik: Von Daten zur Funktion*. Berlin: Springer.

Engel, J. & Theiss, E. (2001). Datenanalyse im Streudiagramm – elementare und robuste Instrumente. *MNU*, 54(5), S. 267-270.

Engel, J. & Vogel, M. (2002). Versinken wir alle im Mittelmaß? Zum Verstehen des Regressionseffekts. *MNU*, 55(7), S. 397-402.

Engel, J. & Vogel, M. (2005). Von M&Ms und bevorzugten Farben: ein handlungsorientierter Unterrichtsvorschlag zur Leitidee „Daten & Zufall" in der Sekundarstufe I. *Stochastik in der Schule*, 25(2), 11-18.

Erickson, T. (2004). *The model shop. Using data to learn about elementary functions*. Oakland: eeps media. (First Field-test Draft).

Falk, R. (1979). Revision of probability and the time axis. In D. Tall (Hrsg.), *Proceedings of the 3rd International Conference for the Psychology of Mathematics Education* (S. 64-66). Coventry: Warwick University.

Fischbein, E., Nello, M.S. & Marino, M.S. (1991). Factors affecting probabilistic judgements in children in adolescence. *Educational Studies im Mathematics*, 22, S. 523-549.

Freudenthal, H. (1973). *Mathematik als pädagogische Aufgabe*. Stuttgart: Klett.

Friel, S., Curcio, F. & Bright, G. (2001). Making sense of graphs: critical factors influencing comprehension and instructional implications. *Journal for Research in mathematics Education* 32(2), S. 124-158.

Gal, I. (2005). Towards „probability literacy" for all citizens: Building blocks and instructional dilemmas. In G.A. Jones (Hrsg.), *Exploring probability in school: Challenges for teaching and learning* (S. 39-64). Heidelberg, New York: Springer.

Garfield, J. (1990). *Technology and data: Models and analysis.* Report on the Working Group on Technology and Statistics, Madison: NCRMSE.

Gigerenzer, G. (2002). *Das Einmaleins der Skepsis: Über den richtigen Umgang mit Zahlen und Risiken.* Berlin: Berlin Verlag.

Götz, S. (2001). Klassische und Bayesianische Behandlung von Stochastikaufgaben aus österreichischen Schulbüchern. In M. Borovcnik, Engel, J. & Wickmann, D. (Hrsg.), *Anregungen zum Stochastikunterricht,* Bd. 1. (S. 147-162). Hildesheim: Franzbecker.

Green, D.R. (1983). Der Wahrscheinlichkeitsbegriff bei Schülern. *Stochastik in der Schule,* 3(3), S. 25-38.

Hafenbrak, B. & Vogel, M. (2008). Holzstifte „zugespitzt" betrachtet – Modellieren von Daten. *Kreative Ideenbörse Mathematik Sekundarstufe I,* 13, S. 1-16.

Hartung, J. (1991). *Statistik.* München: Oldenbourg.

Hiebert, J. & Carpenter, T. (1992). Learning and teaching with understanding. In D. Grouws (Ed.), Handbook of research on mathematics research and teaching. (S. 65-100). New York: MacMillan.

Hinrichs, G. (2008). *Modellierung im Mathematikunterricht.* Heidelberg: Spektrum Akademischer Verlag.

Hodgson, T. & Borbowski, J. (1999). Warum geschichtete Stichproben?. *Stochastik in der Schule* 19(2), S. 32-41.

Hoffrage, U. (2003). Risikokommunikation bei Brustkrebsfrüherkennung und Hormonersatztherapie. *Zeitschrift für Gesundheitspsychologie* 11(3), S. 76-86.

Hopfensperger, P, Kranendonk, H. & Scheaffer, R. (1999). *Probability through data.* White Plains NY: Dale Seymour Publications.

Humenberger, J. & Reichel, H.-C. (1995). *Fundamentale Ideen der Angewandten Mathematik und ihre Umsetzung im Unterricht.* Mannheim: BI-Wissenschaftsverlag.

Jones, G.A., Langrall, C.W. & Mooney, E.S. (2007). Research in probability. In F.K. Lester (Hrsg.), *Second Handbook of research on mathematics teaching and learning* (S. 909-956). Charlotte, USA: Information Age Publishing.

Kahnemann, D. & Tversky, A. (1972). Subjective Probability: A judgement of representativeness. *Cognitive Psychology* 3, S. 430-454.

Kahnemann, D., Slovic, P. & Tversky, A. (1982). *Judgment under uncertainty: Heuristics and biases.* Cambridge (UK): Cambridge University Press.

KMK, Sekretariat der Ständigen Konferenz der Kultusminister der Länder in der Bundesrepublik Deutschland (2003). *Bildungsstandards im Fach Mathematik für den Mittleren Schulabschluss.* München: Luchterhand.

Krämer, W. (2000). *So lügt man mit Statistik.* München, Zürich: Piper.

Kratz, H. (2009). Welche Speicherkapazität haben Festplatten im Jahr 2013? *Praxis der Mathematik,* 51(2), S. 43-44.

Krauss, S. (2003). Wie man das Verständnis von Wahrscheinlichkeiten verbessern kann: Das 'Häufigkeitskonzept'. *Stochastik in der Schule* 23(1), S. 2-9.

Kütting, H. (1994a). *Didaktik der Stochastik.* Mannheim: BI Wissenschaftsverlag.

Kütting, H. (1994b). *Beschreibende Statistik im Schulunterricht.* Mannheim: BI Wissenschaftsverlag.

Landwehr, J. M. & Watkins, A. E. (1996). *Exploring data*. Palo Alto, CA: Dale Seymour Publications.

Leuders, T. (2005). Darf das denn wahr sein? Eine schüleraktive Entdeckung der Grundidee des Hypothesentestens durch Simulation mit Tabellenkalkulation. *Praxis der Mathematik* 47(4), S. 8-16.

Maaß, K. (2004). *Mathematisches Modellieren im Unterricht – Ergebnisse einer empirischen Studie*. Hildesheim: Franzbecker.

Maaß, K. (2007). *Mathematisches Modellieren – Aufgaben für die Sekundarstufe I*. Berlin: Cornelsen Scriptor.

Mayer, R. E. (1997). Multimedia learning: Are we asking the right questions? *Educational Psychologist*, 32 (1), S. 1-19.

Mayer, R. E. (2001). *Multimedia learning*. Cambridge: Cambridge University Press.

Meyer, J. (2008). Bayes in Klasse 9. In A. Eichler & Meyer, J. (Hrsg.), *Anregungen zum Stochastikunterricht*, Bd. 4 (S. 123-136). Hildesheim: Franzbecker.

Moritz, J.B. & Watson, J.M. (2000). Reasoning and expressing probability in students' judgements of coin tossing. In J. Bana & A. Chapman (Hrsg.), *Proceedings of the 23rd annual conference of the Mathematics Education Research Group of Australasia*, Vol. 2 (S. 448-455). Perth, Australien: MERGA.

NCTM, The National Coucil of Teachers of Mathematics (2000). *Principles and standards for school mathematics*. Reston, VA: NCTM. (Übersetzung von C. Bescherer und J. Engel (2000). Prinzipien und Standards für Schulmathematik: Datenanalyse und Wahrscheinlichkeit). In M. Borovcnik, J. Engel & D. Wickmann (Hrsg.), *Anregungen zum Stochastikunterricht* (S. 11.42). Hildesheim: Franzbecker.

NCTM, The National Coucil of Teachers of Mathematics (2002). *Navigating through Data Analysis and Probability in Grades 3 - 5*. Reston, VA: NCTM.

Noll, G. & Schmidt, G. (1994). *Trends und statisistische Zusammenhänge. Materialien zur Explorativen Datenanalyse und Statitsik in der Schule*. Soest: Landesinstitut für Schule und Weiterbildung.

Nordmeier, G. (1993). Beiträge zur elementaren Zeitreihenanalyse. *Stochastik in der Schule*, 13(3), S. 21-41.

Nordmeier, G. (1994). Saisonbereinigte Arbeitslosenzahlen. Unterrichtssequenzen für den 10. Schuljahrgang. *Stochastik in der Schule*, 14(3), S. 20-38.

Nordmeier, G. (2003). Es wird wärmer. *mathematik lehren*, 120, S. 21-22.

Piaget, J. (1972). *Psychologie der Intelligenz.*Olten, Freiburg: Walter Verlag.

Piaget, J. & Inhelder, B. (1975). *The origin of the idea of chance in children*. London.

Polasek, W. (1994). *EDA Explorative Datenanalyse. Einführung in die deskriptive Statistik*. Berlin, Heidelberg, New York, Tokyo: Springer.

Prömmel, A. & Biehler, R. (2008). Einführung in die Stochastik in der Sekundarstufe I mit Hilfe von Simulationen unter Einsatz der Werkzeugsoftware FATHOM. In A. Eichler $ J. Meyer (Hrsg.), *Anregungen zum Stochastikunterricht*, Bd. 4 (S. 137-158). Hildesheim: Franzbecker.

Riemer, W. (1991). *Stochastische Probleme aus elementarer Sicht*. Mannheim: BI-Wissenschaftsverlag.

Riemer, W. (2006). Lambacher-Schweizer 6 NRW. Stuttgart: Klett-Verlag.

Riemer, W. & Petzolt, W. (1997). Geschmackstests: Spannende und verbindende Experimente. *Mathematik Lehren* 85, S. 16-19.

Scheaffer, R. L., Watkins, A., Witmer, L. & Gnanadesikan, M. (2004). *Activity-based statistics*. Emeryville: Key College Publishing.

Schnotz, W. & Bannert, M. (1999). Einflüsse der Visualisierungsform auf die Konstruktion mentaler Modelle beim Text- und Bildverstehen. *Zeitschrift für experimentelle Psychologie*, 46, 217-236.

Scholz, R.W. (1981). *Stochastische Problemaufgaben aus didaktischer und psychologischer Perspektive*. IDM Materialien und Studien, Bd. 23. Bielefeld: Universität Bielefeld.

Schupp, H. (1988). Anwendungsorientierter Mathematikunterricht in der Sekundarstufe I zwischen Tradition und neuen Impulsen. *Der Mathematikunterricht*, 34(6), S. 5.

Schupp, H. (2006). Variation von Aufgaben. In W. Blum, C. Drüke-Noe, R. Hartung & O. Köller (Hrsg.), *Bildungsstandards Mathematik: konkret* (S. 152-161). Berlin: Cornelsen-Scriptor.

Schwank, I. (1996). Zur Konzeption prädikativer versus funktionaler kognitiver Strukturen und ihrer Anwendung. *Zentralblatt für Didaktik der Mathematik*, 28(6), S. 168-183.

Sedlmeier, P. & Köhlers, D. (2001). *Wahrscheinlichkeiten in der Praxis*. Braunschweig: Westermann.

Shaughnessy, M. (1977). Misconceptions of probability: An experiment with a small-group, activity-based, model building approach to introductory probability at the college level. *Educational Studies in Mathematics*, 8, 285-316.

Shaughnessy, M. (2007). Research on statistics learning and reasoning. In F. K. Lester (Hrsg.), *Second Handbook of Research on Mathematics Teaching and Learning* (S. 957-1010). Charlotte, USA: Information Age Publishing.

Sill, H.-D. (1993). Zum Zufallsbegriff in der stochastischen Allgemeinbildung. *Zentralblatt für Didaktik der Mathematik*, 2, S. 84-88.

Stachowiak, H. (1973). *Allgemeine Modelltheorie*. Wien: Springer.

Steinbring, H. (1980). *Zur Entwicklung des Wahrscheinlichkeitsbegriffs: das Anwendungsproblem in der Wahrscheinlichkeitstheorie aus didaktischer Sicht*. Bielefeld: Institut für Didaktik der Mathematik der Universität Bielefeld (Materialien und Studien; 18).

Steinbring, H. (1991). The theoretical nature of probability in the classroom. In R. Kapida & M. Borovcnik (Hrsg.), *Chance encounters: Probability in education* (S. 135-168). Dordrecht: Kluwer.

Tukey, J. W. (1977). *Exploratory Data Analysis*. Reading: Addison Wesley.

Vogel, M. (2002). Von wegen Schneckentempo - ein Beitrag zur verständnisorientierten Einführung des Funktionsbegriffs. *Tangente - Magazin für den Mathematik- und Informatikunterricht (Klett, RS-Ausgabe)*, Nr. 15, II/2002.

Vogel, M. (2006). *Mathematisieren funktionaler Zusammenhänge mit multimediabasierter Supplantation*. Hildesheim: Franzbecker.

Vogel, M. (2007). Mit Funktionen naturwissenschaftliche Daten modellieren - eine Chance zum Verstehen von Phänomenen und Werkzeug. In Gesellschaft der Didaktik der Mathematik (Hrsg.), *Beiträge zum Mathematikunterricht*, (S. 649-652). Hildesheim: Franzbecker.

Vogel, M. (2008a). Wie schnell hört man eigentlich? Daten erheben, auswerten und interpretieren. *mathematik lehren*, 148, S. 16-19.

Vogel, M. (2008b). Der atmosphärische CO_2-Gehalt. Datenstrukturen mit Funktionen beschreiben. *mathematik lehren*, 148, S. 50-55.

Vogel, M. (2008c). „Reste verwerten" – Überlegungen zur didaktischen Wertschätzung von Residuen. In A. Eichler & J. Meyer (Hrsg.), *Anregungen zum Stochastikunterricht*, Bd. 4 (S. 159-168). Hildesheim: Franzbecker.

Vogel, D. & Wintermantel, G. (2003). *Mathe, explorative datenanalyse – statistik aktiv lernen.* Stuttgart: Ernst Klett Verlag.

Vom Hofe, R. (1995). *Grundvorstellungen mathematischer Inhalte.* Heidelberg: Spektrum Akademischer Verlag.

Von Randow, G. (2004). *Das Ziegenproblem. Denken in Wahrscheinlichkeiten.* Reinbek: Rowohlt.

Wassner, C. (2004). *Förderung Bayesianischen Denkens. Kognitionspsychologische Grundlagen und didaktische Analysen.* Hildesheim: Franzbecker.

Wassner, C. & Martignon, L. (2002). teaching decision making and statistical thinking with natural frequencies. In B. Phllips (Hrsg.), *Proceedings of the sixth international Conference on Teaching Statistics.* Voorburg (Niederlande): International Statistical Institute.

Watson, J.M., Collis, K.F., Callingham, R.A. & Moritz, J.B. (1995). A model for assessing higher order thinking in statistics. *Educational Research and Evaluation* 1, S. 247-275.

Watson, J.M. & Moritz, J.B. (1997). Student analysis of variables in a media context. In B. Phillips (Hrsg.), *Papers on Statistical Education presented at ICMI 8* (S. 129-147). Hawthorn (Australia): Swinburn Press.

Watson, J.M. & Moritz, J.B. (2000). Developing concepts of sampling. *Journal for Research in Mathematics Education*, 31, S. 44-70.

Watson, J.M. & Kelly, B.A. (2004). Expectation versus variation: Students' decision making in a chance environment. *Canadian Journal of Science, Mathematics, and Technology Education*, 4, 371-396.

Weigand, H. G. & Weth, T. (2002). *Computer im Mathematikunterricht.* Heidelberg: Spektrum Akademischer Verlag.

Wickmann, D. (1990). *Bayes-Statistik.* Mannheim: BI-Wissenschaftsverlag.

Wickmann, D. (1998). *Bayes-Statistik.* In *Journal für Mathematikdidaktik*, 19(1), S. 46-80.

Wild, C. & Pfannkuch, M. (1999). Statistical Thinking in Empirical Enquiry. *International Statistical Review* 67(3), S. 223-248.

Wolpers, H. (2002): Didaktik der Stochastik. In Tietze, U., Klika, M., Wolpers, H. (Hrsg.), *Mathematikunterricht in der Sekundarstufe II*, Bd. 3. Braunschweig: Vieweg.